U0365305

量子力学讲义

唐敖庆　编著

郭纯孝　整理

科 学 出 版 社

北　京

内 容 简 介

本书根据唐敖庆院士1978年在全国量子化学研修班的讲稿整理而成。全书共12章，分别讲述薛定谔方程、本征值和本征函数、分立谱、表象理论、量子条件、运动方程、初等应用、微扰理论、碰撞问题、相同粒子体系、辐射理论和电子的相对论方程。本书内容由浅入深，公式推导严谨，重点突出，对量子力学内容讲述全面、详细；每章后都配有习题，可供学生练习。

本书可作为量子化学研究生的必修课教材，以及物理类专业研究生学习量子力学的参考教材，也可供相关专业的教师和科技工作者参考阅读。

图书在版编目(CIP)数据

量子力学讲义/唐敖庆编著. —北京：科学出版社，2018.1
ISBN 978-7-03-056346-0

Ⅰ.①量… Ⅱ.①唐… Ⅲ.①量子力学-高等学校-教材 Ⅳ.①O413.1

中国版本图书馆CIP数据核字(2018)第010604号

责任编辑：丁 里 / 责任校对：张小霞
责任印制：吴兆东 / 封面设计：陈 敬

科学出版社出版
北京东黄城根北街16号
邮政编码：100717
http://www.sciencep.com

北京中石油彩色印刷有限责任公司 印刷

科学出版社发行 各地新华书店经销
*
2018年1月第 一 版 开本：787×1092 1/16
2018年11月第二次印刷 印张：19
字数：500 000

定价：79.00元

（如有印装质量问题，我社负责调换）

前　言

本书是在唐敖庆教授于 1978 年 2 月至 7 月给吉林大学理论化学研究所的量子化学研究生、进修生讲课的基础上整理而成. 唐老师在课前发了一个比较详细的讲义. 这次整理是在这份讲义的基础上，参考了部分同志的课堂笔记，章节、内容均保持不变. 但是，问题的提法、公式的推导均以课堂讲授的为准. 本书力求把唐老师在课堂讲授时，叙述由浅入深、公式推导严谨详细、重点归纳总结、基本观点清晰明确等特点反映出来. 但由于我们水平有限，很难做到这点.

唐老师非常鼓励我们整理讲义. 为了有助于对一些重要问题的消化、理解，在每章后增加了习题，供学习后练习.

量子力学的研究对象是原子、分子这一层次的微观粒子. 在这一层次中，电子的量子物理特别重要. 因为正是在那些电子的量子轨道得以形成的特殊关节点上，自然界产生了它的原子、原子基团、分子以及有生命的物体. 因此，量子力学成为理论物理、固体物理、量子化学的重要理论基础，也是半导体、激光等新技术的理论基础. 为了更好地学习这门课程，简单追述一下量子力学建立的历史和量子力学的四种表述方式的各自特点是有必要的.

1900 年，德国物理学家普朗克(Planck)为了解释黑体辐射能量曲线，提出能量的重要概念. 他认为：辐射就其能量而言，是不连续的，是一份一份地进行. 每份具有能量 $h\nu$，称为能量子.

1905 年，在瑞士专利局任检查员的爱因斯坦(Einstein)为了解释光电效应，发展了普朗克的能量子的概念. 普朗克没有回答一份份的能量是怎样发射的；能量是平均分配到空间，还是向着一个方向发射. 爱因斯坦认为，每份能量集中在一起，以光速 c 向一个方向传播，就像射出的子弹一样，这就是光量子，简称光子. 1923 年，美国物理学家康普顿(Compton)成功地实现了光子同电子的碰撞. 从此，光既是波又是粒子这样一个二象共存的图像开始被人们接受.

1913 年，丹麦青年物理学家玻尔(Bohr)为了解释氢原子的线状光谱，提出了稳定的氢原子模型. 他认为电子在原子中不可能沿着经典物理所允许的轨道运动，而只能沿着量子条件所允许的一组特殊轨道运动. 玻尔轨道是圆形轨道，后经德国物理学家萨默菲尔德(Sommerfield)修改为椭圆轨道，这就是旧量子论. 旧量子论虽然成功地解释了氢原子光谱的实验数据，但是对稍为复杂一点的问题就感到束手无策. 另外，理论本身也存在逻辑上的矛盾——连续的经典轨道和不连续的量子条件机械地拼凑在一起.

旧量子论的缺陷，使人们认识到简单地引入量子概念不能把矛盾全部解决. 为了把握微观世界，必须对经典物理作彻底改造.

1923 年，在法国巴黎大学理学院读博士研究生的德布罗意(de Broglie)受爱因斯坦相对论思想的启发，思考到当光子的固有质量不为零，情形将怎样？虽然这种带有固有质量的光子的概念不为人们接受，但它却使德布罗意有了一个重要的发现，因为这样的“光子”同物质粒子类似. 既然光有二象性，物质粒子为什么没有呢？德布罗意将这种思想于 1924 年写入了他的博士论文中.他写道:“整个世纪以来,在光学上,比起波动的研究方法来是过于忽略了粒子的研究方法;在物质的理论上,是否发生了相反的错误?是不是我们把粒子的图像想得太多,而过分忽略了波的图像呢?”这就是德布罗意物质波的假说.

德布罗意的物质波于1927年被美国贝尔实验室的戴维孙(Davisson)和革末(Germer)的意外实验所证实.

1925年底,德布罗意的物质波虽然还未被实验证实,但由于爱因斯坦的赞词,受到了瑞士苏黎世大学教授薛定谔(Schrödinger)的关注.在此之前,薛定谔在给库兰特和布尔伯特即将出版的《数学物理方法》一书写书评时,从中学到了本征值.因此,当他接受了德布罗意关于物质粒子(如电子)具有波粒二象性的见解之后,在几个月内,也就是1926年1月,就把他的关于氢原子的波动力学的论文交付出版界.

量子力学的另一分支——矩阵力学于1925年7月问世,是由海森堡(Heisenberg)等创立的.年仅二十出头的海森堡早在德国哥廷根大学读书时,就从他的老师玻恩(Born)和萨默菲尔德那里学习了旧量子论.他看到了旧量子论的严重困难,决心自己另起炉灶.他发现:一个粒子的运动能用两组量p、q来规定.他把p、q用两个方格表(矩阵)来代替,并且让$p\times q\neq q\times p$,就能得到光谱上的组合定律和玻尔频率条件.当时,海森堡并不知道他的方格表就是矩阵,但是在他的同学乔丹(Jordan)及老师玻恩的帮助下,很快把他的发现用矩阵论的形式表示出来,成为矩阵力学的最初形式.

1925年,海森堡去英国剑桥访问,把自己的发现告诉了和他年龄相仿的狄拉克(Dirac).狄拉克对他的矩阵并不感兴趣,但从他的巨大的方格表中提取了精华——$pq\neq qp$.经过计算,他发现了一个惊人的巧合,那就是根据经典理论算出的泊松括号$[q,p]$的值,乘以$i\hbar$与$qp-pq$的值一样.因此,他定义了算子q、p,并建立了它们的量子泊松括号.由此出发,几乎和薛定谔同时完成了自己对氢原子的独特的解法.

不到一年,量子理论的三种表述:波动力学、矩阵力学和算子力学(狄拉克的理论,常称为算子力学)相继问世.这三种理论不是互相无关的.1926年3月,薛定谔证明,矩阵力学可以纳入他的波动力学之中,且自认为他的理论也能吞并狄拉克的理论.但到1928年,人们终于公认是狄拉克的理论吞并了一切.薛定谔的理论和海森堡的理论只不过是他的抽象的算子力学的两个表象而已.而且在1928年,狄拉克也完成了他的电子相对论波动方程,并预言了正电子的存在.两年后,美国科学家安德森(Anderson)发现了正电子.这样从1924年到1928年,前后经过四年的时间完成了量子力学的建立工作.

1927年,海特勒(Heitler)和伦敦(London)首次把量子力学用到氢分子上获得成功,揭开了量子化学的序幕.

波动力学抓住了微观粒子的波粒二象性这一特殊本质,从内容上对经典力学加以改造;矩阵力学抓住了微观领域的基本现象(如光谱组合原则),在形式上对经典力学加以改造;而狄拉克的理论主要是凭借着泊松括号来建立他的理论体系,概括性更强.

量子力学的第四种表述是1947年问世的范曼(Feynman)途径积分,出于美国科学家范曼之手.范曼途径积分在基本粒子的研究上是非常强有力的工具.我们的课程不涉及这方面的内容.

本书是唐敖庆院士留下的宝贵财富和重要的学术资料. 出版这份资料作为对唐老的纪念和缅怀. 张明瑜、张红星、郑清川、贾然、战久宇参加了本书的整理和校对工作，在此表示感谢. 本书未经唐老本人审阅，书中存在的问题和不当之处是我们的过失.

郭纯孝

2017年9月于长春

目　录

第 1 章　薛定谔方程

1.1　方程的建立

薛定谔方程又称波动方程，是描写波运动的方程. 因此，在薛定谔方程基础上建立起来的量子力学又称波动力学. 它反映微观粒子运动的客观规律.

一个在时间和空间都具有周期性的经典的一维波可以用下面四个函数中的任何一个来表示：

$$\cos(kx-\omega t) \qquad \sin(kx-\omega t)$$
$$e^{i(kx-\omega t)} \qquad e^{-i(kx-\omega t)}$$

式中，$k=\dfrac{2\pi}{\lambda}$为波矢量，λ 为波长，$\omega=2\pi\nu$ 为角频率，ν 为频率. 前两个函数称为驻波，后两个函数称为平面波. 如果这些函数都用 $\psi(x,t)$ 表示，变量 x 为位置坐标，变量 t 为时间，它们适合的方程是

$$\frac{\partial^2\psi}{\partial t^2}=\frac{\omega^2}{k^2}\frac{\partial^2\psi}{\partial x^2} \tag{1.1}$$

式中，$\dfrac{\omega}{k}$为波的传播速度.

光具有波粒二象性，电子、质子等微观粒子也具有波粒二象性，它们的表征粒子性的能量 E，动量 p 和表征波动性的频率 ν，波长 λ 之间的关系分别为

$$\left.\begin{aligned} E&=h\nu=\hbar\omega=\frac{p^2}{2m} \\ p&=\frac{h}{\lambda}=\hbar k \end{aligned}\right\} \tag{1.2}$$

式中，$\hbar=\dfrac{h}{2\pi}$，h 为普朗克常量. 式(1.2)就是德布罗意的物质波的假说. 德布罗意最先提出微观粒子具有波粒二象性的假说. 式(1.2)中，E，p 反映了光的粒子性，而 ν，λ 反映了光的波动性. 薛定谔接受了德布罗意关于物质波的概念，建立起他的方程. 对于一维运动的自由粒子，若把式(1.2)中两式之比$\dfrac{E}{p}=\dfrac{\omega}{k}$代入式(1.1)作为它的波动方程，应该是

$$\frac{\partial^2\psi}{\partial t^2}=\frac{E^2}{p^2}\frac{\partial^2\psi}{\partial x^2}$$

由于$\dfrac{E^2}{p^2}=\dfrac{\omega^2}{k^2}$不是通用常数，该方程不能反映微观自由粒子的运动规律. 但是，自由粒子用平面波 $e^{i(kx-\omega t)}$ 或 $e^{-i(kx-\omega t)}$ 描述时满足下列方程：

$$-i\frac{\partial\psi}{\partial t}=\frac{\omega}{k^2}\frac{\partial^2\psi}{\partial x^2}$$

将式(1.2)代入上式，得

$$i\hbar\frac{\partial\psi}{\partial t}=-\frac{\hbar^2}{2m}\frac{\partial^2\psi}{\partial x^2} \tag{1.3}$$

方程中只出现$\hbar=h/2\pi$，m 这些粒子的通用常数，有可能反映自由粒子的运动规律. 这个方程能否反映自由粒子运动规律要受到实践的检验. 对于自由粒子，能量 E 可表示为

$$E=\frac{p^2}{2m}$$

将 E 和 p_x 换成相应算子

$$E\rightarrow i\hbar\frac{\partial}{\partial t}$$

$$p_x\rightarrow -i\hbar\frac{\partial}{\partial x}$$

作用于 $\psi(x,t)$，也能得到式(1.3). 这启示我们，对于力场中作三维运动的粒子，如果也对它的能量表达式作相应算子代换，也会得到它的运动方程. 在力场中作三维运动粒子的能量为

$$E=\frac{1}{2m}(p_x^2+p_y^2+p_z^2)+V(\boldsymbol{r},t)$$

式中，$V(\boldsymbol{r},t)$为势能. 将 E 和 $\boldsymbol{p}$ 也换成算子

$$E\rightarrow i\hbar\frac{\partial}{\partial t},\quad \boldsymbol{p}\rightarrow -i\hbar\nabla \tag{1.4}$$

式中，$\nabla=\frac{\partial}{\partial x}\boldsymbol{i}+\frac{\partial}{\partial y}\boldsymbol{j}+\frac{\partial}{\partial z}\boldsymbol{k}$，并作用于 $\psi(\boldsymbol{r},t)$上，得到

$$i\hbar\frac{\partial\psi}{\partial t}=\left[-\frac{\hbar^2}{2m}\nabla^2+V(\boldsymbol{r},t)\right]\psi(\boldsymbol{r},t) \tag{1.5}$$

式中，$\nabla^2=\frac{\partial^2}{\partial x^2}+\frac{\partial^2}{\partial y^2}+\frac{\partial^2}{\partial z^2}$为拉普拉斯算子. 式(1.5)就是著名的薛定谔方程，对于 n 个粒子体系，推广为

$$\begin{aligned}i\hbar\frac{\partial\psi}{\partial t}&=\left(-\sum_k\frac{\hbar^2}{2m_k}\nabla_k^2+V\right)\psi(\boldsymbol{r}_1,\boldsymbol{r}_2,\cdots,\boldsymbol{r}_n)\\&=H(\boldsymbol{r}_k,-i\hbar\nabla_k)\psi(\boldsymbol{r}_1,\boldsymbol{r}_2,\cdots,\boldsymbol{r}_n)\end{aligned}$$

$H(\boldsymbol{r}_k,-i\hbar\nabla_k)$是体系的哈密顿算子. 或者简写为

$$i\hbar\frac{\partial\psi}{\partial t}=H\psi \tag{1.6}$$

必须指出，上面只是追述一下薛定谔方程的建立，并不是数学推导. 薛定谔方程的正确性要由在各种情况下从方程得出的结果和实验相比较来检验. 实验表明，它确实能反映微观粒子的运动规律.

在薛定谔方程中，时间是一次微商而空间是二次微商，时间、空间不等价，因此是非相对论的方程. 它只能描述速度远小于光速的粒子的运动. 高速粒子的运动方程要从相对论的能量表达式

$$E=c(m^2c^2+p^2)^{1/2}$$

出发而得到，是相对论波动方程，将在第 12 章中讨论.

薛定谔方程是线性方程. 若 ψ_1 满足式(1.6)，ψ_2 也满足式(1.6)，则 $c_1\psi_1+c_2\psi_2$ 也满足式(1.6)，c_1，c_2 是任意常数. 这反映了微观状态迭加原理.

1.2　波函数 $\psi(\boldsymbol{r},t)$ 的意义

求解薛定谔方程

$$i\hbar\frac{\partial\psi}{\partial t}=H\psi$$

可以得到描述体系状态的波函数 $\psi(\boldsymbol{r},t)$. 1926 年，玻恩对 $\psi(\boldsymbol{r},t)$ 的物理意义给出了统计解释：波函数在空间某一点的强度(振幅绝对值的平方)和这一点找到粒子的概率成比例. 用数学的语言可表述为：在空间一点 (x,y,z) 附近的体积元 d^3r 中，在 t 时刻，找到粒子的概率 $P(\boldsymbol{r},t)$ 为

$$P(\boldsymbol{r},t)\ \mathrm{d}^3r=C\psi^*(\boldsymbol{r},t)\ \psi(\boldsymbol{r},t)\ \mathrm{d}^3r$$

式中，C 为归一化常数，在空间 $\boldsymbol{r}$ 处的小体积 $\mathrm{d}^3r=\mathrm{d}x\mathrm{d}y\mathrm{d}z$，在整个空间找到粒子的概率应为 1. 因此，比例常数 C 为

$$C=\frac{1}{\int|\psi|^2\mathrm{d}^3r}$$

假定 $C=1$，即 $\int|\psi|^2\mathrm{d}^3r=1$，波函数已经归一化，把在 $\boldsymbol{r}$ 点邻域内的单位体积找到粒子的概率 $P(\boldsymbol{r},t)$ 称为概率密度函数

$$P(\boldsymbol{r},t)=\psi^*(\boldsymbol{r},t)\ \psi(\boldsymbol{r},t)=|\psi(\boldsymbol{r},t)|^2 \tag{1.7}$$

由波函数的统计解释看到，由 $\psi(\boldsymbol{r},t)$ 可以确定找到粒子的概率[以后将看到，当 $\psi(\boldsymbol{r},t)$ 确定后，任何力学量的取值情况也就确定了]，概率是可以测量的，是唯一确定的，微观粒子表现出的波动性又称概率波. 概率波把微观粒子的波动性和粒子性统一起来，粒子性反映了微观粒子具有一定的质量和电荷等属性，而不与粒子具有确定的轨道相联系，粒子的波动性只反映波动中最本质的波的迭加性. 因此，对 $\psi(\boldsymbol{r},t)$ 提出如下要求(或称波函数自然条件)：

(1) $\psi(\boldsymbol{r},t)$ 是单值函数.

(2) $\psi(\boldsymbol{r},t)$ 及一级微商 $\nabla\psi$，$\dfrac{\partial\psi}{\partial t}$ 是连续变化的. 这是因为概率是连续变化的.

(3) $\psi(\boldsymbol{r},t)$ 平方可积. 这是由归一化条件

$$\int|\psi|^2\mathrm{d}^3r=1$$

提出的要求.

下面讨论概率密度函数 $P(\boldsymbol{r},t)$ 随时间的变化. 由式(1.7)定义，得

$$\frac{\partial P(\boldsymbol{r},t)}{\partial t}=\frac{\partial\psi^*}{\partial t}\psi+\psi^*\frac{\partial\psi}{\partial t}$$

由薛定谔方程式(1.6)和它的共轭复数方程(注意势能 V 是实数)，可得

$$\frac{\partial\psi}{\partial t}=\frac{i\hbar}{2m}\nabla^2\psi+\frac{1}{i\hbar}V\psi$$

$$\frac{\partial\psi^*}{\partial t}=-\frac{i\hbar}{2m}\nabla^2\psi^*-\frac{1}{i\hbar}V\psi^*$$

代入上式得

$$\frac{\partial P}{\partial t}=\left(-\frac{i\hbar}{2m}\nabla^2\psi^*-\frac{1}{i\hbar}V\psi^*\right)\psi+\psi^*\left(\frac{i\hbar}{2m}\nabla^2\psi+\frac{1}{i\hbar}V\psi\right)$$

$$=\frac{\hbar}{2im}(\psi\nabla^2\psi^*-\psi^*\nabla^2\psi)$$

$$=-\nabla\cdot\frac{\hbar}{2im}(\psi^*\nabla\psi-\psi\nabla\psi^*)$$

如定义概率流密度为

$$\boldsymbol{S}(\boldsymbol{r},t)=\frac{\hbar}{2im}(\psi^*\nabla\psi-\psi\nabla\psi^*)\tag{1.8}$$

则上式化为

$$\frac{\partial P(r,t)}{\partial t}=-\nabla\cdot\boldsymbol{S}(\boldsymbol{r},t)$$

或

$$\frac{\partial P}{\partial t}+\nabla\cdot\boldsymbol{S}=0\tag{1.9}$$

式(1.9)具有流体力学中连续性方程的形式.

$$\frac{\partial P(\boldsymbol{r},t)}{\partial t}=-\nabla\boldsymbol{S}(\boldsymbol{r},t)$$

为了说明式(1.9)和 $\boldsymbol{S}$ 的意义，将式(1.9)对空间某一固定体积 Ω 求体积分

$$\frac{\partial}{\partial t}\int_\Omega P(\boldsymbol{r},t)\mathrm{d}^3r=\int_\Omega\frac{\partial P(\boldsymbol{r},t)}{\partial t}\mathrm{d}^3r=-\int_\Omega\nabla\cdot\boldsymbol{S}\mathrm{d}^3r$$

应用高斯定理，把上式右边的体积分化为面积分，得

$$\frac{\partial}{\partial t}\int_\Omega P(\boldsymbol{r},t)\mathrm{d}^3r=-\int_\Sigma S_n\mathrm{d}A\tag{1.10}$$

式中，$\sum$ 为体积 Ω 的界面，S_n 为 $\boldsymbol{S}$ 在面元 $\mathrm{d}A$ 法线方向上的投影. 这样式(1.10)可解释为：体积 Ω 内概率的增加等于从体积 Ω 外部穿过 Ω 的界面 $\sum$ 而流进来的概率. 因此，$\boldsymbol{S}$ 是概率流.

如果把 Ω 扩展到无限大体积，由波函数自然条件知道，ψ 在无限远处为零，所以

$$\frac{\partial}{\partial t}\int_\Omega P(\boldsymbol{r},t)\ \mathrm{d}^3r=\frac{\mathrm{d}}{\mathrm{d}t}\int_\infty\psi^*\psi\mathrm{d}^3r=0\tag{1.11}$$

即在整个空间内找到粒子的概率与时间无关. 同时得到一个重要结论：归一化条件一旦建立，它将永远保持.

1.3 平　均　值

经典力学中，任意一物理量 $F=F(\boldsymbol{r},\boldsymbol{p},t)$，在量子力学中，用算子来表示相应的量.

$$F=F(\boldsymbol{r},-i\hbar\nabla,t)$$

它给出 F 在状态 $\psi(\boldsymbol{r},t)$ 中平均值的定义：

$$\langle F\rangle = \int \psi^* F\psi \,\mathrm{d}^3 r \tag{1.12}$$

由于$\langle F\rangle$为实数，因此

$$\int \psi^* F\psi \,\mathrm{d}^3 r = \int (F\psi)^* \psi \mathrm{d}^3 r \tag{1.13}$$

式(1.13)也可用下列符号表示：

$$(\psi, F\psi) = (F\psi, \psi)$$

注意式(1.13)中第一项为共轭项，满足这个条件的算子称为厄米(Hermite)算子.

例如，坐标 x 和动量 p_x 都是厄米算子.

$$\int \psi^* x\psi \,\mathrm{d}x = \int (x\psi)^* \psi \mathrm{d}x$$

或者

$$(\psi, x\psi) = (x\psi, \psi)$$

对于动量 p_x 应用一次分部积分，也可验证：

$$\int \psi^* \left(-i\hbar \frac{\mathrm{d}}{\mathrm{d}x}\right)\psi \,\mathrm{d}x = -i\hbar \int \psi^* \frac{\mathrm{d}}{\mathrm{d}x}\psi \,\mathrm{d}x = i\hbar \int \frac{\mathrm{d}\psi^*}{\mathrm{d}x}\psi \,\mathrm{d}x = \int \left(-i\hbar \frac{\mathrm{d}\psi}{\mathrm{d}x}\right)^* \psi \mathrm{d}x$$

或者

$$(\psi, p_x\psi) = (p_x\psi, \psi)$$

一般来说，两个厄米算子相乘不再是厄米算子，因为

$$(\psi, F_1F_2\psi) = (F_1\psi, F_2\psi) = (F_2F_1\psi, \psi)$$

只有当

$$F_1F_2 = F_2F_1$$

时，即 F_1，F_2 是对易的，它们相乘才是厄米算子.

在求平均值时，有一条定理，称为埃伦费斯特(Ehrenfest)定理. 内容为

$$\left.\begin{aligned} \frac{\mathrm{d}\langle x\rangle}{\mathrm{d}t} &= \frac{\langle p_x\rangle}{m} \\ \frac{\mathrm{d}\langle p_x\rangle}{\mathrm{d}t} &= -\left\langle \frac{\partial V}{\partial x}\right\rangle \end{aligned}\right\} \tag{1.14}$$

证明

$$\frac{\mathrm{d}\langle x\rangle}{\mathrm{d}t} = \frac{\mathrm{d}}{\mathrm{d}t}(\psi, x\psi) = \left(\frac{\partial\psi}{\partial t}, x\psi\right) + \left(\psi, x\frac{\partial\psi}{\partial t}\right)$$

利用运动方程

$$\frac{\partial\psi}{\partial t} = \frac{1}{i\hbar}H\psi$$

上式可变为

$$\begin{aligned} \frac{\mathrm{d}\langle x\rangle}{\mathrm{d}t} &= \left(\frac{1}{i\hbar}H\psi, x\psi\right) + \left(\psi, \frac{1}{i\hbar}xH\psi\right) = \frac{1}{i\hbar}[(\psi, xH\psi) - (H\psi, x\psi)] \\ &= \frac{1}{i\hbar}[(\psi, xH\psi) - (\psi, Hx\psi)] = \frac{1}{i\hbar}\{[\psi, (xH - Hx)\psi]\} \end{aligned}$$

将 $H = -\frac{\hbar^2}{2m}\nabla^2 + V$ 代入，含有势能 V 的项均消去，得

$$\frac{\mathrm{d}\langle x\rangle}{\mathrm{d}t}=\frac{i\hbar}{2m}[\psi,(x\nabla^2-\nabla^2 x)\psi] \tag{1.15}$$

因为

$$\begin{aligned}\nabla^2 x\psi&=\frac{\partial}{\partial x}\left[\frac{\partial}{\partial x}(x\psi)\right]+\frac{\partial^2}{\partial y^2}x\psi+\frac{\partial^2}{\partial z^2}x\psi\\&=\frac{\partial}{\partial x}\left(x\frac{\partial\psi}{\partial x}+\psi\right)+x\frac{\partial^2\psi}{\partial y^2}+x\frac{\partial^2\psi}{\partial z^2}\\&=x\frac{\partial^2\psi}{\partial x^2}+2\frac{\partial}{\partial x}\psi+x\frac{\partial^2\psi}{\partial y^2}+x\frac{\partial^2\psi}{\partial z^2}\\&=x\nabla^2\psi+2\frac{\partial}{\partial x}\psi\end{aligned}$$

所以

$$x\nabla^2-\nabla^2 x=-2\frac{\partial}{\partial x}$$

把上式代入式(1.15)，并利用 $p_x=-i\hbar\frac{\partial}{\partial x}$，得

$$\frac{\mathrm{d}\langle x\rangle}{\mathrm{d}t}=\frac{i\hbar}{2m}\left(\psi,-2\frac{\partial}{\partial x}\psi\right)=\frac{1}{m}(\psi,p_x\psi)=\frac{\langle p_x\rangle}{m}$$

式(1.14)中第一式得到了证明. 下面证第二式：

$$\begin{aligned}\frac{\mathrm{d}\langle p_x\rangle}{\mathrm{d}t}&=\frac{\mathrm{d}}{\mathrm{d}t}\left(\psi,-i\hbar\frac{\partial}{\partial x}\psi\right)\\&=-i\hbar\left[\left(\frac{\partial\psi}{\partial t},\frac{\partial\psi}{\partial x}\right)+\left(\psi,\frac{\partial}{\partial x}\frac{\partial\psi}{\partial t}\right)\right]\\&=\left(i\hbar\frac{\partial\psi}{\partial t},\frac{\partial\psi}{\partial x}\right)-\left[\psi,\frac{\partial}{\partial x}\left(i\hbar\frac{\partial}{\partial t}\psi\right)\right]\\&=\left(H\psi,\frac{\partial\psi}{\partial x}\right)-\left(\psi,\frac{\partial}{\partial x}H\psi\right)\\&=\left(\psi,H\frac{\partial}{\partial x}\psi\right)-\left(\psi,\frac{\partial}{\partial x}H\psi\right)\\&=\left[\psi,\left(H\frac{\partial}{\partial x}-\frac{\partial}{\partial x}H\right)\psi\right]\end{aligned} \tag{1.16}$$

计算 $H\frac{\partial}{\partial x}-\frac{\partial}{\partial x}H$：

$$\begin{aligned}\left(H\frac{\partial}{\partial x}-\frac{\partial}{\partial x}H\right)\psi&=\left[\left(-\frac{\hbar^2}{2m}\nabla^2+V\right)\frac{\partial}{\partial x}-\frac{\partial}{\partial x}\left(-\frac{\hbar^2}{2m}\nabla^2+V\right)\right]\psi\\&=V\frac{\partial}{\partial x}\psi-\frac{\partial}{\partial x}(V\psi)=-\psi\frac{\partial V}{\partial x}\end{aligned}$$

把上式代入式(1.16)，得

$$\frac{\mathrm{d}\langle p_x\rangle}{\mathrm{d}t}=-\left(\psi,\frac{\partial V}{\partial x}\psi\right)=-\left\langle\frac{\partial V}{\partial x}\right\rangle$$

推广到坐标 $\boldsymbol{r}$ 和动量 $\boldsymbol{p}$，有如下关系：

$$\frac{\mathrm{d}\langle \boldsymbol{r} \rangle}{\mathrm{d}t} = \frac{\langle \boldsymbol{p} \rangle}{m}$$

$$\frac{\mathrm{d}\langle \boldsymbol{p} \rangle}{\mathrm{d}t} = -\langle \nabla V \rangle \tag{1.17}$$

由方程式(1.14)看出埃伦费斯特定理和经典力学中的牛顿方程在形式上很相似.

$$\frac{\mathrm{d}x}{\mathrm{d}t} = \frac{p_x}{m}$$

$$\frac{\mathrm{d}p_x}{\mathrm{d}t} = -\frac{\partial V}{\partial x}$$

但它们有本质上的不同,因为

$$\left\langle \frac{\partial V}{\partial x} \right\rangle \neq \frac{\partial V(\langle x \rangle)}{\partial \langle x \rangle}$$

对任一不显含时间 t 的力学量 F,其平均值对时间的微商具有下列关系:

$$\frac{\mathrm{d}\langle F \rangle}{\mathrm{d}t} = \frac{1}{i\hbar}\langle FH - HF \rangle \tag{1.18}$$

证明　$\langle F \rangle = (\psi, F\psi)$

$$\begin{aligned}
\frac{\mathrm{d}\langle F \rangle}{\mathrm{d}t} &= \left(\frac{\partial \psi}{\partial t}, F\psi\right) + \left(\psi, F\frac{\partial \psi}{\partial t}\right) \\
&= \left(\frac{1}{i\hbar}H\psi, F\psi\right) + \left(\psi, F\frac{1}{i\hbar}H\psi\right) \\
&= \frac{1}{i\hbar}(\psi, FH\psi) - \frac{1}{i\hbar}(\psi, HF\psi) \\
&= \frac{1}{i\hbar}[\psi, (FH - HF)\psi] \\
&= \frac{1}{i\hbar}\langle FH - HF \rangle
\end{aligned}$$

式(1.18)也是力学量平均值随时间变化的关系式,可以看出哈密顿 H 的重要性.

1.4　测不准关系

经典力学中,运动的粒子同时有完全确定的坐标和动量. 但在量子力学中,大量实验告诉我们,体系在某一状态 $\psi(\boldsymbol{r},t)$ 下,观察一个力学量 $F(\boldsymbol{r},p)$,得到的观测值是不确定的,但在 $\psi(\boldsymbol{r},t)$ 下 F 的平均值是固定的. 由于 $\psi(\boldsymbol{r},t)$ 只给出粒子的概率分布,存在测不准关系,因此用带有统计性质的均方根误差来衡量测量的准确程度. 令

$$(\Delta x)^2 = [\psi, (x - \bar{x})^2\psi]$$

$$(\Delta p_x)^2 = [\psi, (p_x - \bar{p}_x)^2\psi]$$

测不准关系就是告诉我们

$$(\Delta x)^2(\Delta p)^2 = ?$$

为此,令 $\alpha = x - \bar{x}$,$\beta = p_x - \bar{p}_x$. 由于 x,p 均是厄米的,$\bar{x}$,$\bar{p}_x$ 是一个具体数值,因此 α,β 也是厄米算子. 这时,有

$$\begin{aligned}
(\Delta x)^2(\Delta p_x)^2 &= (\psi, \alpha^2\psi)(\psi, \beta^2\psi) \\
&= (\alpha\psi, \alpha\psi)(\beta\psi, \beta\psi)
\end{aligned}$$

应用施瓦茨(Schwartz)不等式

$$(\boldsymbol{A},\boldsymbol{A})(\boldsymbol{B},\boldsymbol{B})\geqslant|\boldsymbol{A}\cdot\boldsymbol{B}|^2$$

上式变为

$$(\Delta x)^2(\Delta p_x)^2\geqslant|(\alpha\psi,\beta\psi)|^2 \tag{1.19}$$

又由于

$$\begin{aligned}(\alpha\psi,\beta\psi)&=(\psi,\alpha\beta\psi)\\&=\left(\psi,\frac{\alpha\beta+\beta\alpha}{2}\psi\right)+\left(\psi,\frac{\alpha\beta-\beta\alpha}{2}\psi\right)\\&=\frac{1}{2}[\psi,(\alpha\beta+\beta\alpha)\psi]+\frac{1}{2}[\psi,(\alpha\beta-\beta\alpha)\psi]\end{aligned} \tag{1.20}$$

注意

$$\begin{aligned}[\psi,(\alpha\beta+\beta\alpha)\psi]&=(\psi,\alpha\beta\psi)+(\psi,\beta\alpha\psi)\\&=(\beta\alpha\psi,\psi)+(\alpha\beta\psi,\psi)\\&=[(\alpha\beta+\beta\alpha)\psi,\psi]\end{aligned}$$

因此,$\alpha\beta+\beta\alpha$ 是厄米算子. 它的平均值为实数.

$$[\psi,(\alpha\beta+\beta\alpha)\psi]=a\qquad(a\text{ 为实数}) \tag{1.21}$$

同样

$$\begin{aligned}[\psi,(\alpha\beta-\beta\alpha)\psi]&=(\psi,\alpha\beta\psi)-(\psi,\beta\alpha\psi)\\&=(\beta\alpha\psi,\psi)-(\alpha\beta\psi,\psi)\\&=-[(\alpha\beta-\beta\alpha)\psi,\psi]\end{aligned}$$

即$(\alpha\beta-\beta\alpha)$是纯虚算子,因此有

$$[\psi,(\alpha\beta-\beta\alpha)\psi]=ib\qquad(b\text{ 为实数}) \tag{1.22}$$

将式(1.21)和式(1.22)代入式(1.20),得

$$(\alpha\psi,\beta\psi)=\frac{1}{2}(a+ib)$$

这样式(1.19)变为

$$\begin{aligned}(\Delta x)^2(\Delta p_x)^2&\geqslant|(\alpha\psi,\beta\psi)|^2\\&=\frac{1}{4}|a|^2+\frac{1}{4}|b|^2\geqslant\frac{1}{4}|b|^2\end{aligned} \tag{1.23}$$

又因为

$$\begin{aligned}\alpha\beta-\beta\alpha&=(x-\bar{x})(p_x-\bar{p}_x)-(p_x-\bar{p}_x)(x-\bar{x})\\&=xp_x-p_xx=i\hbar\end{aligned}$$

所以

$$ib=[\psi,(\alpha\beta-\beta\alpha)\psi]=(\psi,i\hbar\psi)=i\hbar$$

这样,最后得到测不准关系为

$$(\Delta x)^2(\Delta p_x)^2\geqslant\frac{\hbar^2}{4} \tag{1.24}$$

或者两边开方

$$\Delta x\Delta p_x\geqslant\frac{\hbar}{2} \tag{1.25}$$

同理可得

$$\Delta y \Delta p_y \geqslant \frac{\hbar}{2} \tag{1.26}$$

$$\Delta z \Delta p_z \geqslant \frac{\hbar}{2} \tag{1.27}$$

式(1.25)～式(1.27)就是著名的测不准关系式. 微观粒子的坐标测量越准确，动量的测量就越不准确，反之亦然. 它最早是由海森堡提出来的. 测不准关系作为量子力学的基本原理，是从大量实验事实总结出来的，无法给予理论上的证明. 这个原理最基本的本质来自于微观粒子具有波粒二象性.

例 1.1　求证：$\dfrac{\mathrm{d}\langle \boldsymbol{r}\cdot\boldsymbol{p}\rangle}{\mathrm{d}t}=\left\langle \dfrac{p^2}{m}\right\rangle-\int \psi^* \boldsymbol{r}\cdot(\nabla V)\psi \mathrm{d}\tau$

证明　由式(1.18)知

$$\frac{\mathrm{d}}{\mathrm{d}t}\langle \boldsymbol{r}\cdot\boldsymbol{p}\rangle=\frac{1}{i\hbar}\langle \boldsymbol{r}\cdot\boldsymbol{p}H-H\boldsymbol{r}\cdot\boldsymbol{p}\rangle$$

由对易关系

$$[x,p_x]\equiv xp_x-p_xx=i\hbar$$

有

$$\begin{aligned}
[xp_x,H]&\equiv xp_xH-Hxp_x\\
&=\left[xp_x,\frac{p_x^2}{2m}+V\right]=\left[xp_x,\frac{p_x^2}{2m}\right]+[xp_x,V]\\
&=[x,p_x^2]\frac{p_x}{2m}+x[p_x,V]\\
&=p_x[x,p_x]\frac{p_x}{2m}+[x,p_x]\frac{p_x^2}{2m}+x[p_x,V]\\
&=i\hbar\frac{p_x^2}{m}+x[p_x,V]
\end{aligned}$$

同理，对 y 分量和 z 分量也有类似的关系，得到

$$\begin{aligned}
\frac{\mathrm{d}}{\mathrm{d}t}\langle \boldsymbol{r}\cdot\boldsymbol{p}\rangle&=\left\langle \frac{p^2}{m}\right\rangle-\int \psi^* \boldsymbol{r}\cdot[\nabla(V\psi)-V\,\nabla\psi]\mathrm{d}\tau\\
&=\left\langle \frac{p^2}{m}\right\rangle-\int \psi^* \boldsymbol{r}\cdot(\nabla V)\psi\mathrm{d}\tau
\end{aligned}$$

例 1.2　若一个粒子处于 $\psi(x)$的状态，求$(\Delta x)^2(\Delta p)^2$ 的值.

$$\psi(x)=\begin{cases}Axe^{-\lambda x} & \text{当 } x\geqslant 0,\lambda>0\\ 0 & \text{当 } x<0\end{cases}$$

解　由定义得

$$\begin{aligned}
(\Delta x)^2&=[\psi,(x-\bar{x})^2\psi]\\
&=[\psi,(x^2-2x\bar{x}+\bar{x}^2)\psi]\\
&=(\psi,x^2\psi)-(\psi,x\psi)^2
\end{aligned}$$

$$(\Delta p)^2=(\psi,p^2\psi)-(\psi,p\psi)^2$$

由归一化

$$\int_{-\infty}^{\infty} \psi^* \psi \mathrm{d}x = 1$$

求出 $A=2\lambda^{3/2}$，将 $\psi(x)$ 的具体表达式代入计算：

$$(\psi, x^2\psi) = \int_0^{\infty} Ax\mathrm{e}^{-\lambda x} x^2 Ax\mathrm{e}^{-\lambda x} \mathrm{d}x = \frac{3A^2}{4\lambda^5} = \frac{3}{\lambda^2}$$

$$(\psi, x\psi) = \int_0^{\infty} Ax\mathrm{e}^{-\lambda x} x Ax\mathrm{e}^{-\lambda x} \mathrm{d}x = \frac{3A^2}{8\lambda^4} = \frac{3}{2\lambda}$$

$$(\psi, p^2\psi) = \int_0^{\infty} Ax\mathrm{e}^{-\lambda x} \left(-\hbar \frac{\mathrm{d}^2}{\mathrm{d}x^2}\right) Ax\mathrm{e}^{-\lambda x} \mathrm{d}x = \frac{A^2\hbar^2}{4\lambda} = \lambda^2\hbar^2$$

$$(\psi, p\psi) = \int_0^{\infty} Ax\mathrm{e}^{-\lambda x} \left(-i\hbar \frac{\mathrm{d}}{\mathrm{d}x}\right) Ax\mathrm{e}^{-\lambda x} \mathrm{d}x = 0$$

$$(\Delta x)^2(\Delta p)^2 = \frac{3}{4}\hbar^2$$

习　题

1. 算子 F_1, F_2 的交换算子定义为

$$[F_1, F_2] = F_1F_2 - F_2F_1$$

试证：

$$[x, p_x] = i\hbar, \quad [x, p_y] = 0$$

2. 一维运动的粒子处在

$$\psi(x) = \begin{cases} Ax\mathrm{e}^{\lambda x} & \text{当 } x \geqslant 0 \\ 0 & \text{当 } x < 0 \end{cases}$$

的状态，其中 $\lambda > 0$，将波函数归一化，并求坐标和动量的平均值.

3. 若算子 F, G 为厄米算子：

(1) FG 是否为厄米算子？什么条件下为厄米算子？

(2) 若 $FG \neq GF$，则 $FG-GF$ 和 $i(FG-GF)$ 是否为厄米算子？

4. 设粒子所处的状态是

$$\psi(x) = A\left(\sin^2 kx + \frac{1}{2}\cos kx\right)$$

求粒子动量的平均值和粒子动能的平均值.

5. 求证：对实数波函数，动量的平均值必为零.

6. 一维谐振子基态 $\psi(x) = \sqrt{\dfrac{\alpha}{\pi^{1/2}}}\mathrm{e}^{-\frac{\alpha^2 x^2}{2}}$，$\alpha = \sqrt{\dfrac{m\omega}{\hbar}}$，求 $(\Delta x)^2(\Delta p)^2$.

7. 设波函数为

$$\psi(\boldsymbol{r}, t) = R(\boldsymbol{r}, t)\mathrm{e}^{i\varphi(\boldsymbol{r}, t)}$$

R、φ 都是实函数. 证明：

$$\boldsymbol{J} = \frac{\hbar}{m} R^2 \nabla\varphi$$

8. 求证：

$$\frac{\mathrm{d}\langle x^2 \rangle}{\mathrm{d}t} = \frac{1}{m}(\langle xp_x \rangle + \langle p_x x \rangle)$$

第 2 章　本征值和本征函数

第 1 章已经引入了量子力学的基本假定，微观力学体系的状态用波函数来描述；力学量用相应的算子代表. 本章要进一步讨论，代表可观察量的算子必须是厄米算子，厄米算子的本征函数具有某些基本性质，这些性质在量子力学理论中占有非常重要的地位.

2.1　狄拉克 δ 函数

狄拉克在量子力学中首次引入了 δ 函数，不仅使很多物理问题的讨论得以进行，而且 δ 函数在数学上也有着非常重要的地位.

δ 函数用下列性质作为定义：

$$\delta(x)=0 \qquad 当\ x\neq 0$$

$$\int_{-\infty}^{\infty}\delta(x)\mathrm{d}x = 1 \qquad (积分限包含\ x=0\ 点) \tag{2.1}$$

由以上定义，显然下式成立：

$$\int f(x)\delta(x)\mathrm{d}x = f(0) \tag{2.2}$$

或者

$$\int f(x)\delta(x-a)\mathrm{d}x = f(a)$$

δ 函数也有下面两种定义：

(1) 用函数的极限来定义

$$\delta(x)=\lim_{g\to\infty}\frac{\sin gx}{\pi x} \qquad (g\ 是正实数) \tag{2.3}$$

右端函数在 $x=0$ 处，其值为 $\frac{g}{\pi}$，在整个 x 轴，以 $\frac{2\pi}{g}$ 为周期作振荡，其积分值

$$\int_{-\infty}^{\infty}\frac{\sin gx}{\pi x}\mathrm{d}x = \frac{1}{\pi}\int_{-\infty}^{\infty}\frac{\sin y}{y}\mathrm{d}y = \frac{2}{\pi}\int_{0}^{\infty}\frac{\sin y}{y}\mathrm{d}y = \frac{2}{\pi}\,\frac{\pi}{2} = 1$$

当 $g\to\infty$，函数的极限值确实有 $\delta(x)$ 的性质.

(2) 用不连续函数 $\varepsilon(x)$ 的微商来定义

$$\delta(x)=\varepsilon'(x) \tag{2.4}$$

$$\varepsilon(x)=\begin{cases}0 & 当\ x<0\\ 1 & 当\ x>0\end{cases}$$

$\varepsilon(x)$ 称为阶梯函数，利用分部积分法

$$\int_{-g}^{g}f(x)\varepsilon'(x)\mathrm{d}x = f(x)\varepsilon(x)\Big|_{-g}^{g} - \int_{-\infty}^{\infty}\varepsilon(x)\,\frac{\mathrm{d}f(x)}{\mathrm{d}x}\mathrm{d}x$$

$$= f(g) - \int_{0}^{g}\mathrm{d}f(x) = f(0)$$

当 $g\to\infty$，与式(2.2)比较得到

$$\delta(x)=\varepsilon'(x)$$

$\delta(x)$函数总是在积分中使用，容易验证，它具有下列性质：

①
$$\delta(x)=\delta(-x)$$

表明 $\delta(x)$是偶函数.

②
$$x\delta(x)=0$$

因为

$$\int f(x)x\delta(x)\mathrm{d}x = f(0)\cdot 0 = 0$$

对任意 $f(x)$上式恒成立，所以得证. 这个关系式在碰撞理论中要用到. 若有等式 $A=B$，两边除以 x，若 x 不通过零点，有

$$\frac{A}{x}=\frac{B}{x}$$

若 x 通过零点，必须写成

$$\frac{A}{x}=\frac{B}{x}+C\delta(x)$$

C 为不等于零的常数. 上式两边同乘 x，得

$$A=B+Cx\delta(x)$$

③
$$\delta(ax)=\frac{1}{a}\delta(x)$$

应用变数变换，设 $y=ax$，由定义式(2.1)可证之.

④
$$\delta(x^2-a^2)=\frac{1}{2a}[\delta(x-a)+\delta(x+a)]\qquad (a>0)$$

证明　令 $y=x^2-a^2$，$x=\pm\sqrt{y+a^2}$，$\mathrm{d}x=\frac{\mathrm{d}y}{2x}$.

当 $x=(-\infty,0)$时，$y=(\infty,-a^2)$；当 $x=(0,\infty)$时，$y=(-a^2,\infty)$.

右边积分得

$$\int_{-\infty}^{\infty}\frac{f(x)}{2a}[\delta(x-a)+\delta(x+a)]\mathrm{d}x = \frac{1}{2a}f(a)+\frac{1}{2a}f(-a)$$

左边积分得

$$\begin{aligned}\int_{-\infty}^{\infty} f(x)\delta(x^2-a^2)\mathrm{d}x &= \int_{-\infty}^{0} f(x)\delta(x^2-a^2)\mathrm{d}x+\int_{0}^{\infty} f(x)\delta(x^2-a^2)\mathrm{d}x\\ &=\int_{\infty}^{-a^2} f(-\sqrt{y+a^2})\delta(y)\frac{\mathrm{d}y}{-2\sqrt{y+a^2}}+\int_{-a^2}^{\infty} f(\sqrt{y+a^2})\delta(y)\frac{\mathrm{d}y}{2\sqrt{y+a^2}}\\ &=-\int_{-a^2}^{\infty} f(-\sqrt{y+a^2})\delta(y)\frac{\mathrm{d}y}{-2\sqrt{y+a^2}}+f(a)\frac{1}{2a}\\ &=\frac{1}{2a}[f(a)+f(-a)]\end{aligned}$$

左右两边相等，证毕.

⑤
$$\int\delta(a-x)\delta(x-b)\,\mathrm{d}x=\delta(a-b)$$

把 $\delta(a-x)$ 看作 $f(x)$，立即得此式.

⑥
$$f(x)\delta(x-a)=f(a)\delta(x-a)$$

$$左边=\int_{-\infty}^{\infty}\varphi(x)f(x)\delta(x-a)\,\mathrm{d}x=\varphi(a)f(a)$$

$$右边=\int_{-\infty}^{\infty}\varphi(x)f(a)\delta(x-a)\,\mathrm{d}x=\varphi(a)f(a)$$

两式相等，得证.

⑦
$$\delta'(x)=-\delta'(-x)$$

由性质①：$\delta(x)=\delta(-x)$ 两边微商即得.

⑧
$$x\delta'(x)=-\delta(x)$$

由性质②：$x\delta(x)=0$ 对上式两边微商，得

$$x\delta'(x)+\delta(x)=0$$

⑨
$$\delta[f(x)-f(x')]=\left(\frac{\mathrm{d}f}{\mathrm{d}x}\right)^{-1}\delta(x-x')$$

设 $f(x)=y$，$f(x')=y'$，则有 $\mathrm{d}f(x)=\mathrm{d}y$，$\mathrm{d}x=\left[\frac{\mathrm{d}f(x)}{\mathrm{d}x}\right]^{-1}\mathrm{d}y$

$$\begin{aligned}\int_{-\infty}^{\infty}g(x)\delta[f(x)-f(x')]\,\mathrm{d}x&=\int_{f(-\infty)}^{f(\infty)}g[x(y)]\delta(y-y')\left(\frac{\mathrm{d}f}{\mathrm{d}x}\right)^{-1}\mathrm{d}y\\&=g[x(y')]\left(\frac{\mathrm{d}f}{\mathrm{d}x}\right)^{-1}_{y=y'}\\&=g(x')\left(\frac{\mathrm{d}f}{\mathrm{d}x}\right)^{-1}_{x=x'}\\&=\int_{-\infty}^{\infty}g(x)\left[\left(\frac{\mathrm{d}f}{\mathrm{d}x}\right)^{-1}\delta(x-x')\right]\mathrm{d}x\end{aligned}$$

由于被积函数相等，得证.

2.2　稳　定　态

薛定谔方程的解波函数是随时间变化的，通常从初始态 $\psi(\boldsymbol{r},0)$ 求终态 $\psi(\boldsymbol{r},t)$ 是困难的. 但对特殊的情况，当哈密顿算子不显含时间 t 时，有

$$H=H(\boldsymbol{r},-i\hbar\nabla)$$

则可用分离变量法求解薛定谔方程

$$i\hbar\frac{\partial\psi}{\partial t}=H\psi$$

令 $\psi(\boldsymbol{r},t)=\boldsymbol{u}(\boldsymbol{r})T(t)$，代入上式，可得

$$i\hbar\frac{1}{T}\frac{\mathrm{d}T(t)}{\mathrm{d}t}=\frac{1}{\boldsymbol{u}}H\boldsymbol{u}(\boldsymbol{r})$$

上式左端是 t 的函数，右端是 $\boldsymbol{r}$ 的函数，左右相等，只能等于某一常数，令此常数为 E，相应的函数为 T_E 和 u_E，得

$$i\hbar\frac{\mathrm{d}T_E}{\mathrm{d}t}=ET_E \tag{2.5}$$

$$H\boldsymbol{u}_E=E\boldsymbol{u}_E \tag{2.6}$$

式(2.5)立即可求解,得

$$T_E=A_E\mathrm{e}^{-iEt/\hbar}$$

A_E 为任意常数. 这样,得到 $\psi(\boldsymbol{r},t)$ 为

$$\psi(\boldsymbol{r},t)=A_E\mathrm{e}^{-iEt/\hbar}\boldsymbol{u}_E(\boldsymbol{r})$$

具有这种形式的波函数所描述的状态称为稳定态,简称定态. 在定态中,能量有确定值. 式(2.6)称为定态薛定谔方程. 由于薛定谔方程是线性方程,故线性组合仍是它的解. 因此,薛定谔方程的通解 $\psi(\boldsymbol{r},t)$ 为

$$\psi(\boldsymbol{r},t)=\sum_E A_E\boldsymbol{u}_E(\boldsymbol{r})\mathrm{e}^{-iEt/\hbar} \tag{2.7}$$

在定态下,当力学量算子 F 不显含时间 t,其平均值不随时间而变化. 因为

$$\langle F\rangle=\int\psi^* F\psi\,\mathrm{d}^3r=\int A_E^*\,\mathrm{e}^{iEt/\hbar}\boldsymbol{u}_E^*F\,A_E\mathrm{e}^{-iEt/\hbar}\boldsymbol{u}_E\mathrm{d}^3r$$

$$=|A_E|^2\int\boldsymbol{u}_E^*F\boldsymbol{u}_E\mathrm{d}^3r=|A_E|^2(\boldsymbol{u}_E,F\boldsymbol{u}_E)$$

因此,平均值与时间无关. 容易看到,在定态下,概率密度 $\psi^*\psi$ 也不随时间变化. 因此,关于定态下面几种说法是等价的:

(1) 由波函数 $\psi(\boldsymbol{r},t)=A_E\boldsymbol{u}_E(\boldsymbol{r})\mathrm{e}^{-iEt/\hbar}$ 描述的状态是定态.

(2) 体系能量有确定值的态.

(3) 概率密度不随时间变化的态.

存在定态的条件是哈密顿量不显含时间 t. 在定态中,不显含时间 t 的力学量的平均值不随时间变化.

式(2.6)称为能量本征方程. 即一个力学量算子作用于一个函数上,等于某个常数乘以这个函数. 这个常数称为本征值,这个函数称为属于这个本征值的本征函数. 例如,本征方程

$$H\boldsymbol{u}_E=E\boldsymbol{u}_E$$

的本征值是 E,属于 E 的本征函数是 $\boldsymbol{u}_E$. 当对于某个能量 E,只有一个 $\boldsymbol{u}_E$,则此时称为非简并的;当对于某个能量 E,有多个不同的 $\boldsymbol{u}_E$,如有 K 个 $\boldsymbol{u}_E(\boldsymbol{u}_{E_i},i=1,2,\cdots,K)$ 与之对应,此时称为简并的,K 称为简并度(退化度). 作为一个例子,讨论一个自由粒子在立方箱中的运动,箱边长为 $l(0\leqslant x,y,z,\leqslant l)$.

先写出体系的哈密顿

$$H=\frac{1}{2m}(p_x^2+p_y^2+p_z^2)$$

把哈密顿算符化为

$$H=-\frac{\hbar^2}{2m}\nabla^2$$

本征方程为

$$-\frac{\hbar^2}{2m}\nabla^2\boldsymbol{u}=E\boldsymbol{u} \tag{2.8}$$

用分离变量法求解. 令 $\boldsymbol{u}(x,y,z)=X(x)Y(y)Z(z)$，把 $\boldsymbol{u}$ 代入式(2.8)，得

$$-\frac{\hbar^2}{2m}\left(\frac{1}{X}\frac{\mathrm{d}^2X}{\mathrm{d}x^2}+\frac{1}{Y}\frac{\mathrm{d}^2Y}{\mathrm{d}y^2}+\frac{1}{Z}\frac{\mathrm{d}^2Z}{\mathrm{d}z^2}\right)=E$$

令 $E=E_x+E_y+E_z$，上面方程变为三个方程：

$$\left.\begin{aligned}-\frac{\hbar^2}{2m}\frac{1}{X}X''(x)=E_x\\-\frac{\hbar^2}{2m}\frac{1}{Y}Y''(y)=E_y\\-\frac{\hbar^2}{2m}\frac{1}{Z}Z''(z)=E_z\end{aligned}\right\}\tag{2.9}$$

式(2.9)中第一个方程的通解为

$$X(x)=C_1\sin\sqrt{\frac{2mE_x}{\hbar^2}}x+C_2\cos\sqrt{\frac{2mE_x}{\hbar^2}}x$$

利用边界条件定系数 C_1 和 C_2，即在立方箱边界上及外面找不到粒子.

$$X(0)=X(l)=0$$

$$X(0)=C_1\sin(0)+C_2\cos(0)=C_2=0$$

又由 $C_2=0$ 有

$$X(l)=C_1\sin\sqrt{\frac{2mE_x}{\hbar^2}}l=0$$

得

$$\sqrt{\frac{2mE_x}{\hbar^2}}\,l=n_x\pi\qquad(n_x=1,2,\cdots)$$

由上式得到能级

$$E_x=\frac{n_x^2\pi^2\hbar^2}{2ml^2}=\frac{n_x^2h^2}{8ml^2}\tag{2.10}$$

由波函数 $X(x)=C_1\sin\sqrt{\frac{2mE_x}{\hbar^2}}x$ 的归一化条件定出常数 C_1

$$\int_0^l X^2\mathrm{d}x=1\qquad C_1=\sqrt{\frac{2}{l}}$$

这样，得式(2.9)第一个方程的本征函数和本征值为

$$\left.\begin{aligned}X(x)&=\sqrt{\frac{2}{l}}\ \sin\frac{n_x\pi}{l}x\\E_x&=\frac{n_x^2h^2}{8ml^2}\end{aligned}\right\}\qquad(n_x=1,2,3,\cdots)$$

同理，可得式(2.9)第二个方程和第三个方程的解：

$$\left.\begin{aligned}Y(y)&=\sqrt{\frac{2}{l}}\sin\frac{n_y\pi}{l}y\\E_y&=\frac{n_y^2h^2}{8ml^2}\end{aligned}\right\}\qquad(n_y=1,2,3,\cdots)$$

$$\left.\begin{aligned} Z(z)&=\sqrt{\frac{2}{l}}\sin\frac{n_z\pi}{l}z \\ E_z&=\frac{n_z^2h^2}{8ml^2} \end{aligned}\right\} \qquad (n_z=1,2,3,\cdots)$$

综合起来,得式(2.8)的解为

$$\begin{aligned} u_{n_xn_yn_z}&=XYZ=\sqrt{\frac{8}{l^2}}\sin\frac{n_x\pi}{l}x\sin\frac{n_y\pi}{l}y\sin\frac{n_z\pi}{l}z \\ E_{n_xn_yn_z}&=E_x+E_y+E_z=\frac{h^2}{8ml^2}(n_x^2+n_y^2+n_z^2) \end{aligned} \tag{2.11}$$

对于 $n_x=n$ 时,简并度为

$$\sum_{n_x=0}^{n}[n-n_x+1]=\frac{n+2}{2}(n+1)=n^2$$

其中,l^3 是立方箱体积. 量子数为 $n_x,n_y,n_z=1,2,3,\cdots$. 由此看到,能量 E 是断续的,而且出现了简并. 例如,当 $n^2=n_x^2+n_y^2+n_z^2=6$,简并度为 3,$(n_x,n_y,n_z)=(1,1,2),(1,2,1),(2,1,1)$.

2.3 本征值和本征函数

微观粒子的图像是波粒二象性,与经典力学不同,因而在数学处理上,量子力学也与经典力学有根本的不同. 前面已提到,在量子力学中,状态用波函数描述,力学量用算子代表. 现在,对量子力学中力学量作进一步假定.

(1) 任何可观察力学量 $\Omega(\boldsymbol{r},\boldsymbol{p},t)$ 都可用相应的算子 $\Omega(\boldsymbol{r},-i\hbar\nabla,t)$ 来代表. 这种算子必须是厄米的,且是线性的,如动量 $\boldsymbol{p}$,哈密顿 H,角动量 $\boldsymbol{M}=\boldsymbol{r}\times\boldsymbol{p}$ 均为厄米算子. 厄米算子的定义已在式(1.13)讲过了. 线性算子的定义是:若 Ω 是线性算子,有

$$\Omega(C_1\boldsymbol{u}_1+C_2\boldsymbol{u}_2)=C_1\Omega\boldsymbol{u}_1+C_2\Omega\boldsymbol{u}_2 \tag{2.12}$$

(2) 可观察力学量 Ω 的本征方程为

$$\Omega v_\mu=\omega_\mu v_\mu \tag{2.13}$$

式中,ω_μ 为本征值,v_μ 为本征函数. 力学量 Ω 的测定值只能是这些本征值 ω_μ. 当 ω_μ 连续变化,称为连续谱;ω_μ 的变化是断续的,称为分立谱. 本征值按一定概率分布,因此平均值是确定的.

(3) 本征函数系 $\{v_\mu\}$ 组成完全集合,任何状态函数均可表示成这些本征函数的线性组合.

所谓完全集合,完全是一个数学概念. 我们把本征函数系看成某一线性空间的基矢量,在这个空间的任何矢量都可以用这组基矢量来线性表达. 从以上假定,可以推导出本征值和本征函数的某些重要性质:

(1) 力学量的本征值是实数.

设本征函数已归一化. 由算符的厄米性可证之:

$$\omega_\mu=(v_\mu,\Omega v_\mu)=(\Omega v_\mu,v_\mu)=\omega_\mu^*$$

(2) 属于不同本征值的本征函数互相正交.

设 Ω 的两个不同本征值的本征方程为

$$\begin{aligned} \Omega v_\mu&=\omega_\mu v_\mu \\ \Omega v_\mu'&=\omega_\mu' v_\mu' \qquad (\omega_\mu'\neq\omega_\mu) \end{aligned}$$

由第一个方程,可得

$$(v_\mu',\Omega v_\mu)=(v_\mu',\omega_\mu v_\mu)=\omega_\mu(v_\mu',v_\mu) \tag{2.14}$$

由第二个方程,又得

$$(\Omega v'_\mu, v_\mu) = (\omega'_\mu v'_\mu, v_\mu) = \omega'_\mu (v'_\mu, v_\mu) \tag{2.15}$$

式(2.14)和式(2.15)左边相等,右边也应相等,有

$$(\omega_\mu - \omega'_\mu)(v'_\mu, v_\mu) = 0$$

由于 $\omega_\mu \neq \omega'_\mu$,所以

$$(v'_\mu, v_\mu) = 0$$

(3) 力学量的本征函数组成完全正交归一化集合.

由性质(2)知,不同本征值的本征函数互相正交,现在要进一步说明,在简并情况下,对应本征值 ω_μ,有 n 个线性无关的本征函数 v_{μ_i} $(i=1,2,\cdots,n)$,它们也互相正交. 如果不正交,可以用施密特(Schmidt)正交化方法将它们重新组合使之正交. 步骤如下:

令

$$\boldsymbol{u}_1 = \frac{v_{\mu_1}}{(v_{\mu_1}, v_{\mu_1})^{1/2}}$$

则

$$(\boldsymbol{u}_1, \boldsymbol{u}_1) = 1$$

$$v'_{\mu_2} = v_{\mu_2} - (\boldsymbol{u}_1, v_{\mu_2})\boldsymbol{u}_1$$

$$\boldsymbol{u}_2 = \frac{v'_{\mu_2}}{(v'_{\mu_2}, v'_{\mu_2})^{1/2}}$$

可见,$\boldsymbol{u}_2$ 与 $\boldsymbol{u}_1$ 正交,且本身归一化

$$\begin{aligned}(\boldsymbol{u}_1, \boldsymbol{u}_2) &= \frac{1}{|v'_{\mu_2}|}(\boldsymbol{u}_1, v'_{\mu_2}) \\ &= \frac{1}{|v'_{\mu_2}|}(\boldsymbol{u}_1, v_{\mu_2}) - \frac{1}{|v'_{\mu_2}|}(\boldsymbol{u}_1, \boldsymbol{u}_1)(\boldsymbol{u}_1, v_{\mu_2}) = 0 \\ (\boldsymbol{u}_2, \boldsymbol{u}_2) &= \frac{(v'_{\mu_2}, v'_{\mu_2})}{(v'_{\mu_2}, v'_{\mu_2})} = 1\end{aligned}$$

如此做下去,假设已做到第 k 个,即已得到 $\boldsymbol{u}_1, \boldsymbol{u}_2, \cdots, \boldsymbol{u}_k$,且它们彼此是正交归一化的,即

$$(u_i, u_j) = \delta_{ij} \qquad (i, j = 1, 2, \cdots, k)$$

式中,δ_{ij} 是克罗尼克(Kroneker)δ 符号.

$$\delta_{ij} = \begin{cases} 1 & \text{当 } i = j \\ 0 & \text{当 } i \neq j \end{cases}$$

令

$$v'_{\mu_{k+1}} = v_{\mu_{k+1}} - \sum_{j=1}^{k} (u_j, v_{\mu_{k+1}}) u_j$$

有

$$\begin{aligned}(u_l, v'_{\mu_{k+1}}) &= (u_l, v_{\mu_{k+1}}) - \sum_{j=1}^{k} (u_j, v_{\mu_{k+1}})(u_l, u_j) \\ &= (u_l, v_{\mu_{k+1}}) - \sum_{j=1}^{k} (u_j, v_{\mu_{k+1}})\delta_{lj} \\ &= (u_l, v_{\mu_{k+1}}) - (u_l, v_{\mu_{k+1}}) = 0 \qquad (l = 1, 2, \cdots, k)\end{aligned}$$

将 $v'_{\mu_{k+1}}$ 归一化得 u_{k+1}

$$u_{k+1} = \frac{v'_{\mu_{k+1}}}{(v'_{\mu_{k+1}}, v'_{\mu_{k+1}})^{1/2}}$$

这样,我们用归纳法证明了确实能得到 n 个正交归一化的本征函数. 从而得出,力学量的本征函数组成一个完全正交归一化的集合. 任意体系状态的波函数可用它们的线性组合表示.

若

$$\Omega v_{\mu_i}=\omega_\mu v_{\mu_i}\qquad(\mu_i=1,2,\cdots,k)$$

$$\psi(\boldsymbol{r},t)=\sum_{\mu_i}A_{\mu_i}v_{\mu_i}$$

其中 $A_{\mu_i}=(v_{\mu_i},\psi)$,$(v_{\mu_i},v_{\mu_i})=1$.

(4) 完备性条件:对于满足本征方程

$$\Omega v_\mu=\omega_\mu v_\mu$$

的本征函数集合$\{v_\mu\}$的完备性条件是

$$\sum_\mu v_\mu^*(\boldsymbol{r}')v_\mu(\boldsymbol{r})=\delta^3(\boldsymbol{r}-\boldsymbol{r}')$$

式中

$$\delta^3(\boldsymbol{r}-\boldsymbol{r}')=\delta(x-x')\delta(y-y')\delta(z-z')$$

这可用展开公式来证明. 所有满足边界条件的函数 $\psi(\boldsymbol{r},t)$都可以向这套完备函数展开

$$\psi(\boldsymbol{r},t)=\sum_\mu A_\mu v_\mu(\boldsymbol{r})$$

$$A_\mu=\int v_\mu^*(\boldsymbol{r}')\psi(\boldsymbol{r}',t)\mathrm{d}^3r'$$

代入上式,得

$$\begin{aligned}\psi(\boldsymbol{r},t)&=\sum_\mu\int v_\mu^*(\boldsymbol{r}')\psi(\boldsymbol{r}',t)\mathrm{d}^3r'\cdot v_\mu(\boldsymbol{r})\\&=\int\sum_\mu v_\mu^*(\boldsymbol{r}')v_\mu(\boldsymbol{r})\psi(\boldsymbol{r}',t)\mathrm{d}^3r'\end{aligned}$$

又知

$$\psi(\boldsymbol{r},t)=\int\psi(\boldsymbol{r}'t)\delta^3(\boldsymbol{r}-\boldsymbol{r}')\mathrm{d}^3r'$$

将这两个式子进行比较,得

$$\sum_\mu v_\mu^*(\boldsymbol{r}')v_\mu(\boldsymbol{r})=\delta^3(\boldsymbol{r}-\boldsymbol{r}')$$

以上讨论了分立谱的完备性条件. 对于连续谱也可做类似讨论,待讲到连续谱的归一化时再讨论.

到目前为止,我们假定了本征函数系是完全集合,自然得到完备性条件. 反过来,有了完备性条件,也会得到完全集合的结论,即从

$$\delta^3(\boldsymbol{r}-\boldsymbol{r}')=\sum_\mu v_\mu^*(\boldsymbol{r}')v_\mu(\boldsymbol{r})$$

可得

$$\begin{aligned}\psi(\boldsymbol{r},t)&=\int\psi(\boldsymbol{r}',t)\delta^3(\boldsymbol{r}-\boldsymbol{r}')\mathrm{d}^3r'\\&=\int\psi(\boldsymbol{r}',t)\sum_\mu v_\mu^*(\boldsymbol{r}')v_\mu(\boldsymbol{r})\mathrm{d}^3r'\\&=\sum_\mu\left[\int\psi(\boldsymbol{r}',t)v_\mu^*(\boldsymbol{r}')\mathrm{d}^3r'\right]v_\mu(\boldsymbol{r})\end{aligned}$$

$$= \sum_{\mu} A_{\mu}(t) v_{\mu}(\boldsymbol{r})$$

式中，$A_{\mu}(t) = \int v_{\mu}^{*}(\boldsymbol{r}')\psi(\boldsymbol{r}',t)\mathrm{d}^3 r'$，可观察力学量的本征函数系组成完全集合，或满足完备性条件是量子力学一条尚未证明的假定. 总之，对于分立谱，本征函数的两个重要关系式是

(1) 正交归一化条件

$$\int v_{\mu'}^{*}(\boldsymbol{r}) v_{\mu}(\boldsymbol{r})\mathrm{d}^3 r = \delta_{\mu'\mu} \tag{2.16}$$

(2) 完备性条件

$$\sum_{\mu} v_{\mu}^{*}(\boldsymbol{r}') v_{\mu}(\boldsymbol{r}) = \delta^3(\boldsymbol{r} - \boldsymbol{r}') \tag{2.17}$$

连续谱的对应公式是

$$\int v_{\mu'}^{*}(\boldsymbol{r}) v_{\mu}(\boldsymbol{r})\mathrm{d}^3 r = \delta^3(\mu - \mu') \tag{2.18}$$

$$\int v_{\mu}^{*}(\boldsymbol{r}') v_{\mu}(\boldsymbol{r})\mathrm{d}\mu = \delta^3(\boldsymbol{r} - \boldsymbol{r}') \tag{2.19}$$

2.4　能量本征函数

量子力学中绝大多的问题是求解能量的本征值和本征函数的问题. 考虑一个在三维空间中受势场 $V=V(\boldsymbol{r})$ 作用的粒子的运动，体系的哈密顿和能量本征方程为

$$H = -\frac{\hbar^2}{2m}\nabla^2 + V(\boldsymbol{r})$$

$$H\boldsymbol{u}_E(\boldsymbol{r}) = E\boldsymbol{u}_E(\boldsymbol{r})$$

根据 2.3 节讨论，能量本征值和本征函数具有下列性质：

(1) E 为实数.

(2) $(\boldsymbol{u}_{E'}, \boldsymbol{u}_E) = \delta_{EE'}$.

(3) $\sum_{E} \boldsymbol{u}_E^{*}(\boldsymbol{r}')\boldsymbol{u}_E(\boldsymbol{r}) = \delta^3(\boldsymbol{r} - \boldsymbol{r}')$.

设体系的波函数 $\psi(\boldsymbol{r},t)$ 满足薛定谔方程：

$$i\hbar\frac{\partial\psi}{\partial t} = H\psi$$

因此，$\psi(\boldsymbol{r},t)$ 可以向基矢量完备集合 $\{\boldsymbol{u}_E\}$ 展开

$$\psi(\boldsymbol{r},t) = \sum_{E} A_E(t)\boldsymbol{u}_E(\boldsymbol{r}) \tag{2.20}$$

$$A_E(t) = \int \boldsymbol{u}_E^{*}(\boldsymbol{r})\psi(\boldsymbol{r},t)\mathrm{d}^3 r = (\boldsymbol{u}_E, \psi)$$

$A_E(t)$ 是时间的函数，$A_E(t)$ 对 t 微商，得

$$\frac{\mathrm{d}A_E}{\mathrm{d}t} = \left(\boldsymbol{u}_E, \frac{\partial\psi}{\partial t}\right) = \frac{1}{i\hbar}(\boldsymbol{u}_E, H\psi)$$

$$= \frac{E}{i\hbar}(\boldsymbol{u}_E, \psi) = -\frac{iE}{\hbar}A_E$$

对上式两边积分，得

$$A_E(t) = A_E(0)\mathrm{e}^{-iEt/\hbar}$$

代入式(2.20),得

$$\psi(\boldsymbol{r},t) = \sum_E A_E(0)\mathrm{e}^{-iEt/\hbar}\boldsymbol{u}_E(\boldsymbol{r}) \tag{2.21}$$

当体系的状态用 $\psi(\boldsymbol{r},t)$ 描述,测得能量为 E 的概率为

$$P(E)=A_E^*(t)A_E(t)=|A_E(0)|^2$$

它和时间无关,是一个定态. 能量的平均值为

$$\begin{aligned}\sum_E EP(E) &= \sum_E \int E\boldsymbol{u}_E^*(\boldsymbol{r})\psi(\boldsymbol{r},t)\mathrm{d}^3r \cdot \int \boldsymbol{u}_E(\boldsymbol{r}')\psi^*(\boldsymbol{r}',t)\mathrm{d}^3r' \\ &= \iint \psi^*(\boldsymbol{r}',t)[H\psi(\boldsymbol{r},t)] \cdot \sum_E \boldsymbol{u}_E^*(\boldsymbol{r})\boldsymbol{u}_E(\boldsymbol{r}')\mathrm{d}^3r\mathrm{d}^3r' \\ &= \iint \delta^3(\boldsymbol{r}-\boldsymbol{r}')\psi^*(\boldsymbol{r}',t)[H\psi(\boldsymbol{r},t)]\mathrm{d}^3r\mathrm{d}^3r' \\ &= \int \psi^*(\boldsymbol{r},t)H\psi(\boldsymbol{r},t)\mathrm{d}^3r \\ &= (\psi, H\psi) = \langle E\rangle\end{aligned}$$

即由

$$\sum_E EP(E) = \langle E\rangle$$

上式定义的平均值和式(1.12)定义的完全一样. 这表明量子力学假定的一致性.

2.5 动量的本征值和本征函数

动量算子 $\boldsymbol{p}$ 为

$$\boldsymbol{p}=-i\hbar\nabla$$

本征方程为

$$-i\hbar\nabla\boldsymbol{u}_K=\boldsymbol{p}\boldsymbol{u}_K$$

写成分量的形式为

$$\left.\begin{aligned}-i\hbar\frac{\partial \boldsymbol{u}_K}{\partial x}&=p_x\boldsymbol{u}_K \\ -i\hbar\frac{\partial \boldsymbol{u}_K}{\partial y}&=p_y\boldsymbol{u}_K \\ -i\hbar\frac{\partial \boldsymbol{u}_K}{\partial z}&=p_z\boldsymbol{u}_K\end{aligned}\right\} \tag{2.22}$$

解的形式分别为

$$\boldsymbol{u}_K=C(y,z)\exp\left(\frac{ip_x x}{\hbar}\right)$$

$$\boldsymbol{u}_K=C(x,z)\exp\left(\frac{ip_y y}{\hbar}\right)$$

$$\boldsymbol{u}_K=C(x,y)\exp\left(\frac{ip_z z}{\hbar}\right)$$

综合上三式,可得

$$\boldsymbol{u}(x,y,z)=C\mathrm{e}^{\frac{i(p_x x+p_y y+p_z z)}{\hbar}} \tag{2.23}$$

由 $\boldsymbol{p}=\hbar\boldsymbol{K}$,式(2.23)化为

$$\boldsymbol{u}_K = C(\boldsymbol{r}) = C_K \mathrm{e}^{i(\boldsymbol{K},\boldsymbol{r})} \tag{2.24}$$

式中，C_K 为归一化常数，用归一化条件确定. 由于 $\boldsymbol{u}_K(\boldsymbol{r})$ 具有指数形式，在无穷远处不为零，有两种方法来归一化.

(1) 周期性边界条件.

在有限体积 $V=L^3$ 内，x, y, z 都从 $-\dfrac{L}{2}$ 到 $\dfrac{L}{2}$，设在边界面的对应点上，$\boldsymbol{u}_K$ 和 $\nabla \boldsymbol{u}_K$ 分别都相等，这就是周期性边界条件. 利用这个条件，得到

$$\mathrm{e}^{-i\frac{LK_x}{2}} = \mathrm{e}^{i\frac{LK_x}{2}} \qquad \mathrm{e}^{-i\frac{LK_y}{2}} = \mathrm{e}^{i\frac{LK_y}{2}} \qquad \mathrm{e}^{-i\frac{LK_z}{2}} = \mathrm{e}^{i\frac{LK_z}{2}} \tag{2.25}$$

从而

$$K_x = \frac{2\pi n_x}{L} \qquad K_y = \frac{2\pi n_y}{L} \qquad K_z = \frac{2\pi n_z}{L} \qquad (n_x, n_y, n_z = 0, \pm 1, \pm 2, \cdots) \tag{2.26}$$

动量本征值为

$$\boldsymbol{p} = \hbar \boldsymbol{K} = \frac{h}{L}\boldsymbol{n} \tag{2.27}$$

或者

$$p^2 = \frac{h^2}{L^2}(n_x^2 + n_y^2 + n_z^2)$$

可见在有限体积内，动量是分立的. 由此还可得自由粒子的能量 E 为

$$E = \frac{p^2}{2m} = \frac{h^2}{2mL^2}(n_x^2 + n_y^2 + n_z^2) \tag{2.28}$$

由归一化条件

$$1 = (\boldsymbol{u}_K, \boldsymbol{u}_K) = C_K^2 \int_V \mathrm{e}^{-i\boldsymbol{K}\cdot\boldsymbol{r}} \mathrm{e}^{i\boldsymbol{K}\cdot\boldsymbol{r}} \mathrm{d}^3 r = C_K^2 \cdot V$$

$$C_K = \frac{1}{\sqrt{V}} = \frac{1}{\sqrt{L^3}}$$

把 C_K 代入式(2.24)，得到在有限体积 V 内的周期性边界条件下，动量本征函数为

$$\boldsymbol{u}_K(\boldsymbol{r}) = \frac{1}{L^{3/2}} \mathrm{e}^{i\boldsymbol{K}\cdot\boldsymbol{r}} \tag{2.29}$$

容易验证，不同本征值的本征函数互相正交：

$$\begin{aligned}
(\boldsymbol{u}_I, \boldsymbol{u}_K) &= \frac{1}{L^3}\int_V \mathrm{e}^{-i\boldsymbol{I}\cdot\boldsymbol{r}} \mathrm{e}^{i\boldsymbol{K}\cdot\boldsymbol{r}} \mathrm{d}^3 r \\
&= \frac{1}{L^3}\int_{-\frac{L}{2}}^{\frac{L}{2}} \mathrm{e}^{i(K_x - I_x)x}\mathrm{d}x \int_{-\frac{L}{2}}^{\frac{L}{2}} \mathrm{e}^{i(K_y - I_y)y}\mathrm{d}y \int_{-\frac{L}{2}}^{\frac{L}{2}} \mathrm{e}^{i(K_z - I_z)z}\mathrm{d}z \\
&= \delta_{I_x K_x}\delta_{I_y K_y}\delta_{I_z K_z} = \delta_{\boldsymbol{K}\cdot\boldsymbol{I}}
\end{aligned}$$

上式满足分立谱归一化条件式(2.16). 上式的证明利用了

$$\frac{1}{L}\int_{-\frac{L}{2}}^{\frac{L}{2}} \mathrm{e}^{i(K_x - I_x)x}\mathrm{d}x = \delta_{I_x K_x}$$

由式(2.27)不难证明，$\boldsymbol{K} = \dfrac{2\pi}{L}\boldsymbol{n}$，动量本征函数

$$\boldsymbol{u}_K(\boldsymbol{r}) = \frac{1}{L^{3/2}} \mathrm{e}^{\frac{i2\pi}{L}\boldsymbol{n},\boldsymbol{r}}$$

也是能量的本征函数. 因为

$$H\boldsymbol{u}_K(\boldsymbol{r})=-\frac{\hbar^2}{2m}\nabla^2\boldsymbol{u}_K(\boldsymbol{r})=\frac{h^2}{2mL^2}\boldsymbol{n}^2\boldsymbol{u}_K(\boldsymbol{r})$$

其本征值是

$$E=\frac{h^2}{2mL^2}(n_x^2+n_y^2+n_z^2)$$

上式即式(2.28). 回顾式(2.11),自由粒子箱归一化的结果

$$E=\frac{h^2}{8ml^2}(n_x^2+n_y^2+n_z^2)$$

为什么同样的自由粒子,在大小相同的立方箱中,能量的本征值却不同呢? 原因在于它们所服从的边界条件不同. 周期性边界条件并不要求在边界上函数取零值,因此得到的是传播的波;而方箱问题相当于无限深的势阱,粒子无法穿透箱壁,因此得到的是驻波. 由此看到,本征值、本征函数问题与边界条件紧密联系. 同一问题,边界条件不同,结果不同.

(2) 在无限体积内,利用 δ 函数对动量本征函数归一化.

在有限体积内,动量 $\boldsymbol{p}$ 为

$$\boldsymbol{p}=\hbar\boldsymbol{K}=\frac{h}{L}(n_x,n_y,n_z)$$

当 $L\to\infty$,把体积扩大到无穷远处,动量 $\boldsymbol{p}$ 或 $\boldsymbol{K}$ 相应地从分立到连续. 因此,在有限体积内是分立谱,到无限体积内变成连续谱. 连续谱的归一化总是要利用 δ 函数.

先计算一个积分:

$$\begin{aligned}\int_{-\infty}^{\infty}\mathrm{e}^{i(K_x-I_x)x}\mathrm{d}x &= \lim_{g\to\infty}\int_{-g}^{g}\mathrm{e}^{i(K_x-I_x)x}\mathrm{d}x\\ &=\lim_{g\to\infty}2\pi\frac{\sin(K_x-I_x)g}{\pi(K_x-I_x)}=2\pi\delta(K_x-I_x)\end{aligned}$$

所以,δ 函数也有如下一种表达式:

$$\delta(K_x-I_x)=\frac{1}{2\pi}\int_{-\infty}^{\infty}\mathrm{e}^{i(K_x-I_x)x}\mathrm{d}x \tag{2.30}$$

利用公式 $\delta(ax)=\frac{1}{a}\delta(x)$ 及 $p_x=\hbar K_x$,有

$$\delta(p_x-p_x')=\frac{1}{2\pi\hbar}\int_{-\infty}^{\infty}\mathrm{e}^{i(p_x-p_x')x}\mathrm{d}x \tag{2.31}$$

利用式(2.30),把无限体积内动量本征函数归一化到 δ 函数,可定出归一化常数 C.

$$\begin{aligned}(\boldsymbol{u}_I,\boldsymbol{u}_K) &= C_IC_K\int_{-\infty}^{\infty}\mathrm{e}^{i(K_x-I_x)x}\mathrm{d}x\int_{-\infty}^{\infty}\mathrm{e}^{i(K_y-I_y)y}\mathrm{d}y\int_{-\infty}^{\infty}\mathrm{e}^{i(K_z-I_z)z}\mathrm{d}z\\ &=C_IC_K(2\pi)^3\delta(K_x-I_x)\delta(K_y-I_y)\delta(K_z-I_z)\\ &=C_IC_K(2\pi)^3\delta^3(\boldsymbol{K}-\boldsymbol{I})=1\end{aligned} \tag{2.32}$$

$$C=\frac{1}{(8\pi^3)^{1/2}}$$

$$\boldsymbol{u}_{\boldsymbol{K}}(\boldsymbol{r})=\frac{1}{(2\pi)^{3/2}}\ \mathrm{e}^{i\boldsymbol{K}\cdot\boldsymbol{r}} \tag{2.33}$$

利用式(2.31),同样可得

$$u_p(r)=\frac{1}{(2\pi\hbar)^{3/2}}\ e^{\frac{i}{\hbar}p\cdot r} \tag{2.34}$$

式(2.33)和式(2.34)是常用到的归一化了的自由粒子动量本征函数.

(3) 讨论动量本征函数完备性条件.

分立谱时,有

$$u_K(r)=\frac{1}{L^{3/2}}e^{iK\cdot r}$$

$$\sum_K u_K^*(r')u_K(r)=\frac{1}{L^3}\sum_{n_x n_y n_z}\exp\left\{-\frac{i2\pi}{L}[n_x(x-x')+n_y(y-y')+n_z(z-z')]\right\}$$

$$=\frac{1}{L}\sum_{n_x=-\infty}^{\infty}e^{\frac{i2\pi}{L}n_x(x-x')}\frac{1}{L}\sum_{n_y=-\infty}^{\infty}e^{\frac{i2\pi}{L}n_y(y-y')}\frac{1}{L}\sum_{n_z=-\infty}^{\infty}e^{\frac{i2\pi}{L}n_z(z-z')}$$

当 L 足够大,将 n_x 作为连续变量处理,求和用积分代替.

$$\int_{-\infty}^{\infty}dn_x=\frac{L}{2\pi}\int_{-\infty}^{\infty}dK_x$$

先讨论 x 方向分量,有

$$\frac{1}{L}\sum_{n_x=-\infty}^{\infty}e^{\frac{i2\pi}{L}n_x(x-x')}=\frac{1}{2\pi}\int_{-\infty}^{\infty}e^{iK_x(x-x')}dK_x=\delta(x-x')$$

同理,对 y,z 分量也有相应的式子,最后得到

$$\sum_K u_K^*(r')u_K(r)=\delta(x-x')\delta(y-y')\delta(z-z')=\delta^3(r-r')$$

上式与式(2.17)一致.

连续谱时,有

$$u_K=\frac{1}{(2\pi)^{3/2}}e^{iK\cdot r}$$

$$\int u_K^*(r')u_K(r)d^3K=\frac{1}{(2\pi)^3}\int_{-\infty}^{\infty}e^{iK_x(x-x')}dK_x\int_{-\infty}^{\infty}e^{iK_y(y-y')}dK_y\int_{-\infty}^{\infty}e^{iK_z(z-z')}dK_z$$

$$=\delta^3(r-r')$$

即

$$\int u_K^*(r')u_K(r)d^3K=\delta^3(r-r')$$

上式与式(2.19)一致.这里对自由粒子动量本征函数的归一化及完备性条件的讨论具有普遍意义,在连续谱时,总是归一化到 δ 函数,利用 δ 函数,完备性条件很容易写出.

(4) 平均值.

用动量本征函数作基函数,体系任一状态的函数 $\psi(r,t)$,可以展开为

$$\psi(r,t)=\sum_K A_K u_K(r)$$

其中

$$A_K=\int u_K^*(r)\psi(r,t)d^3r=(u_K,\psi)$$

在 $\psi(r,t)$ 中测量动量得到 $\hbar K$ 的概率为

$$P(\boldsymbol{K})=A_K^* A_K=|(\boldsymbol{u}_K,\psi)|^2$$

动量的平均值为

$$\begin{aligned}\langle \boldsymbol{p}\rangle &= \sum_K \hbar \boldsymbol{K} P(K) = \sum_K \boldsymbol{P} P(K)\\ &= \hbar\sum_K \boldsymbol{K}\int \boldsymbol{u}_K^*(\boldsymbol{r})\psi(\boldsymbol{r},t)\mathrm{d}^3 r\cdot\int \boldsymbol{u}_K(\boldsymbol{r}')\psi^*(\boldsymbol{r}',t)\mathrm{d}^3 r'\\ &= i\hbar\sum_K\int[\nabla \boldsymbol{u}_K^*(\boldsymbol{r})]\psi(\boldsymbol{r},t)\mathrm{d}^3 r\int \boldsymbol{u}_K(\boldsymbol{r}')\psi^*(\boldsymbol{r}',t)\mathrm{d}^3 r'\\ &= \iint\sum_K \boldsymbol{u}_K^*(\boldsymbol{r})u_K(\boldsymbol{r}')[-i\hbar\nabla\psi(\boldsymbol{r},t)]\psi^*(\boldsymbol{r}',t)\mathrm{d}^3 r\mathrm{d}^3 r'\\ &= \iint\psi^*(\boldsymbol{r}',t)\delta^3(\boldsymbol{r}-\boldsymbol{r}')[-i\hbar\nabla\psi(\boldsymbol{r},t)]\mathrm{d}^3 r\mathrm{d}^3 r'\\ &= \int\psi^*(\boldsymbol{r})(-i\hbar\nabla)\psi(\boldsymbol{r})\mathrm{d}^3 r\end{aligned}$$

这与式(1.12)定义的结果一致. 从以上结果可看出，量子力学计算平均值有两种方法求得.

(1)
$$\langle F\rangle = \int\psi^* F\psi\,\mathrm{d}^3 r$$

(2)
$$\langle F\rangle = \sum_K F_K P(K)$$

$P(K)=|(\boldsymbol{u}_K,\psi)|^2$ 是在状态 ψ 中测量力学量 F，得到 F_K 的概率. 这两种方法是等价的，由一种方法可以推得另一种方法.

习　　题

1. 试证：

$$\frac{1}{2\pi}\int_{-\infty}^{\infty}\mathrm{e}^{ikx}\,\mathrm{d}k = \delta(x)$$

2. 试证 δ 函数以下性质：

(1) $\delta'(x)=-\delta'(-x)$

(2) $\delta(ax)=a^{-1}\delta(x)$

(3) $f(x)\delta(x-a)=f(a)\delta(x-a)$

(4) $\delta(x^2-a^2)=(2a)^{-1}[\delta(x-a)+\delta(x+a)](a>0)$

3. 证明：$\boldsymbol{u}_{x'}(x)=\delta(x-x')$对所有实数 x'组成正交归一化的完全系，说明 $\boldsymbol{u}_{x'}(x)$是坐标算子 x 的本征函数，具有本征值 x'.

4. 平移算子 $\hat{T}a$ 定义为

$$\hat{T}a\psi(\boldsymbol{r})=\psi(\boldsymbol{r}+\boldsymbol{a})$$

试给出 $\hat{T}a$ 的表达式(提示：将右方作泰勒展开，利用动量算符，可以写成指数形式).

5. 求一维波函数

$$\psi(x)=A\exp\left(\frac{i}{\hbar}p_0 x-\frac{x^2}{4\xi^2}\right)$$

的归一化因子. 求 x、x^2、p、p^2 在此状态的平均值，试将 $\psi(x)$按 p 的本征函数展开.

6. 对立方箱($0<x<a,0<y<b,0<z<c$)中的自由粒子，求下列函数的平均值：

(1) $\langle x\rangle$　(2) $\langle y\rangle$　(3) $\langle z\rangle$　(4) $\langle p_x\rangle$　(5) $\langle x^2\rangle$

7. 对于一维无限深势阱

$$U=\begin{cases}0 & -\dfrac{a}{2}\leqslant x\leqslant\dfrac{a}{2}\\ \infty & |x|>\dfrac{a}{2}\end{cases}$$

(1) 求粒子运动的波函数及能级.

(2) 求 Δx、Δp.

8. (1) 试证,对于函数 $g(x)$

$$\delta[g(x)] = \sum_i \frac{1}{|g'(x_i)|}\delta(x - x_i)$$

这里,x_i 为 $g(x)$的第 i 个零点,求和是对所有零点求和.

(2) 利用上式,对于自由粒子波函数

$$\psi(x) = A\mathrm{e}^{ikx}$$

当归一化到能量 δ 函数时,即

$$\int_{-\infty}^{\infty} \psi_{E'}^{*}(x)\psi_E(x)\mathrm{d}x = \delta(E - E')$$

求 A.

第3章　分　立　谱

前两章讨论的自由粒子箱归一化问题、周期性边界条件问题，其本征值都是分立的，称为分立谱. 一般地，分立谱同束缚态联系起来. 本章要讨论的谐振子，中心力场中粒子的运动，氢原子等问题都属分立谱问题. 这些问题都是量子力学早期就解决的问题.

3.1　双粒子运动

若一个体系只包含两个粒子，设粒子 1 的质量为 m_1，坐标 $\boldsymbol{r}_1(x_1, y_1, z_1)$；粒子 2 的质量为 m_2，坐标 $\boldsymbol{r}_2(x_2, y_2, z_2)$，则体系运动自由度为 6. 体系中两粒子作用能显然只与它们的相对坐标有关，即

$$V=V(\boldsymbol{r}_2-\boldsymbol{r}_1)$$

于是哈密顿为

$$H=-\frac{\hbar^2}{2}\left(\frac{1}{m_1}\nabla_1^2+\frac{1}{m_2}\nabla_2^2\right)+V(\boldsymbol{r}_2-\boldsymbol{r}_1)$$

薛定谔方程为

$$-\frac{\hbar^2}{2}\left(\frac{\nabla_1^2}{m_1}+\frac{\nabla_2^2}{m_2}\right)u+V(\boldsymbol{r}_2-\boldsymbol{r}_1)u=Eu \tag{3.1}$$

其中

$$\nabla_1^2=\frac{\partial^2}{\partial x_1^2}+\frac{\partial^2}{\partial y_1^2}+\frac{\partial^2}{\partial z_1^2}\qquad \nabla_2^2=\frac{\partial^2}{\partial x_2^2}+\frac{\partial^2}{\partial y_2^2}+\frac{\partial^2}{\partial z_2^2}$$

引入质心坐标和相对坐标，可以将式(3.1)分成质心的运动和相对质心的运动.

1. 质心运动和相对运动

定义质心坐标 $\boldsymbol{r}_C$ 为

$$(m_1+m_2)\boldsymbol{r}_C=m_1\boldsymbol{r}_1+m_2\boldsymbol{r}_2$$

写成分量形式为

$$(m_1+m_2)x_C=m_1x_1+m_2x_2$$
$$(m_1+m_2)y_C=m_1y_1+m_2y_2$$
$$(m_1+m_2)z_C=m_1z_1+m_2z_2$$

定义相对坐标 $\boldsymbol{r}$ 为

$$\boldsymbol{r}=\boldsymbol{r}_2-\boldsymbol{r}_1$$

分量形式

$$x=x_2-x_1\qquad y=y_2-y_1\qquad z=z_2-z_1$$

于是描写体系运动的独立坐标 $\boldsymbol{r}_1$，$\boldsymbol{r}_2$ 可以用 $\boldsymbol{r}_C$ 和 $\boldsymbol{r}$ 来代替. 它们恰好具有相等的自由度，利用以上变换不难求出下列关系式：

$$\nabla_1=\frac{m_1}{m_1+m_2}\nabla_C-\nabla$$

$$\nabla_2=\frac{m_2}{m_1+m_2}\nabla_C+\nabla$$

由此可得

$$\nabla_1^2=\left(\frac{m_1}{m_1+m_2}\right)^2\nabla_C^2+\nabla^2-\frac{2m_1}{m_1+m_2}\nabla_C\cdot\nabla$$

$$\nabla_2^2=\left(\frac{m_2}{m_1+m_2}\right)^2\nabla_C^2+\nabla^2+\frac{2m_2}{m_1+m_2}\nabla_C\cdot\nabla$$

所以

$$\begin{aligned}\frac{1}{m_1}\nabla_1^2+\frac{1}{m_2}\nabla_2^2&=\frac{1}{m_1+m_2}\nabla_C^2+\left(\frac{1}{m_1}+\frac{1}{m_2}\right)\nabla^2\\&=\frac{1}{M}\nabla_C^2+\frac{1}{\mu}\nabla^2\end{aligned}$$

其中$\nabla_C^2=\frac{\partial^2}{\partial x_C^2}+\frac{\partial^2}{\partial y_C^2}+\frac{\partial^2}{\partial z_C^2}$，$\nabla^2=\frac{\partial^2}{\partial x^2}+\frac{\partial^2}{\partial y^2}+\frac{\partial^2}{\partial z^2}$，体系总质量为 $M=m_1+m_2$，约化质量为 $\mu=\frac{m_1m_2}{m_1+m_2}$，这样式(3.1)变为

$$\left[-\frac{\hbar^2}{2M}\nabla_C^2-\frac{\hbar^2}{2\mu}\nabla^2+V(\boldsymbol{r})\right]u=Eu$$

用分离变量法继续分解，令 $u=u^{(C)}(\boldsymbol{r}_C)u^{(i)}(\boldsymbol{r})$，代入上式得

$$-\frac{\hbar^2}{2M}\frac{1}{u^{(C)}}\nabla_C^2u^{(C)}+\frac{1}{u^{(i)}}\left[-\frac{\hbar^2}{2\mu}\nabla^2+V(\boldsymbol{r})\right]u^{(i)}=E$$

上式左边有两项，第一项同质心有关，第二项同相对坐标有关，且各自独立. 每一项为一常数. $E=E^{(C)}+E^{(i)}$，则

$$-\frac{\hbar^2}{2M}\nabla_C^2u^{(C)}=E^{(C)}u^{(C)}\tag{3.2}$$

$$-\frac{\hbar^2}{2\mu}\nabla^2u^{(i)}+V(\boldsymbol{r})u^{(i)}=E^{(i)}u^{(i)}\tag{3.3}$$

式(3.2)描述了体系质心的运动，相当于一个质量 M 的粒子的自由运动；式(3.3)描述了体系的相对运动，相当于一个质量为 μ 的粒子在势场 $V(\boldsymbol{r})$ 中相对质心的运动. 因此，在没有外场作用下，双粒子运动可以分离为质心运动和相对运动.

2. 双原子分子

最简单的双原子分子是氢分子 H_2，有两个核和两个电子. 引入玻恩-奥本海默(Born-Oppenheimer)近似，把核的运动和电子的运动分开来研究. 由于电子质量比核的质量小得多(1/1840)，而运动速度却很大，因此可以分开讨论. 光谱实验也证实了这个近似是相当令人满意的. 这样，当只考虑两个核的运动，就是双粒子运动. 对于两个核的相对运动部分的方程为

$$-\frac{\hbar^2}{2\mu}\nabla^2u+V(r)u=Eu$$

用球坐标，∇^2 表示为

$$\nabla^2=\frac{1}{r^2}\frac{\partial}{\partial r}\left(r^2\frac{\partial}{\partial r}\right)+\frac{1}{r^2\sin\theta}\frac{\partial}{\partial\theta}\left(\sin\theta\frac{\partial}{\partial\theta}\right)+\frac{1}{r^2\sin^2\theta}\frac{\partial^2}{\partial\varphi^2}$$

于是上述方程为

$$-\frac{\hbar^2}{2\mu}\left[\frac{1}{r^2}\frac{\partial}{\partial r}\left(r^2\frac{\partial}{\partial r}\right)+\frac{1}{r^2\sin\theta}\frac{\partial}{\partial\theta}\left(\sin\theta\frac{\partial}{\partial\theta}\right)+\frac{1}{r^2\sin\theta}\frac{\partial}{\partial\varphi^2}\right]u+V(r)u=Eu \tag{3.4}$$

当核之间稳定的平衡距离为 r_e，则 $V(r)$ 可以在 $r=r_e$ 附近展成泰勒级数：

$$V(r)=V(r_e)+(r-r_e)\left(\frac{dV}{dr}\right)_{r=r_e}+\frac{1}{2!}\left(\frac{d^2V}{dr^2}\right)_{r=r_e}(r-r_e)^2+\cdots$$

在平衡位置 r_e，$V(r)$ 具有极小值，即

$$\left(\frac{dV}{dr}\right)_{r=r_e}=0\qquad\left(\frac{d^2V}{dr^2}\right)_{r=r_e}>0$$

选 $V(r_e)$ 作为势能的零点，即 $V(r_e)=0$，并忽略 $(r-r_e)$ 的高次项，只保留二次项，则势能为

$$V(r)=\frac{1}{2}K(r-r_e)^2\qquad\left[K=\left(\frac{d^2V}{dr^2}\right)_{r=r_e}\right]$$

式中，K 为力常数. 上式势能函数又称为胡克(Hook)定律函数. 同时，再作一个近似，认为 r 在 r_e 附近变化很小，即 $r=r_e$

$$\frac{1}{r^2}\frac{\partial}{\partial r}\left(r^2\frac{\partial}{\partial r}\right)\approx\frac{\partial^2}{\partial r^2}$$

这样式(3.4)变成

$$-\frac{\hbar^2}{2\mu}\frac{\partial^2 u}{\partial r^2}+\frac{1}{2}K(r-r_e)^2u-\frac{\hbar^2}{2I}\left[\frac{1}{\sin\theta}\frac{\partial}{\partial\theta}\left(\sin\theta\frac{\partial}{\partial\theta}\right)+\frac{1}{\sin^2\theta}\frac{\partial^2}{\partial\varphi^2}\right]u=Eu$$

式中，$I=\mu r_e{}^2$ 为转动惯量. 上式还可进一步分离变量，令 $u(r,\theta,\varphi)=u^{(v)}(r)Y(\theta,\varphi)$，代入上式并整理，得

$$-\frac{\hbar^2}{2\mu}\frac{d^2u^{(v)}}{dr^2}+\frac{1}{2}K(r-r_e)^2u^{v}(r)=E^{(v)}u^{(v)}(r) \tag{3.5}$$

$$-\frac{\hbar^2}{2I}\left[\frac{1}{\sin\theta}\frac{\partial}{\partial\theta}\left(\sin\theta\frac{\partial}{\partial\theta}\right)+\frac{1}{\sin^2\theta}\frac{\partial^2}{\partial\varphi^2}\right]Y(\theta,\varphi)=E^{(r)}Y(\theta,\varphi) \tag{3.6}$$

式(3.5)描述两个核在连线方向上的振动，具有一个自由度，$u^{(v)}(r)$ 是振动波函数. 式(3.6)描述核的转动，具有两个自由度 (θ,φ)，$Y(\theta,\varphi)$ 是转动波函数. 相对运动的总能量 E 是振动能量 $E^{(v)}$ 和转动能量 $E^{(r)}$ 之和.

对振动方程式(3.5)，令 $r-r_e=x$，变成

$$-\frac{\hbar^2}{2\mu}\frac{d^2u}{dx^2}+\frac{1}{2}Kx^2u(x)=Eu(x) \tag{3.7}$$

这就是谐振子的运动方程，它的本征值和本征函数将在 3.2 节讨论.

对转动方程式(3.6)，由 3.3 节讨论将知道角动量的平方算子 L^2 为

$$L^2=-\hbar^2\left[\frac{1}{\sin\theta}\frac{\partial}{\partial\theta}\left(\sin\theta\frac{\partial}{\partial\theta}\right)+\frac{1}{\sin^2\theta}\frac{\partial^2}{\partial\varphi^2}\right]$$

它的解为

$$\left.\begin{aligned}&\frac{1}{2I}L^2Y(\theta,\varphi)=\frac{l(l+1)\hbar^2}{2I}Y(\theta,\varphi)=E^{(r)}Y(\theta,\varphi)\\&E^{(r)}=l(l+1)\hbar^2/2I\end{aligned}\right\} \tag{3.8}$$

这是刚性转子的本征方程.

总之,在玻恩-奥本海默近似下,将双原子分子核运动分为振动和转动两部分.求解这两部分的本征方程,可分别得到分子振动和转动的能级和波函数,它们的能级是分立的.这些结果在分子的振动、转动光谱中得到了证实.

3.2　谐振子的运动

在经典力学中,线性谐振子的能量为

$$E=\frac{p^2}{2m}+\frac{1}{2}Kx^2$$

式中,m 为质量,K 为力常数,$K=m\omega^2$.将能量算符化后,得到谐振子的本征方程为

$$-\frac{\hbar^2}{2m}\frac{\mathrm{d}^2u}{\mathrm{d}x^2}+\frac{1}{2}Kx^2u=Eu$$

上面的方程形式与式(3.7)完全一样,只不过式(3.7)粒子质量是约化质量

$$\mu=\frac{m_1m_2}{m_1+m_2}$$

现在求解谐振子的本征方程,令 $\alpha^2=\frac{m\omega}{\hbar}$,$\xi=\alpha x$,$\lambda=\frac{2E}{\hbar\omega}$,于是谐振子的本征方程变为

$$\frac{\mathrm{d}^2u}{\mathrm{d}\xi^2}+(\lambda-\xi^2)u=0 \tag{3.9}$$

ξ 是一个没有量纲的变数.尽管 x 变化不大,但 α 的值却很大,因此可以认为 ξ 的变化范围从 $-\infty$ 到 $+\infty$.

1. 方程的解

先研究方程在 $\xi\to\infty$ 时的渐近解.此时式(3.9)变为

$$\frac{\mathrm{d}^2u}{\mathrm{d}\xi^2}-\xi^2u=0$$

数学上可知它的解是 $\mathrm{e}^{\pm\frac{\xi^2}{2}}$,但 $\mathrm{e}^{\frac{\xi^2}{2}}$ 不满足有限的条件,故只能取 $\mathrm{e}^{-\frac{\xi^2}{2}}$ 为 $\xi\to\infty$ 时的渐近解.因此,令 $u(\xi)=H(\xi)\mathrm{e}^{-\frac{\xi^2}{2}}$,代入式(3.9)得到 $H(\xi)$ 所满足的方程:

$$H''-2\xi H'+(\lambda-1)H(\xi)=0 \tag{3.10}$$

用幂级数解法求解式(3.10).令

$$H(\xi)=\sum_{\nu=0}^{\infty}a_\nu\xi^{s+\nu}=\xi^s(a_0+a_1\xi+a_2\xi^2+\cdots)$$

且 $a_0\neq0$,因此

$$H'(\xi)=\frac{\mathrm{d}H}{\mathrm{d}\xi}=sa_0\xi^{s-1}+(s+1)a_1\xi^s+\cdots+(s+\nu+1)a_{\nu+1}\xi^{s+\nu}+\cdots$$

$$H''=\frac{\mathrm{d}^2H}{\mathrm{d}\xi^2}=s(s-1)a_0\xi^{s-2}+\cdots+(s+\nu+2)(s+\nu+1)a_{\nu+2}\xi^{s+\nu}+\cdots$$

把上面两式代入式(3.10),经整理得

$$s(s-1)a_0\xi^{s-2}+s(s+1)a_1\xi^{s-1}+\cdots+(s+\nu+2)(s+\nu+1)a_{\nu+2}\xi^{s+\nu}+\cdots$$
$$=(2s-\lambda+1)a_0\xi^s+\cdots+(2s-\lambda+2\nu+1)a_\nu\xi^{\nu+s}+\cdots$$

比较等式两边 ξ 系数,得

$\xi^{s-2}:s(s-1)a_0=0$

$\xi^{s-1}:s(s+1)a_1=0$

$\xi^{s}:(s+2)(s+1)a_2-(2s+1-\lambda)a_0=0$

$\xi^{s+1}:(s+3)(s+2)a_3-(2s+3-\lambda)a_1=0$

…

$\xi^{s+\nu}:(s+\nu+2)(s+\nu+1)a_{\nu+2}-(2s+2\nu-\lambda+1)a_\nu=0$

由此得到系数的递推公式

$$a_{\nu+2}=\frac{2s+2\nu-\lambda+1}{(s+\nu+1)(s+\nu+2)}a_\nu$$

由 $a_0\neq0$,可得 $s(s-1)=0$,即 $s=0$ 或 1. 当 $s=0$,符合 $s(s+1)a_1=0$ 的条件;当 $s=1$,得 a_1 必须为零. 这样,得到两类解:

(1) $s=0, a_1=0, H(\xi)=a_0+a_2\xi^2+a_4\xi^4+\cdots$ 是 ξ 的偶次解.

(2) $s=1, a_1=0, H(\xi)=\xi(a_0+a_2\xi^2+a_4\xi^4+\cdots)$是 ξ 的奇次解.

这是两个线性无关的解. 研究 $H(\xi)$的无穷级数,有

$$\lim_{\nu\to\infty}\frac{a_{\nu+2}}{a_\nu}=\lim_{\nu\to\infty}\frac{2s+2\nu-\lambda+1}{(s+\nu+2)(s+\nu+1)}=\frac{2}{\nu}$$

再看 e^{ξ^2} 的展开式

$$e^{\xi^2}=\sum_{\nu\to0}^{\infty}\frac{(\xi^2)^\nu}{\nu!}=\sum_{\nu\to0,2,4}^{\infty}\frac{\xi^\nu}{\left(\frac{\nu}{2}\right)!}=\sum_{\nu\to0,2,4}^{\infty}b_\nu\xi^\nu$$

也有

$$\lim_{\nu\to\infty}\frac{b_{\nu+2}}{b\nu}=\lim_{\nu\to\infty}\frac{\left(\frac{\nu}{2}\right)!}{\left(\frac{\nu}{2}+1\right)!}=\frac{2}{\nu}$$

因此,当 $\xi\to\infty$时,$H(\xi)$的行为与 e^{ξ^2} 相同. 这样

$$u(\xi)=H(\xi)\,e^{\frac{-\xi^2}{2}}\xrightarrow{\xi\to\infty}e^{\xi^2}\,e^{-\frac{\xi^2}{2}}=e^{\frac{\xi^2}{2}}$$

上式在无穷远处不收敛. 这不是我们所要求的解. 因此,$H(\xi)$必须为有限值. 从某项开始必须截断. 例如,$a_{\nu+2}=0$,以后系数都为零,亦即

$$2s+2\nu+1-\lambda=0$$
$$\lambda=2s+2\nu+1$$
$$s=0,\qquad \lambda=2\nu+1$$
$$s=1,\qquad \lambda=2\nu+3$$

这两式概括为

$$\lambda=2n+1 \tag{3.11}$$

$n=\nu$ 或 $\nu+1$. 由于 $\nu=0,2,4,\cdots$,故 n 的取值范围为 $n=0,1,2,\cdots$.

式(3.11)是 $u(x)$作为可接受波函数的条件. 因此,可得到谐振子的能量本征值. 由

$$\frac{2E}{\hbar\omega}=\lambda=2n+1$$

整理得

$$E_n=\left(n+\frac{1}{2}\right)\hbar\omega \qquad (n=0,1,2,\cdots) \tag{3.12}$$

当 $n=0,E_0=\frac{\hbar\omega}{2}$,称为零点振动能;当 $n=1,E_1=\frac{3}{2}\hbar\omega$;……因此,谐振子的能级是分立的.

将 $\lambda=2n+1$ 代入式(3.10),得 $H(\xi)$所满足的方程变为

$$H''-2\xi H'+2nH=0 \tag{3.13}$$

这个方程称为厄米方程,它的解 $H_n(\xi)$称为厄米多项式.因此,式(3.12)对应于本征值 E_n 的本征函数为

$$u_n(\xi)=N_nH_n(\xi)\mathrm{e}^{-\frac{\xi^2}{2}} \tag{3.14}$$

式中,N_n 为本征函数的归一化常数.

2. 厄米多项式

我们从厄米多项式的生成函数出发,推出它的两个循环公式,从而可得厄米多项式的具体形式.函数 $S(\xi,t)$含有变量 ξ 和参变量 t,若展成 t 的幂级数,可产生各级厄米多项式,故称 $S(\xi,t)$为生成函数.具体形式为

$$S(\xi,t)=\mathrm{e}^{\xi^2-(\xi-t)^2}=\sum_{n=0}^{\infty}\frac{t^n}{n!}H_n(\xi) \tag{3.15}$$

先推导厄米多项式的循环公式.式(3.15)两边对 ξ 求偏微商,得

$$2t\mathrm{e}^{\xi^2-(\xi-t)^2}=\sum_{n=0}^{\infty}\frac{t^n}{n!}H'_n(\xi)$$

即

$$2t\sum_{n=0}^{\infty}\frac{t^n}{n!}H_n(\xi)=\sum_{n=0}^{\infty}\frac{t^n}{n!}H'_n(\xi)$$

比较 t^n 的系数,可得

$$H'_n(\xi)=2nH_{n-1}(\xi) \tag{3.16}$$

式(3.15)两边对 t 求偏微商,得

$$(2\xi-2t)\sum_{n=0}^{\infty}\frac{t^n}{n!}H_n(\xi)=\sum_{n=1}^{\infty}\frac{t^{n-1}}{(n-1)!}H_n(\xi)$$

比较 t^n 的系数,得

$$\frac{2\xi H_n(\xi)}{n!}-\frac{2H_{n-1}(\xi)}{(n-1)!}=\frac{H_{n+1}(\xi)}{n!}$$

$$H_{n+1}(\xi)=2\xi H_n(\xi)-2nH_{n-1}(\xi) \tag{3.17}$$

式(3.16)和式(3.17)是厄米多项式的循环公式.下面来证明由 $S(\xi,t)$所定义的 $H_n(\xi)$服从式(3.13),因此是厄米多项式.为此,将式(3.17)对 ξ 求一阶导数,得

$$H'_{n+1}=2H_n+2\xi H'_n-2nH'_{n-1} \tag{3.18}$$

将式(3.16)的下标 n 换成 $n+1$,得

$$H'_{n+1}=2(n+1)H_n$$

并对式(3.16)的 ξ 求微商,得

$$H_n''=2nH_{n-1}'$$

把 H_{n+1}' 和 H_n'' 代入式(3.18),得

$$2(n+1)H_n=2H_n+2\xi H_n'-H_n''$$

整理后即得式(3.13). 下面求 $H_n(\xi)$ 的具体形式,先从生成函数对 t 求 n 次微商后,令 $t=0$,得

$$\begin{aligned}H_n(\xi)&=\left[\frac{\partial^n \mathrm{e}^{\xi^2-(\xi-t)^2}}{\partial t^n}\right]_{t=0}=\mathrm{e}^{\xi^2}\left[\frac{\partial^n \mathrm{e}^{-(\xi-t)^2}}{\partial t^n}\right]_{t=0}\\&=\mathrm{e}^{\xi^2}(-1)^n\left[\frac{\partial^n \mathrm{e}^{-(\xi-t)^2}}{\partial \xi^n}\right]_{t=0}\\&=(-1)^n\,\mathrm{e}^{\xi^2}\frac{\mathrm{d}^n\mathrm{e}^{-\xi^2}}{\mathrm{d}\xi^n}\end{aligned}\tag{3.19}$$

上式微商中,注意到变量 t 和 ξ 是对称的,仅差一个负号. 式(3.19)就是厄米多项式的微分表达式,结合循环公式式(3.17),可得各级厄米多项式. 例如

$$\left.\begin{aligned}&H_0(\xi)=1\\&H_1(\xi)=2\xi\\&H_2(\xi)=4\xi^2-2\\&H_3(\xi)=8\xi^3-12\xi\end{aligned}\right\}\tag{3.20}$$

$H_n(\xi)$ 是一个 ξ 的 n 次多项式. 当 n 为偶数,H_n 是偶次多项式;当 n 为奇数,H_n 是奇次多项式.

3. 积分计算

求出 $H_n(\xi)$ 后,就可以将谐振子本征函数 $u_n(x)=N_nH_n(\alpha x)\mathrm{e}^{-\frac{\alpha^2x^2}{2}}$ 进行归一化,并计算某些力学量的平均值,光谱跃迁选择定则等. 在这些计算中,常遇到一些矩阵元. 现讨论以下几种.

1) $I_1=\int_{-\infty}^{\infty}H_mH_n\mathrm{e}^{-\xi^2}\mathrm{d}\xi$

这个积分在波函数归一化用到. 设 $m\leqslant n$,不失其一般性. 利用式(3.19)的微分表达式,并采用分部积分 n 次. 运算如下:

$$\begin{aligned}I_1&=\int_{-\infty}^{\infty}H_mH_n\,\mathrm{e}^{-\xi^2}\mathrm{d}\xi=(-1)^n\int_{-\infty}^{\infty}H_m\,\frac{\mathrm{d}^n\,\mathrm{e}^{-\xi^2}}{\mathrm{d}\xi^n}\mathrm{d}\xi\\&=(-1)^n\left\{\left[H_m\,\frac{\mathrm{d}^{n-1}}{\mathrm{d}\xi^{n-1}}\mathrm{e}^{-\xi^2}\right]_{-\infty}^{\infty}-\int_{-\infty}^{\infty}\frac{\mathrm{d}H_m}{\mathrm{d}\xi}\,\frac{\mathrm{d}^{n-1}}{\mathrm{d}\xi^{n-1}}\mathrm{e}^{-\xi^2}\,\mathrm{d}\xi\right\}\end{aligned}$$

上式第一项为零. 依次进行 n 次分部积分后,得

$$I_1=(-1)^n(-1)^n\int_{-\infty}^{\infty}\frac{\mathrm{d}^nH_m}{\mathrm{d}\xi^n}\,\mathrm{e}^{-\xi^2}\,\mathrm{d}\xi$$

当 $m<n$ 时,H_m 的 n 次微商为零. 此时 $I_1=0$. 当 $m=n$ 时

$$I_1=\int_{-\infty}^{\infty}\frac{\mathrm{d}^nH_n}{\mathrm{d}\xi^n}\,\mathrm{e}^{-\xi^2}\,\mathrm{d}\xi\tag{3.21}$$

先求出 $H_n(\xi)$的最高次项，即 ξ^n 的系数

$$H_n(\xi)=(-1)^n e^{\xi^2}\frac{d^n e^{-\xi^2}}{d\xi^n}=(-1)^n[(-1)^n(2\xi)^n+\cdots]$$

所以

$$\frac{d^n H_n}{d\xi^n}=2^n n!$$

把上式代入式(3.21)，得

$$\int_{-\infty}^{\infty} H_n^2 e^{-\xi^2}\,d\xi = 2^n n!\int_{-\infty}^{\infty} e^{-\xi^2}\,d\xi = \sqrt{\pi}2^n n!$$

最后 I_1 的结果，得

$$I_1 = \int_{-\infty}^{\infty} H_m H_n e^{-\xi^2}\,d\xi = \sqrt{\pi}2^n n!\,\delta_{mn} \tag{3.22}$$

2) $I_2 = \int_{-\infty}^{\infty} H_m H_n \xi e^{-\xi^2}\,d\xi$

这个积分在计算光谱跃迁矩时用到，由循环公式[式(3.17)]，得

$$\xi H_n=\frac{1}{2}H_{n+1}+nH_{n-1}$$

其中

$$\xi=\alpha x=\left(\frac{m\omega}{\hbar}\right)^{1/2}x$$

$$I_2 = \int_{-\infty}^{\infty} H_m\left(\frac{1}{2}H_{n+1}+nH_{n-1}\right)e^{-\xi^2}\,d\xi$$

根据式(3.22)的结果，有

当 $m\neq n\pm1$ 时　　$I_2=0$

当 $m=n+1$ 时　　$I_2=\sqrt{\pi}2^n(n+1)!$

当 $m=n-1$ 时　　$I_2=\sqrt{\pi}2^{n-1}n!$

总之，可写成

$$I_2=\sqrt{\pi}2^{n-1}n!\,[\delta_{m,n-1}+2(n+1)\delta_{m,n+1}] \tag{3.23}$$

3) $I_3 = \int_{-\infty}^{\infty} H_n^2\xi^2 e^{-\xi^2}\,d\xi$

这个积分在计算平均势能和平均动能时用到，由循环公式式(3.17)，得

$$\xi H_n=\frac{1}{2}H_{n+1}+nH_{n-1}$$

平方后，得

$$(\xi H_n)^2=\left(\frac{1}{2}H_{n+1}+nH_{n-1}\right)^2$$

由于交叉项积分后为零，利用式(3.22)，得

$$\begin{aligned}I_3 &= \int_{-\infty}^{\infty}\frac{1}{4}H_{n+1}^2 e^{-\xi^2}\,d\xi+\int_{-\infty}^{\infty} n^2 H_{n-1}^2 e^{-\xi^2}\,d\xi\\ &=\sqrt{\pi}2^{n-1}n!\,(2n+1)\end{aligned} \tag{3.24}$$

4. 谐振子

1) 波函数的归一化

利用式(3.22)的结果,容易得到

$$\begin{aligned}\int_{-\infty}^{\infty} |u_n(x)|^2 \mathrm{d}x &= N_n^2 \int_{-\infty}^{\infty} H_n^2(\xi) \mathrm{e}^{-\xi^2} \mathrm{d}x \\ &= \frac{N_n^2}{\alpha} \int_{-\infty}^{\infty} H_n^2(\xi) \mathrm{e}^{-\xi^2} \mathrm{d}\xi \\ &= \frac{N_n^2}{\alpha} \sqrt{\pi} 2^n n! = 1\end{aligned}$$

所以,归一化常数 N_n 为

$$N_n = \left(\frac{\alpha}{\sqrt{\pi} 2^n n!}\right)^{1/2}$$

这样,谐振子归一化的本征函数为

$$u_n(x) = \left(\frac{\alpha}{\sqrt{\pi} 2^n n!}\right)^{1/2} \mathrm{e}^{-\frac{\alpha^2 x^2}{2}} H_n(\alpha x) \tag{3.25}$$

2) 选择定则

定态之间的跃迁必须服从一定的选择定则. 不同的体系有不同的选择定则. 对分子振动,它的选择定则就是要计算矩阵元

$$\langle x \rangle_{mn} = (u_m, x u_n)$$

若 $\langle x \rangle_{mn} = 0$,从态 u_n 到 u_m 的跃迁是禁阻的;若 $\langle x \rangle_{mn} \neq 0$,这两个态的跃迁是允许的. 利用式(3.23)的结果,容易得到

$$\begin{aligned}\langle x \rangle_{mn} &= N_m N_n \int_{-\infty}^{\infty} H_m x H_n \mathrm{e}^{-\xi^2} \mathrm{d}x \\ &= \frac{N_m N_n}{\alpha^2} \int_{-\infty}^{\infty} H_m H_n \xi \mathrm{e}^{-\xi^2} \mathrm{d}\xi \\ &= \frac{1}{\sqrt{2}\alpha} (\sqrt{n+1} \delta_{m,n+1} + \sqrt{n}\, \delta_{m,n-1})\end{aligned} \tag{3.26}$$

这说明谐振子的跃迁只能从态 u_n 到 $u_{n\pm1}$. 当 $u_n \to u_{n+1}$ 时,振子吸收能量为 $\Delta E = E_{n+1} - E_n = \hbar\omega$ 的光子;当 $u_n \to u_{n-1}$ 时,振子放出一个能量为 $\Delta E = E_n - E_{n-1} = \hbar\omega$ 的光子,和经典力学的结果是一样的.

3) 平均势能和平均动能

利用式(3.24),得

$$\begin{aligned}\langle x^2 \rangle_{nn} &= \int_{-\infty}^{\infty} u_n^2 x^2 \mathrm{d}x = \frac{N_n^2}{\alpha^3} \int_{-\infty}^{\infty} H_n^2(\xi) \xi^2\, \mathrm{e}^{-\xi^2} \mathrm{d}\xi \\ &= \frac{1}{\alpha^2}\left(n + \frac{1}{2}\right)\end{aligned}$$

因 $\alpha^2 = \frac{\mu\omega}{\hbar}$,由此得平均势能为

$$\langle V\rangle_{m}=\frac{1}{2}K\langle x^2\rangle_{m}=\frac{1}{2}\mu\omega^2\ \frac{1}{\alpha^2}\left(n+\frac{1}{2}\right)$$

$$=\frac{1}{2}\left(n+\frac{1}{2}\right)\hbar\omega=\frac{1}{2}E_n \tag{3.27}$$

总能量减去平均势能即得平均动能

$$\langle K.E\rangle_{m}=\left\langle\frac{p^2}{2\mu}\right\rangle_{m}=E_n-\langle V\rangle_{m}=\frac{1}{2}E_n \tag{3.28}$$

这说明谐振子无论处于什么状态,其平均势能和平均动能相等,均为$\frac{1}{2}E_n$. 这和经典力学的情况完全一致. 然而,量子力学中振子具有零点能,它反映了测不准原理,这一点是和经典力学结果不同的.

4) 测不准关系

谐振子的测不准关系就是计算 $\Delta x\Delta p$ 的值.

$$(\Delta x)^2=\langle x^2\rangle-\langle x\rangle^2$$

$$(\Delta p)^2=\langle p^2\rangle-\langle p\rangle^2$$

不难看出,$\langle x\rangle=\langle p\rangle=0$.

$$\langle x^2\rangle=\frac{1}{\alpha^2}\left(n+\frac{1}{2}\right)$$

$$\langle p^2\rangle=\left(n+\frac{1}{2}\right)\hbar^2\alpha^2$$

所以

$$(\Delta x)^2(\Delta p)^2=\left(n+\frac{1}{2}\right)^2\hbar^2$$

$$\Delta x\Delta p=\left(n+\frac{1}{2}\right)\hbar \qquad (n=0,1,2,\cdots)$$

上式是谐振子的测不准关系,n 越大,误差越大. $n=0$ 基态时测不准关系为

$$\Delta x\Delta p=\frac{\hbar}{2} \tag{3.29}$$

说明基态的零点能是由测不准原理要求的.

3.3　中心力场运动

所谓中心力场,就是粒子的势能只与作用力到中心距离 r 有关,即 $V(\boldsymbol{r})=V(r)$,与角度(θ,φ)无关. 电子绕核的相对运动就是中心力场问题. 采用球坐标写出中心力场中粒子的薛定谔方程为

$$-\frac{\hbar^2}{2\mu}\left[\frac{1}{r^2}\frac{\partial}{\partial r}\left(r^2\frac{\partial u}{\partial r}\right)+\frac{1}{r^2\sin\theta}\frac{\partial}{\partial\theta}\left(\sin\theta\frac{\partial u}{\partial\theta}\right)+\frac{1}{r^2\sin^2\theta}\frac{\partial^2 u}{\partial\varphi^2}\right]+V(r)u=Eu(r,\theta,\varphi) \tag{3.30}$$

应用分离变量法,令 $u(r,\theta,\varphi)=R(r)Y(\theta,\varphi)$,代入上式,再用 R、Y 除等式两边得

$$\frac{1}{R}\frac{\mathrm{d}}{\mathrm{d}r}\left(r^2\frac{\mathrm{d}R}{\mathrm{d}r}\right)+\frac{2\mu r^2}{\hbar^2}(E-V)=-\frac{1}{Y}\left[\frac{1}{\sin\theta}\frac{\partial}{\partial\theta}\left(\sin\theta\frac{\partial Y}{\partial\theta}\right)+\frac{1}{\sin^2\theta}\frac{\partial^2 Y}{\partial\varphi^2}\right]$$

方程左边只与 r 有关,右边只与 θ,φ 有关. 因此,上式要成立,必须都等于一个常数 λ. 这样得到

两个方程：

$$\frac{1}{r^2}\frac{\mathrm{d}}{\mathrm{d}r}\left(r^2\frac{\mathrm{d}R}{\mathrm{d}r}\right)+\left[\frac{2\mu}{\hbar^2}(E-V)-\frac{\lambda}{r^2}\right]R=0 \tag{3.31}$$

$$\frac{1}{\sin\theta}\frac{\partial}{\partial\theta}\left(\sin\theta\frac{\partial Y}{\partial\theta}\right)+\frac{1}{\sin^2\theta}\frac{\partial^2 Y}{\partial\varphi^2}+\lambda Y(\theta,\varphi)=0 \tag{3.32}$$

继续对角度部分的式(3.32)进行分离变量，令 $Y(\theta,\varphi)=\Theta(\theta)\Phi(\varphi)$，代入式(3.32)得

$$\frac{1}{\Theta}\sin\theta\frac{\mathrm{d}}{\mathrm{d}\theta}\left(\sin\theta\frac{\mathrm{d}\Theta}{\mathrm{d}\theta}\right)+\lambda\sin^2\theta=-\frac{1}{\Phi}\frac{\mathrm{d}^2\Phi}{\mathrm{d}\varphi^2}$$

方程左边只与 θ 有关，右边只与 φ 有关，故两边应等于同一常数. 再应用 Φ 的周期边界条件，$\Phi=\Phi(\varphi+2\pi)$，得到此常数必须为非负的，设为 m^2，则有

$$\frac{\mathrm{d}^2\Phi}{\mathrm{d}\varphi^2}+m^2\Phi=0 \tag{3.33}$$

$$\frac{1}{\sin\theta}\frac{\mathrm{d}}{\mathrm{d}\theta}\left(\sin\theta\frac{\mathrm{d}\Theta}{\mathrm{d}\theta}\right)+\left(\lambda-\frac{m^2}{\sin^2\theta}\right)\Theta(\theta)=0 \tag{3.34}$$

式(3.33)很容易求解，得

$$\Phi(\varphi)=C\mathrm{e}^{im\varphi}$$

由周期边界条件得

$$\mathrm{e}^{im\varphi}=\mathrm{e}^{im(\varphi+2\pi)}$$

$$\mathrm{e}^{im2\pi}=1 \qquad (m=0,\pm1,\pm2,\cdots)$$

C 为归一化因子. 由归一化条件

$$\int_0^{2\pi}\Phi^*(\varphi)\Phi(\varphi)\mathrm{d}\varphi=\int_0^{2\pi}C^2\mathrm{d}\varphi=2\pi C^2=1$$

$$C=\frac{1}{\sqrt{2\pi}}$$

于是，式(3.33)的解为

$$\Phi(\varphi)=\frac{1}{\sqrt{2\pi}}\mathrm{e}^{im\varphi} \qquad (m=0,\pm1,\pm2,\cdots) \tag{3.35}$$

下面要求解式(3.34). 令 $W=\cos\theta$，$\Theta(\theta)=P(W)$，式(3.34)变为

$$\frac{\mathrm{d}}{\mathrm{d}W}\left[(1-W^2)\frac{\mathrm{d}P}{\mathrm{d}W}\right]+\left(\lambda-\frac{m^2}{1-W^2}\right)P(W)=0$$

对每一个固定的 λ，θ 范围为$(0\sim\pi)$，W 范围为$(-1\sim+1)$，应该有两个独立的解. 从数理方程讨论可知，若 $\lambda=l(l+1)$，$(l=0,1,2,\cdots)$，则有一个解在 $W=\pm1(\theta=0,\pi)$时收敛，这满足物理上对波函数的要求. 这样方程就变为

$$\frac{\mathrm{d}}{\mathrm{d}W}\left[(1-W^2)\frac{\mathrm{d}P}{\mathrm{d}W}\right]+\left[l(l+1)-\frac{m^2}{1-W^2}\right]P(W)=0 \qquad (l=0,1,2,\cdots) \tag{3.36}$$

式(3.36)是联属勒让德(Legendre)方程.

1. 勒让德多项式

当 $m=0$，式(3.36)就变成勒让德方程

$$\frac{\mathrm{d}}{\mathrm{d}W}\left[(1-W^2)\frac{\mathrm{d}P_l}{\mathrm{d}W}\right]+l(l+1)P_l(W)=0 \tag{3.37}$$

类似厄米多项式的讨论，我们也从勒让德多项式的生成函数出发，得到它的循环公式. 勒让德多项式的生成函数为

$$T(W,S)=(1-2WS+S^2)^{-1/2}=\sum_{l=0}^{\infty}P_l(W)S^l \tag{3.38}$$

求 T 对 W 的偏微商

$$\frac{\partial T}{\partial W}=S(1-2WS+S^2)^{-3/2}=\sum_{l=0}^{\infty}P_l'(W)S^l$$

即

$$S\sum_{l=0}^{\infty}P_l(W)S^l=(1-2WS+S^2)\sum_{l=0}^{\infty}P_l'(W)S^l$$

比较 S^{l+1} 的系数，得

$$P_l=P_{l+1}'-2WP_l'+P_{l-1}' \tag{3.39}$$

求 T 对 S 的偏微商

$$\frac{\partial T}{\partial S}=(W-S)(1-2WS+S^2)^{-3/2}=\sum_{l=0}^{\infty}lP_lS^{l-1}$$

即

$$(W-S)\sum_{l=0}^{\infty}P_l(W)S^l=(1-2WS+S^2)\sum_{l=0}^{\infty}lP_lS^{l-1}$$

比较 S^l 的系数，得

$$WP_l-P_{l-1}=(l+1)P_{l+1}-2WlP_l+(l-1)P_{l-1}$$

或者

$$(l+1)P_{l+1}=(2l+1)WP_l-lP_{l-1} \tag{3.40}$$

式(3.39)和式(3.40)是勒让德多项式两个基本的循环公式，从它们出发，可以推得勒让德多项式 P_l 所满足的方程即为式(3.37). 对式(3.40)求微商再加上式(3.39)乘以 l，消去 lP_{l-1}'，得

$$P_{l+1}'=WP_l'+(l+1)P_l$$

将下标 $l+1$ 改为 l，有

$$P_l'=WP_{l-1}'+lP_{l-1} \tag{3.41}$$

对式(3.40)求微商加上式(3.39)乘以$(l+1)$，消去 P_{l+1}'，得

$$WP_l'=P_{l-1}'+lP_l \tag{3.42}$$

式(3.41)减去式(3.42)乘以 W，得

$$(1-W^2)P_l'=lP_{l-1}-lWP_l$$

对上式的 W 求一次微商，并利用式(3.42)，得

$$\frac{\mathrm{d}}{\mathrm{d}W}\left[(1-W^2)\frac{\mathrm{d}P_l}{\mathrm{d}W}\right]=-l(l+1)P_l$$

即得式(3.37). 说明 $T(W,S)$确是勒让德多项式 P_l 的生成函数.

下面推导勒让德多项式的微分表达式——罗德里格斯(Rodrigues)公式. 利用复变函数的柯西(Cauchy)公式，把参变数 S 看成复变数，对生成函数在复平面 S 内求围道积分，不难得到

$$P_l(W)=\frac{1}{2\pi i}\oint_C\frac{(1-2WS+S^2)^{-1/2}}{S^{l+1}}\mathrm{d}S$$

其中 C 是复平面内绕原点的任一闭合围道. 作变数变换,将 S 换成 t,相当于把 S 复平面映射到 t 复平面. 令

$$(1-2WS+S^2)^{1/2}=1-tS$$

上式两边平方,整理得

$$S=\frac{2(t-W)}{t^2-1}\qquad \mathrm{d}S=\frac{2(2tW-t^2-1)}{(t^2-1)^2}\mathrm{d}t$$

$$(1-2WS+S^2)^{-1/2}=(1-tS)^{-1}=\frac{t^2-1}{2tW-t^2-1}$$

代入上面围道积分表达式,得

$$P_l(W)=\frac{1}{2^l}\frac{1}{2\pi i}\oint_{C'}\frac{(t^2-1)^l}{(t-W)^{l+1}}\mathrm{d}t$$

其中 C' 是 t 平面内绕 W 点的任一闭合围道. 利用柯西公式,立即可得

$$P_l(W)=\frac{1}{2^l}\frac{1}{l!}\left[\frac{\mathrm{d}^l(t^2-1)}{\mathrm{d}t^l}\right]_{t=W}$$

$$=\frac{1}{2^l l!}\frac{\mathrm{d}^l(W^2-1)^2}{\mathrm{d}W^l}\tag{3.43}$$

这就是罗德里格斯公式,由它可求出各级 $P_l(W)$. 下面证明勒让德多项式在$(-1,1)$区间组成一个正交归一化的完全集合.

先证明,当 $l_1\neq l_2$

$$\int_{-1}^{1}P_{l_1}(W)P_{l_2}(W)\mathrm{d}W=0$$

不妨设 $l_2<l_1$,采用分部积分法,有

$$\int_{-1}^{1}P_{l_2}(W)P_{l_1}(W)\mathrm{d}W=\frac{1}{2^l l!}\int_{-1}^{1}P_{l_2}(W)\frac{\mathrm{d}^{l_1}(W^2-1)^l}{\mathrm{d}W^{l_1}}\mathrm{d}W$$

$$=\frac{1}{2^{l_1}l_1!}\left[P_{l_2}\frac{\mathrm{d}^{l_1-1}(W^2-1)^{l_1}}{\mathrm{d}W^{l_1-1}}\Bigg|_{-1}^{1}-\int_{-1}^{1}\frac{\mathrm{d}P_{l_2}}{\mathrm{d}W}\frac{\mathrm{d}^{l_1-1}(W^2-1)^{l_1}}{\mathrm{d}W^{l_1-1}}\mathrm{d}W\right]$$

上式第一项对$(W^2-1)^{l_1}$的微商次数小于 l_1 仍保留(W^2-1)因式,故将±1值代入为零. 这样依次做下去,可得

$$\int_{-1}^{1}P_{l_2}P_{l_1}\mathrm{d}W=\frac{1}{2^{l_1}l_1!}(-1)^{l_1}\int_{-1}^{1}\frac{\mathrm{d}^{l_1}P_{l_2}}{\mathrm{d}W^{l_1}}(W^2-1)^{l_1}\mathrm{d}W$$

由于 P_{l_2} 是 W 的 l_2 次多项式,进行 $l_1(l_1>l_2)$次微商,为零. 所以

$$\int_{-1}^{1}P_{l_2}P_{l_1}\mathrm{d}W=0\qquad(l_1\neq l_2)$$

再来求归一化的勒让德多项式.

$$\int_{-1}^{1}P_l^2(W)\mathrm{d}W=\frac{1}{(2^l l!)^2}\int_{-1}^{1}\left[\frac{\mathrm{d}^l(W^2-1)}{\mathrm{d}W^l}\right]^2\mathrm{d}W$$

$$=\frac{(-1)^l}{(2^l l!)^2}\int_{-1}^{1}\frac{\mathrm{d}^{2l}(W^2-1)^l}{\mathrm{d}W^{2l}}(W^2-1)^l\mathrm{d}W$$

$$=(-1)^l\frac{(2l)!}{(2^l l!)^2}\int_{-1}^{1}(W^2-1)^l\mathrm{d}W$$

应用分部积分

$$\begin{aligned}\int_{-1}^{1}(W^2-1)^l\mathrm{d}W &= \int_{-1}^{1}(W+1)^l(W-1)^l\mathrm{d}W \\ &= (W-1)^l(W+1)^{l+1}\frac{1}{l+1}\Big|_{-1}^{1}-\frac{l}{l+1}\int(W-1)^{l-1}(W+1)^{l+1}\mathrm{d}W \\ &=-\frac{l}{l+1}\int(W-1)^{l-1}(W+1)^{l+1}\mathrm{d}W \\ &= (-1)^l\frac{l(l-1)\cdots 1}{(l+1)(l+2)\cdots(2l)}\int_{-1}^{1}(W+1)^{2l}\mathrm{d}W \\ &=(-1)^l\frac{(l!)^2}{(2l)!}\frac{1}{2l+1}(W+1)^{2l+1}\Big|_{-1}^{1} \\ &=\frac{(-1)^l(l!)^2 2^{2l+1}}{(2l)!\ (2l+1)}\end{aligned}$$

于是得

$$\int_{-1}^{1}P_l^2(W)\mathrm{d}W=\frac{2}{2l+1}$$

这样,归一化的勒让德多项式为

$$N_lP_l(W)=\sqrt{\frac{2l+1}{2}}P_l(W)$$

它们组成正交归一化的完全集合:

$$\left\{\left(\frac{2l+1}{2}\right)^{1/2}P_l(W),\quad (l=0,1,2,\cdots,-1\leqslant W\leqslant 1)\right\}$$

2. 联属勒让德多项式

联属勒让德方程式(3.36)

$$\frac{\mathrm{d}}{\mathrm{d}W}\left[(1-W^2)\frac{\mathrm{d}P}{\mathrm{d}W}\right]+\left[l(l+1)-\frac{m^2}{1-W^2}\right]P(W)=0$$

的解为联属勒让德多项式. 具体形式为

$$P_l^m(W)=(1-W^2)^{m/2}\frac{\mathrm{d}^mP_l}{\mathrm{d}W^m}\qquad (m\geqslant 0)\tag{3.44}$$

证明如下:对勒让德方程式(3.36)微商 m 次,可得

$$(1-W^2)\frac{\mathrm{d}^2}{\mathrm{d}W^2}\left(\frac{\mathrm{d}^mP_l}{\mathrm{d}W^m}\right)-2(m+1)W\frac{\mathrm{d}}{\mathrm{d}W}\left(\frac{\mathrm{d}^mP_l}{\mathrm{d}W^m}\right)+[l(l+1)-m(m+1)]\frac{\mathrm{d}^mP_l}{\mathrm{d}W^m}=0\tag{3.45}$$

令联属勒让德方程解的形式为

$$P(W)=(1-W^2)^{m/2}V$$

代入其方程,可得 V 满足的方程为

$$(1-W^2)\frac{\mathrm{d}^2V}{\mathrm{d}W^2}-2(m+1)W\frac{\mathrm{d}V}{\mathrm{d}W}+[l(l+1)-m(m+1)]V=0\tag{3.46}$$

比较式(3.45)和式(3.46),发现

$$V=\frac{\mathrm{d}^m P_l}{\mathrm{d}W^m}$$

即式(3.44)得证. 将 $P_l(W)$的微分表达式(3.43)代入式(3.44)，得到联属勒让德多项式的微分表达式

$$P_l^m(W)=\frac{1}{2^l l!}(1-W^2)^{m/2}\frac{\mathrm{d}^{l+m}(W^2-1)^l}{\mathrm{d}W^{l+m}} \tag{3.47}$$

下面证明 $P_l^m(W)$可以组成正交归一化的完全集合. 先证明 $P_l^m(W)$的正交性. 设 $P_{l_1}^m$, $P_{l_2}^m$分别满足下面两个勒让德方程：

$$(1-W^2)\frac{\mathrm{d}^2 P_{l_1}^m}{\mathrm{d}W^2}-2W\frac{\mathrm{d}P_{l_1}^m}{\mathrm{d}W}+\left[l_1(l_1+1)-\frac{m^2}{1-W^2}\right]P_{l_1}^m(W)=0 \tag{3.48}$$

$$(1-W^2)\frac{\mathrm{d}^2 P_{l_2}^m}{\mathrm{d}W^2}-2W\frac{\mathrm{d}P_{l_2}^m}{\mathrm{d}W}+\left[l_2(l_2+1)-\frac{m^2}{1-W^2}\right]P_{l_2}^m(W)=0 \tag{3.49}$$

式(3.48)$\times P_{l_2}^m$－式(3.49)$\times P_{l_1}^m$，得

$$\frac{\mathrm{d}}{\mathrm{d}W}\left\{(1-W^2)\left[P_{l_2}^m(W)\frac{\mathrm{d}P_{l_1}^m(W)}{\mathrm{d}W}-P_{l_1}^m\frac{\mathrm{d}P_{l_2}^m(W)}{\mathrm{d}W}\right]\right\}+[l_1(l_1+1)-l_2(l_2+1)]P_{l_1}^m P_{l_2}^m=0$$

对上式从－1→1 求积分，并注意 $l_1\neq l_2$，得

$$\int_{-1}^{1}P_{l_1}^m P_{l_2}^m \mathrm{d}W=\frac{1}{l_2(l_2+1)-l_1(l_1+1)}\left[(1-W^2)\left(P_{l_2}^m\frac{\mathrm{d}P_{l_1}^m}{\mathrm{d}W}-P_{l_1}^m\frac{\mathrm{d}P_{l_2}^m}{\mathrm{d}W}\right)\right]_{-1}^{1}=0$$

由此，正交性得以证明. 利用式(3.47)可求出归一化常数.

$$\begin{aligned}\int_{-1}^{1}P_l^m P_l^m \mathrm{d}W&=\frac{1}{(2^l l!)^2}\int_{-1}^{1}(1-W^2)^m\frac{\mathrm{d}^{l+m}(W^2-1)^l}{\mathrm{d}W^{l+m}}\frac{\mathrm{d}^{l+m}(W^2-1)^l}{\mathrm{d}W^{l+m}}\mathrm{d}W\\&=\frac{1}{(2^l l!)^2}(-1)^{l+m}\int_{-1}^{1}\frac{\mathrm{d}^{l+m}F(W)}{\mathrm{d}W^{l+m}}(W^2-1)^l\mathrm{d}W\end{aligned} \tag{3.50}$$

这是分部积分$(l+m)$次后的结果，其中

$$F(W)=(1-W^2)^m\frac{\mathrm{d}^{l+m}(W^2-1)^l}{\mathrm{d}W^{l+m}}$$

$F(W)$是 W 的 $l+m$ 次多项式，考虑到积分中要对 $F(W)$求 $l+m$ 阶导数，故不为零的项只有 $F(W)$的最高次幂的项，将 $F(W)$展开

$$\begin{aligned}F(W)&=(-1)^m W^{2m}\frac{\mathrm{d}^{l+m}W^{2l}}{\mathrm{d}W^{l+m}}+\cdots\\&=(-1)^m\frac{(2l)!}{(l-m)!}W^{l+m}+\cdots\end{aligned}$$

$$\frac{\mathrm{d}^{l+m}}{\mathrm{d}W^{l+m}}F(W)=(-1)^m\frac{(2l)!\ (l+m)!}{(l-m)!}$$

代入式(3.50)，得

$$\begin{aligned}\int_{-1}^{1}P_l^m P_l^m \mathrm{d}W&=(-1)^l\frac{(2l)!}{(2^l l!)^2}\frac{(l+m)!}{(l-m)!}\int_{-1}^{1}(W^2-1)^l\mathrm{d}W\\&=\frac{2}{2l+1}\frac{(l+m)!}{(l-m)!}\end{aligned} \tag{3.51}$$

于是归一化的联属勒让德多项式为

$$\left[\frac{2l+1}{2}\frac{(l-m)!}{(l+m)!}\right]^{1/2} P_l^m(W) \tag{3.52}$$

它们组成正交归一化的完全集合：

$$\left\{\left[\frac{2l+1}{2}\frac{(l-m)!}{(l+m)!}\right]^{1/2} P_l^m(W),\quad (m\geqslant 0,-1\leqslant W\leqslant 1)\right\}$$

以上讨论是对 $m\geqslant 0$ 的情况. 由方程式(3.36)看出，正的 m 和负的 m 均满足. 因此，考虑到 m 取负值的情况，归一化的联属勒让德多项式为

$$\left[\frac{2l+1}{2}\frac{(l-|m|)!}{(l+|m|)!}\right]^{1/2} P_l^{|m|}(W)P_l^{|m|}(W)=(1-W^2)^{|m|/2}\frac{\mathrm{d}^{|m|}P_l(W)}{\mathrm{d}W^{|m|}}$$

由上式看出，$|m|\leqslant l$. 否则，$P_l^{|m|}(W)$将变为零. 以后将看到，l 是角量子数，m 是磁量子数. 这里给出了 m 的取值范围

$$-l\leqslant m\leqslant l \tag{3.53}$$

3. 球谐函数

研究方程式(3.32)

$$-\left[\frac{1}{\sin\theta}\frac{\partial}{\partial\theta}\left(\sin\theta\frac{\partial}{\partial\theta}\right)+\frac{1}{\sin^2\theta}\frac{\partial^2}{\partial\varphi^2}\right]Y_{lm}(\theta,\varphi)=l(l+1)Y_{lm}(\theta,\varphi) \tag{3.54}$$

$Y_{lm}(\theta,\varphi)$称为球谐函数，它是 $\Theta(\theta)$[即 $P(W)$]与 $\Phi(\varphi)$的乘积. 因此

$$Y_{lm}(\theta,\varphi)=N_{lm}P_l^{|m|}(\cos\theta)\mathrm{e}^{im\varphi} \tag{3.55}$$

其中 N_{lm}是归一化因子

$$l=0,1,2,\cdots,\quad m=-l,-l+1,\cdots,l$$

$$N_{lm}=\left[\frac{1}{2\pi}\frac{2l+1}{2}\frac{(l-|m|)!}{(l+|m|)!}\right]^{1/2} \tag{3.56}$$

正交归一化条件为

$$\int_0^{2\pi}\int_0^{\pi} Y_{lm}Y_{l'm'}\sin\theta\mathrm{d}\theta\mathrm{d}\varphi=\delta_{ll'}\delta_{mm'} \tag{3.57}$$

$\{N_{lm}Y_{lm}(\theta,\varphi),(l=0,1,2,\cdots,m=-l,\cdots,l)\}$构成正交归一化完全集合.

下面列出前几个球谐函数：

$$Y_{00}=\frac{1}{\sqrt{4\pi}}$$

$$Y_{11}=\sqrt{\frac{3}{8\pi}}\sin\theta\mathrm{e}^{i\varphi}$$

$$Y_{10}=\sqrt{\frac{3}{4\pi}}\cos\theta$$

$$Y_{1-1}=\sqrt{\frac{3}{8\pi}}\sin\theta\mathrm{e}^{-i\varphi}$$

$$Y_{22}=\sqrt{\frac{15}{32\pi}}\sin^2\theta e^{i2\varphi}$$

$$Y_{21}=\sqrt{\frac{15}{8\pi}}\sin\theta\cos\theta e^{i\varphi}$$

$$Y_{20}=\sqrt{\frac{5}{16\pi}}(3\cos^2\theta-1)$$

$$Y_{2-1}=\sqrt{\frac{15}{8\pi}}\sin\theta\cos\theta e^{-i\varphi}$$

$$Y_{2-2}=\sqrt{\frac{15}{32\pi}}\sin^2\theta e^{-i2\varphi}$$

球谐函数的宇称(parity).

对函数 $f(x,y,z)$,在空间反演 $(x,y,z)\to(-x,-y,-z)$ 下:

若 $f(x,y,z)=f(-x,-y,-z)$,称函数 f 有正宇称.

若 $f(x,y,z)=-f(-x,-y,-z)$,称函数 f 有负宇称.

球坐标 (r,θ,φ) 在空间反演下变为 $(r,\pi-\theta,\varphi+\pi)$. 所以

$$Y_{lm}(\theta,\varphi)\xrightarrow{\text{(空间反演)}}Y_{lm}(\pi-\theta,\varphi+\pi)$$

而

$$\begin{aligned}Y_{lm}(\pi-\theta,\varphi+\pi)&=N_{lm}P_l^{|m|}[\cos(\pi-\theta)]e^{im(\varphi+\pi)}\\&=(-1)^m(-1)^{l-m}N_{lm}P_l^{|m|}(\cos\theta)e^{im\varphi}\\&=(-1)^lY_{lm}(\theta,\varphi)\end{aligned}\tag{3.58}$$

其中,$(-1)^m$ 来自 $e^{im\pi}$;$(-1)^{l-m}$ 来自 $P_l^{|m|}(-\cos\theta)$. 因此,当 $l=$偶数,$Y_{lm}(\theta,\varphi)$ 有偶宇称(正宇称);当 $l=$奇数,$Y_{lm}(\theta,\varphi)$ 有奇宇称(负宇称).

4. 角动量

经典力学角动量的表达式

$$\boldsymbol{L}=\boldsymbol{r}\times\boldsymbol{p}$$

按式(1.4)的算符化规则

$$\boldsymbol{r}\to\boldsymbol{r}$$

$$\boldsymbol{p}\to-i\hbar\nabla$$

将经典力学的角动量算符化,就得量子力学中的角动量表达式

$$\boldsymbol{L}=-i\hbar\boldsymbol{r}\times\nabla$$

写成分量形式:

$$\left.\begin{aligned}L_x&=-i\hbar\left(y\frac{\partial}{\partial z}-z\frac{\partial}{\partial y}\right)\\L_y&=-i\hbar\left(z\frac{\partial}{\partial x}-x\frac{\partial}{\partial z}\right)\\L_z&=-i\hbar\left(x\frac{\partial}{\partial y}-y\frac{\partial}{\partial x}\right)\end{aligned}\right\}\tag{3.59}$$

在球坐标下(图 3.1),有如下关系:

$$x=r\sin\theta\cos\varphi$$
$$y=r\sin\theta\sin\varphi$$
$$z=r\cos\theta$$
$$r=(x^2+y^2+z^2)^{1/2}$$
$$\theta=\arctan\left(\frac{\sqrt{x^2+y^2}}{z}\right)$$
$$\varphi=\arctan\left(\frac{y}{x}\right)$$

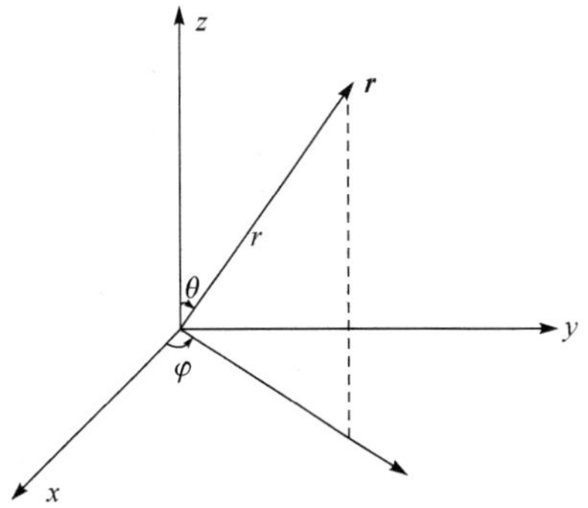

图 3.1

由这些关系,可得

$$\frac{\partial r}{\partial x}=\sin\theta\cos\varphi \qquad \frac{\partial\theta}{\partial x}=\frac{\cos\theta\cos\varphi}{r} \qquad \frac{\partial\varphi}{\partial x}=-\frac{\sin\varphi}{r\sin\theta}$$
$$\frac{\partial r}{\partial y}=\sin\theta\sin\varphi \qquad \frac{\partial\theta}{\partial y}=\frac{\cos\theta\sin\varphi}{r} \qquad \frac{\partial\varphi}{\partial y}=+\frac{\cos\varphi}{r\sin\theta}$$
$$\frac{\partial r}{\partial z}=\cos\theta \qquad \frac{\partial\theta}{\partial z}=-\frac{\sin\theta}{r} \qquad \frac{\partial\varphi}{\partial z}=0$$

利用这些关系式,可得到

$$\left.\begin{aligned}\frac{\partial}{\partial x}&=\sin\theta\cos\varphi\frac{\partial}{\partial r}+\frac{\cos\theta\cos\varphi}{r}\frac{\partial}{\partial\theta}-\frac{\sin\varphi}{r\sin\theta}\frac{\partial}{\partial\varphi}\\ \frac{\partial}{\partial y}&=\sin\theta\sin\varphi\frac{\partial}{\partial r}+\frac{\cos\theta\sin\varphi}{r}\frac{\partial}{\partial\theta}+\frac{\cos\varphi}{r\sin\theta}\frac{\partial}{\partial\varphi}\\ \frac{\partial}{\partial z}&=\cos\theta\frac{\partial}{\partial r}-\frac{\sin\theta}{r}\frac{\partial}{\partial\theta}\end{aligned}\right\} \tag{3.60}$$

将式(3.60)代入式(3.59)各式并整理,可得在球坐标下 L_x,L_y,L_z 的表达式

$$\left.\begin{aligned}L_x&=i\hbar\left(\sin\varphi\frac{\partial}{\partial\theta}+\mathrm{ctg}\theta\ \cos\varphi\frac{\partial}{\partial\varphi}\right)\\ L_y&=i\hbar\left(-\cos\varphi\frac{\partial}{\partial\theta}+\mathrm{ctg}\theta\ \sin\varphi\frac{\partial}{\partial\varphi}\right)\\ L_z&=-i\hbar\frac{\partial}{\partial\varphi}\end{aligned}\right\} \tag{3.61}$$

以及

$$L^2=L_x^2+L_y^2+L_z^2=-\hbar^2\left[\frac{1}{\sin\theta}\frac{\partial}{\partial\theta}\left(\sin\theta\frac{\partial}{\partial\theta}+\frac{1}{\sin^2\theta}\frac{\partial^2}{\partial\varphi^2}\right)\right] \tag{3.62}$$

由式(3.62),再利用式(3.54),得

$$L^2Y_{lm}(\theta,\varphi)=l(l+1)\hbar^2Y_{lm}(\theta,\varphi) \tag{3.63}$$

这表明球谐函数 $Y_{lm}(\theta\varphi)$是 L^2 的本征函数,其本征值为 $l(l+1)\hbar^2$,且对任一个 l,m 有$(2l+1)$个值,即存在$(2l+1)$重简并. 对 L_z,有

$$L_z\Phi_m(\varphi)=-i\hbar\frac{\partial}{\partial\varphi}\frac{1}{\sqrt{2\pi}}\mathrm{e}^{im\varphi}=m\hbar\Phi_m(\varphi)$$

上式两边同乘 $\Theta(\theta)$,得

$$L_z Y_{lm}(\theta,\varphi)=m\hbar Y_{lm}(\theta,\varphi) \tag{3.64}$$

因此,$Y_{lm}(\theta,\varphi)$也是 L_z 的本征函数,本征值为 $m\hbar$. 以上结果和刚性转子本征方程式(3.8)的结果相同. 现在,我们可以对中心力场的问题作如下总结:

(1) 中心力场的哈密顿 H 为

$$H=-\frac{\hbar^2}{2\mu}\left[\frac{1}{r^2}\frac{\partial}{\partial r}\left(r^2\frac{\partial}{\partial r}+\frac{1}{r^2\sin\theta}\frac{\partial}{\partial\theta}\left(\sin\theta\frac{\partial}{\partial\theta}\right)+\frac{1}{r^2\sin^2\theta}\frac{\partial^2}{\partial\varphi^2}\right]+V(r)$$

(2) H 的本征函数 $u(r,\theta,\varphi)$的形式为

$$u(r,\theta,\varphi)=R(r)Y_{lm}(\theta,\varphi)$$

$Y_{lm}(\theta,\varphi)$的形式由式(3.55)给出,且是 L^2,L_z 的共同本征函数,对应本征值分别是 $l(l+1)\hbar^2$ 和 $m\hbar$,$R(r)$解的具体形式决定方程式(3.31)

$$\frac{1}{r^2}\frac{\mathrm{d}}{\mathrm{d}r}\left(r^2\frac{\mathrm{d}R}{\mathrm{d}r}\right)+\left[\frac{2\mu}{\hbar^2}(E-V)-\frac{l(l+1)}{r^2}\right]R=0$$

(3) 由在球坐标中的 H 和 L^2 表达式不难看出,它们是互相对易的. 也不难验证,L^2 又分别同 L_x,L_y,L_z 对易;而 L_x,L_y,L_z 互相不对易. 这样,在 H,L^2,L_x,L_y,L_z 中可以选出三个力学量算子,如 H,L^2 和 L_z,它们互相对易,而且它们有共同本征函数 $R(r)Y_{lm}(\theta,\varphi)$. 这一点反映出量子力学的非常深刻的普遍规律:互相对易的力学量有共同的本征函数集合. 这一问题在第 4 章中讨论.

3.4 氢 原 子

量子力学处理微观力学体系最精彩的例子要算对谐振子和氢原子的讨论. 在 3.2 节已经讨论过谐振子,本节来讨论氢原子,也包括类氢离子(He^+,Li^+等).

氢原子或类氢离子有一个带电荷为 Ze 的质量很大的原子核,外面有一个电子在库仑场中运动. 势能为

$$V(r)=-\frac{Ze}{r}$$

由 3.1 节知,这样一个两体运动的问题可化为质心的运动和一个约化质量为 μ 的粒子在库仑场 $V(r)$中相对质心的运动. 本节只讨论相对运动,质心的运动是一个自由平动运动. 在光谱数据中反映不出来,故一般不讨论. 现在的问题只剩下求解径向部分的微分方程

$$\frac{1}{r^2}\frac{\mathrm{d}}{\mathrm{d}r}\left(r^2\frac{\mathrm{d}R}{\mathrm{d}r}\right)+\frac{2\mu}{\hbar^2}\left[E+\frac{Ze^2}{r}-\frac{l(l+1)\hbar^2}{2\mu r^2}\right]R(r)=0 \tag{3.65}$$

式中,$\mu=\dfrac{m_{\mathrm{p}}m_{\mathrm{e}}}{m_{\mathrm{p}}+m_{\mathrm{e}}}$为约化质量. 量子力学求解这个方程时,总是先把它化成无因次的方程. 令

$$\rho=\alpha r \qquad \alpha^2=\frac{8\mu|E|}{\hbar^2} \qquad \beta=\frac{Ze^2}{\hbar}\left(\frac{\mu}{2|E|}\right)^{1/2} \tag{3.66}$$

因为讨论的是氢原子的束缚态,E 是负的,所以在上面的代换中要用$|E|$. 式(3.65)变为

$$\frac{1}{\rho^2}\frac{\mathrm{d}}{\mathrm{d}\rho}\left(\rho^2\frac{\mathrm{d}R}{\mathrm{d}\rho}\right)+\left[\frac{\beta}{\rho}-\frac{1}{4}-\frac{l(l+1)}{\rho^2}\right]R=0 \tag{3.67}$$

注意到 α 的量纲是$\left(\dfrac{1}{cm}\right)$,所以 ρ 是一个无量纲的量. 式(3.67)是无量纲变数方程. 当 $\rho\to\infty$时,

$R(\rho)$的渐近解为 $e^{-\frac{\rho}{2}}$. 故令

$$R(\rho)=e^{-\frac{\rho}{2}}F(\rho) \tag{3.68}$$

将式(3.68)代入式(3.67),可得 $F(\rho)$适合的方程:

$$F''(\rho)+\left(\frac{2}{\rho}-1\right)F'(\rho)+\left[\frac{\beta-1}{\rho}-\frac{l(l+1)}{\rho^2}\right]F(\rho)=0 \tag{3.69}$$

令

$$F(\rho)=\rho^S(a_0+a_1\rho+a_2\rho^2+\cdots)\qquad (S\geqslant 0, a_0\neq 0)$$

将上式代入式(3.69),比较 ρ^{S-2} 的系数,得

$$S(S-1)+2S-l(l+1)=0$$

或

$$S(S+1)-l(l+1)=0 \tag{3.70}$$

由上式得到 $S=l$ 或 $S=-(l+1)$,而 $S=-(l+1)$使 $F(\rho)$在原点不收敛,故舍去,只取 $S=l$.
为了找到 $F(\rho)$的具体形式,再令

$$F(\rho)=\rho^l L(\rho)$$

将上式代入式(3.69),得 $L(\rho)$适合的方程:

$$\rho L''+[2(l+1)-\rho]L'+(\beta-l-1)L=0 \tag{3.71}$$

用级数解法求解式(3.71),令

$$L(\rho)=a_0+a_1\rho+\cdots+a_\nu\rho^\nu+a_{\nu+1}\rho^{\nu+1}+\cdots \tag{3.72}$$

将式(3.72)代入式(3.71),比较 ρ^ν 项的系数,得

$$(\nu+1)\nu a_{\nu+1}+2(l+1)(\nu+1)a_{\nu+1}-\nu a_\nu+(\beta-l-1)a_\nu=0$$

由上式得到系数的递推公式:

$$\frac{a_{\nu+1}}{a_\nu}=\frac{\nu-(\beta-l-1)}{(\nu+1)(2l+2+\nu)} \tag{3.73}$$

当 $\nu\to\infty$

$$\lim_{\nu\to\infty}\frac{a_{\nu+1}}{a_\nu}=\frac{1}{\nu}$$

$$e^\rho=\sum_\nu\frac{1}{\nu!}\rho^\nu=\sum_\nu b_\nu\rho^\nu$$

其相邻两项系数之比

$$\lim_{\nu\to\infty}\frac{b_{\nu+1}}{b_\nu}=\lim_{\nu\to\infty}\frac{\nu!}{(\nu+1)!}=\frac{1}{\nu}$$

上面两式极限结果相同. 因此,在 $\rho\to\infty$时,$L(\rho)$与 e^ρ 的渐近行为相同. 因而

$$R(\rho)=e^{-\frac{\rho}{2}}\rho^l L(\rho)\xrightarrow{\rho\to\infty}e^{-\frac{\rho}{2}}\rho^l e^\rho=e^{\frac{\rho}{2}}\rho^l$$

在 $\rho\to\infty$,$R(\rho)$不收敛. 这样,$L(\rho)$必须是多项式,在某一项后截断. 由式(3.73)看到,要在第 n' 项后截断,即 $a_{n'+1}=0$,必须有

$$n'-(\beta-l-1)=0$$

所以

$$\beta=n'+l+1=n$$

由于 n'的最小值为 0,$l=0,1,2,\cdots$,所以 $n=1,2,3,\cdots$,n 为主量子数. 由式(3.66)得到

$$\frac{Ze^2}{\hbar}\left(\frac{\mu}{2|E|}\right)^{1/2}=n$$

考虑到束缚态能量为负值，得氢原子或类氢离子的电子能级为

$$E_n=-\frac{\mu Z^2 e^4}{2n^2\hbar^2}\qquad (n=1,2,3,\cdots)\tag{3.74}$$

式(3.74)的结果同旧量子论得到的完全相同. 式(3.71)变为

$$\rho L''+[2(l+1)-\rho]L'+(n-l-1)L=0\tag{3.75}$$

这个方程称为拉盖尔(Lugerre)方程，它的解是拉盖尔多项式.

1. 拉盖尔多项式

用类似于以前的手法，从拉盖尔多项式的生成函数出发，推得它的循环公式. 它的生成函数为

$$U(\rho,S)=\frac{e^{-\frac{\rho S}{1-S}}}{1-S}=\sum_{q=0}^{\infty}\frac{L_q(\rho)}{q!}S^q\tag{3.76}$$

其中，$L_q(\rho)$就是拉盖尔多项式. 求生成函数 U 对 ρ 的偏微商，得

$$-\frac{S}{1-S}\sum_{q=0}^{\infty}\frac{L_q(\rho)}{q!}S^q=\sum_{q=0}^{\infty}\frac{L'_q(\rho)}{q!}S^q$$

比较 S^q 的系数，经整理得一循环公式：

$$L'_q=qL'_{q-1}-qL_{q-1}\tag{3.77}$$

求 U 对 S 的偏微商，得

$$(1-\rho-S)\sum_q\frac{L_q}{q!}S^q=(1-2S+S^2)\sum_q\frac{L_q}{(q-1)!}S^{q-1}$$

比较 S^q 的系数，整理后得另一循环公式：

$$L_{q+1}=(2q+1-\rho)L_q-q^2L_{q-1}\tag{3.78}$$

将式(3.77)中的下标 q 换成 $q+1$，式(3.78)对 ρ 微商一次，两者相减消去 L'_{q+1}后，得

$$q^2L'_{q-1}=(q-\rho)L'_q+qL_q\tag{3.79}$$

将式(3.79)再对 ρ 微商一次，得

$$q^2L''_{q-1}=(q-\rho)L''_q+(q-1)L'_q\tag{3.80}$$

将式(3.77)对 ρ 微商一次，再乘以 q，得

$$qL''_q=q^2L''_{q-1}-q^2L'_{q-1}$$

将式(3.79)和式(3.80)代入上式，得

$$\rho L''_q+(1-\rho)L'_q+qL_q=0\tag{3.81}$$

式(3.81)就是拉盖尔方程. 因此，由生成函数定义的拉盖尔多项式确实满足拉盖尔方程. 下面给出拉盖尔多项式的微分表达式：

$$L_q(\rho)=e^{\rho}\frac{d^q}{d\rho^q}(e^{-\rho}\rho^q)$$

可见，$L_q(\rho)$是一个 q 次多项式($0\leqslant\rho\leqslant\infty$). 下面给出前几个拉盖尔多项式：

$$L_0=1$$
$$L_1=-\rho+1$$
$$L_2=\rho^2-4\rho+2$$
$$L_3=-\rho^3+9\rho^2-18\rho+6$$
$$L_4=\rho^4-16\rho^3+72\rho^2-96\rho+24$$

2. 联属拉盖尔多项式

将拉盖尔方程式(3.81)对 ρ 求 ν 次微商，得

$$\rho L_q^{(\nu+2)}+\nu L_q^{(\nu+1)}+(1-\rho)L_q^{(\nu+1)}-\nu L_q^{(\nu)}+qL_q^{(\nu)}=0$$

整理后，得

$$\rho[L_q^{(\nu)}]''+(1+\nu-\rho)[L_q^{(\nu)}]'+(q-\nu)L_q^{(\nu)}=0 \tag{3.82}$$

将式(3.82)与式(3.75)比较，可得

$$\nu=2l+1$$
$$q=n+l$$
$$L=L_q^{(\nu)}=L_{n+l}^{2l+1}(\rho) \tag{3.83}$$

这就是联属拉盖尔多项式. 它的微分表达式为

$$L_{n+l}^{2l+1}(\rho)=\frac{\mathrm{d}^{2l+1}}{\mathrm{d}\rho^{2l+1}}L_{n+l}(\rho)$$

每个联属拉盖尔多项均可由相应的 $L_{n+l}(\rho)$ 微商 $2l+1$ 次得到.

3. 氢原子波函数

综合上面的讨论得到氢原子波函数的径向部分为

$$R(\rho)=\mathrm{e}^{-\frac{\rho}{2}}\rho^l L(\rho)$$

$L(\rho)$ 满足的微分方程为式(3.75)

$$\rho L''(\rho)+[2(l+1)-\rho]L'(\rho)+(n-l-1)L(\rho)=0$$

把上式和式(3.82)比较，得

$$L(\rho)=L_q^{(\nu)}=L_{n+l}^{2l+1}(\rho)$$

所以氢原子径向波函数：

$$R_{nl}(r)=N_{nl}\,\mathrm{e}^{-\frac{\alpha r}{2}}(\alpha r)^l L_{n+l}^{2l+1}(\alpha r) \tag{3.84}$$

其中

$$\alpha^2=\frac{8\mu|E|}{\hbar^2}$$

将 E 的表达式[式(3.74)]代入上式，得

$$\alpha=\frac{2Z}{na_0} \tag{3.85}$$

其中

$$a_0=\frac{\hbar^2}{\mu e^2}\approx 0.5291\text{Å} \tag{3.86}$$

式中，a_0 为玻尔半径，N_{nl} 为归一化因子. 由归一化条件

$$\int_0^\infty R_{nl}^2(r)r^2\,\mathrm{d}r=1$$

[可参见鲍林(Pauling)等著，陈洪生译，量子力学导论，中译本，附录Ⅶ，p419]

$$N_{nl}=\left[\left(\frac{2z}{na_0}\right)^3\frac{(n-l-1)!}{2n[(n+l)!]^3}\right]^{1/2} \tag{3.87}$$

这样氢原子归一化的波函数为

$$u_{nlm}(r,\theta,\varphi)=N_{nl}\mathrm{e}^{-\frac{\rho}{2}}\rho^l L_{n+l}^{2l+1}(\rho)\,Y_{lm}(\theta,\varphi) \tag{3.88}$$

下面给出氢原子几个归一化的波函数：

$$u_{100}=\frac{1}{\sqrt{\pi}}\left(\frac{1}{a_0}\right)^{3/2}\mathrm{e}^{-\frac{r}{a_0}}$$

$$u_{200}=\frac{1}{4\sqrt{2\pi}}\left(\frac{1}{a_0}\right)^{3/2}\left(2-\frac{r}{a_0}\right)\mathrm{e}^{-\frac{r}{2a_0}}$$

$$u_{210}=\frac{1}{4\sqrt{2\pi}}\left(\frac{1}{a_0}\right)^{3/2}\left(\frac{r}{a_0}\right)\mathrm{e}^{-\frac{r}{2a_0}}\cos\theta$$

$$u_{211}=\frac{1}{8\sqrt{\pi}}\left(\frac{1}{a_0}\right)^{3/2}\left(\frac{r}{a_0}\right)\mathrm{e}^{-\frac{r}{2a_0}}\sin\theta\mathrm{e}^{i\varphi}$$

$$u_{21-1}=\frac{1}{8\sqrt{\pi}}\left(\frac{1}{a_0}\right)^{3/2}\left(\frac{r}{a_0}\right)\mathrm{e}^{-\frac{r}{2a_0}}\sin\theta\mathrm{e}^{-i\varphi}$$

简并度的讨论：

由于 $L_{n+l}(\rho)$是 $n+l$ 次多项式，故 $L_{n+l}^{2l+1}(\rho)$不等于零的条件是 $2l+1\leqslant n+l$，即

$$l\leqslant n-1$$

因此，当主量子数 n 固定后，角量子数 l 的值为 0，1，2，…，$n-1$. 而对于一个指定的 l，磁量子数 m_l 又有 $-l$，…，l 共 $2l+1$ 个值，能级 E_n 只与主量子数 n 有关. 因此，简并度为

$$\sum_{l=0}^{n-1}(2l+1)=n^2 \tag{3.89}$$

这是没考虑电子自旋的简并度. 当考虑到电子自旋后，对于给定一个自旋量子数 $S=\dfrac{1}{2}$，还有两个不同的自旋态 $S_z=\pm\dfrac{1}{2}$，因此总简并度为 $2n^2$. 电子自旋的问题将在第 7 章中讨论.

习　题

1. 计算下列积分[其中(1)、(2)利用生成函数计算]：

(1) $\int_{-\infty}^{\infty}u_n^*(x)x^2u_m(x)\mathrm{d}x$，$u_n$ 为归一化谐振子波函数.

(2) $\int_{-1}^{1}P_l(w)P_{l'}(w)\mathrm{d}w$，$P_l$ 为勒让德多项式.

(3) $\int_{-1}^{1}P_l^m(w)P_K^m(w)\mathrm{d}w$，$P_l^m$ 为联属勒让德多项式.

2. 写出一维谐振子基态的表达式，求出势能、动能的平均值，并将其向动量的本征函数展开.

3. 用生成函数证明：

$$P_l(w)=\frac{1}{2^l l!}\frac{\mathrm{d}^l}{\mathrm{d}w^l}(w^2-1)^l$$

4. 求下列对易关系：

$$[L_x,P_x],[L_x,P_y],[L_x,P_z],[L_x,x],[L_x,y],[L_x,z]$$

5. 求粒子处在状态 $Y_{lm}(\theta,\varphi)$时 L_x，L_y，L_z，$(\Delta L_x)^2$，$(\Delta L_y)^2$ 的平均值.

6. 设体系处在状态

$$\psi=C_1Y_{11}(\theta,\varphi)+C_2Y_{10}(\theta,\varphi)$$

求 $\boldsymbol{L}$ 和 L^2 在此状态中的可能值.

7. 设氢原子处在状态(指相对运动的电子)

$$\psi(r,\theta,\varphi)=\frac{1}{\sqrt{\pi a_0^3}}\mathrm{e}^{-\frac{r}{a_0}}$$

求 r 的平均值,势能 $-\dfrac{e^2}{r}$ 的平均值及动量分布函数.

8. 利用循环公式,计算积分

$$\int_{-\infty}^{\infty}u_n^*(x)x^2u_m(x)\mathrm{d}x$$

其中 $u_n(x)$ 为谐振子归一化波函数.

9. 求解三维谐振子,并讨论它的简并情况.求出基态、第一激发态、第二激发态的角量子数 l.

10. 一个力学体系的哈密顿算符为

$$H=-\frac{1}{2}\nabla_1^2-\frac{1}{2}\nabla_2^2+\frac{K}{2}(r_1^2+r_2^2)-\frac{\alpha}{2}r_{12}^2$$

试用变数变换 $\boldsymbol{R}=\dfrac{1}{\sqrt{2}}(\boldsymbol{r}_1+\boldsymbol{r}_2)$,$\boldsymbol{r}=\dfrac{1}{\sqrt{2}}(\boldsymbol{r}_1-\boldsymbol{r}_2)$ 求解

$$H\psi=E\psi$$

11. 证明:在一般中心力场中,H,L^2,L_z 互相对易,并讨论能量本征函数和本征值的一般性质.

12. 对氢原子:

(1) 求在 $r\geqslant 2a_0$ 的区域内发现电子的概率.

(2) 若定义球对称 1s 轨道为在此球内找到电子的概率为 90%,求 1s 轨道球面的半径.

13. 粒子处于半径为 a 的无限深的势阱中

$$V(r)\begin{cases}0 & r<a\\ \infty & r>a\end{cases}$$

求 $l=0$ 的定态能级和波函数.

14. 求解一维情况,在求接触势能

$$V(x)=-g\delta(x)$$

作用下的束缚态能量本征值及本征函数,并讨论测不准关系.

第4章　表象理论

在前面三章中,我们讨论了波动力学.这个理论首先抓住了微观粒子波粒二象性这一本质,建立了反映微观粒子运动规律的薛定谔方程.在建立薛定谔方程中,将相应的经典力学量算符化.算符的对易关系是算符化规则的必然结果.理论的基础在薛定谔方程.主要问题是求解这个方程.

现在,我们将从另一个角度来讨论海森堡建立的理论体系.这个新理论体系的数学方案包括:态、力学量的表述,量子条件(算子的对易关系),运动方程,基础的量子条件.由经典泊松方括的类比得到了量子泊松方括.假定正则坐标,正则动量的量子泊松方括等于经典的结果就得到了这些量子条件.这个理论认为经典力学应该是量子力学的极限情况,所以一开始就非常注意量子力学和经典力学在形式上的类比.因此,如果说波动力学是从内容到形式对经典力学的改造,那么现在的理论(从某种意义上说,可称之为算子力学)是从形式到内容对经典力学的改造.

本章首先讨论态、力学量的数学表述——表象理论.其他问题在第5、6章讨论.

4.1　右矢、左矢、线性空间

1. 右矢和右矢空间

为了描述量子力学中体系的状态,引入一种特殊的矢量,称为"右矢量"或简称"右矢",用符号"$|\rangle$"表示.这种符号是狄拉克创立的,运算简捷方便.为了表示一个指定的P右矢,就把字母P插到符号"$|\rangle$"里面,即用符号"$|P\rangle$"表示P右矢.所有右矢的集合$\{|P\rangle,|Q\rangle,\cdots\}$构成了右矢空间.假定:在一特定时刻,力学体系的任一个态都可以用一个右矢表示.量子力学态的迭加原理指出:如果右矢$|A\rangle$和$|B\rangle$所描述的状态是体系的可能状态,则它们的线性迭加

$$\lambda_1|A\rangle+\lambda_2|B\rangle=|R\rangle \tag{4.1}$$

所描述的状态也是这个体系的一个可能的状态(λ_1,λ_2是任意数).因此,右矢空间必须是线性空间,满足下列运算规律:

$$\left.\begin{aligned}
&|A\rangle+|B\rangle=|B\rangle+|A\rangle\\
&(|A\rangle+|B\rangle)+|C\rangle=|A\rangle+(|B\rangle+|C\rangle)\\
&\qquad\qquad\qquad\quad=|A\rangle+|B\rangle+|C\rangle\\
&(C_1+C_2)|A\rangle=C_1|A\rangle+C_2|A\rangle\\
&C(|A\rangle+|B\rangle)=C|A\rangle+C|B\rangle
\end{aligned}\right\} \tag{4.2}$$

但是,量子力学中态的迭加与经典的迭加有着根本的不同.量子力学中一个态与其自身的迭加不能生成任何新的态.因此,相应于一个态的右矢$|A\rangle$,若乘以任何不为零的复数λ,得到的新右矢$\lambda|A\rangle$与$|A\rangle$表示同一个态.这就意味着,在右矢空间中表示体系状态的仅是右矢的方向,与其长度无关.因此,通常选择右矢空间中长度为1(归一化)的矢量来表示体系的状态.

例 4.1 在线性谐振子中,体系的任何一个态可表示为

$$|P\rangle=\sum_{n=0}^{\infty}C_n u_n(x) \qquad (n=0,1,2,\cdots)$$

其中

$$u_n(x)=N_n H_n(\xi)\mathrm{e}^{-\frac{\xi^2}{2}} \qquad (\xi=\alpha x)$$

例 4.2 在氢原子中,态可表示为

$$|P\rangle=\sum_{n,l,m}C_{nlm}u_{nlm}(r,\theta,\varphi)$$

其中

$$u_{nlm}(r,\theta,\varphi)=N_{nl}\mathrm{e}^{-\frac{\rho}{2}}\rho^l L_{n+l}^{2l+1}(\rho)Y_{lm}(\theta,\varphi)$$

例 4.3 自由粒子任意状态可表示为

$$|p\rangle=\iiint_{-\infty}^{\infty}C_{p_xp_yp_z}u_{p_xp_yp_z}(x,y,z)\mathrm{d}p_x\mathrm{d}p_y\mathrm{d}p_z$$

其中

$$u_{p_xp_yp_z}(x,y,z)=\frac{1}{(2\pi\hbar)^{3/2}}\mathrm{e}^{i(p_xx+p_yy+p_zz)/\hbar}$$

在上述例子中,$u_n(x)$,$u_{nlm}(r,\theta,\varphi)$和 $u_{p_xp_yp_z}(x,y,z)$分别是三个体系的右矢空间的基矢.由此可见,右矢空间可能是有限维的,也可能是无限维的.无限维中又有可数无限维(例 4.1,例 4.2)和不可数无限维(例 4.3)之分.因此,右矢空间是比希尔伯特(Hilbert)空间更普遍的空间.

2. 左矢和左矢空间

在数学上,任何一个线性空间都有它的对偶空间.把右矢空间的对偶空间称为左矢空间.它由所有"左矢量"(简称"左矢")构成.根据对偶空间的含义,所谓左矢就是能和右矢作成内积(标量积)的一种矢量,用符号"$\langle|$"表示.左矢$\langle B|$与右矢$|A\rangle$的标量积写作$\langle B|A\rangle$.

左矢空间的矢量与右矢空间的矢量存在一一对应的关系,即对于任一个右矢$|A\rangle$,有一左矢$\langle A|$与之对应;而对应于右矢 $C|A\rangle$,有左矢 $\bar{C}\langle A|$,其中 $\bar{C}$ 是 C 的共轭复数.由于这种对应关系,也可以用左矢的方向来表示体系的状态.

左矢通过与右矢的标量积来定义.对于这种标量积,作如下规定:

(1)
$$\langle P|Q\rangle=\overline{\langle Q|P\rangle} \tag{4.3}$$

于是

$$\langle P|P\rangle=\overline{\langle P|P\rangle} \tag{4.4}$$

是实数.

(2) 当$|P\rangle\neq0$ 时 $\qquad\langle P|P\rangle>0$

当$|P\rangle=0$ 时 $\qquad\langle P|P\rangle=0$

这就是说,左矢空间和右矢空间都是可度量的.$\langle P|$或$|P\rangle$的长度就定义为$\langle P|P\rangle$的平方根,即

$$|\langle P||=||P\rangle|=\sqrt{\langle P|P\rangle} \tag{4.5}$$

前面已提到,表示体系状态的只是矢量的方向,因此通常选择适当的数量因子,使其矢量的长度为 1,即

$$\langle P|P\rangle=1 \tag{4.6}$$

这个步骤称为归一化,式(4.6)称为归一化条件.

满足式(4.6)的右矢(或左矢)不是唯一的,它们之间可以相差一个相因子 $e^{i\theta}$(θ 为任意实数).因此,可以说,在任一特定时刻,体系的状态可以用一右矢空间(或左矢空间)的一个长度为 1 的右矢(或左矢)来表示.这种表示不是唯一的,它们之间可以相差一个相因子.

例 4.4 若 $|A\rangle$ 为 n 维空间的一个右矢,它的 n 个分量分别为 $a_1,a_2,\cdots,a_n$;$\langle B|$ 为 n 维左矢空间的一个左矢,它的 n 个分量为 $\bar{b}_1,\bar{b}_2,\cdots,\bar{b}_n$.根据定义,它们的标量积为

$$\begin{aligned}\langle B|A\rangle &= \bar{b}_1 a_1+\bar{b}_2 a_2+\cdots+\bar{b}_n a_n \\ &= \sum_K \bar{b}_K a_K \\ &= (\bar{b}_1\bar{b}_2\cdots\bar{b}_n)\begin{pmatrix}a_1\\a_2\\\vdots\\a_n\end{pmatrix}\end{aligned}$$

所以

$$\langle B| = (\bar{b}_1\bar{b}_2\cdots\bar{b}_n)$$

$$|A\rangle = \begin{pmatrix}a_1\\a_2\\\vdots\\a_n\end{pmatrix}$$

又根据式(4.3)规定

$$\begin{aligned}\langle A\mid B\rangle &= \overline{\langle B\mid A\rangle} = \sum_K \bar{\bar{b}}_K\bar{a}_K = \sum_K \bar{a}_K b_K \\ &= (\bar{a}_1\ \bar{a}_2\cdots\bar{a}_n)\begin{pmatrix}b_1\\b_1\\\vdots\\b_n\end{pmatrix}\end{aligned}$$

所以

$$\langle A| = (\bar{a}_1\ \bar{a}_2\cdots\bar{a}_n)$$

$$|B\rangle = \begin{pmatrix}b_1\\b_1\\\vdots\\b_n\end{pmatrix}$$

上面用到 $b_i=(\bar{\bar{b}}_i)$.可以说,在 n 维空间中,右矢 $|A\rangle$ 可以用它的 n 个分量表示为列向量,而与之对应的左矢 $\langle A|$ 则可以表示为行向量,其分量恰是 $|A\rangle$ 的 n 个分量的复数共轭,即

$$|A\rangle = \begin{pmatrix}a_1\\a_2\\\vdots\\a_n\end{pmatrix}$$

$$\langle A| = (\bar{a}_1\ \bar{a}_2\cdots\bar{a}_n)$$

或记为 $\langle A| = \overline{|A\rangle}$,反之亦然.类似地,在函数空间,右矢表示为某一函数,而与之对应的左矢为

其复数共轭.

例 4.5　一维谐振子

$$|P\rangle = \sum_{n=0}^{\infty} C_n u_n(x) \qquad \langle P| = \sum_{n=0}^{\infty} \overline{C}_n u_n(x)$$

$$|Q\rangle = \sum_{n'=0}^{\infty} D_{n'} u_{n'}(x) \qquad \langle Q| = \sum_{n'=0}^{\infty} \overline{D}_{n'} u_{n'}(x)$$

$$\langle Q \mid P\rangle = \sum_{nn'} \overline{D}_{n'} C_n \int u_n u_{n'} \mathrm{d}x = \sum_{nn'} \overline{D}_{n'} C_n \delta_{n'n} = \sum_{n} \overline{D}_n C_n$$

例 4.6　氢原子

$$|P\rangle = \sum_{nlm} C_{nlm} u_{nlm}(r,\theta,\varphi) \qquad \langle P| = \sum_{nlm} \overline{C}_{nlm} \overline{u}_{nlm}$$

$$|Q\rangle = \sum_{n'l'm'} D_{n'l'm'} u_{n'l'm'} \qquad \langle Q| = \sum_{n'l'm'} \overline{D}_{n'l'm'} \overline{u}_{n'l'm'}$$

$$\begin{aligned}\langle Q \mid P\rangle &= \sum_{nlm} \sum_{n'l'm'} \overline{D}_{n'l'm'} C_{nlm} \int \overline{u}_{n'l'm'} u_{nlm} r^2 \sin\theta \mathrm{d}r \mathrm{d}\theta \mathrm{d}\varphi \\ &= \sum_{nlm} \sum_{n'l'm'} \overline{D}_{n'l'm'} C_{nlm} \delta_{n'n} \delta_{l'l} \delta_{m'm} \\ &= \sum_{nlm} \overline{D}_{nlm} C_{nlm}\end{aligned}$$

最后,如果$\langle B|A\rangle=0$,则$|A\rangle$和$|B\rangle$是正交的(或$\langle A|$和$\langle B|$是正交的),也就是和$|A\rangle$,$|B\rangle$(或$\langle A|$,$\langle B|B|$)对应的两个态是正交的.

3. 线性算子

若算子 α 作用于右矢上仍为右矢空间的一个矢量,即

$$\alpha|P\rangle=|Q\rangle \tag{4.7}$$

并且 α 满足下列线性规则:

$$\alpha(C_1|P_1\rangle+C_2|P_2\rangle)=C_1\alpha|P_1\rangle+C_2\alpha|P_2\rangle \tag{4.8}$$

则称 α 为右矢空间的一个线性算子.

例 4.7　$x,y,z;p_x,p_y,p_z;L_x,L_y,L_z;L^2,H$ 都是线性算子.

若 $\alpha\psi=\psi^2$,即

$$\begin{aligned}\alpha(\psi_1+\psi_2)&=(\psi_1+\psi_2)^2=\psi_1^2+\psi_2^2+2\psi_1\psi_2 \\ &=\alpha\psi_1+\alpha\psi_2+2\psi_1\psi_2\neq \alpha\psi_1+\alpha\psi_2\end{aligned}$$

所以 α 不是线性算子.

例 4.8　$|A\rangle\langle B|$是一个线性算子.它能作用于右矢$|Q\rangle$上,得$\langle B|Q\rangle|A\rangle$,即将右矢$|Q\rangle$的方向投到$|A\rangle$上;它也能作用于左矢$\langle P|$上,得$\langle P|A\rangle\langle B|$,即将左矢$\langle P|$的方向投到左矢$\langle B|$上,因此$|A\rangle\langle B|$称为投影算子.

线性算子有下列性质:

$$(\alpha_1+\alpha_2)|A\rangle=\alpha_1|A\rangle+\alpha_2|A\rangle \tag{4.9}$$

$$(\alpha_1\alpha_2)|A\rangle=\alpha_1(\alpha_2|A\rangle)=\alpha_1\alpha_2|A\rangle \tag{4.10}$$

一般来说

$$\alpha_1\alpha_2|A\rangle\neq\alpha_2\alpha_1|A\rangle \tag{4.11}$$

同样,若

$$\langle P|\beta=\langle Q| \tag{4.12}$$

且

$$(C_1\langle P_1|+C_2\langle P_2|)\beta=C_1\langle P_1|\beta+C_2\langle P_2|\beta$$

则 β 为左矢空间的线性算子.由式(4.7),得

$$\langle Q|=\overline{\alpha|P\rangle}=\langle P|\bar{\alpha} \tag{4.13}$$

式(4.13)与式(4.12)比较,得

$$\beta=\bar{\alpha}$$

由于 $\langle P|\bar{\alpha}$ 是 $\alpha|P\rangle$ 的共轭左矢,因此 $\bar{\alpha}$ 称为 α 的共轭算子,$\bar{\alpha}$ 只作用于左矢 $\langle P|$ 上.

共轭算子有下列性质:

(1) $\bar{\bar{\alpha}}=\alpha$.

证明:对式(4.13)两边再取一次复数共轭,得

$$|Q\rangle=\bar{\bar{\alpha}}|P\rangle$$

将上式与式(4.7)比较,得

$$\bar{\bar{\alpha}}=\alpha \tag{4.14}$$

(2) $\overline{\alpha\beta}=\bar{\beta}\bar{\alpha}$.

证明:若

$$|R\rangle=(\alpha\beta)|P\rangle$$

$$\beta|P\rangle=|Q\rangle$$

则

$$|R\rangle=\alpha|Q\rangle$$

对上面三式取复数共轭,得

$$\langle R|=\langle P|(\overline{\alpha\beta})$$

$$\langle Q|=\langle P|\bar{\beta}$$

$$\langle R|=\langle Q|\bar{\alpha}=\langle P|\bar{\beta}\bar{\alpha}$$

所以

$$(\overline{\alpha\beta})=\bar{\beta}\bar{\alpha} \tag{4.15}$$

同理有

$$(\overline{\alpha\beta\gamma})=\bar{\gamma}\ \ \bar{\beta}\ \ \bar{\alpha}$$

例 4.9　在 n 维空间中,若算子 $A=|P\rangle\langle Q|$ 表示为

$$A=|P\rangle\langle Q|=\begin{pmatrix}p_1\\p_2\\\vdots\\p_n\end{pmatrix}(\bar{q}_1\ \bar{q}_2\cdots\bar{q}_n)$$

有

$$\bar{A}=A^{+}$$

证明　A 的矩阵元 A_{ij} 为

$$A_{ij}=p_i\bar{q}_j$$

由定义知

$$\overline{A}=\overline{|P\rangle\langle Q|}=|Q\rangle\langle P|=\begin{pmatrix}q_1\\q_2\\\vdots\\q_n\end{pmatrix}(\overline{p}_1\ \overline{p}_2\cdots\ \overline{p}_n)$$

其矩阵元 $\overline{A}_{ij}$ 为

$$\overline{A}_{ij}=q_i\overline{p}_j=A_{ji}^*$$

所以

$$\overline{A}=A^+$$

因此，n 维空间中，线性算子都可以用矩阵表示，共轭矩阵 $\overline{A}$ 是该矩阵转置，再取复数共轭.

例 4.10　$\overline{x}=x$

证明　由

$$\begin{aligned}\langle\varphi|x|\psi\rangle&=(\varphi,x\psi)=(x\varphi,\psi)=\overline{(\psi,x\varphi)}\\&=\overline{\langle\psi|x|\varphi\rangle}=\langle\varphi|\overline{x}|\psi\rangle\end{aligned}$$

比较上式两边，得

$$\overline{x}=x$$

上面证明利用了 $x^*=x$ 的关系.

例 4.11　$\overline{\dfrac{\partial}{\partial x}}=-\dfrac{\partial}{\partial x}$

证明

$$\begin{aligned}\left\langle\varphi\left|\frac{\partial}{\partial x}\right|\psi\right\rangle&=\left(\varphi,\frac{\partial}{\partial x}\psi\right)=\int\varphi^*\frac{\partial\psi}{\partial x}\mathrm{d}\tau\\&=\varphi^*\psi\Big|_{-\infty}^{\infty}-\int\frac{\partial\varphi^*}{\partial x}\psi\,\mathrm{d}\tau=-\left(\frac{\partial}{\partial x}\varphi,\psi\right)\\&=-\overline{\left(\psi,\frac{\partial}{\partial x}\varphi\right)}=-\overline{\left\langle\psi\left|\frac{\partial}{\partial x}\right|\varphi\right\rangle}\\&=-\left\langle\varphi\left|\overline{\frac{\partial}{\partial x}}\right|\psi\right\rangle\end{aligned}$$

即

$$\left\langle\varphi\left|-\frac{\partial}{\partial x}\right|\psi\right\rangle=\left\langle\varphi\left|\overline{\frac{\partial}{\partial x}}\right|\psi\right\rangle$$

得证. 上面用到了一次分部积分，且

$$\varphi^*\psi\Big|_{-\infty}^{\infty}=0$$

例 4.12　$\overline{p}_x=p_x$

证明　利用例 4.11 的结果，得

$$\begin{aligned}\langle\varphi|p_x|\psi\rangle&=\left\langle\varphi\left|-i\hbar\frac{\partial}{\partial x}\right|\psi\right\rangle\\&=-i\hbar\left\langle\varphi\left|\frac{\partial}{\partial x}\right|\psi\right\rangle=i\hbar\left\langle\varphi\left|\overline{\frac{\partial}{\partial x}}\right|\psi\right\rangle\end{aligned}$$

$$=\left\langle\varphi\left|\overline{-i\hbar\frac{\partial}{\partial x}}\right|\psi\right\rangle=\langle\varphi|\bar{p}_x|\psi\rangle$$

$$\bar{p}_x=p_x$$

(3) 自共轭算子.

若算子 α

$$\bar{\alpha}=\alpha$$

则 α 称为自共轭算子,简称自轭算子,或称厄米算子.对于线性自共轭算子,又称实线性算子.假定量子力学中,任何可观察力学量都用实线性算子代表.不难验证,上面引入的算子,$x,y,z;p_x,p_y,p_z;L_x,L_y,L_z;L^2,H$ 等都是实线性算子.

至此,我们看到,采用狄拉克引入的符号后,任何一个完整的括号"$\langle\rangle$"表示一个数,半个括号"$\langle|$"或"$|\rangle$"表示一个状态,而$|\rangle\langle|$表示一个线性算子.这三个量的任何次序的相乘都是有意义的.在这种乘法中,结合律和分配律总是成立的,但乘法交换律一般不成立.以后将看到,采用这套符号来阐述量子力学的基本原理有很大的优越性.

4. 本征值和本征矢

若算子 α 满足方程:

$$\alpha|P\rangle=\alpha'|P\rangle \tag{4.16}$$

其中 α' 为一数,则称 α' 为算子 α 的本征值,$|P\rangle$ 为 α 的属于本征值 α' 的本征矢,式(4.16)称为 α 的本征方程.

为了突出本征值、本征矢及算子之间的对易关系,用 $\xi',\xi'',\cdots$ 表示算子 ξ 的各本征值,相应的本征矢用 $|\xi'\rangle,|\xi''\rangle,\cdots$ 表示.若本征值为简并的,即有多个本征矢同属于一个本征值,则再加一标号以示区别,如 $|\xi'1\rangle,|\xi'2\rangle,\cdots$.

下面讨论自共轭算子的本征值和本征矢的几条性质:

(1) 本征值为实数.

证明:对自共轭算子 ξ,有

$$\xi|\xi'\rangle=\xi'|\xi'\rangle \tag{4.17}$$

两边取复数共轭,有

$$\langle\xi'|\bar{\xi}=\langle\xi'|\xi=\bar{\xi}'\langle\xi'| \tag{4.18}$$

由式(4.17),得

$$\langle\xi'|\xi|\xi'\rangle=\xi'\langle\xi'|\xi'\rangle$$

由式(4.18),得

$$\langle\xi'|\xi|\xi'\rangle=\bar{\xi}'\langle\xi'|\xi'\rangle$$

上两式相减,得

$$(\xi'-\bar{\xi}')\langle\xi'|\xi'\rangle=0$$

由于 $\langle\xi'|\xi'\rangle\neq0$,所以

$$\xi'=\bar{\xi}'$$

即 ξ' 为实数.

(2) 属于不同本征值的本征矢正交.

证明:设

$$\xi|\xi'\rangle=\xi'|\xi'\rangle$$

$$\langle\xi''|\xi=\xi''\langle\xi''|$$

且 $\xi'\neq\xi''$，则

$$\langle\xi''|\xi|\xi'\rangle=\xi'\langle\xi''|\xi'\rangle=\xi''\langle\xi''|\xi'\rangle$$

所以

$$(\xi'-\xi'')\langle\xi''|\xi'\rangle=0$$

由于 $\xi'\neq\xi''$，所以

$$\langle\xi''|\xi'\rangle=0$$

对于属于同一本征值的简并(退化)的独立的本征矢，如果它们不正交，总可以用第2章介绍过的施密特正交化程序使之正交归一化. 这样便可以得出结论：自共轭算子的本征矢组成一个正交归一化集合. 进一步假定：对于可观察的力学量，它的本征矢组成完全的正交归一化集合. 所谓"完全"的意思是对于描述该力学体系的任何状态都可表示为这套本征矢的线性组合.

(3) 若 ξ 和 η 对易，则可选一组完全的正交集合，它们既是 ξ，又同时是 η 的本征矢.

证明：设

$$\xi|\xi'\rangle=\xi'|\xi'\rangle$$
$$\eta|\eta'\rangle=\eta'|\eta'\rangle$$

将 $|\eta'\rangle$ 写作 ξ 的本征矢的组合

$$|\eta'\rangle=\sum_{\xi'}|\xi'\eta'\rangle$$

$|\xi'\eta'\rangle$ 中的标号 η' 是指对 $|\eta'\rangle$ 的展开式中用到的那些 $|\xi'\rangle$. 将 $(\eta-\eta')$ 作用于上式两边，得

$$0=(\eta-\eta')|\eta'\rangle=\sum_{\xi'}(\eta-\eta')|\xi'\eta'\rangle$$

即

$$\sum_{\xi'}(\eta-\eta')|\xi'\eta'\rangle=0 \tag{4.19}$$

将 ξ 作用于 $(\eta-\eta')|\xi'\eta'\rangle$ 上，利用题给条件 $\xi\eta=\eta\xi$，可得

$$\xi(\eta-\eta')|\xi'\eta'\rangle=(\eta-\eta')\xi|\xi'\eta'\rangle=\xi'(\eta-\eta')|\xi'\eta'\rangle$$

即

$$\xi(\eta-\eta')|\xi'\eta'\rangle=\xi'(\eta-\eta')|\xi'\eta'\rangle$$

上式说明 $(\eta-\eta')|\xi'\eta'\rangle$ 是 ξ 属于本征值 ξ' 的本征矢. 因而，在式(4.19)求和号中的各项是线性独立的，其和为零，它们的每一项必须为零，即

$$(\eta-\eta')|\xi'\eta'\rangle=0$$

或者

$$\eta|\xi'\eta'\rangle=\eta'|\xi'\eta'\rangle$$

这说明 $|\xi'\eta'\rangle$ 同时又是 η 的本征矢，因此是 ξ 和 η 共同的本征函数. 由于集合 $\{|\eta'\rangle\}$ 是完全的，而其中每一个 $|\eta'\rangle$ 都可展成 $|\xi'\eta'\rangle$ 的组合，因此这组共同本征矢也是完全的. 也容易证明，若 ξ 和 η 有一组完全的共同本征矢量，则它们是对易的.

证明：设 $\{|\xi'\eta'\rangle\}$ 是完全共同本征矢量集合，则对任意右矢 $|P\rangle$，都有

$$|P\rangle=\sum_{\xi'\eta'}C'|\xi'\eta'\rangle$$

上式用 $\xi\eta-\eta\xi$ 作用，得

$$(\xi\eta-\eta\xi)\mid P\rangle=\sum_{\xi'\eta'}C'(\xi\eta-\eta\xi)\mid\xi'\,\eta'\rangle$$
$$=\sum_{\xi'\eta'}C'(\xi'\eta'-\eta'\xi')\mid\xi'\,\eta'\rangle=0$$

由于$|P\rangle$是任意的，所以

$$\xi\eta-\eta\xi=0$$

上面的讨论可以推广到n个互相对易的算子的情况. 若自共轭算子$\xi_1,\xi_2,\cdots,\xi_n$互相对易，则一定存在一组完全的正交集合$\{|\xi_1'\,\xi_2'\cdots\,\xi_n'\rangle\}$，它们中的每一个都是这$n$个算子的共同本征矢量. 反之，若有$n$个算子，它们有共同的本征矢，且组成完全集合，则它们一定互相对易. 例如，对于氢原子，H,L^2,L_z互相对易.

$$H=-\frac{\hbar^2}{2\mu}\frac{1}{r^2}\frac{\partial}{\partial r}\left(r^2\frac{\partial}{\partial r}\right)+\frac{L^2}{2\mu r^2}-\frac{Ze^2}{r}$$

$$L^2=-\hbar^2\left[\frac{1}{\sin\theta}\frac{\partial}{\partial\theta}\left(\sin\theta\frac{\partial}{\partial\theta}\right)+\frac{1}{\sin^2\theta}\frac{\partial^2}{\partial\varphi^2}\right]$$

$$L_z=-i\hbar\frac{\partial}{\partial\varphi}$$

它们有共同本征函数

$$u_{nlm}(r,\theta,\varphi)=N_{nl}R_{nl}(r)Y_{lm}(\theta,\varphi)$$

$$Hu_{nlm}=E_nu_{nlm}\qquad E_n=-\frac{\mu e^4}{2\hbar^2}\frac{Z^2}{n^2}$$

$$L^2u_{nlm}=l(l+1)\hbar^2u_{nlm}$$

$$L_zu_{nlm}=m\hbar u_{nlm}$$

4.2 基 矢 量

如果有一个左矢(或右矢)的完全集合，则任何左矢(或右矢)都可以表示为它们的线性组合. 这样，就可以把任何左矢(或右矢)及线性算子具体地表示出来. 因此，一个左矢(或右矢)的完全集合就确定了一种表示，称为表象. 这组完全集合称为表象的基矢. 显然，基矢不同，表象也不同. 如果基左(右)矢中任何两个都是正交的，则这种表象就称为正交表象. 由于可观察力学量的本征矢是一个完全的正交集合，因此常用来作为基矢. 一般来说，一个力学量的本征值通常会出现简并情况，虽然它的本征矢也组成正交的完全集合，但为了消除简并，要加入一些和这个力学量对易的其他力学量(当然它们之间也要互相对易)，构成一个完全力学量组. 完全力学量组的数目与体系的自由度的数目相等，这样通过完全力学量组中力学量的本征值，就把体系的状态唯一确定. 例如，氢原子的自由度为了完全确定它的状态，需要三个力学量N,L^2，L_z，它们共同本征矢由三个量子数H',L',L_z'来确定，即$|N,L',L_z'\rangle$. 在建立一种表象时，总是选择一组互相对易的完全力学量组的共同本征矢来作为表象的基矢. 这样就可以直接用这些对易力学量的本征值(或称量子数)来标记基矢. 例如，完全力学量组为

$$\xi_1,\xi_2,\cdots,\xi_n$$

表象的基矢记为

$$|\xi_1'\,\xi_2'\cdots\,\xi_n'\rangle$$

1. 矢量的表示

假设 ξ' 不出现简并，或用 ξ 笼统地代表一组互相对易的力学量组 $\xi_1, \xi_2, \cdots, \xi_n$. 选 ξ 的本征矢 $|\xi'\rangle$ 为基矢量，则任何右矢可写成其线性组合. 下面就 ξ 的本征值是分立谱、连续谱和既有分立谱又有连续谱的三种情况分别讨论.

1）分立谱

$|\xi'\rangle$ 组成完全正交集合，任何右矢 $|P\rangle$ 的展开式为

$$|P\rangle \sum_{\xi'} C' \mid \xi'\rangle \tag{4.20}$$

因为

$$\langle \xi' | \xi''\rangle = \delta_{\xi'\xi''}$$

将式(4.20)用左矢 $\langle \xi''|$ 从左边作用，得

$$\langle \xi'' \mid P\rangle = \sum_{\xi'} C' \langle \xi'' \mid \xi'\rangle = \sum_{\xi'} C' \delta_{\xi'\xi''}$$

所以

$$C' = \langle \xi' | P\rangle$$

代入得

$$|P\rangle = \sum_{\xi'} |\xi'\rangle\langle \xi' |P\rangle \tag{4.21}$$

由于 $|P\rangle$ 是任意的，式(4.21)对任意 $|P\rangle$ 成立的条件是

$$\sum_{\xi'} |\xi'\rangle\langle \xi'| = 1 \tag{4.22}$$

式(4.22)是分立谱完备性条件的数学表达式. 也称为单位算子. 表明算子 $|\xi'\rangle\langle \xi'|$ 的总和是 1. 这样，基矢量 $|\xi'\rangle, |\xi''\rangle, \cdots$ 选定以后，任意矢量 $|P\rangle$ 在这个表象里，列向量表示为

$$|P\rangle = \begin{pmatrix} \langle \xi^1 | P\rangle \\ \langle \xi^2 | P\rangle \\ \vdots \end{pmatrix}$$

2）连续谱

$|\xi'\rangle$ 为连续谱的正交条件：

$$\langle \xi' | \xi''\rangle = \delta(\xi' - \xi'')$$

任意矢量 $|P\rangle$ 的展开式为

$$|P\rangle = \int C' \, |\xi'\rangle \mathrm{d}\xi' \tag{4.23}$$

利用连续谱的正交条件，得

$$\langle \xi'' |P\rangle \int C' \langle \xi'' |\xi'\rangle \mathrm{d}\xi' = \int C' \delta(\xi' - \xi'') \mathrm{d}\xi' = C''$$

$$|P\rangle = \int |\xi'\rangle \mathrm{d}\xi' \langle \xi' |P\rangle \tag{4.24}$$

由于 $|P\rangle$ 是任意矢量，有

$$\int |\xi'\rangle \mathrm{d}\xi' \langle \xi'| = 1 \tag{4.25}$$

式(4.25)是连续谱完备性条件的数学表达式，也是连续谱的单位算子. 同样，$\langle \xi' | P\rangle$ 是 $|P\rangle$ 在 $|\xi'\rangle$ 方向上的投影. 仿照分立谱的情形，可以写出 $|P\rangle$ 的矩阵表示式

$$|P\rangle=\begin{pmatrix}\langle\xi'|P\rangle\\\langle\xi''|P\rangle\\\vdots\end{pmatrix}$$

但由于 ξ 是连续变化，因此这个列向量中元素的个数是不可数无穷多个. 可以把这种列向量看作是一种推广了的列向量.

3）既有分立谱又有连续谱

用 ξ^r 表示分立的本征值，用 ξ' 表示连续的本征值，则任意矢量 $|P\rangle$ 的展开式为

$$|P\rangle=\sum_{\xi^r}C^r|\xi^r\rangle+\int C'|\xi'\rangle\mathrm{d}\xi' \tag{4.26}$$

本征矢的正交条件为

$$\langle\xi^r|\xi^t\rangle=\delta_{rt}$$
$$\langle\xi^r|\xi'\rangle=\langle\xi'|\xi^r\rangle=0$$
$$\langle\xi'|\xi''\rangle=\delta(\xi'-\xi'')$$

所以有

$$\langle\xi^t|P\rangle=\sum_{\xi^r}C^r\langle\xi^t|\xi^r\rangle+\int C'\langle\xi^t|\xi'\rangle\mathrm{d}\xi'=C^t$$
$$\langle\xi''|P\rangle=\sum_{\xi^r}C^r\langle\xi''|\xi^r\rangle+\int C'\langle\xi''|\xi'\rangle\mathrm{d}\xi'=C''$$

所以

$$|P\rangle=\sum_{\xi^r}|\xi^r\rangle\langle\xi^r|P\rangle+\int|\xi'\rangle\mathrm{d}\xi'\langle\xi'|P\rangle \tag{4.27}$$

同样，由于 $|P\rangle$ 是任意的，得

$$\sum_{\xi^r}|\xi^r\rangle\langle\xi^r|+\int|\xi'\rangle\mathrm{d}\xi'\langle\xi'|=1 \tag{4.28}$$

同样，$|P\rangle$ 的推广的列向量的形式为

$$|P\rangle=\begin{pmatrix}\langle\xi^1|P\rangle\\\langle\xi^2|P\rangle\\\vdots\\\langle\xi'|P\rangle\\\langle\xi''|P\rangle\\\vdots\end{pmatrix}$$

表示完备性条件的式(4.22)、式(4.25)和式(4.28)三个式子分别给出了在分立谱、连续谱和既有分立谱又有连续谱的三种情况下的单位算子的形式，这三个式子在以后各章节讨论中是很有用的.

利用上面得到的三种单位算子，很容易写出在上面讨论的三种情况下任意左矢 $\langle P|$ 的展开式.

分立谱：

$$\langle P|=\sum_{\xi'}\langle P|\xi'\rangle\langle\xi'| \tag{4.29}$$

连续谱：

$$\langle P|=\int\langle P|\xi'\rangle\mathrm{d}\xi'\langle\xi'| \tag{4.30}$$

分立、连续谱：

$$\langle P| = \sum_{\xi^r}\langle P|\xi^r\rangle\langle\xi^r| + \int\langle P|\xi'\rangle d\xi'\langle\xi'| \tag{4.31}$$

写成行向量的形式分别是

$$\langle P| = (\langle P|\xi^1\rangle\langle P|\xi^2\rangle \cdots)$$

$$\langle P| = (\langle P|\xi'\rangle\ \langle P|\xi''\rangle \cdots)$$

$$\langle P| = (\langle P|\xi^1\rangle\langle P|\xi^2\rangle \cdots \langle P|\xi'\rangle\ \langle P|\xi''\rangle \cdots)$$

有了左矢和右矢的表示，容易写出它们的内积. 对分立谱：

$$\langle P|Q\rangle = (\langle P|\xi^1\rangle\langle P|\xi^2\rangle \cdots)\begin{pmatrix}\langle\xi^1|Q\rangle\\ \langle\xi^2|Q\rangle\\ \vdots\end{pmatrix}$$

方便的写法是在$\langle P|$和$|Q\rangle$中间插入单位算子，即

$$\langle P|Q\rangle = \sum_{\xi'}\langle P|\xi'\rangle\langle\xi'|Q\rangle \tag{4.32}$$

同样，用插入单位算子的方法可直接写出在连续谱，既有分立谱又有连续谱时的内积表达式：

$$\langle P|Q\rangle = \int\langle P|\xi'\rangle d\xi'\langle\xi'|Q\rangle \tag{4.33}$$

$$\langle P|Q\rangle = \sum_{\xi^r}\langle P|\xi^r\rangle\langle\xi^r|Q\rangle + \int\langle P|\xi'\rangle d\xi'\langle\xi'|Q\rangle \tag{4.34}$$

2. 线性算子的表示

1) 分立谱

利用单位算子，很容易写出线性算子的矩阵表示：

$$\alpha = \sum_{\xi'\xi''}|\xi'\rangle\langle\xi'|\alpha|\xi''\rangle\langle\xi''| \tag{4.35}$$

写成矩阵形式为

$$\begin{pmatrix}\langle\xi^1|\alpha|\xi^1\rangle & \langle\xi^1|\alpha|\xi^2\rangle & \cdots\\ \langle\xi^2|\alpha|\xi^1\rangle & \langle\xi^2|\alpha|\xi^2\rangle & \cdots\\ \cdots & \cdots & \end{pmatrix}$$

对于 ξ 算子，在其自身表象里，由于

$$\langle\xi'|\xi|\xi''\rangle = \xi''\langle\xi'|\xi''\rangle = \xi''\delta_{\xi'\xi''} \tag{4.36}$$

所以算子在自身表象里为对角矩阵

$$\begin{pmatrix}\xi^{(1)} & 0 & \cdots & \cdots & & \\ 0 & \xi^{(2)} & 0 & \cdots & \cdots & \\ 0 & 0 & \xi^{(3)} & 0 & \cdots & \cdots\\ \cdots & \cdots & & & & \cdots\end{pmatrix}$$

因此，我们说选择 ξ 的本征矢量作为基矢量和化 ξ 为对角矩阵形式这两句话是指一回事.

若算子 α 可表示成 ξ 的函数，称为算子函数，即

$$\alpha = f(\xi)$$

当 $f(\xi)$是幂级数的形式，称为多项式算子函数，即

$$f(\xi)=C_0+C_1\xi+C_2\xi^2+\cdots$$

不难验证

$$f(\xi)|\xi'\rangle=f(\xi')|\xi'\rangle \tag{4.37}$$

在 f 为更一般的函数情况下，要证明式(4.37)是很困难的. 但式(4.37)可以作为 $f(\xi)$ 的定义. 这种定义相当于若在 $|\xi'\rangle$ 态测量 ξ 得 ξ'，则在 $|\xi'\rangle$ 态测量力学量 $f(\xi)$ 得 $f(\xi')$，在理论上是自洽的. 因此，由式(4.37)得

$$\langle\xi'|f(\xi)|\xi''\rangle=f(\xi')\delta_{\xi'\xi''} \tag{4.38}$$

即 $\alpha=f(\xi)$ 在 ξ 表象里具有对角矩阵的形式. 容易写出两个算子相乘的矩阵表示.

$$\langle\xi'|\alpha\beta|\xi''\rangle=\sum_{\xi'''}\langle\xi'|\alpha|\xi'''\rangle\langle\xi'''|\beta|\xi''\rangle \tag{4.39}$$

这正是 α 和 β 两个矩阵相乘的结果.

同样，对于算子 α 作用到右矢 $|P\rangle$ 上，可表示为

$$\begin{aligned}\alpha|P\rangle&=\sum_{\xi''}\alpha|\xi''\rangle\langle\xi''|P\rangle\\&=\begin{pmatrix}\langle\xi^1|\alpha|\xi^1\rangle & \langle\xi^1|\alpha|\xi^2\rangle & \cdots\\ \langle\xi^2|\alpha|\xi^1\rangle & \langle\xi^2|\alpha|\xi^2\rangle & \cdots\\ \cdots & \cdots & \end{pmatrix}\begin{pmatrix}\langle\xi^1|P\rangle\\ \langle\xi^2|P\rangle\\ \vdots\end{pmatrix}\end{aligned} \tag{4.40}$$

例 4.13 算子 $\alpha=|A\rangle\langle B|$ 的矩阵表示.

解 分立谱. 由式(4.35)，得

$$\alpha=\sum_{\xi'\xi''}|\xi'\rangle\langle\xi'|A\rangle\langle B|\xi''\rangle\langle\xi''|$$

写成矩阵形式，为

$$\alpha=\begin{pmatrix}\langle\xi^1|A\rangle\\ \langle\xi^2|A\rangle\\ \vdots\end{pmatrix}\quad(\langle B|\xi^1\rangle\langle B|\xi^2\rangle\ \cdots)$$

第 i 行，j 列的矩阵元是

$$(\alpha)_{ij}=\langle\xi^i|A\rangle\langle B|\xi^j\rangle$$

2) 连续谱

利用连续谱的单位算子，有

$$\alpha=\iint|\xi'\rangle\mathrm{d}\xi'\langle\xi'|\alpha|\xi''\rangle\mathrm{d}\xi''\langle\xi''| \tag{4.41}$$

将 $\langle\xi'|\alpha|\xi''\rangle$ 排成一个表，为

$$\alpha=\begin{pmatrix}\langle\xi'|\alpha|\xi'\rangle & \langle\xi'|\alpha|\xi''\rangle & \cdots\\ \langle\xi''|\alpha|\xi'\rangle & \langle\xi''|\alpha|\xi''\rangle & \cdots\\ \cdots & \cdots & \end{pmatrix}$$

由于 ξ' 是连续变化的，故上面的表有不可数无穷多行和列，可以看作是一种推广的矩阵. 把它称为矩阵，只是一种形式上的类比. 在实际运算中，还是用式(4.41)的形式.

同样，ξ 和 $f(\xi)$ 的矩阵元分别为

$$\langle\xi'|\xi|\xi''\rangle=\xi''\langle\xi'|\xi''\rangle=\xi''\delta(\xi'-\xi'') \tag{4.42}$$

$$\langle\xi'|f(\xi)|\xi''\rangle=f(\xi'')\delta(\xi'-\xi'') \tag{4.43}$$

具有这种形式矩阵元的矩阵称为广义对角矩阵. 为了统一，以下统称对角矩阵.

3）分立谱和连续谱

利用既有分立谱又有连续谱的单位算子式(4.28)，得

$$\begin{aligned}\alpha = &\sum_{rt} |\xi^r\rangle\langle\xi^r|\alpha|\xi^t\rangle\langle\xi^t| \\ &+\sum_r\int |\xi^r\rangle\langle\xi^r|\alpha|\xi'\rangle d\xi'\langle\xi'| \\ &+\sum_t\int |\xi''\rangle d\xi''\langle\xi''|\alpha|\xi^t\rangle\langle\xi^t| \\ &+\iint |\xi'\rangle d\xi'\langle\xi'|\alpha|\xi''\rangle d\xi''\langle\xi''|\end{aligned} \tag{4.44}$$

这时，有四类矩阵元. 由于 ξ 矩阵，有

$$\langle\xi'|\xi|\xi''\rangle = \xi'\delta(\xi'-\xi'')$$

$$\langle\xi^r|\xi|\xi^t\rangle = \xi^t\delta_{\xi^r\xi^t}$$

$$\langle\xi'|\xi|\xi^r\rangle = \langle\xi^r|\xi|\xi'\rangle = 0$$

所以式(4.44)只剩下两项

$$\begin{aligned}\alpha &= \sum_{\xi^r\xi^t} |\xi^r\rangle\xi^r\delta_{rt}\langle\xi^t| + \iint |\xi'\rangle d\xi'\delta\ (\xi'-\xi'')\xi'' d\xi''\langle\xi''| \\ &= \sum_{\xi^r} \xi^r|\xi^r\rangle\langle\xi^r| + \int \xi'|\xi'\rangle d\xi'\langle\xi'|\end{aligned} \tag{4.45}$$

回到本节开始的假定，若表象是 n 个互相对易的完全力学量组 $\xi_1,\xi_2,\cdots,\xi_n$ 的共同表象，则上面的各式，只要把 ξ' 换成 $\xi_1',\xi_2',\cdots,\xi_n'$ 都成立. 例如

$$\langle\xi'|P\rangle \longrightarrow \langle\xi_1'\ \xi_2'\ \cdots\ \xi_n'|P\rangle$$

$$\langle\xi'|\alpha|\xi''\rangle \longrightarrow \langle\xi_1'\ \xi_2'\ \cdots\ \xi_n'|\alpha|\xi_1''\ \xi_2''\ \cdots\ \xi_n''\rangle$$

同样可以分为分立谱、连续谱和分立谱与连续谱二者兼有的三种情况来讨论.

4.3 表象的变换

表象是指矢量和算子的某种表示，与基矢量的选择有关. 当基矢量发生变化时，表象也就变了. 下面研究在不同的基矢上表象的变换关系.

1. 基矢量的变换

这里只考虑分立谱的情况，其他情况容易推广.

设矢量 $|P\rangle$ 在“ξ”表象(指以 ξ 的本征矢为基矢)为

$$|P\rangle = \sum_{\xi'} |\xi'\rangle\langle\xi'|P\rangle$$

在“η”表象为

$$|P\rangle = \sum_{\eta'} |\eta'\rangle\langle\eta'|P\rangle$$

利用单位算子，容易找到由“ξ”表象变到“η”表象的联系. 由于

$$\langle\eta'|P\rangle = \sum_{\xi'} \langle\eta'|\xi'\rangle\langle\xi'|P\rangle \tag{4.46}$$

得到下列矩阵关系：

$$\begin{pmatrix} \langle \eta^1 | P \rangle \\ \langle \eta^2 | P \rangle \\ \vdots \end{pmatrix} = \begin{pmatrix} \langle \eta^1 | \xi^1 \rangle \langle \eta^1 | \xi^2 \rangle & \cdots \\ \langle \eta^2 | \xi^1 \rangle \langle \eta^2 | \xi^2 \rangle & \cdots \\ \cdots \quad \cdots & \end{pmatrix} \begin{pmatrix} \langle \xi^1 | P \rangle \\ \langle \xi^2 | P \rangle \\ \vdots \end{pmatrix} \tag{4.47}$$

由此看到，新表象“η”与旧表象“ξ”通过一变换矩阵相联系，这个变换矩阵的列元素是旧表象“ξ”的基矢在新表象“η”中的投影. 用U表示这个变换矩阵，式(4.47)可简记为

$$(\langle \eta' | P \rangle) = U(\langle \xi' | P \rangle) \tag{4.48}$$

$$U = (\langle \eta' | \xi' \rangle)$$

考虑逆变换. 由于

$$\langle \xi' | P \rangle = \sum_{\eta'} \langle \xi' | \eta' \rangle \langle \eta' | P \rangle$$

有

$$(\langle \xi' | P \rangle) = \overline{U}(\langle \eta' | P \rangle) \tag{4.49}$$

$$\overline{U} = (\langle \xi' | \eta' \rangle)$$

由于

$$\langle \xi' | \eta' \rangle = \overline{\langle \eta' | \xi' \rangle}$$

所以$\overline{U}$矩阵是U矩阵的共轭矩阵(转置，再取复数共轭). 由正交性质，得

$$(\overline{U}U)_{\xi'\xi''} = \sum_{\eta'} \langle \xi' | \eta' \rangle \langle \eta' | \xi'' \rangle = \langle \xi' | \xi'' \rangle = \delta_{\xi'\xi''}$$

$$(U\overline{U})_{\eta'\eta''} = \sum_{\xi'} \langle \eta' | \xi' \rangle \langle \xi' | \eta'' \rangle = \langle \eta' | \eta'' \rangle = \delta_{\eta'\eta''}$$

所以

$$\overline{U}U = U\overline{U} = I \tag{4.50}$$

I为对角单位矩阵，有

$$\overline{U} = U^{-1} \tag{4.51}$$

说明，我们的变换是幺正变换，变换矩阵U称为幺正矩阵. 关于幺正变换在第5章还要讨论.

2. 线性算子的变换

线性算子α在“ξ”表象中的矩阵元为$\langle \xi' | \alpha | \xi'' \rangle$，在“$\eta$”表象中的矩阵元是$\langle \eta' | \alpha | \eta'' \rangle$.

利用单位算子，有

$$\langle \eta' \mid \alpha \mid \eta'' \rangle = \sum_{\xi'\xi''} \langle \eta' \mid \xi' \rangle \langle \xi' \mid \alpha \mid \xi'' \rangle \langle \xi'' \mid \eta'' \rangle$$

写成矩阵形式为

$$(\langle \eta' | \alpha | \eta'' \rangle) = (\langle \eta' | \xi' \rangle)(\langle \xi' | \alpha | \xi'' \rangle)(\langle \xi'' | \eta'' \rangle) = U(\langle \xi' | \alpha | \xi'' \rangle)U^{-1} \tag{4.52}$$

$$U = (\langle \eta' | \xi' \rangle)$$

$$U^{-1} = (\langle \xi' | \eta' \rangle)$$

式(4.52)表明线性算子的表象的变换是一个相似变换，而变换矩阵是个幺正矩阵，其矩阵的列元素是旧基在新基的投影.

表象理论在量子力学中占有很重要的地位. 表象取得适当，可以使问题的讨论大大简化. 而表象的核心问题是寻找幺正变换. 在实际问题中，如何写出幺正矩阵? 下面举一个例子加以说明.

例 4.14 设厄米算子A、B满足$A^2 = B^2 = 1$，且$AB + BA = 0$，求

(1) 在"A"表象中,算子 A、B 的矩阵表示.

(2) 在"B"表象中,算子 A、B 的矩阵表示,并写出由"A"表象到"B"表象的幺正变换矩阵的形式.

解 首先在"A"表象中求解.令基矢为 $|a^1\rangle$, $|a^2\rangle$.由

$$\langle a'|A^2|a''\rangle=(a')^2\delta_{a'a''}=\delta_{a'a''}$$

得

$$a'=\pm 1$$

令 $a^1=+1$, $a^2=-1$,相应的本征矢为

$$|a^1\rangle=\begin{pmatrix}\langle a^1|a^1\rangle\\ \langle a^2|a^1\rangle\end{pmatrix}=\begin{pmatrix}1\\0\end{pmatrix}$$

$$|a^2\rangle=\begin{pmatrix}\langle a^1|a^2\rangle\\ \langle a^2|a^2\rangle\end{pmatrix}=\begin{pmatrix}0\\1\end{pmatrix}$$

下面求 B 矩阵,由 $AB+BA=0$,有

$$\begin{aligned}0&=\langle a'|AB+BA|a''\rangle\\&=\sum_{a'''}\langle a'\mid A\mid a'''\rangle\langle a'''\mid B\mid a''\rangle+\sum_{a'''}\langle a'\mid B\mid a'''\rangle\langle a'''\mid A\mid a''\rangle\\&=(a'+a'')\langle a'|B|a''\rangle\end{aligned}$$

当 $a'=a''$, $\langle a'|B|a'\rangle=0(a'=a^1,a^2)$,又由 $B^2=1$,得

$$\begin{aligned}1&=\langle a'\mid B^2\mid a'\rangle=\sum_{a''}\langle a'\mid B\mid a''\rangle\langle a''\mid B\mid a'\rangle\\&=\langle a^1\mid B\mid a^1\rangle\langle a^1\mid B\mid a^1\rangle+\langle a^1\mid B\mid a^2\rangle\langle a^2\mid B\mid a^1\rangle\\&=|\langle a^1\mid B\mid a^2\rangle|^2\end{aligned}$$

所以得

$$B=\begin{pmatrix}0&e^{i\alpha_1}\\e^{-i\alpha_1}&0\end{pmatrix}$$

其中 α_1 为任意实数.

求解 B 的本征方程

$$\begin{pmatrix}0&e^{i\alpha_1}\\e^{-i\alpha_1}&0\end{pmatrix}\begin{pmatrix}\langle a^1|b^1\rangle\\ \langle a^2|b^2\rangle\end{pmatrix}=b'\begin{pmatrix}\langle a^1|b^1\rangle\\ \langle a^2|b^2\rangle\end{pmatrix}$$

再利用归一化条件,容易得到下面结果:

$$b^1=1\qquad |b^1\rangle=\begin{pmatrix}\langle a^1|b^1\rangle\\ \langle a^2|b^1\rangle\end{pmatrix}=\frac{1}{\sqrt{2}}\begin{pmatrix}1\\e^{-i\alpha_1}\end{pmatrix}$$

$$b^2=1\qquad |b^2\rangle=\begin{pmatrix}\langle a^1|b^2\rangle\\ \langle a^2|b^2\rangle\end{pmatrix}=\frac{1}{\sqrt{2}}\begin{pmatrix}-e^{i\alpha_1}\\1\end{pmatrix}$$

以上是在"A"表象的结果.要得到在"B"表象的结果,可在"B"表象中重复以上步骤,得到在"B"表象中:

$$B=\begin{pmatrix}1&0\\0&-1\end{pmatrix}$$

$$|b^1\rangle=\begin{pmatrix}\langle b^1|b^1\rangle\\\langle b^2|b^1\rangle\end{pmatrix}=\begin{pmatrix}1\\0\end{pmatrix}$$

$$|b^2\rangle=\begin{pmatrix}\langle b^1|b^2\rangle\\\langle b^2|b^2\rangle\end{pmatrix}=\begin{pmatrix}0\\1\end{pmatrix}$$

$$A=\begin{bmatrix}0 & e^{i\alpha_2}\\e^{-i\alpha_2} & 0\end{bmatrix}$$

其中 α_2 为任意实数.

$$|a^1\rangle=\begin{pmatrix}\langle b^1|a^1\rangle\\\langle b^2|a^1\rangle\end{pmatrix}=\frac{1}{\sqrt{2}}\begin{pmatrix}1\\e^{-i\alpha_2}\end{pmatrix}$$

$$|a^2\rangle=\begin{pmatrix}\langle b^1|a^2\rangle\\\langle b^2|a^2\rangle\end{pmatrix}=\frac{1}{\sqrt{2}}\begin{pmatrix}-e^{-i\alpha_2}\\1\end{pmatrix}$$

由定义知,由“A”表象到“B”表象的幺正变换矩阵列元素是$|a^1\rangle$,$|a^2\rangle$在“B”表象的投影,即

$$U=\begin{pmatrix}\langle b^1|a^1\rangle,\langle b^1|a^2\rangle\\\langle b^2|a^1\rangle,\langle b^2|a^2\rangle\end{pmatrix}$$
$$=\frac{1}{\sqrt{2}}\begin{bmatrix}1 & -e^{i\alpha_2}\\e^{-i\alpha_2} & 1\end{bmatrix}$$

也可以不这样做.从 U^{-1}的定义知

$$U^{-1}=\overline{U}=\begin{pmatrix}\langle a^1|b^1\rangle,\langle a^1|b^2\rangle\\\langle a^2|b^1\rangle,\langle a^2|b^2\rangle\end{pmatrix}$$

因此,在“A”表象中求解了 B 矩阵的本征方程,得到

$$|b^1\rangle=\begin{pmatrix}\langle a^1|b^1\rangle\\\langle a^2|b^1\rangle\end{pmatrix}=\frac{1}{\sqrt{2}}\begin{pmatrix}1\\e^{-i\alpha_1}\end{pmatrix}$$

$$|b^2\rangle=\begin{pmatrix}\langle a^1|b^2\rangle\\\langle a^2|b^1\rangle\end{pmatrix}=\frac{1}{\sqrt{2}}\begin{pmatrix}-e^{-i\alpha_1}\\1\end{pmatrix}$$

以后,便可直接写出

$$U^{-1}=\frac{1}{\sqrt{2}}\begin{bmatrix}1 & -e^{i\alpha_1}\\e^{-i\alpha_1} & 1\end{bmatrix}$$

由此得

$$U=\overline{U}^{-1}=\frac{1}{\sqrt{2}}\begin{bmatrix}1 & e^{i\alpha_1}\\-e^{-i\alpha_1} & 1\end{bmatrix}$$

这样,通过相似变换,便能写出在“B”表象中 A,B 的矩阵形式:

$$\begin{pmatrix}1 & 0\\0 & -1\end{pmatrix}=U\begin{bmatrix}0 & e^{i\alpha_1}\\e^{-i\alpha_1} & 0\end{bmatrix}U^{-1}$$

$$\begin{bmatrix}0 & e^{i\alpha_2}\\e^{-i\alpha_2} & 0\end{bmatrix}=U\begin{pmatrix}1 & 0\\0 & -1\end{pmatrix}U^{-1}$$

$$U=\frac{1}{\sqrt{2}}\begin{bmatrix}1 & e^{i\alpha_1}\\-e^{-i\alpha_1} & 1\end{bmatrix}=\frac{1}{\sqrt{2}}\begin{bmatrix}1 & -e^{i\alpha_2}\\e^{-i\alpha_2} & 1\end{bmatrix}$$
$$(e^{i\alpha_1}=-e^{i\alpha_2})$$

后一种做法较常用.因为从“A”表象到“B”表象意味着将 B 矩阵对角化,所以要解 B 矩阵

的本征方程. 得到的归一化的本征矢当作列向量，排成矩阵便是 U^{-1}（注意，不是 U）. 这样，通过 U 实现的相似变换一定会使 B 对角化，且对角元素就是本征值.

4.4 测 量 理 论

测量理论是量子力学的重要组成部分. 事实上，也可以看作是对量子力学基本原理的物理解释. 通过对测量问题的讨论，将对前面所做的基本假定有更深刻的理解.

量子力学中的测量理论的要点可概括为三个基本假定、两个推论.

假定 1　力学量的测定值只能是它的本征值.

例如，对于谐振子，其能量本征值为

$$E_n=\left(n+\frac{1}{2}\right)\hbar\omega \qquad (n=0,1,2,\cdots)$$

对谐振子能量的测量，其测定值只能在

$$\frac{1}{2}\hbar\omega,\frac{3}{2}\hbar\omega,\cdots$$

这些谱值序列中去寻找，而不能是其他值.

假定 2　若体系处于某一力学量的本征态，则对该力学量的测量有确定值，其值就是该本征矢量所属的本征值. 例如，体系的态为 α 的本征矢量 $|\alpha'\rangle$，测量力学量 α 时，总是有确定值 α'.

若体系所处的状态为 $|P\rangle$，它不是力学量（如 α）的本征态，则测定该力学量 α 时，它没有确定值，而是按某种概率分布；若状态 $|P\rangle$ 已归一化，测得 α' 的概率是 $|\langle\alpha'|P\rangle|^2$，测得 α'' 的概率是 $|\langle\alpha''|P\rangle|^2$，……

例如，若体系所处的状态是 Y_{1-1}，它是 L^2 和 L_Z 分别取 $2\hbar^2$ 和 $-\hbar$ 的本征态，则对 L^2，L_Z 的测量将分别得确定值 $2\hbar^2$ 和 $-\hbar$，若体系所处的状态 $|P\rangle$ 为

$$|P\rangle=\sqrt{\frac{1}{3}}Y_{11}+\sqrt{\frac{2}{3}}Y_{20}$$

则对 L^2 的测量，得到的结果是：取 $2\hbar^2$ 的概率是 $\frac{1}{3}$，取 $6\hbar^2$ 的概率是 $\frac{2}{3}$，对 L_Z 的测量，取 $\hbar$ 的概率是 $\frac{1}{3}$，取 $0\hbar$ 的概率是 $\frac{2}{3}$.

假定 3　当体系的态 $|P\rangle$ 不是 α 的本征态，测得 α 的值为 α' 时，连续测量始终得 α'. 这件事说明，在第一次测量 α 时，体系已由态 $|P\rangle$ 跃迁到 $|\alpha'\rangle$. 第一次测量可能得 α'，也可能得 α''，α''' 等. 因此，当体系的态为 $|P\rangle$ 作 α 测量，它可能跃迁到 $|\alpha'\rangle$，$|\alpha''\rangle$，$|\alpha'''\rangle$，…，其跃迁概率分别为 $|\langle\alpha'|P\rangle|^2$，$\langle\alpha''|P\rangle|^2$，$|\langle\alpha'''|P\rangle|^2$，…这表明测量本身引起跃迁.

推论 1　若对于很多个都处于态 $|P\rangle$ 的力学体系在相同条件下测定力学量 α，所得平均值 $\langle\alpha\rangle$ 为

$$\langle\alpha\rangle=\langle P|\alpha|P\rangle \tag{4.53}$$

事实上，由假定 2 知

$$\begin{aligned}\langle\alpha\rangle &= \sum_{\alpha'}\alpha' \mid \langle\alpha' \mid P\rangle \mid^2 \\ &= \sum_{\alpha'}\langle P \mid \alpha'\rangle\,\alpha'\,\langle\alpha' \mid P\rangle\end{aligned}$$

$$= \sum_{\alpha'\alpha''} \langle P \mid \alpha' \rangle \alpha' \delta_{\alpha'\alpha''} \langle \alpha'' \mid P \rangle$$

$$= \sum_{\alpha'\alpha''} \langle P \mid \alpha' \rangle \langle \alpha' \mid \alpha \mid \alpha'' \rangle \langle \alpha'' \mid P \rangle$$

$$= \langle P \mid \alpha \mid P \rangle$$

推论 2 一般来说，对状态进行一次测量，必然干扰这个态(引起跃迁)，因此不能得到测量有意义的结果. 但对特殊的情况，若力学量 ξ, η 对易. 也就是 $\xi\eta - \eta\xi = 0$，则 ξ 和 η 可以同时测量，这是由于 ξ, η 有一组共同的本征矢量 $|\xi' \eta'\rangle$，它们组成一个完全的正交集合. 若体系的态为 $|\xi' \eta'\rangle$，ξ 和 η 有确定值，其值为 ξ' 和 η'. 若体系的态 $|P\rangle$ 不是 ξ, η 的共同本征矢量，它可以向这组完全的本征矢量展开，得

$$| P \rangle \sum_{\xi'\eta'} | \xi' \eta' \rangle \langle \xi' \eta' \mid P \rangle$$

同时测得 ξ' 和 η' 的概率为

$$|\langle \xi' \eta' | P \rangle|^2$$

当做这个测量时，体系由态 $|P\rangle$ 跃迁到态 $|\xi' \eta'\rangle$，其跃迁概率等于 $|\langle \xi' \eta' | P \rangle|^2$.

推广到 n 个互相对易的力学量 $\xi_1, \xi_2, \cdots, \xi_n$，它们可以同时测量，互不干扰.

综上所述，可以看出，测量理论的基本观点是承认测量对体系的干扰——测量引起跃迁；承认态的迭加原理；以及测量值只能是本征值. 运用测量理论的这些基本观点，可以使我们看到前面提出的一些基本假设的物理背景.

(1) 可观察的力学变量是实的力学变量，它用自共轭算子表示.

从物理上看，对某个力学量测量的结果，必然得到实数. 因此，可观察的力学变量应当是实的力学变量. 但是，会提出一个问题，能否测量一个复的力学变量? 其方法是分别测定它的实部和虚部. 但这样一来，就要进行两次测量. 第一次测量就要干扰体系的态，并引进一定的不确定性，因而要影响第二次测量. 因此，在量子力学中，必须把可观察的力学量限制为实的. 而实的力学变量必须用自共轭算子表示.

(2) 本征态组成完全集.

根据测量理论，对体系做了力学量 ξ 的测量之后，使得体系跃迁到 ξ 的某个本征态. 但体系因测量而可能跃迁到的那些态应当是与原来的态相关的. 由于原来的态可以是任意的态，因此任意态都是和 ξ 的本征态相关的. 这样，就必须假定 ξ 的本征态组成一个完全集，使得任意态都可以与它们相关.

4.5 符号的发展

已经知道，在一个以 ξ 为对角的表象中，右矢 $|P\rangle$ 在基矢 $|\xi'\rangle$ 上的投影是 $\langle\xi'|P\rangle$，在 $|\xi''\rangle$ 上的投影是 $\langle\xi''|P\rangle$，……显然这个投影是 ξ' 的函数：

$$\langle \xi' | P \rangle = \psi(\xi') \tag{4.54}$$

在一个表象中，基矢总是确定的. 不同的右矢的区别仅在于它们对 ξ' 的函数形式不同，因此函数 ψ 的形式就确定了右矢 $|P\rangle$. 因此，可以记为

$$|P\rangle = |\psi(\xi)\rangle \tag{4.55}$$

这里把变量记为 ξ 而不是 ξ'，是因为仅仅要表明 $|P\rangle$ 是 ξ 的函数，而不是 $|P\rangle$ 在某一基矢上的投影. 将式(4.55)代入式(4.54)，得

$$\langle \xi' | \psi(\xi) \rangle = \psi(\xi') \tag{4.56}$$

若 $f(\xi)$是算子 ξ 的任意函数，将 $f(\xi)$作用于$|P\rangle$，可表示为

$$f(\xi)|P\rangle = \sum_{\xi'} |\xi'\rangle\langle\xi'|f(\xi')|P\rangle$$

$$\begin{aligned}\langle\xi'|f(\xi)|P\rangle &= \sum_{\xi''}\langle\xi'|f(\xi)|\xi''\rangle\langle\xi''|P\rangle \\ &= \sum_{\xi''} f(\xi')\langle\xi'|\xi''\rangle\psi(\xi'') \\ &= \sum_{\xi''} f(\xi')\delta_{\xi'\xi''}\psi(\xi'') \\ &= f(\xi')\psi(\xi')\end{aligned}$$

这样，按上面的规定，应当有

$$f(\xi)|P\rangle = |f(\xi)\psi(\xi)\rangle$$

又由式(4.55)，得

$$f(\xi)|P\rangle = f(\xi)|\psi(\xi)\rangle$$

所以

$$f(\xi)|\psi(\xi)\rangle = |f(\xi)\psi(\xi)\rangle \tag{4.57}$$

式(4.57)表明，采用这种新的标志，竖线"|"是不必要的. 式(4.57)两边可以写为

$$f(\xi)\psi(\xi)\rangle$$

这样，新的符号规则可表示为，若

$$\langle\xi'|P\rangle = \psi(\xi')$$

则

$$|P\rangle = \psi(\xi)\rangle \tag{4.58}$$

对于基矢$|\xi'\rangle$，若

$$\langle\xi'|\xi''\rangle = \delta_{\xi'\xi''}$$

则

$$|\xi''\rangle = \delta_{\xi\xi''}\rangle$$

若

$$\langle\xi'|\xi''\rangle = \delta(\xi' - \xi'')$$

则

$$|\xi''\rangle = \delta(\xi - \xi'')\rangle$$

若右矢$|S\rangle$对于每个基矢的投影都是 1，则 S 称为标准右矢. 根据符号的新规则

$$\langle\xi'|S\rangle = 1$$

$$|S\rangle = 1\rangle = \rangle$$

即标准右矢可以用$\rangle$来表示. 这样，任意右矢都可表示为 ξ 的函数去乘标准右矢.

符号$\rangle$有时也可省略不写. 这时右矢就简单地表示为可观察量 ξ 的函数 $\psi(\xi)$. 这正是大家所熟悉的波函数. 但需要特别小心的是，由于 $\psi(\xi)$只是 $\psi(\xi)\rangle$的缩写，因此只能被算子左乘. 而 ξ 的普通函数是个算符，可以被其他算符左乘和右乘. 对于左矢，同样有，若

$$\langle Q|\xi'\rangle = \varphi(\xi')$$

则

$$\langle Q| = \langle \varphi(\xi) = \varphi(\xi)$$

$\varphi(\xi)$是波函数的共轭复量，它只能被线性算子右乘.

作为练习，下面来证明一个以后要用到的式子.

$$\langle \xi' | \frac{\mathrm{d}}{\mathrm{d}\xi} = \frac{\mathrm{d}}{\mathrm{d}\xi'} \langle \xi' \tag{4.59}$$

证明：设

$$\langle \xi' | P\rangle = \psi(\xi')$$

则

$$|P\rangle = \psi(\xi)\rangle$$

所以

$$\langle \xi' | \frac{\mathrm{d}}{\mathrm{d}\xi} | P\rangle = \langle \xi' | \frac{\mathrm{d}}{\mathrm{d}\xi}\psi(\xi)\rangle = \frac{\mathrm{d}}{\mathrm{d}\xi'}\psi(\xi') = \frac{\mathrm{d}}{\mathrm{d}\xi'}\langle \xi' | P\rangle$$

所以

$$\langle \xi' | \frac{\mathrm{d}}{\mathrm{d}\xi} = \frac{\mathrm{d}}{\mathrm{d}\xi'} \langle \xi' |$$

即对某个力学量ξ的微商号$\frac{\mathrm{d}}{\mathrm{d}\xi}$，可以从基左矢$\langle \xi' |$的右边提出，但微商号变成了$\frac{\mathrm{d}}{\mathrm{d}\xi'}$.

在本章的最后，再来复习一下已经做过的三条基本假定：

(1) 力学体系的态用一个矢量来表示，仅与矢量的方向有关，与长度无关.

(2) 可观察力学量用实线性算子代表.

(3) 可观察力学量的本征矢量组成完全集合.

习　题

1. 一个厄米矩阵可以用一个幺正变换使其对角化. 试证：两个厄米矩阵可以同时被一个幺正变换对角化的充分必要条件为它们是对易的.

2. 找到两个矩阵 A 和 B 满足下列方程：

$$A^2=0 \qquad AA^+ + A^+A = 1 \qquad B = A^+A$$

其中 0 和 1 分别为零矩阵和单位矩阵. 证明 $B^2=B$. 假设 B 在某一表象中是对角化的，且是非简并的，求 A 和 B 的具体表达式.

3. 求坐标算符在动量表象中的表示.

4. 设厄米算符 AB 满足关系式 $A^2=B^2=1$，且 $AB+BA=0$，在 AB 两个表象中分别求算符 A，B 的矩阵表示，本征矢量以 Q 由 A 表象到 B 表象的变换矩阵 S.

5. 设

$$H = \frac{P^2}{2\mu} + V(r),\ H|K\rangle = E_K|K\rangle$$

其中 K 只取分立值. 证明：对任意一个本征态 l，下列关系式成立：

$$\sum_K (K_K - E_l)\ |\langle K\ |\ x\ |\ l\rangle|^2 = \frac{\hbar^2}{2\mu}$$

6. 在坐标表象中一维谐振子的哈密顿算符可以表示为

$$\langle x|H|x'\rangle=-\frac{\hbar^2}{2m}\frac{\mathrm{d}^2}{\mathrm{d}x^2}\delta(x-x')+\frac{1}{2}Kx^2\delta(x-x')$$

把 H 及其本征函数变换到动量表象.

7. 验证对给定物理量在某状态下测量不受表象选择的影响.

8. 求出动量表象中线性谐振子的能量本征函数和动量概率分布函数.

9. 设矩阵 A、B、C 满足 $A^2=B^2=C^2=1$,$BC-CB=iA$,求证 $AB+BA=AC+CA=0$,并在 A 表象中求出 B、C 矩阵(设无简并).

10. 宇称算符 P 对任意波函数的作用是 $P\psi(\boldsymbol{r})=\psi(-\boldsymbol{r})$.

(1) 求 P 的本征值.

(2) 证明:$P\boldsymbol{P}+\boldsymbol{P}P=0$,$\boldsymbol{P}$是动量算符.

(3) $\psi=\dfrac{1}{(2\pi\hbar)^{3/2}}\exp(i\boldsymbol{P}\boldsymbol{r}/\hbar)$是否是 P 的本征态?

(4) 推导 P 与角动量$\boldsymbol{L}=\boldsymbol{r}\times\boldsymbol{P}$ 的对易关系.

(5) $\psi=R(r)Y_{lm}$ 能否是 P 的本征态?

11. 已知

$$\psi=C_1|E'l'm'\rangle+C_2|E''l''m'\rangle+C_3|E'''l''m'\rangle$$

其中 C_1,C_2,C_3 为实数,且 $\sum\limits_{i=1}^{3}C_i^2=1$.

(1) 测量 H,L^2 和 L_Z,得到的结果是什么?

(2) 测量 H,得到的能量值为 E'',接着测量 L^2 和 L_Z,得到的结果是什么?

(3) 测量 L^2,得到的数值为 $l''(l''+1)\hbar^2$,接着测量 H 和 L_Z,得到的结果是什么?

提示:

$$L_Z u_{nlm}=m\hbar u_{nlm}(r,\theta,\varphi)$$

用狄拉克符号,可把共同本征矢量写为$|H'l'm'\rangle$.

第 5 章　量 子 条 件

第 4 章介绍了量子力学的基本假定，尚不足以建立完整理论体系. 因为在一般情况下，算子是不对易的（$\eta\xi\neq\xi\eta$），亦即算子乘积不服从乘法交换律. 因而，必须建立 $\eta\xi-\xi\eta$ 的表示，才能做具体运算，求出力学量的数值. 为此，有必要得到代替乘法交换律的方程，即对给出任意可观察量（或力学变量）ξ,η 的 $\xi\eta-\eta\xi$ 关系的方程，称这个方程为量子条件或对易关系.

经典力学在某些条件下提供了力学系统的正确描述，因而经典力学必定是量子力学的一个极限情况. 由此，可以从与经典力学的类比中得出量子条件的假定. 它们表现为是所有力学变量都对易的经典规则的简单推广. 当然它的正确性要靠实验来验证.

5.1　经典泊松方括

1. 正则坐标和正则动量

正则即指规整. 用正则坐标、正则动量处理问题比较简单. 在直角坐标中，一个粒子的坐标 x,y,z 就是正则坐标；相应的动量 $p_x=m\dot{x}, p_y=m\dot{y}, p_z=m\dot{z}$ 就是正则动量. 在实际应用中，为了便于处理问题，常用另外的坐标系，如球坐标、椭圆坐标、柱坐标等. 它们与直角坐标系有固定的变换关系. 在这些坐标系如球坐标中，坐标 r,θ,φ 是正则坐标，但其相应的正则动量 p_r，p_θ,p_φ 应如何求得，这是牛顿力学之后出现的问题. 18、19 世纪许多科学家做了这方面的研究工作. 其中拉格朗日（Lagrange）解决了这个问题.

1）拉格朗日函数

设有一力学体系，由若干具有相互作用的粒子所组成. 体系有 n 个自由度. 正则坐标是 $q_1,q_2,\cdots,q_n$，相应的速度是 $\dot{q}_1,\dot{q}_2,\cdots,\dot{q}_n$. 则该体系的拉格朗日函数等于体系的动能 T 和势能 V 的差.

$$L(q_r,\dot{q}_r,t)=T(q_r,\dot{q}_r)-V(q_r,t)\qquad(r=1,2,\cdots,n)\tag{5.1}$$

体系势能 $V(q_r)$ 一般不显含时间 t，所以函数 L 通常不显含时间 t.

拉格朗日定义：相应于正则坐标 q_r 的正则动量是

$$p_r=\frac{\partial L}{\partial\dot{q}_r}\qquad(r=1,2,\cdots,n)\tag{5.2}$$

下面看几个例子.

例 5.1　有一单粒子组成的体系，粒子质量是 m，在直角坐标系中粒子的动能 T，势能 V 分别为

$$T=\frac{m}{2}(\dot{x}^2+\dot{y}^2+\dot{z}^2)$$

$$V=V(x,y,z)$$

体系的拉格朗日函数

$$L=T-V=\frac{1}{2}m(\dot{x}^2+\dot{y}^2+\dot{z}^2)-V(x,y,z)$$

则相应于坐标 x,y,z 的正则动量分别为

$$p_x=\frac{\partial L}{\partial \dot{x}}=m\dot{x}$$

$$p_y=\frac{\partial L}{\partial \dot{y}}=m\dot{y}$$

$$p_z=\frac{\partial L}{\partial \dot{z}}=m\dot{z}$$

例 5.2 有一单粒子组成的力学体系，粒子的质量是 m. 在球坐标下空间小弧长 $\mathrm{d}s$ 为

$$\mathrm{d}s^2=\mathrm{d}r^2+r^2\mathrm{d}\theta^2+r^2\sin^2\theta\mathrm{d}\varphi^2$$

体系的动能

$$\begin{aligned}T&=\frac{1}{2}mv^2=\frac{1}{2}m\left(\frac{\mathrm{d}s}{\mathrm{d}t}\right)^2\\&=\frac{1}{2}m\left[\left(\frac{\mathrm{d}r}{\mathrm{d}t}\right)^2+r^2\left(\frac{\mathrm{d}\theta}{\mathrm{d}t}\right)^2+r^2\sin^2\theta\left(\frac{\mathrm{d}\varphi}{\mathrm{d}t}\right)^2\right]\\&=\frac{1}{2}m(\dot{r}^2+r^2\dot{\theta}^2+r^2\sin^2\theta\dot{\varphi}^2)\end{aligned}$$

体系势能 $V=V(r,\theta,\varphi)$，体系的拉格朗日函数

$$L=T-V=\frac{m}{2}(\dot{r}^2+r^2\dot{\theta}^2+r^2\sin^2\theta\dot{\varphi}^2)-V(r,\theta,\varphi)$$

则相应于正则坐标 r,θ,φ 的正则动量分别为

$$p_r=\frac{\partial L}{\partial \dot{r}}=m\dot{r}$$

$$p_\theta=\frac{\partial L}{\partial \dot{\theta}}=mr^2\dot{\theta}$$

$$p_\varphi=\frac{\partial L}{\partial \dot{\varphi}}=mr^2\sin^2\theta\,\dot{\varphi}$$

显然比直角坐标系中的正则动量复杂了. 拉格朗日定义了一个函数，从而可以方便地求出任何坐标系下正则坐标对应的正则动量.

2) 哈密顿方程

在一个具有相互作用的若干粒子所组成的自由度为 n 的力学体系中，哈密顿定义了一个哈密顿函数 $H(q_r,p_r,t)$，$(r=1,2,\cdots,n)$. 它等于体系的动能 $T(p_r,q_r)$ 与势能 $V(q_r,t)$ 之和

$$H(q_r,p_r,t)=T(q_r,p_r)+V(q_r,t)\qquad(r=1,2,\cdots,n)\tag{5.3}$$

式中，q_r 为粒子的正则坐标；p_r 为相应于正则坐标 q_r 的正则动量，对自由度为 n 的体系有 n 个；体系势能 V 一般情况下不显含时间 t，$V=V(q_r)$，这时 $H=H(q_r,p_r)$ 也不显含时间 t.

哈密顿函数 $H(q_r,p_r,t)$ 与拉格朗日函数 $L(q_r,\dot{q}_r,t)$ 的不同在于前者以 q_r,p_r,t 为变量，后者以 $q_r,\dot{q}_r,t$ 为变量.

由哈密顿函数构成的哈密顿方程为

$$\left.\begin{aligned}\dot{q}_r&=\frac{\partial H}{\partial p_r}\\\dot{p}_r&=-\frac{\partial H}{\partial q_r}\end{aligned}\right\}\qquad(r=1,2,\cdots,n)\tag{5.4}$$

通过这个方程,能够方便地写出在任何坐标系下的牛顿运动方程.

例 5.3 在直角坐标系中,有一个由单粒子组成的力学体系. 粒子的正则坐标是 x,y,z,相应的正则动量是 $p_x=m\dot{x}, p_y=m\dot{y}, p_z=m\dot{z}$. 该体系的哈密顿函数

$$H(x,y,z,p_x,p_y,p_z)=T+V=\frac{1}{2m}(p_x^2+p_y^2+p_z^2)+V(x,y,z)$$

则哈密顿运动方程为

$$\dot{x}=\frac{\partial H}{\partial p_x}=\frac{p_x}{m} \qquad \dot{p}_x=-\frac{\partial H}{\partial x}=-\frac{\partial V}{\partial x}$$

$$\dot{y}=\frac{\partial H}{\partial p_y}=\frac{p_y}{m} \qquad \dot{p}_y=-\frac{\partial H}{\partial y}=-\frac{\partial V}{\partial y}$$

$$\dot{z}=\frac{\partial H}{\partial p_z}=\frac{p_z}{m} \qquad \dot{p}_z=-\frac{\partial H}{\partial z}=-\frac{\partial V}{\partial z}$$

左边三个方程给出了动量表达式

$$p_x=m\dot{x} \qquad p_y=m\dot{y} \qquad p_z=m\dot{z}$$

将其对时间 t 微商后,分别代入右边三个方程中,得

$$m\ddot{x}=-\frac{\partial V}{\partial x}=F_x$$

$$m\ddot{y}=-\frac{\partial V}{\partial y}=F_y$$

$$m\ddot{z}=-\frac{\partial V}{\partial z}=F_z$$

这正是直角坐标系下一个质量为 m 的粒子的牛顿运动方程.

例 5.4 在球坐标中,有一个质量为 m 的粒子组成的单粒子体系. 正则坐标为 r,θ,φ,相应的正则动量为

$$p_r=m\dot{r} \qquad p_\theta=mr^2\dot{\theta} \qquad p_\varphi=mr^2\sin^2\theta\,\dot{\varphi}$$

体系的动能

$$\begin{aligned}T&=\frac{m}{2}(\dot{r}^2+r^2\dot{\theta}^2+r^2\sin^2\theta\,\dot{\varphi}^2)\\&=\frac{1}{2m}\left(p_r^2+\frac{p_\theta^2}{r^2}+\frac{p_\varphi^2}{r^2\sin^2\theta}\right)\end{aligned}$$

体系的势能

$$V=V(r,\theta,\varphi)$$

则体系的哈密顿函数为

$$H(r,\theta,\varphi,p_r,p_\theta,p_\varphi)=T+V=\frac{1}{2m}\left(p_r^2+\frac{p_\theta^2}{r^2}+\frac{p_\varphi^2}{r^2\sin^2\theta}\right)+V(r,\theta,\varphi)$$

哈密顿运动方程为

$$\dot{r}=\frac{\partial H}{\partial p_r}=\frac{p_r}{m} \qquad \dot{\theta}=\frac{\partial H}{\partial p_\theta}=\frac{p_\theta}{mr^2} \qquad \dot{\varphi}=\frac{\partial H}{\partial p_\varphi}=\frac{p_\varphi}{mr^2\sin^2\theta}$$

亦即

$$p_r=m\dot{r} \qquad p_\theta=mr^2\dot{\theta} \qquad p_\varphi=mr^2\sin^2\theta\,\dot{\varphi}$$

上式并未得到什么新关系.但在下列方程中得到了新关系:

$$\dot{p}_r=-\frac{\partial H}{\partial r}=\frac{1}{mr^3}\frac{p_\theta^2}{}+\frac{1}{mr^3}\frac{p_\varphi^2}{\sin^2\theta}-\frac{\partial V}{\partial r}$$

$$\dot{p}_\theta=-\frac{\partial H}{\partial\theta}=\frac{1}{mr^2}\frac{p_\varphi^2\cos\theta}{\sin^3\theta}-\frac{\partial V}{\partial\theta}$$

$$\dot{p}_\varphi=-\frac{\partial V}{\partial\varphi}$$

把 $p_r=m\dot{r}, p_\theta=mr^2\dot{\theta}, p_\varphi=mr^2\sin^2\theta\,\dot{\varphi}$ 代入上面三式右端,得

$$\dot{p}_r=m\ddot{r}=mr\dot{\theta}^2+mr\sin^2\theta\,\dot{\varphi}^2-\frac{\partial V}{\partial r}$$

$$\dot{p}_\theta=\frac{\mathrm{d}(mr^2\dot{\theta})}{\mathrm{d}t}=mr^2\sin\theta\cos\theta\,\dot{\varphi}^2-\frac{\partial V}{\partial r}$$

$$\dot{p}_\varphi=\frac{\mathrm{d}(mr^2\sin^2\theta\,\dot{\varphi})}{\mathrm{d}t}=-\frac{\partial V}{\partial\varphi}$$

哈密顿方程的优点在于给出体系的哈密顿量 $H(p_r,q_r,t)$,则很快就可以写出运动方程.它是牛顿运动方程的更完美、更方便的表现形式,使经典力学的表述达到了最完备的程度,并通过这种表述形式过渡到量子力学.

2. 经典泊松方括

在经典力学中,设力学体系有 n 个自由度,令 u,v 是正则坐标 q_r、正则动量 p_r 的函数

$$\left.\begin{aligned}u=u(p_r,q_r)\\v=v(p_r,q_r)\end{aligned}\right\} \qquad (r=1,2,\cdots,n)$$

经典泊松方括定义为

$$[u,v]=\sum_{r=1}^{n}\left[\frac{\partial u}{\partial q_r}\frac{\partial v}{\partial p_r}-\frac{\partial u}{\partial p_r}\frac{\partial v}{\partial q_r}\right] \tag{5.5}$$

方括中没有交叉项.当 q_r 和 p_r 换成一组新的正则坐标 q'_r 和正则动量 p'_r 时,泊松方括的形式保持不变,即仍有

$$[u,v]=\sum_{r=1}^{n}\left[\frac{\partial u}{\partial q'_r}\frac{\partial v}{\partial p'_r}-\frac{\partial u}{\partial p'_r}\frac{\partial v}{\partial q'_r}\right] \qquad (r=1,2,\cdots,n)$$

亦即 $[u,v]$ 在正则变换下保持不变.这种不变的形式在物理、化学的研究工作中是十分重要的.我们感兴趣的是这样定义的方括所提供的性质.

(1)
$$[u,v]=-[v,u] \tag{5.6}$$

(2)
$$[u,C]=0 \qquad (C\text{ 为常数}) \tag{5.7}$$

这两条性质,由方括定义显而易见.

(3)
$$[u_1+u_2,v]=[u_1,v]+[u_2,v] \tag{5.8}$$

由定义

$$[u_1+u_2,v]=\sum_{r=1}^{n}\left[\frac{\partial(u_1+u_2)}{\partial q_r}\frac{\partial v}{\partial p_r}-\frac{\partial(u_1+u_2)}{\partial p_r}\frac{\partial v}{\partial q_r}\right]$$

$$= \sum_{r=1}^{n}\left[\frac{\partial u_1}{\partial q_r}\frac{\partial v}{\partial p_r}+\frac{\partial u_2}{\partial q_r}\frac{\partial v}{\partial p_r}-\frac{\partial u_1}{\partial p_r}\frac{\partial v}{\partial q_r}-\frac{\partial u_2}{\partial p_r}\frac{\partial v}{\partial q_r}\right]$$

$$= \sum_{r=1}^{n}\left[\frac{\partial u_1}{\partial q_1}\frac{\partial v}{\partial p_r}-\frac{\partial u_1}{\partial p_r}\frac{\partial v}{\partial q_r}\right]+\sum_{r=1}^{n}\left[\frac{\partial u_2}{\partial q_r}\frac{\partial v}{\partial p_r}-\frac{\partial u_2}{\partial p_r}\frac{\partial v}{\partial q_r}\right]$$

$$=[u_1,v]+[u_2,v]$$

同样有

$$[u,v_1+v_2]=[u,v_1]+[u,v_2] \tag{5.9}$$

(4)

$$[u_1u_2,v]=u_1[u_2,v]+[u_1,v]u_2 \tag{5.10}$$

$$[u,v_1v_2]=v_1[u,v_2]+[u,v_1]v_2 \tag{5.11}$$

由方括定义

$$[u_1u_2,v] = \sum_{r=1}^{n}\left[\frac{\partial(u_1u_2)}{\partial q_r}\frac{\partial v}{\partial p_r}-\frac{\partial(u_1u_2)}{\partial p_r}\frac{\partial v}{\partial q_r}\right]$$

$$= \sum_{r=1}^{n}\left[u_1\frac{\partial u_2}{\partial q_r}\frac{\partial v}{\partial p_r}+\frac{\partial u_1}{\partial q_r}\frac{\partial v}{\partial p_r}u_2-u_1\frac{\partial u_2}{\partial p_r}\frac{\partial v}{\partial q_r}-\frac{\partial u_1}{\partial p_r}\frac{\partial v}{\partial q_r}u_2\right]$$

$$= \sum_{r=1}^{n}\left\{u_1\left[\frac{\partial u_2}{\partial q_r}\frac{\partial v}{\partial p_r}-\frac{\partial u_2}{\partial p_r}\frac{\partial v}{\partial q_r}\right]+\left[\frac{\partial u_1}{\partial q_r}\frac{\partial v}{\partial p_r}-\frac{\partial u_1}{\partial p_r}\frac{\partial v}{\partial q_r}\right]u_2\right\}$$

$$=u_1[u_2,v]+[u_1,v]u_2$$

同理

$$[u,v_1v_2]=v_1[u,v_2]+[u,v_1]v_2$$

该性质属于缔合律.

(5) $[u,(v\,w)]$这是涉及三个函数的两次泊松方括，顺次轮换构成的方括总结果等于零

$$[u,(v\,w)]+[v,(w\,u)]+[w,(u\,v)]=0 \tag{5.12}$$

这个性质在量子力学中极少应用.

3. 应用泊松方括的一些计算

这里依据经典泊松方括的性质做一些计算.

(1)

$$\begin{aligned}&[q_r,q_s]=0\\&[p_r,p_s]=0\\&[q_r,p_s]=\delta_{rs}\end{aligned} \tag{5.13}$$

由经典泊松方括定义，得

$$[q_r,q_s] = \sum_{k=1}^{n}\left[\frac{\partial q_r}{\partial q_k}\frac{\partial q_s}{\partial p_k}-\frac{\partial q_r}{\partial p_k}\frac{\partial q_s}{\partial q_k}\right]=0$$

$$[p_r,p_s] = \sum_{k=1}^{n}\left[\frac{\partial p_r}{\partial q_k}\frac{\partial p_s}{\partial p_k}-\frac{\partial p_r}{\partial p_k}\frac{\partial p_s}{\partial q_k}\right]=0$$

$$[q_r,p_s] = \sum_{k=1}^{n}\left[\frac{\partial q_r}{\partial q_k}\frac{\partial p_s}{\partial p_k}-\frac{\partial q_r}{\partial p_k}\frac{\partial p_s}{\partial q_k}\right]=\frac{\partial q_r}{\partial q_r}\frac{\partial p_s}{\partial p_r}=\delta_{rs}$$

$$\frac{\partial p_s}{\partial p_r}=\begin{cases}1 & r=s\\0 & r\neq s\end{cases}$$

式(5.13)三个式子是经典泊松方括所得到的重要结果. 特别是$[q_r,p_s]=\delta_{rs}$，说明不同自由度的正则坐标 q_r、正则动量 $p_s(r\neq s)$构成的泊松方括等于零，而同一自由度的正则坐标 q_r、

正则动量 p_r 构成的泊松方括等于 1. 值得注意的是，经典泊松方括是按正则坐标、正则动量定义的，不是随便什么样的坐标、动量都可以的.

(2)
$$[q_r, p_r^n] = np_r^{n-1} \tag{5.14}$$

由经典泊松方括定义

$$[q_r, p_r^n] = \sum_{r=1}^{n}\left[\frac{\partial q_r}{\partial q_r}\frac{\partial p_r^n}{\partial p_r} - \frac{\partial q_r}{\partial p_r}\frac{\partial p_r^n}{\partial q_r}\right]$$
$$= \sum_{r=1}^{n}\left[\frac{\partial q_r}{\partial q_r}\frac{\partial p_r^n}{\partial p_r}\right] = \frac{\partial q_r}{\partial q_r}\frac{\partial p_r^n}{\partial p_r}$$
$$= 1\cdot\frac{\partial p_r^n}{\partial p_r} = np_r^{n-1}$$

(3)
$$[q_r^n, p_r] = nq_r^{n-1} \tag{5.15}$$

由经典泊松方括定义

$$[q_r^n, p_r] = \sum_{r=1}^{n}\frac{\partial q_r^n}{\partial q_r}\frac{\partial p_r}{\partial p_r} = \frac{\partial q_r^n}{\partial q_r}\cdot 1 = nq_r^{n-1}$$

(4)
$$[q_r, f(p)] = \frac{\partial f(p)}{\partial p_r} \tag{5.16}$$

将 $f(p)$ 展开为 p_r 的幂级数形式

$$f(p) = \sum_k a_k p_r^k$$

式中，a_k 为与 $p_s(s\neq k)$ 有关的因子.

$$[q_r, f(p)] = \left[q_r, \sum_k a_k p_r^k\right] = \sum_k [q_r, a_k p_r^k]$$
$$= \sum_k \{a_k[q_r, p_r^k] + [q_r, a_k]p_r^k\}$$

因为 a_k 是与 p_s 有关的因子，而 $s\neq r$，所以 a_k 中的 p_s 和 q_r 是属于不同自由度的正则动量和正则坐标，由它们构成的方括等于零，因此

$$[q_r, f(p)] = \sum_k a_k[q_r, p_r^k] = \sum_k a_k\, k\, p_r^{k-1} = \frac{\partial f(p)}{\partial p_r}$$

(5)
$$[f, p_r] = \frac{\partial f}{\partial q_r} \tag{5.17}$$

f 是正则坐标 q_r 的函数，由定义，得

$$[f, p_r] = \sum_{k=1}^{n}\left[\frac{\partial f}{\partial q_k}\frac{\partial p_r}{\partial p_k} - \frac{\partial f}{\partial p_k}\frac{\partial p_r}{\partial q_k}\right]$$
$$= \frac{\partial f}{\partial q_r}\frac{\partial p_r}{\partial p_r} = \frac{\partial f}{\partial q_r}$$

5.2　量子条件讨论

1. 量子泊松方括

令 u, v 是代表力学量的算子，按经典泊松方括的定义引入量子泊松方括 $[u, v]$. 与经典泊

松方括类比，它具有下列性质：

(1) $[u,v]=-[v,u]$

(2) $[u,c]=0$

(3) $[u_1+u_2,v]=[u_1,v]+[u_2,v]$

$[u,v_1+v_2]=[u,v_1]+[u,v_2]$

(4) $[u_1u_2,v]=u_1[u_2,v]+[u_1,v]u_2$

$[u,v_1v_2]=v_1[u,v_2]+[u,v_1]v_2$

值得注意的是，因为算子一般是不对易的，故性质(4)的算子次序不能更动.

下面通过对方括$[u_1u_2,v_1v_2]$用两种不同的方法计算，推出量子泊松方括$[u,v]$的具体表示形式.

$$\begin{aligned}[u_1u_2,v_1v_2]&=u_1[u_2,v_1v_2]+[u_1,v_1v_2]u_2\\&=u_1v_1[u_2,v_2]+u_1[u_2,v_1]v_2+v_1[u_1,v_2]u_2+[u_1,v_1]v_2u_2\\ [u_1u_2,v_1v_2]&=v_1[u_1u_2,v_2]+[u_1u_2,v_1]v_2\\&=v_1u_1[u_2,v_2]+v_1[u_1,v_2]u_2+u_1[u_2,v_1]v_2+[u_1,v_1]u_2v_2\end{aligned}$$

这两种展开相等，有

$$u_1v_1[u_2,v_2]+[u_1,v_1]v_2u_2=v_1u_1[u_2,v_2]+[u_1,v_1]u_2v_2$$

$$(u_1v_1-v_1u_1)[u_2,v_2]=[u_1,v_1](u_2v_2-v_2u_2)$$

因为此式对 u_1v_1 和 u_2v_2 都是独立的，所以式中$(u_1v_1-v_1u_1)$对应$[u_1,v_1]$，$(u_2v_2-v_2u_2)$对应$[u_2,v_2]$. 因而必有

$$\frac{(u_1v_1-v_1u_1)}{[u_1,v_1]}=\frac{(u_2v_2-v_2u_2)}{[u_2,v_2]}=c$$

由此可清楚看出量子泊松方括与算子对易有关. 而 c 是一个普遍的、与具体力学变量无关的常数. 上两式可统一记作

$$uv-vu=c[u,v]$$

在量子力学中遇到的算子是自共轭算子，所以它们组成的方括也应该是自共轭的. 将上式两边取共轭得到

$$\begin{aligned}\overline{uv-vu}&=\overline{c[u,v]}\\ \overline{uv}-\overline{vu}&=\bar{c}[u,v]\\ vu-uv&=\bar{c}[u,v]-(uv-vu)\\&=\bar{c}[u,v]-c(u,v)\\&=\bar{c}[u,v]\\ -c&=\bar{c}\end{aligned}$$

一个数的共轭等于其自身的负数，说明这个数一定是一个纯虚数，实验证明这个数是 $i\hbar$，因此有

$$uv-vu=i\hbar[u,v] \tag{5.18}$$

式(5.18)是任意两个力学量算子 u,v 的量子泊松方括的具体表示形式. 这就是量子泊松方括的定义：算子的对易关系除以 $i\hbar$就是量子泊松方括. 不言而喻，这种定义把泊松方括同算子的对易关系联系起来了. 它是一种代数运算，而经典泊松方括是一些微分运算，所以量子泊松方括比经典泊松方括更易处理，应用也更广泛. 显然，当 $\hbar$ 的作用可以忽略时，$uv-vu=0$，两个任意力学量可以对易. 这恰好是经典力学中的情况.

2. 泊松方括表述的量子条件

为了计算式(5.18)定义的量子泊松方括

$$i\hbar[u,v]=uv-vu$$

其中 u,v 是 q_r,p_s 的函数,必须首先知道下列基本的量子泊松方括:$[q_r,q_s]$,$[p_r,p_s]$,$[q_r,p_s]$ 等于什么.为此,进一步假定,这三个量子泊松方括等于经典泊松方括,即

$$\left.\begin{aligned}&[q_r,q_s]=0\\&[p_r,p_s]=0\\&[q_r,p_s]=\delta_{rs}\end{aligned}\right\}\tag{5.19}$$

式中的 q_r 和 p_s 分别是正则坐标和正则动量($r,s=1,2,\cdots$).由量子泊松方括的定义,得

$$\left.\begin{aligned}&q_rq_s-q_sq_r=0\\&p_rp_s-p_sp_r=0\\&q_rp_s-p_sq_r=i\hbar\delta_{rs}\end{aligned}\right\}\tag{5.20}$$

这些就是量子条件.由式(5.20)看出,有不同下标的力学量算子总是对易的,而不同的下标相应于力学系统的不同自由度,因此得出结论:联系于不同自由度的力学变量都是对易的.由式(5.20)前两式看出,当力学体系尺寸足够大,测量干扰可以忽略,即把 h 看作零,这时还原为经典结果.

量子条件是量子力学中的又一个基本假定.当计算 $uv-vu$ 时,将 uv 向正则坐标 q 及正则动量 p 展开,再反复运用量子条件式(5.20)即得.

在量子力学中,有时会遇到没有与经典力学对应的情况,这时就要用另外的基本条件,并针对具体情况作具体处理.但大多数是有经典力学相对应,用这些量子条件就可以计算了.

3. 应用量子泊松方括的一些计算

(1)
$$[q_r,p_r^n]=np_r^{n-1}\tag{5.21}$$

这可用数学归纳法证明,即当 k 成立时,$k+1$ 也成立,则命题成立.

设 $[q_r,p_r^k]=kp_r^{k-1}$(显然 $k=1$ 时是正确的),则

$$\begin{aligned}[q_r,p_r^{k+1}]&=[q_r,p_r^kp_r]=p_r^k[q_r,p_r]+[q_r,p_r^k]p_r\\&=p_r^k+kp_r^{k-1}\cdot p_r=p_r^k(1+k)\end{aligned}$$

$[k+1]$时成立.

(2)
$$[q_r^n,p_r]=nq_r^{n-1}\tag{5.22}$$

同样也用数学归纳法证明.假定 $[q_r^k,p_r]=kq_r^{k-1}$,则

$$\begin{aligned}[q_r^{k+1},p_r]&=[q_r^kq_r,p_r]\\&=q_r^k[q_r,p_r]+[q_r^k,p_r]q_r\\&=q_r^k+kq_r^{k-1}q_r\\&=(k+1)q_r^k\end{aligned}$$

$[k+1]$时成立.

(3)
$$[q_r,f]=\frac{\partial f}{\partial p_r}\tag{5.23}$$

其中 $f=f(p)$ 是正则动量的函数.将 $f(p)$ 向 p_r 展开 $f(p)=\sum\limits_k a_kp_r^k$.这是因为正则动量 p

之间可以交换，所以可把所有 p_r^k 自由度的正则动量 p_r 集中起来，而 a_k 是与其他自由度的正则动量 $p_s(s\neq r)$ 有关的系数，且 a_k 是与正则动量 q 无关的常数. 所以

$$\begin{aligned}[q_r, f] &= [q_r, \sum_k a_k p_r^k] \\ &= \sum_k a_k [q_k, p_r^k] \\ &= \sum_k a_k\, k\, p_r^{k-1} \\ &= \frac{\partial f}{\partial p_r}\end{aligned}$$

当 f 中同时含有正则坐标 q_r 时，$f=f(q_r, p_r)$ 的情形就复杂了. 例如，$f=p_r^2q_r^3p_r^4$，由于 p_r, q_r 不对易，p_r^2, p_r^4 不能集中起来. 但是对 p_r 微商时都各自在原来的位置上，所以仍可以使用上面的公式.

$$[q_r, p_r^2q_r^3p_r^4]=2p_rq_r^3p_r^4+4p_r^2q_r^3p_r^3$$

同理有

(4)
$$[f(q), p_r]=\frac{\partial f}{\partial q_r} \tag{5.24}$$

有了第 4 章的六条基本假定，再加上量子条件的假定，就可以将一些定量的关系式明确地表达出来. 因而我们可以进一步讨论表象理论. 用坐标的本征矢作基矢是坐标表象，又称薛定谔表象；用动量的本征矢作基矢是动量表象. 下面讨论在这两种表象里代表力学量的算子的表示.

5.3 薛定谔表象

1. 一个 q 和 p

先讨论一个自由度的情形，它有一个正则坐标 q 和一个正则动量 p，因而只有一个量子条件 $qp-pq=i\hbar$. 力学量 q 的本征值 q'，其变化范围是 $-\infty<q'<\infty$，是一个连续谱. 将坐标 q 的本征矢量 $|q'\rangle$ 作基矢量，研究其他力学量算子具有什么样的具体表达形式. 基矢 $|q'\rangle$ 有无穷多个，而且是不可数的. 它的形式是

$$|q'\rangle=\delta(q-q')\rangle \tag{5.25}$$

对连续谱归一化到 δ 函数：

$$\begin{aligned}\langle q'|q''\rangle &= \langle q'|\delta(q-q'')\rangle \\ &= \delta(q'-q'')\end{aligned} \tag{5.26}$$

不难证明 $|q'\rangle=\delta(q-q')\rangle$ 确实是力学量 q 的本征矢量.

$$\begin{aligned}q|q'\rangle &= q|\delta(q-q')\rangle \\ &= q'|\delta(q-q')\rangle = q'|q'\rangle\end{aligned}$$

当 $|q'\rangle$ 作基矢时，力学量算子 q 的表象矩阵是

$$\langle q'|q|q''\rangle=q'\delta(q'-q'') \tag{5.27}$$

式(5.27)显然是一对角矩阵.

任何一个矢量 $|p\rangle$ 在选择 $|q'\rangle$ 作基矢时的表达形式，由式(4.58)，有

$$|p\rangle = \psi(q)\rangle$$
$$\langle q' | p\rangle = \psi(q')$$

定义一个微商符号

$$\frac{\mathrm{d}}{\mathrm{d}q}\psi\rangle = \frac{\mathrm{d}\psi}{\mathrm{d}q}\rangle \tag{5.28}$$

由此有：

(1)
$$\frac{\mathrm{d}}{\mathrm{d}q}\rangle = 0 \tag{5.29}$$

即标准右矢〉的微商为0.

(2)
$$\frac{\overline{\mathrm{d}}}{\mathrm{d}q} = -\frac{\mathrm{d}}{\mathrm{d}q} \tag{5.30}$$

即$\frac{\mathrm{d}}{\mathrm{d}q}$不是一个自轭算子.现给予简单证明：

内积$\left\langle \varphi \middle| \frac{\mathrm{d}}{\mathrm{d}q} \middle| \psi \right\rangle$,当把$\frac{\mathrm{d}}{\mathrm{d}q}$看作是作用在左边及作用在右边时各有如下结果.

$\frac{\mathrm{d}}{\mathrm{d}q}$作用在左边：

$$\begin{aligned}\left\langle \varphi \middle| \frac{\mathrm{d}}{\mathrm{d}q} \middle| \psi \right\rangle &= \int_{-\infty}^{\infty} \langle \varphi | q' \rangle \mathrm{d}q' \left\langle q' \middle| \frac{\mathrm{d}}{\mathrm{d}q}\psi \right\rangle \\ &= \int_{-\infty}^{\infty} \varphi(q')\mathrm{d}q' \frac{\mathrm{d}\psi(q')}{\mathrm{d}q'} \quad \text{分部积分} \\ &= \varphi(q')\psi(q')\Big|_{-\infty}^{\infty} - \int_{-\infty}^{\infty} \frac{\mathrm{d}\varphi(q')}{\mathrm{d}q'}\mathrm{d}q'\psi(q') \\ &= -\int_{-\infty}^{\infty} \frac{\mathrm{d}\varphi(q')}{\mathrm{d}q'}\mathrm{d}q'\psi(q')\end{aligned}$$

上式推导中利用波函数 $\psi(q')\varphi(q')$ 在 $q' \to \infty$时为零.

$\frac{\mathrm{d}}{\mathrm{d}q}$作用在右边：

$$\begin{aligned}\left\langle \varphi \middle| \frac{\mathrm{d}}{\mathrm{d}q} \middle| \psi \right\rangle &= \int_{-\infty}^{\infty} \left\langle \varphi \middle| \frac{\mathrm{d}}{\mathrm{d}q} \middle| q' \right\rangle \mathrm{d}q' \langle q' | \psi \rangle \\ &= \int_{-\infty}^{\infty} \left\langle \varphi \middle| \frac{\mathrm{d}}{\mathrm{d}q} \middle| q' \right\rangle \psi(q')\mathrm{d}q'\end{aligned}$$

两边相等，于是有

$$-\int_{-\infty}^{\infty} \frac{\mathrm{d}\varphi(q')}{\mathrm{d}q'}\mathrm{d}q'\psi(q') = \int_{-\infty}^{\infty} \left\langle \varphi \middle| \frac{\mathrm{d}}{\mathrm{d}q} \middle| q' \right\rangle \mathrm{d}q'\psi(q')$$

比较上式两边得到

$$-\frac{\mathrm{d}}{\mathrm{d}q'}\varphi(q') = \left\langle \varphi \middle| \frac{\mathrm{d}}{\mathrm{d}q} \middle| q' \right\rangle$$

所以

$$\langle \varphi | \frac{\mathrm{d}}{\mathrm{d}q} = -\langle \frac{\mathrm{d}\varphi(q)}{\mathrm{d}q}$$

$\frac{\mathrm{d}}{\mathrm{d}q}$作用左矢等于对左矢微商后再加一个负符号，将式(5.28)两边取共轭，并令 $\bar{\psi}=\varphi$，有

$$\langle\varphi|\frac{\bar{\mathrm{d}}}{\mathrm{d}q}=\langle\frac{\mathrm{d}\varphi(q)}{\mathrm{d}q}$$

比较上面两式，得

$$\frac{\bar{\mathrm{d}}}{\mathrm{d}q}=-\frac{\mathrm{d}}{\mathrm{d}q}$$

因此，$\frac{\mathrm{d}}{\mathrm{d}q}$是一个纯虚算子.

(3) $\left\langle q'\left|\frac{\mathrm{d}}{\mathrm{d}q}\right|q''\right\rangle$是算子$\frac{\mathrm{d}}{\mathrm{d}q}$在 q 表象中的矩阵元

$$\begin{aligned}\left\langle q'\left|\frac{\mathrm{d}}{\mathrm{d}q}\right|q''\right\rangle&=\left\langle q'\left|\frac{\mathrm{d}}{\mathrm{d}q}\delta(q-q'')\right.\right\rangle\\&=\langle q'|\delta'(q-q'')\rangle=\delta'(q'-q'')\\&=\frac{\mathrm{d}}{\mathrm{d}q'}\delta(q'-q'')\end{aligned}\tag{5.31}$$

这是一个对角矩阵，其对角元素是 δ 函数的一级微商.

(4) $\frac{\mathrm{d}}{\mathrm{d}q}$与 q 的对易关系

$$\frac{\mathrm{d}}{\mathrm{d}q}q\psi\rangle=q\frac{\mathrm{d}\psi}{\mathrm{d}q}\rangle+\psi\rangle$$

移项

$$\left(\frac{\mathrm{d}}{\mathrm{d}q}q-q\frac{\mathrm{d}}{\mathrm{d}q}\right)\psi\rangle=\psi\rangle$$

亦即

$$\frac{\mathrm{d}}{\mathrm{d}q}q-q\frac{\mathrm{d}}{\mathrm{d}q}=1\tag{5.32}$$

式(5.32)是一个单位算子. 交换一下有

$$-\left(q\frac{\mathrm{d}}{\mathrm{d}q}-\frac{\mathrm{d}}{\mathrm{d}q}q\right)=1$$

两边乘 $-i\hbar$

$$q\left(-i\hbar\frac{\mathrm{d}}{\mathrm{d}q}\right)-\left(-i\hbar\frac{\mathrm{d}}{\mathrm{d}q}\right)q=i\hbar$$

由量子化条件

$$qp-pq=i\hbar$$

对比得到

$$p=-i\hbar\frac{\mathrm{d}}{\mathrm{d}q}\tag{5.33}$$

因此，以$|q'\rangle$作基矢，动量 p 就相当于一个微分算子. 由于$\frac{\mathrm{d}}{\mathrm{d}q}$是一纯虚算子，乘一个 i 之后就是实算子了，所以 $p=-i\hbar\frac{\mathrm{d}}{\mathrm{d}q}$是一个实算子.

综上所述,一个自由度情况下,当以力学量 q 的本征矢 $|q'\rangle$ 作基矢时,q 是个对角元为 δ 函数的对角矩阵,其微商 $\frac{\mathrm{d}}{\mathrm{d}q}$ 也是一个对角矩阵,其对角元是 δ 函数的微商 $\delta'(q'-q'')$. 而力学量 p (角动量)是一个自共轭微分算子 $-i\hbar\frac{\mathrm{d}}{\mathrm{d}q}$.

2. n 个 q 和 p

设体系有 n 个自由度,正则坐标是 $q_1,q_2,\cdots,q_n$,相应的正则动量是 $p_1,p_2,\cdots,p_n$. 建立 q 为对角的表象. 由量子条件式(5.20),正则坐标 q 之间是互相对易的,因而可选择一组基矢,对 n 个坐标 q 同时都是本征矢量,这组基矢是

$$|q_1'\,q_2'\cdots q_n'\rangle=\delta(q_1-q_1')\,\delta(q_2-q_2')\cdots\delta(q_n-q_n')\rangle \tag{5.34}$$

这可作如下验证:用 $q_r(r=1,2,\cdots,n)$ 作用上去

$$\begin{aligned}q_r|q_1'\,q_2'\cdots q_n'\rangle&=q_r\,\delta(q_1-q_1')\cdots\delta(q_r-q_r')\cdots\delta(q_n-q_n')\rangle\\&=q_r'\delta(q_1-q_1')\cdots\delta(q_r-q_r')\cdots\delta(q_n-q_n')\rangle\\&=q_r'|q_1'\,q_2'\cdots q_n'\rangle\end{aligned}$$

这说明 $|q_1'\,q_2'\cdots q_n'\rangle$ 确为一组 $q_r(r=1,2,\cdots,n)$ 的共同本征矢. 再讨论 $q_r(r=1,2,\cdots,n)$ 的矩阵表示:

$$\begin{aligned}\langle q_1'\,q_2'\cdots q_n'|q_r|q_1''\,q_2''\cdots q_n''\rangle&=q_r'\langle q_1'\,q_2'\cdots q_n'|q_1''\,q_2''\cdots q_n''\rangle\\&=q_r'\delta(q_1'-q_1'')\,\delta(q_2'-q_2'')\cdots\delta(q_n'-q_n'')\end{aligned} \tag{5.35}$$

因此,$q_r(r=1,2,\cdots,n)$ 是对角元为 δ 函数的对角矩阵.

在坐标表象里,任何一个右矢 $|p\rangle$ 的表示式为

$$|p\rangle=\psi(q_1\,q_2\cdots q_n)\rangle$$

同一维情况相似,定义微分算子

$$\frac{\partial}{\partial q_r}\psi(q_1\,q_2\cdots q_n)\rangle=\frac{\partial\psi(q_1\,q_2\cdots q_n)}{\partial q_r}\rangle\qquad(r=1,2,\cdots,n) \tag{5.36}$$

由此得到如下性质:

(1) $$\frac{\partial}{\partial q_r}\rangle=0\qquad(r=1,2,\cdots,n) \tag{5.37}$$

(2) $$\overline{\frac{\partial}{\partial q_r}}=-\frac{\partial}{\partial q_r} \tag{5.38}$$

引入这样的 n 个线性算子能按下式作用到右矢上:

$$\langle\varphi\frac{\partial}{\partial q_r}=-\langle\frac{\partial}{\partial q_r}\varphi$$

(3) $$\langle q_1'\,q_2'\cdots q_n'|\frac{\partial}{\partial q_r}|q_1''\,q_2''\cdots q_n''\rangle$$

$$=\delta(q_1'-q_1'')\cdots\frac{\mathrm{d}}{\mathrm{d}q_r'}\delta(q_r'-q_1''r)\cdots\delta(q_n'-q_n'') \tag{5.39}$$

(4) $$\frac{\partial}{\partial q_r}\frac{\partial}{\partial q_s}=\frac{\partial}{\partial q_s}\frac{\partial}{\partial q_r}\qquad(r=1,2,\cdots,n;s=1,2,\cdots,n) \tag{5.40}$$

(5) $$\frac{\partial}{\partial q_r}q_r\psi\rangle=q_r\frac{\partial\psi}{\partial q_r}\rangle+\psi\rangle$$

$$\left(\frac{\partial}{\partial q_r}q_r - q_r\frac{\partial}{\partial q_r}\right)\psi\rangle = 1\cdot\psi\rangle$$

$$\frac{\partial}{\partial q_r}q_r - q_r\frac{\partial}{\partial q_r} = 1 \tag{5.41}$$

当 $r\neq s$ 时

$$\frac{\partial}{\partial q_r}q_s\psi\rangle = q_s\frac{\partial\psi}{\partial q_r}\rangle$$

$$\left(\frac{\partial}{\partial q_r}q_s - q_s\frac{\partial}{\partial q_r}\right)\psi\rangle = 0$$

$$\frac{\partial}{\partial q_r}q_s - q_s\frac{\partial}{\partial q_r} = 0 \tag{5.42}$$

注意 $\psi\rangle$是任意右矢. 综合式(5.41)和式(5.42)到一起

$$\frac{\partial}{\partial q_r}q_s - q_s\frac{\partial}{\partial q_r} = \delta_{rs}$$

或者

$$q_r\frac{\partial}{\partial q_s} - \frac{\partial}{\partial q_s}q_r = -\delta_{sr} \tag{5.43}$$

由式(5.40)有

$$\frac{\partial}{\partial q_r}\frac{\partial}{\partial q_s} - \frac{\partial}{\partial q_s}\frac{\partial}{\partial q_r} = 0 \tag{5.44}$$

由此可以确定 n 个自由度的体系的量子化条件. 在前面的论述过程中,已经用到了正则坐标的量子化条件式(5.20)第一式,基于这一条件,我们曾认定 $q_1,q_2,\cdots,q_n$ 之间是可以对易的,从而它们具有共同的本征矢量$|q_1'\,q_2'\cdots q_n'\rangle$. 现在还有正则动量以及正则坐标和正则动量之间的量子化条件式(5.20)第二式和第三式没有用到. 用$-i\hbar$乘式(5.44)两边,得

$$\left(-i\hbar\frac{\partial}{\partial q_r}\right)\left(-i\hbar\frac{\partial}{\partial q_s}\right) - \left(-i\hbar\frac{\partial}{\partial q_s}\right)\left(-i\hbar\frac{\partial}{\partial q_r}\right) = 0 \tag{5.45}$$

再用$(-i\hbar)$乘式(5.43)两边,得

$$q_r\left(-i\hbar\frac{\partial}{\partial q_s}\right) - \left(-i\hbar\frac{\partial}{\partial q_s}\right)q_r = -\delta_{rs}(-i\hbar) \tag{5.46}$$

将式(5.45)、式(5.46)分别与式(5.20)的第二、三式比较,得

$$p_r = -i\hbar\frac{\partial}{\partial q_r} \tag{5.47}$$

至此,所有的量子化条件就都满足了. 这说明对有 n 个自由度的体系,可以选取坐标的共同本征矢作为基矢. 在这种基矢中坐标是以 δ 函数为对角元的对角矩阵,而动量是用微分算子来表示的. 这和薛定谔的表示完全一致,即

$$|p\rangle = \psi(q_1\,q_2\cdots q_n)\rangle$$

$$p_r = -i\hbar\frac{\partial}{\partial q_r}\qquad (r=1,2,\cdots,n)$$

体系的态用波函数 ψ 来描述,ψ 是坐标 q 的函数;动量用微分算子来表示. 而任何一个用坐标、动量函数表征的力学量 $F=F(q_k,p_k,t)$可写作 $F=F\left(q_k,-i\hbar\frac{\partial}{\partial q_k},t\right)$.

由此,我们了解到薛定谔表象就是:

(1) 用坐标的本征矢作基矢.

(2) 动量写成$-i\hbar\dfrac{\partial}{\partial q_i}(i=1,2,\cdots,n)$,从而体系的任何一个态可以用波函数 ψ 来描述. ψ 是坐标 q 的函数. 而体系的任何一个力学量对应算子 $F=F\left(q_i,-i\hbar\dfrac{\partial}{\partial q_i},t\right)$.

综上,我们把坐标的共同本征矢作基矢,定义了微分算子,并与量子条件相对比,得到动量的算子表示.

因此,薛定谔表象就是在一般理论下得到的特殊表示. 它要求坐标 q 对角化,亦即以 n 个坐标 q 的共同本征矢作基矢.

3. 对 $p_r=-i\hbar\dfrac{\partial}{\partial q_r}$ 的讨论

$p_r=-i\hbar\dfrac{\partial}{\partial q_r}$ 是将量子条件式(5.20)与对易关系式(5.46)比较得到的. 然而并非必然得到这个唯一结果. 因为将该两式相减有

$$q_r\left(p_r+i\hbar\frac{\partial}{\partial q_r}\right)-\left(p_r+i\hbar\frac{\partial}{\partial q_r}\right)q_r=0$$

说明 q_r 与 $\left(p_r+i\hbar\dfrac{\partial}{\partial q_r}\right)$ 是对易的. 另外, 由于 q_r, p_r 属于同一自由度, 因此 q_s 同 $\left(p_r+iC\dfrac{\partial}{\partial q_r}\right)$ 更是对易的. 可以断定 $\left(p_r+i\hbar\dfrac{\partial}{\partial q_r}\right)=f_r(q)\ (r=1,2,\cdots,n)$ 是一个关于 q 的函数,这是因为 q 的函数和坐标 q 是对易的. 于是得到

$$p_r=-i\hbar\frac{\partial}{\partial q_r}+f_r(q)\qquad(r=1,2,\cdots,n)\tag{5.48}$$

这充分说明 p_r 不是必然等于$-i\hbar\dfrac{\partial}{\partial q_r}$,而是还要加一项 $f_r(q)$. 可以证明

(1)
$$f_r(q)=\frac{\partial f(q)}{\partial q_r}$$

即是说 $f_r(q)\ (r=1,2,\cdots,n)$ 不是 n 个任意的函数,而是由一个函数的微分得来的. 利用$\dfrac{\partial}{\partial q_r}\dfrac{\partial}{\partial q_s}-\dfrac{\partial}{\partial q_s}\dfrac{\partial}{\partial q_r}=0$,两边乘$-i\hbar$,得

$$\left(-i\hbar\frac{\partial}{\partial q_r}\right)\left(-i\hbar\frac{\partial}{\partial q_s}\right)=\left(-i\hbar\frac{\partial}{\partial q_s}\right)\left(-i\hbar\frac{\partial}{\partial q_r}\right)\tag{5.49}$$

由关系式 $p_r=-i\hbar\dfrac{\partial}{\partial q_r}+f_r(q)$ 得到$-i\hbar\dfrac{\partial}{\partial q_r}=p_r-f_r$,将此式代入式(5.49)中,得

$$(p_r-f_r)(p_s-f_s)=(p_s-f_s)(p_r-f_r)$$

将上式展开,注意 p_r、p_s 以及 f_s、f_r 之间由于都只是 p 或 q 的函数,所以可以交换,从而得到

$$f_rp_s+p_rf_s=p_sf_r+f_sp_r$$
$$f_rp_s-p_sf_r=f_sp_r-p_rf_s$$

$$i\hbar[f_r,p_s]=i\hbar[f_s,p_r]$$

$[f_r,p_s]=[f_s,p_r]$，f_r，f_s 只是 q 的函数. 由式(5.24)有

$$\frac{\partial f_r}{\partial q_s}=\frac{\partial f_s}{\partial q_r}\qquad (r,s=1,2,\cdots,n)$$

这表明存在全微分条件，有一个 F 函数，使得

$$f_r=\frac{\partial F}{\partial q_r}$$

F 函数是全微分函数，从而式(5.48)变为

$$p_r=-i\hbar\frac{\partial}{\partial q_r}+\frac{\partial F}{\partial q_r}\tag{5.50}$$

式(5.25)得到了动量与偏微分的关系，这是一个普遍的关系式. 任选一组正则坐标的本征矢作基矢，不一定使 $\frac{\partial F}{\partial q_r}=0$，但可以用基矢量变换的办法，选择基矢使 $\frac{\partial F}{\partial q_r}=0$.

(2) 若在基矢 $|q_1'\,q_2'\cdots q_n'\rangle$ 时，$\frac{\partial F}{\partial q_r}\neq 0$，$p_r=-i\hbar\frac{\partial}{\partial q_r}+\frac{\partial F}{\partial q_r}$；可以另选一组基矢 $|q_1'^*\ q_2'^*\cdots q_n'^*\rangle$，使 $\frac{\partial F}{\partial q_r}=0$，$p_r=-i\hbar\frac{\partial}{\partial q_r}$. 这两组基矢量之间，令存在如下变换关系：

$$|q_1'^*\ q_2'^*\cdots q_n'^*\rangle=\mathrm{e}^{-ir}|q_1'\,q_2'\cdots q_n'\rangle\tag{5.51}$$

式中，r 为一个自共轭的坐标 q 的实函数. 算子 $\frac{\partial}{\partial q_r}$ 在旧基矢下的矩阵元是

$$\left\langle q_1'\,q_2'\cdots q_n'\left|\frac{\partial}{\partial q_r}\right|q_1''\,q_2''\cdots q_n''\right\rangle\tag{5.52}$$

又

$$\mathrm{e}^{ir}|q_1'^*\ q_2'^*\cdots q_n'^*\rangle=|q_1'\,q_2'\cdots q_n'\rangle$$

式(5.52)变为

$$\left\langle q_1'^*\ q_2'^*\cdots q_n'^*\left|\mathrm{e}^{-ir}\frac{\partial}{\partial q_r}\mathrm{e}^{ir}\right|q_1''^*\ q_2''^*\cdots q_n''^*\right\rangle\tag{5.53}$$

一个算子在不同基矢下表达式不同，令新基矢下算子为 $\left(\frac{\partial}{\partial q_r}\right)^*$，有

$$\left\langle q_1'^*\ q_2'^*\cdots q_n'^*\left|\left(\frac{\partial}{\partial q_r}\right)^*\right|q_1''^*\ q_2''^*\cdots q_n''^*\right\rangle\tag{5.54}$$

比较，有

$$\left(\frac{\partial}{\partial q_r}\right)^*=\mathrm{e}^{-ir}\frac{\partial}{\partial q_r}\mathrm{e}^{ir}=\frac{\partial}{\partial q_r}+i\frac{\partial r}{\partial q_r}$$

令 $r=F/\hbar$，则

$$\left(\frac{\partial}{\partial q_r}\right)^*=\frac{\partial}{\partial q_r}+\frac{i}{\hbar}\frac{\partial F}{\partial q_r}$$

两边乘 $-i\hbar$

$$-i\hbar\left(\frac{\partial}{\partial q_r}\right)^*=-i\hbar\frac{\partial}{\partial q_r}+\frac{\partial F}{\partial q_r}=p_r\tag{5.55}$$

因此，在新基矢下，$p_r=-i\hbar\left(\frac{\partial}{\partial q_r}\right)^*$. 这意味着在任意选取的一组基矢量下，$p_r\neq -i\hbar\frac{\partial}{\partial q_r}$，但

可以通过坐标变换使 $p_r=-i\hbar\left(\frac{\partial}{\partial q_r}\right)^*$. 这一点在薛定谔表象是完全可以做到的. 在直角坐标系中 $p_x=-i\hbar\frac{\partial}{\partial q_x}$,但在其他坐标中不一定有这样的简单关系,需要作坐标变换才能得到这样的关系.

在第1章已经看到,薛定谔建立描述微观粒子运动的微分方程采用的坐标就是坐标本身,而动量算子是 $-i\hbar\frac{\partial}{\partial x}$,$\psi$ 是坐标函数的方程. 实际这就是一种具体表象,是使坐标对角化的表象,在这种表象中动量 p 可选择为 $-i\hbar\frac{\partial}{\partial q_x}$. 以上是正则坐标作基矢的表象,即薛定谔表象. 薛定谔表象对许多问题讨论非常有用. 由于一般力学量是 q 的复杂函数,对动量 p 却是简单的多项式,容易得到它的微分算子. 还有动量表象. 因为正则坐标、正则动量是对等的,自然可以推出坐标表象和动量表象也是对等的.

5.4 动量表象

先讨论具有一个自由度的体系,然后讨论具有 n 个自由度的体系.

1. 一个 p 和 q

在坐标表象中用粒子的坐标 q 的本征矢量 $|q'\rangle$ 作基矢量;在动量表象中则以粒子动量 p 的本征矢量 $|p'\rangle$ 作基矢量. 从坐标表象变换到动量表象首先要知道变换矩阵,亦即 $\langle q'|p'\rangle$. 它也就是 $|p'\rangle$ 在 $|q'\rangle$ 下的投影. 讨论动量表象就是在已知坐标表象的情况下来讨论这个变换矩阵 $\langle q'|p'\rangle$. 实际也就是计算矩阵元 $\langle q'|p|p'\rangle$.

将算子 p 作用到左边,得

$$-i\hbar\frac{\mathrm{d}}{\partial q'}\langle q'|p'\rangle$$

将算子 p 作用到右边得到 $p'\langle q'|p'\rangle$,两者是相等的. 于是有

$$-i\hbar\frac{\mathrm{d}}{\partial q'}\langle q'|p'\rangle=p'\langle q'|p'\rangle \tag{5.56}$$

移项

$$\frac{1}{\langle q'|p'\rangle}\frac{\mathrm{d}}{\mathrm{d}q'}\langle q'|p'\rangle=\frac{i}{\hbar}p'$$

$$\frac{\mathrm{d}\langle q'|p'\rangle}{\langle q'|p'\rangle}=\frac{i}{\hbar}p'\mathrm{d}q'$$

$$\langle q'|p'\rangle=C'\mathrm{e}^{\frac{i}{\hbar}p'q'} \tag{5.57}$$

式中,C' 为正交归一化因子. 在定出 C' 之前,先看一下 $\langle p'|p''\rangle$ 等于什么.

$$\begin{aligned}\langle p' \mid p''\rangle &= \int_{-\infty}^{\infty}\langle p' \mid q'\rangle\mathrm{d}q'\langle q' \mid p''\rangle\\ &=\int_{-\infty}^{\infty}\overline{\langle q' \mid p'\rangle}\mathrm{d}q'\langle q' \mid p''\rangle\\ &=\int_{-\infty}^{\infty}\overline{C}'C''\mathrm{e}^{-\frac{i}{\hbar}p'q'}\mathrm{d}q'\mathrm{e}^{\frac{i}{\hbar}p''q'}\end{aligned}$$

$$= \overline{C}'C''\int_{-\infty}^{\infty} e^{-\frac{i}{\hbar}(p'-p'')q'}\,dq' \tag{5.58}$$

积分

$$\begin{aligned}\int_{-\infty}^{\infty} e^{-\frac{i}{\hbar}(p'-p'')q'}\,dq' &= \lim_{g\to\infty}\int_{-g}^{g} e^{-\frac{i}{\hbar}(p'-p'')q'}\,dq' \\ &= \lim_{g\to\infty}\left[\frac{e^{-\frac{i}{\hbar}(p'-p'')q'}}{-i(p'-p'')/\hbar}\right]_{-g}^{g} \\ &= \lim_{g\to\infty}\left[\frac{e^{i(p'-p'')g/\hbar}-e^{i(p'-p'')g/\hbar}}{i(p'-p'')/\hbar}\right] \\ &= \lim_{g\to\infty}\frac{2\sin(p'-p'')g/\hbar}{(p'-p'')/\hbar} \\ &= 2\pi\lim_{g\to\infty}\frac{\sin(p'-p'')g/\hbar}{\pi(p'-p'')/\hbar} \\ &= 2\pi\delta\left(\frac{p'-p''}{\hbar}\right) \\ &= 2\pi\hbar\delta(p'-p'') \\ &= h\delta(p'-p'')\end{aligned}$$

代入式(5.58),得到

$$\langle p'|p''\rangle = \overline{C}'C''h\delta(p'-p'')$$

由于动量是连续函数,归一化到$\langle p'|p''\rangle=\delta(p'-p'')$. 为此,可选归一化因子$\overline{C}=C''=h^{-1/2}$. 于是得到

$$\langle q'|p'\rangle = \frac{1}{h^{1/2}}e^{\frac{i}{\hbar}p'q'} \tag{5.59}$$

这就是动量在坐标表象里的表达式. 有了这个表达式,任何一个右矢$|p\rangle$就可以随意表达出来了.

右矢$|p\rangle$在坐标表象里

$$\langle q'|p\rangle = \psi(q')$$

右矢$|p\rangle$在动量表象里

$$\langle p'|p\rangle = \varphi(p')$$

若其中之一表示为已知,另一表示就可以求出来,若知道在动量表象里的表示,则在坐标表象里的表示为

$$\begin{aligned}\psi(q') = \langle q' \mid p\rangle &= \int_{-\infty}^{\infty}\langle q' \mid p'\rangle dp'\langle p' \mid p\rangle \\ &= \int_{-\infty}^{\infty} h^{-1/2}e^{\frac{i}{\hbar}p'q'}\varphi(p')dp' \\ &= h^{-1/2}\int_{-\infty}^{\infty} e^{i\frac{p'q'}{\hbar}}\varphi(p')dp'\end{aligned} \tag{5.60}$$

反过来知道了在坐标表象里的表示,也可以求出在动量表象里的表示

$$\begin{aligned}\varphi(p') = \langle p' \mid p\rangle &= \int_{-\infty}^{\infty}\langle p' \mid q'\rangle dq'\langle q' \mid p\rangle \\ &= \int_{-\infty}^{\infty}\overline{\langle q' \mid p'\rangle}dq'\langle q' \mid p\rangle\end{aligned}$$

$$= \int_{-\infty}^{\infty} h^{-1/2} e^{-\frac{i}{\hbar}p'q'} \psi(q') dq'$$

$$= h^{-1/2} \int_{-\infty}^{\infty} e^{-\frac{i}{\hbar}p'q'} \psi(q') dq' \tag{5.61}$$

不言而喻,坐标表象同动量表象之间存在傅里叶变换关系.而将此推广到具有 n 个自由度的体系也是很容易的,只需注意到力学量在不同自由度之间是可以对易的.

2. n 个 p 和 q

对具有 n 个自由度的体系,若坐标表象中的基矢是 $|q_1' q_2' \cdots q_n'\rangle$;动量表象中的基矢是 $|p_1' p_2' \cdots p_n'\rangle$.问题在于有了坐标表象的结果如何换算为动量表象的结果,或者有了动量表象的结果如何换算为坐标表象的结果.这就需要计算变换矩阵元 $\langle q_1' q_2' \cdots q_n' | p_1' p_2' \cdots p_n'\rangle$.为此计算下列矩阵元:

$$\langle q_1' q_2' \cdots q_n' | p_r | p_1' p_2' \cdots p_n'\rangle \qquad (r=1,2,\cdots,n)$$

p_r 作用到右边,得

$$p_r' \langle q_1' q_2' \cdots q_n' | p_1' p_2' \cdots p_n'\rangle$$

p_r 作用到左边,得

$$-i\hbar \frac{\partial}{\partial q_r'} \langle q_1' q_2' \cdots q_n' | p_1' p_2' \cdots p_n'\rangle$$

二者相等,于是得

$$-i\hbar \frac{\partial}{\partial q_r'} \langle q_1' q_2' \cdots q_n' | p_1' p_2' \cdots p_n'\rangle = p_r' \langle q_1' q_2' \cdots q_n' | p_1' p_2' \cdots p_n'\rangle$$

$$\langle q_1' q_2' \cdots q_n' | p_1' p_2' \cdots p_n'\rangle = C' e^{i\frac{p_r' q_r'}{\hbar}} \qquad (r=1,2,\cdots,n)$$

C' 是 $q_1, q_2, \cdots, q_n$(除 q_r 外)的函数.而

$$\langle q_1' q_2' \cdots q_n' | p_1' p_2' \cdots p_n'\rangle = C e^{i\frac{p_1' q_1' + p_2' q_2' + \cdots + p_n' q_n'}{\hbar}}$$

这里的 C 就是与 $q_1, q_2, \cdots, q_n$ 无关的真正常数了.常数 C 的确定仍由正交归一化求得

$$\langle p_1' p_2' \cdots p_n' | p_1'' p_2'' \cdots p_n''\rangle = \delta(p_1' - p_1'')\delta(p_2' - p_2'')\cdots\delta(p_n' - p_n'')$$

每个自由度对常数 C 的贡献是 $1/\hbar^{1/2}$.因此

$$\langle q_1' q_2' \cdots q_n' | p_1' p_2' \cdots p_n'\rangle = \frac{1}{h^{n/2}} e^{i\frac{p_1' q_1' + p_2' q_2' + \cdots + p_n' q_n'}{\hbar}} \tag{5.62}$$

这也就是说可以把这样的变换矩阵看作是 n 个变换矩阵的连乘积

$$\langle q_1 q_2 \cdots q_n | p_1' p_2' \cdots p_n'\rangle = \langle q_1' | p_1'\rangle \langle q_2' | p_2'\rangle \cdots \langle q_n' | p_n'\rangle$$

任何一个右矢 $|p\rangle$ 在坐标表象里是

$$\langle q_1' q_2' \cdots q_n' | p\rangle = \psi(q_1' q_2' \cdots q_n') \tag{5.63}$$

在动量表象里是

$$\langle p_1' p_2' \cdots p_n' | p\rangle = \varphi(p_1' p_2' \cdots p_n') \tag{5.64}$$

利用变换矩阵式(5.62)可把 $\varphi(p_1' p_2' \cdots p_n')$ 变换为 $\psi(q_1' q_2' \cdots q_n')$

$$\psi(q_1' q_2' \cdots q_n') = \int_{-\infty}^{\infty} \langle q_1' q_2' \cdots q_n' | p_1' p_2' \cdots p_n'\rangle d^n p' \langle p_1' p_2' \cdots p_n' | p\rangle$$

$$= \frac{1}{h^{n/2}} \int_{-\infty}^{\infty} e^{i\frac{p_1' q_1' + p_2' q_2' + \cdots + p_n' q_n'}{h}} \varphi(p_1' p_2' \cdots p_n') d^n p' \tag{5.65}$$

同样可把 $\psi(q_1' q_2' \cdots q_n')$ 变换为 $\varphi(p_1' p_2' \cdots p_n')$

$$\varphi(p'_1 p'_2 \cdots p'_n) = \int_{-\infty}^{\infty} \langle p_1' p_2' \cdots p_n' | q_1' q_2' \cdots q_n' \rangle \mathrm{d}^n q' \langle q_1' q_2' \cdots q_n' | p \rangle$$

$$= \frac{1}{h^{n/2}} \int_{-\infty}^{\infty} \mathrm{e}^{-i\frac{p_1' q_1' + p_2' q_2' + \cdots + p_n' q_n'}{\hbar}} \mathrm{d}^n q' \, \psi(q_1' q_2' \cdots q_n') \tag{5.66}$$

3. n 个自由度体系的量子条件

在坐标表象中,基矢量是 $|q'_1 q'_2 \cdots q_n'\rangle$,力学量坐标 q_r 就是 q_r,对应的动量 p_r 为算符 $p_r = -i\hbar\frac{\partial}{\partial q_r}$;而在动量表象中,其矢量是 $|p_1' p_2' \cdots p_n'\rangle$,力学量动量即是 p_r,对应的坐标 $q_r = i\hbar\frac{\partial}{\partial p_r}$. 这也就是把在坐标表象里的 $p_r = -i\hbar\frac{\partial}{\partial q_r}$ 中的 p_r 换成 q_r,q_r 换成 p_r,再把 $-i$ 换成 i,就得到了动量表象中的坐标 q_r 的表达式 $q_r = i\hbar\frac{\partial}{\partial p_r}$. 为什么 i 要换成 $-i$ 呢? 这是由量子条件得来的. 对 n 个自由度体系的量子条件为

$$\left.\begin{aligned} &q_r q_s - q_s q_r = 0 \\ &p_r p_s - p_s p_r = 0 \\ &q_r p_s - p_s q_r = -i\hbar\delta_{rs} \end{aligned}\right\} \qquad (r, s = 1, 2, \cdots, n; r \neq s)$$

当把 q 变换为 p,p 变换为 q,上三式依次变为

$$\left.\begin{aligned} &q_r p_s - p_s q_r = +i\hbar\delta_{rs} \\ &p_r q_s - q_s p_r = +i\hbar\delta_{rs} \\ &p_r q_s - q_s p_r = -i\hbar\delta_{rs} \end{aligned}\right\} \qquad (r, s = 1, 2, \cdots, n; r \neq s)$$

$$-(q_s p_r - p_r q_s) = +i\hbar\delta_{rs}$$

由此看出把 i 换成 $-i$,就保证了量子条件的形式不变. 在动量表象中 $p_r|p\rangle$ 的表示为

$$\langle p_1' p_2' \cdots p_n' | p_r | p \rangle = p_r' \langle p_1' p_2' \cdots p_n' | p \rangle = p_r' \varphi(p_1' p_2' \cdots p_n')$$

$$p_r | p \rangle = p_r \varphi(p_1 p_2 \cdots p_n) \rangle \tag{5.67}$$

而 $q_r|p\rangle$ 的表示为

$$\langle p_1' p_2' \cdots p_n' | q_r | p \rangle = i\hbar \frac{\partial}{\partial p_r} \langle p_1' p_2' \cdots p_n' | p \rangle$$

$$= i\hbar \frac{\partial}{\partial p_r'} \varphi(p_1' p_2' \cdots p_n')$$

所以

$$q_r | p \rangle = i\hbar \frac{\partial}{\partial p_r} \varphi(p_1 \, p_2 \cdots p_n) \rangle \tag{5.68}$$

由此看出这两种表象是完全等价的,在理论上是完全一致的. 在实际应用中,坐标表象比动量表象来得简便. 这是因为力学量是坐标和动量的函数. 但一般来说坐标的函数关系来得复杂,而动量的函数关系来得简单. 因此,用算子代替力学量时最好坐标不变,动量换成算子. 例如,体系的能量

$$H = \sum_{k=1}^{n} \frac{1}{2m_k}(p_x^2 + p_y^2 + p_z^2) + V(x_k, y_k, z_k)$$

显然将动量 p 换成算子是方便的. 而要把势能中的 x, y, z 换成动量表象算子则必须解出 V 的

明显表达式，无疑是繁复的. 这也就是为什么量子力学中薛定谔表象应用较广的原因. 不过当解决更高深问题时，用动量表象来得更方便、更简单，因此对两种表象都必须很好地掌握.

5.5　幺正算子

1. 相似变换

一个力学量算子 α，左乘一个变换算子 U，右乘一个 U 的逆 U^{-1}，得到另一个力学量算子 α^*，$U\alpha U^{-1}=\alpha^*$ 称为相似变换. 相似变换具有下列性质：

(1) 变换后力学量算子 α^* 的本征值与 α 的本征值一样.

令力学量算子 α 的本征值是 α'，本征矢是 $|\alpha'\rangle$；力学量算子 α^* 的本征矢是 $U|\alpha'\rangle$，则

$$\alpha^* U|\alpha'\rangle=U\alpha U^{-1}U|\alpha'\rangle=U\alpha|\alpha'\rangle=U\alpha'|\alpha'\rangle=\alpha' U|\alpha'\rangle$$

α^* 的本征值也为 α'，这表明在相似变换下力学量算子的本征矢由 $|\alpha'\rangle$ 变到 $U|\alpha'\rangle$ 时，本征值 α' 不变.

(2) 相似变换代数关系式不变. 若力学量算子间具有关系 $\alpha=\alpha_1\alpha_2$，则经相似变换后所得的算子间的代数关系式形式不变，也是 $\alpha^*=\alpha_1^*\alpha_2^*$；同样，若 $\alpha=\alpha_1+\alpha_2$，则经相似变换后仍得关系为 $\alpha^*=\alpha_1^*+\alpha_2^*$. 所谓代数关系不变是指这种乘法或加法的代数关系不变. 下面给予简单说明：

$$\alpha^*=U\alpha U^{-1}=U\alpha_1\alpha_2U^{-1}$$

在上式 $\alpha_1\alpha_2$ 中间插入一个单位算子 $U^{-1}U=1$，得

$$\alpha^*=U\alpha_1U^{-1}U\alpha_2U^{-1}=\alpha_1^*\alpha_2^*$$

同理

$$\begin{aligned}\alpha^*&=U\alpha U^{-1}=U(\alpha_1+\alpha_2)U^{-1}=U(\alpha_1U^{-1}+\alpha_1U^{-1})\\&=U\alpha_1U^{-1}+U\alpha_2U^{-1}=\alpha_1^*+\alpha_2^*\end{aligned}$$

有了这种关系，就使得算子 α 的函数经相似变换变为算子 α^* 的函数.

$$Uf(\alpha)U^{-1}=f(\alpha^*)=F(U\alpha U^{-1}) \tag{5.69}$$

例 5.5　有一算子 α 为 e 的指数函数

$$f(\alpha)=\mathrm{e}^{i\alpha}=1+i\alpha+\frac{(i\alpha)^2}{2!}+\cdots$$

将 $f(\alpha)$ 相似变换

$$\begin{aligned}Uf(\alpha)U^{-1}&=U1U^{-1}+Ui\alpha U^{-1}+U\frac{(i\alpha)^2}{2!}U^{-1}+\cdots\\&=1+i\alpha^*+\frac{(i\alpha^*)^2}{2!}+\cdots\\&=\mathrm{e}^{i\alpha^*}=f(\alpha^*)\end{aligned}$$

例 5.5 说明，一个函数经相似变换就等于函数中的算子变量的相似变换.

例 5.6　有一算子函数 $f(\alpha)=\alpha^{-1}$，经相似变换 $Uf(\alpha)U^{-1}=\alpha^{*-1}=f(\alpha^{*-1})$

$$\alpha^*=U\alpha U^{-1} \tag{5.70}$$

$$\begin{aligned}f(\alpha^{*-1})&=\alpha^{*-1}=(U\alpha\, U^{-1})^{-1}\\&=U\alpha^{-1}U^{-1}=Uf(\alpha)U^{-1}\end{aligned}$$

以上两例使我们清楚看到，由于相似变换保持代数形式的不变，因此一个算子的函数作相似变换时，仅把函数中的算子变量作变换就可以了，而函数形式保持不变.

例 5.7 将 $\alpha^*=U_1\alpha U_1^{-1}$ 再变换一次得

$$\alpha^{**}=U_2\alpha^*U_2^{-1}=U_2U_1\alpha U_1^{-1}U_2^{-1}$$
$$=(U_2U_1)\alpha(U_2U_1)^{-1}=U\alpha U^{-1}$$

连续用 U_1U_2 进行的两次变换，相当用 (U_2U_1) 进行的一次变换. 因此，无论进行多少次连续变换，还是等价于一次变换.

在量子力学中，变换之后量子条件的形式不变是有很大意义的，因此相似变换对量子力学十分重要. 因为相似变换保持代数形式不变，从而确保了量子条件的形式不变，同时相似变换还保持了本征值不变.

在上面的讨论中，对实际变换的算子 U 只要求它具有逆算子 U^{-1}，除此没有任何限制. 然而，在量子力学中讨论的是实算子或自共轭算子，我们总希望经过相似变换后，仍然得到的是实算子或自共轭算子，即当 α 是实算子时 α^* 也是实算子. 为此引入幺正算子.

2. 幺正算子的性质

式(5.70)右乘算子 U 得

$$\alpha^*U=U\alpha \tag{5.71}$$

将式(5.71)两边取共轭，α,α^* 都是实算子

$$\overline{U}\alpha^*=\alpha\overline{U} \tag{5.72}$$

式(5.71)左乘 $\overline{U}$ 得

$$\overline{U}\alpha^*U=\overline{U}U\alpha$$

式(5.72)右乘 U 得

$$\overline{U}\alpha^*U=\alpha\overline{U}U$$

上面两式左边相等，必右边相等，故有

$$\overline{U}U\alpha=\alpha\overline{U}U \tag{5.73}$$

这表明 α 同 $\overline{U}U$ 相对易. α 是实线性算子，从而可以说 $\overline{U}U$ 同所有实线性算子是对易的，也可以说 $\overline{U}U$ 对所有线性算子对易. 因为任何线性算子 $\xi=\dfrac{\xi+\bar{\xi}}{2}-i\left(i\dfrac{\xi-\bar{\xi}}{2}\right)$，其中 $\dfrac{\xi+\bar{\xi}}{2}$ 和 $i\dfrac{\xi-\bar{\xi}}{2}$ 都是实线性(或自共轭的)，说明任何一个非自共轭的算子都可写成一个自共轭算子减去 i 乘另一个自共轭算子，所以由 $\overline{U}U$ 同自共轭算子 α 对易，就能得到 $\overline{U}U$ 也同一般的线性算子是对易的结论. 这是数学上的普遍结论，要保证自共轭算子相似变换后仍为自共轭算子，就要求 $\overline{U}U$ 对所有线性算子都对易，则 $\overline{U}U$ 必须是一个常数算子，即 $\overline{U}U=CI$. 不影响结果的一般性，可令 $C=1$，则 $\overline{U}U=I$. 满足式(5.73)这种关系的算子称为幺正算子. 它具有下列性质：

(1) 幺正变换内积不变(向量长度不变).

$$|P^*\rangle=U|P\rangle \qquad |Q^*\rangle=U|Q\rangle$$

内积

$$\langle Q^*|P^*\rangle=\langle Q|\overline{U}U|P\rangle=\langle Q|P\rangle$$

(2) $U=e^{iF}$，F 是实算子. 此时则 U 为幺正算子. 因为 $\overline{U}=e^{-iF}$，$F=\overline{F}$(F 是实算子)

$$\overline{U}=e^{-iF}$$
$$\overline{U}U=e^{-iF}e^{iF}=1$$

有时需要讨论一种微幺正算子，同 1 的差别很小. 它具有如下形式：

$$U=e^{i\varepsilon F}=1+i\,\varepsilon F+\cdots$$

式中，ε 为实数，是小量. ε^2 项后的高次项可忽略，则 $U\approx 1+i\varepsilon F$，故

$$\alpha^*=U\alpha\, U^{-1}=(1+i\,\varepsilon F)\alpha(1-i\,\varepsilon F)=\alpha+i\,\varepsilon(F\alpha-\alpha F)$$

$$\alpha^*-\alpha=i\,\varepsilon(F\alpha-\alpha F)$$

$$\frac{\alpha^*-\alpha}{\varepsilon}=i(F\alpha-\alpha F) \tag{5.74}$$

(3) 两个幺正算子相乘还是一个幺正算子.

令 U,V 为两个幺正算子，则乘积 UV 也是幺正算子. 因为$\overline{U}U=I,\overline{V}V=I$

$$(\overline{UV})(UV)=\overline{V}\overline{U}UV=I$$

事实上，从薛定谔表象到海森堡表象里的算子表示和态表示的变换，都是经过了幺正变换. 总之，幺正变换保持本征值不变，代数关系不变，厄米性质不变，内积不变.

3. 举例

在坐标表象中，当基矢为$|q_1'\,q_2'\cdots q_n'\rangle$时，$p_r=-i\hbar\dfrac{\partial}{\partial q_r}$；当基矢为$|q_1'^*\;q_2'^*\cdots q_n'^*\rangle$时，$p_r^*=-i\hbar\dfrac{\partial}{\partial q_r^*}$. 这表明由一组坐标变换为另一组坐标，动量 p 的微分算子表示形式不变. 这两种坐标之间经历了相似变换，这个相似变换即幺正变换.

$$\begin{aligned}\langle q_1'^*\;q_2'^*\cdots q_n'^*\,|U|q_1'\,q_2'\cdots q_n'\rangle&=\delta(q_1'^*-q_1')\delta(q_2'^*-q_2')\cdots\delta(q_n'^*-q_n')\\&=\delta(q'^*-q')\end{aligned}$$

这样定义的变换是一个幺正变换，下面证明：转置上式，得

$$\langle q_1'\,q_2'\cdots q_n'|\overline{U}|q_1'^*\;q_2'^*\cdots q_n'^*\rangle=\delta(q'^*-q')$$

下面计算$\langle q_1'\,q_2'\cdots q_n'|\overline{U}U|q_1''\,q_2''\cdots q_n''\rangle$ 也就是 $\overline{U}U$ 在旧坐标下的表示矩阵元.

$$\begin{aligned}&\langle q_1'\,q_2'\cdots q_n'|\overline{U}U|q_1''\,q_2''\cdots q_n''\rangle\\&=\int_{-\infty}^{\infty}\langle q_1'\,q_2'\cdots q_n'\,|\,\overline{U}\,|\,q_1'^*\;q_2'^*\;\cdots\;q_n'^*\rangle \mathrm{d}^n q'^*\langle q_1'^*\;q_2'^*\;\cdots\;q_n'^*\;\,|\,U\,|\,q_1''\,q_2''\,q_n''\rangle\\&=\int_{-\infty}^{\infty}\delta(q'^*-q')\delta(q'^*-q'')\mathrm{d}^n q'^*\\&=\delta(q_1'-q_1'')\delta(q_2'-q_2'')\cdots\delta(q_n'-q_n'')\end{aligned}$$

上式说明 $\overline{U}U$ 在这组坐标基矢下是矩阵元为 δ 函数的对角矩阵. 在这种情况下$\overline{U}U=1$.

其次计算$\langle q_1'^*\;q_2'^*\cdots q_n'^*\,|q_r^*U|q_1'\,q_2'\cdots q_n'\rangle$

$$\begin{aligned}\langle q_1'^*\;q_2'^*\cdots q_n'^*\,|q_r^*U|q_1'\,q_2'\cdots q_n'\rangle&=q_r'^*\langle q_1'^*\;q_2'^*\cdots q_n'^*\,|U|q_1'\,q_2'\cdots q_n'\rangle\\&=q_r'^*\delta(q'^*-q')\end{aligned}$$

再计算$\langle q_1'^*\;q_2'^*\cdots q_n'^*\,|Uq_r|q_1'\,q_2'\cdots q_n'\rangle$

$$\begin{aligned}\langle q_1'^*\;q_2'^*\cdots q_n'^*\,|Uq_r|q_1'\,q_2'\cdots q_n'\rangle&=q_r'\langle q_1'^*\;q_2'^*\cdots q_n'^*\,|U|q_1'\,q_2'\cdots q_n'\rangle\\&=q_r'\delta(q_1'^*-q')\end{aligned}$$

由 δ 函数的性质 $\delta(q'^*-q')$，只有当 $q'^*=q'$时才有值，上面两式的右边相等，故左边也相等，则有

$$q_r^*U=Uq_r$$

这表示 q_r^* 与 q_r 之间是一种相似变换关系

$$q_r^* = Uq_rU^{-1}$$

下面讨论动量算子的有关计算：

$$\langle q_1'^* \ q_2'^* \cdots q_n'^* \ | p_r^* U | q_1' \ q_2' \cdots q_n' \rangle = -i\hbar \frac{\partial}{\partial q_r'^*} \langle q_1'^* \ q_2'^* \cdots q_n'^* \ | U | q_1' \ q_2' \cdots q_n' \rangle$$

$$= -i\hbar \frac{\partial}{\partial q_r'^*} \delta(q'^* - q')$$

$$\langle q_1'^* \ q_2'^* \cdots q_n'^* \ | U p_r | q_1' \ q_2' \cdots q_n' \rangle = i\hbar \frac{\partial}{\partial q_r'} \langle q_1'^* \ q_2'^* \cdots q_n'^* \ | U | q_1' \ q_2' \cdots q_n' \rangle$$

$$= i\hbar \frac{\partial}{\partial q_r'} \delta(q'^* - q')$$

由 δ 函数的性质 $q'^* = q'$，利用 δ 函数的求导法则，可看出上面两式右边相等，则必然左边相等，故有

$$\left.\begin{aligned} p_r^* U &= U p_r \\ p_r^* U &= U p_r U^{-1} \end{aligned}\right\} \quad (r = 1, 2, \cdots, n)$$

p_r^* 与 p_r 之间也是相似变换关系. 至此证明了以下关系：

$$\bar{U}U = 1$$

$$\left.\begin{aligned} q_r^* &= U q_r U^{-1} \\ p_r^* &= U p_r U^{-1} \end{aligned}\right\} \quad (r = 1, 2, \cdots, n)$$

这里的 U 是幺正算子. 在这种变换下量子条件不变. 原坐标中 $p_r = -i\hbar \dfrac{\partial}{\partial q_r}$；在新坐标下 $p_r^* = -i\hbar \dfrac{\partial}{\partial q_r^*}$. 在经典力学中对泊松方括，由原来的正则坐标 q_r 和正则动量 p_r 变到新的正则坐标 q_r^* 和正则动量 p_r^* 时，保持 $[u, v]$ 方括不变，称为切变换(contact transformation). 与此相类比知量子力学中的幺正变换对应于经典力学中的切变换(正则变换). 由幺正算子产生的相似变换简称幺正变换.

5.6 位移算子

当选择一组坐标，研究一个力学体系，假如力学体系经过一个移动 $\bar{\mathrm{d}}$(坐标轴不动)；它等价于力学体系不动，坐标轴向相反方向的移动. 因此，对位移算子可以有两种理解：力学体系动，坐标不动；力学体系不动，坐标动. 对位移算子的研究，能加深对量子条件意义的理解.

(1) 经过位移后，矢量 $|P\rangle$ 变为 $|P_\mathrm{d}\rangle$，即它们之间有一个算子 D，相当于一个 D 算子作用 $|P\rangle$ 而成

$$|P_\mathrm{d}\rangle = D|P\rangle \tag{5.75}$$

可以证明 D 是一个幺正算子. 移动前矢量 $|R\rangle$ 有如下线性关系：

$$|R\rangle = a|A\rangle + b|B\rangle$$

移动后变为

$$|R_\mathrm{d}\rangle = a|A_\mathrm{d}\rangle + b|B_\mathrm{d}\rangle$$

同样存在这种线性关系. 从物理上看，$|R\rangle = a|A\rangle + b|B\rangle$ 意即 $|R\rangle$ 态为 $|A\rangle$ 态与 $|B\rangle$ 态的迭加；

移动后$|R_d\rangle=a|A_d\rangle+b|B_d\rangle$，说明$|R_d\rangle$仍是$|A_d\rangle$态和$|B_d\rangle$态的迭加. 这也可以看作是量子力学的一个基本假定——态的迭加原理在相似变换中保持不变. 因此，位移前有这样的态的迭加关系存在；位移后仍有这样的态的迭加关系存在. 但这要给予严格的证明是困难的，因此可认为是一条假定.

D是线性算子，量子力学讨论的都是线性算子. 因为迭加原理在变换中保持不变，所以

$$\begin{aligned}D|R\rangle&=D(a|A\rangle+b|B\rangle)\\&=aD|A\rangle+bD|B\rangle\\&=a|A_d\rangle+b|B_d\rangle\end{aligned}$$

这种变换是一个线性变换. 因为仅仅是一个位移，所以内积不变. 例如，有二矢量$|P_d\rangle=D|P\rangle$，$|Q_d\rangle=D|Q\rangle$，位移后的内积要等于位移前的内积，故有

$$\langle Q_d|P_d\rangle=\langle Q|\overline{D}D|P\rangle=\langle Q|P\rangle$$

显然$\overline{D}D=1$，说明D是一个幺正算子.

(2) 若矢量进行$|P_d\rangle=D|P\rangle$的变换，则相应的算子进行$V_d=DVD^{-1}$的变换. 这是因为力学量算子V作用到矢量$|P\rangle$上，得到一个新的矢量$|R\rangle$

$$|R\rangle=V|P\rangle$$

位移后力学量算子V_d作用$|P_d\rangle$上也得到一个新的矢量$|P_d\rangle$

$$|R_d\rangle=V_d|P_d\rangle$$

又$|R_d\rangle=D|R\rangle$，所以

$$|R_d\rangle=DV|P\rangle$$

把$|P\rangle=D^{-1}|P_d\rangle$代入上式，得

$$|R_d\rangle=DVD^{-1}|P_d\rangle$$

与$|R_d\rangle=V_d|P_d\rangle$比较，不难看出

$$V_d=DVD^{-1}$$

上式表明矢量位移变换决定了力学量算子的位移变换，反之亦然.

(3) 无穷小位移算子. 幺正算子在无穷小变化可以写成1加上一个无穷小变换$\Delta\mathrm{d}$，即D可记为

$$D=1+\Delta\mathrm{d}$$

式中，Δ为一个小量，d为一个无穷小位移算子. d的定义是

$$\mathrm{d}=\lim_{\Delta\to0}\frac{D-1}{\Delta} \tag{5.76}$$

由$\overline{D}D=1$，得$(1+\Delta\overline{\mathrm{d}})(1+\Delta\mathrm{d})=1$，略去$\Delta^2$，化简为

$$\Delta(\overline{\mathrm{d}}+\mathrm{d})=0$$

即

$$\overline{\mathrm{d}}=-\mathrm{d}$$

说明d是一纯虚算子. 这样V_d为

$$V_d=DVD^{-1}=(1+\Delta\mathrm{d})V(1-\Delta\mathrm{d})=V+\Delta(\mathrm{d}V-V\mathrm{d})$$

下面讨论一个特殊情况，沿坐标轴x移动一个$\Delta=\delta x$，并$\mathrm{d}=\mathrm{d}_x$，则

$$V_d=V+\delta x(\mathrm{d}_xV-V\mathrm{d}_x)$$

$$V_d-V=\delta x(\mathrm{d}_xV-V\mathrm{d}_x) \tag{5.77}$$

位移后的坐标

$$x=x-\delta x \qquad y=y \qquad z=z$$

当 V 是 x 时，V_{d} 就是 $x-\delta x$

$$V_{\mathrm{d}}-V=(x-\delta x)-x=\delta x(\mathrm{d}_x x-x\mathrm{d}_x)$$

当 V 是 y 时，V_{d} 就是 y

$$y-y=\delta x(\mathrm{d}_x y-y\mathrm{d}_x)$$

当 V 是 z 时，V_{d} 就是 z

$$z-z=\delta x(\mathrm{d}_x z-z\mathrm{d}_x)$$

由这三式，依次得到

$$\mathrm{d}_x x-x\mathrm{d}_x=-1 \qquad \mathrm{d}_x y-y\mathrm{d}_x=0 \qquad \mathrm{d}_x z-z\mathrm{d}_x=0 \tag{5.78}$$

或

$$x\mathrm{d}_x-\mathrm{d}_x x=1 \qquad y\mathrm{d}_x-\mathrm{d}_x y=0 \qquad z\mathrm{d}_x-\mathrm{d}_x z=0$$

将其分别与量子条件

$$xp_x-p_x x=i\hbar \qquad yp_x-p_x y=0 \qquad zp_x-p_x z=0$$

相比较，得

$$p_x=i\hbar\mathrm{d}_x$$

同样使位移发生在 y 轴，z 轴时有

$$p_y=i\hbar\mathrm{d}_y \qquad p_z=i\hbar\mathrm{d}_z \tag{5.79}$$

显而易见位移算子同体系的动量算子相联系. 已知

$$p_x=-i\hbar\frac{\partial}{\partial x} \qquad p_y=-i\hbar\frac{\partial}{\partial y} \qquad p_z=-i\hbar\frac{\partial}{\partial z}$$

因此，位移算子为

$$\mathrm{d}_x=-\frac{\partial}{\partial x} \qquad \mathrm{d}_y=-\frac{\partial}{\partial y} \qquad \mathrm{d}_z=-\frac{\partial}{\partial z} \tag{5.80}$$

此外，可以对 $\mathrm{d}_x=-\frac{\partial}{\partial x}$ 等作如下说明. 设 d_x 作用到一个函数 $f(x\ y\ z)$ 上

$$\begin{aligned}\mathrm{d}_x f(x,y,z)&=\lim_{\delta x\to 0}\frac{D-1}{\delta x}f(x,y,z)\\&=\lim_{\delta x\to 0}\frac{Df(x,y,z)-f(x,y,z)}{\delta x}\\&=\lim_{\delta x\to 0}\frac{f(x-\delta x,y,z)-f(x,y,z)}{\delta x}\\&=-\frac{\partial f(x,y,z)}{\partial x}\end{aligned}$$

上面推导最后一步用了泰勒展开. 因此

$$\mathrm{d}_x=-\frac{\partial}{\partial x}$$

这清楚地表明动量算子同位移算子的联系. 在经典力学中的动量守恒即是位移守恒，也是位移前后体系内部的相互作用没有变化.

本章的重点是坐标表象和动量表象，必须把握住二者的关系. 本章是第 4 章中表象理论的具体应用. 在表象理论中基矢量可以任意选，而本章中基矢量的选择仅限于动量或坐标. 本章及第 4 章所讲授的内容都未涉及时间变量，仅探讨了在某一固定时刻的矢量关系. 实际上，矢

量是时间的函数. 力学体系亦即体系的态是在起变化的. 体系的态随时间的变化关系将是第 6 章所要讨论的内容.

习　题

1. 计算下列泊松方括:

$$\left[\boldsymbol{r},\frac{\boldsymbol{P}^2}{2m}\right],\qquad \left[\frac{\boldsymbol{r}}{r},\boldsymbol{P}\right],\qquad [\boldsymbol{r},\boldsymbol{L}],\qquad [\boldsymbol{P},\boldsymbol{L}]$$

其中 $\boldsymbol{r},\boldsymbol{P},\boldsymbol{L}$ 分别为坐标,动量,角动量算符.

2. 证明下列等式成立:

$$[L_x,L_y]=L_z\qquad [L_y,L_z]=L_x\qquad [L_z,L_x]=L_y\qquad [\boldsymbol{L},L^2]=0$$

3. 推证下列关系式成立:

$$\frac{\mathrm{d}}{\mathrm{d}q}q-q\frac{\mathrm{d}}{\mathrm{d}q}=1$$

4. 在动量表象中,一维粒子的波函数为

$$\psi(P)=\frac{\xi}{\sqrt{\hbar}}\exp\left[\frac{i}{\hbar}x_0(P_0-P)-\frac{1}{2}\frac{\xi^2}{\hbar^2}(P-P_0)^2\right]$$

其中 ξ 为常数,求该波函数在坐标表象中的表达式.

5. 中心力场哈密顿为

$$H=\frac{1}{2m}(p_x^2+p_y^2+p_z^2)+V(r)$$

证明:

$$[H,L_x]=0\qquad [H,L_y]=0\qquad [H,L_z]=0$$

6. 若算子 e^A 满足

$$\mathrm{e}^A=1+A+\frac{A^2}{2!}+\cdots+\frac{A^n}{n!}+\cdots$$

求证:

(1) $\mathrm{e}^A B\mathrm{e}^{-A}=B+[A,B]\_+\frac{1}{2!}[A,[A,B]\_]\_+\cdots$

(2) 若 $[A,B]\_=rB$,则有 $\mathrm{e}^A B\mathrm{e}^{-A}=\mathrm{e}^r B$,其中 $[A,B]\_=AB-BA$.

7. 求在动量表象中角动量 L_x 的矩阵元和 L_x^2 的矩阵元.

8. 求在动量表象中线性谐振子哈密顿量的矩阵元.

9. 设粒子在周期场 $V(x)=V_0\cos bx$ 中运动,试写出它在动量表象中的薛定谔方程.

10. 设粒子在周期场 $V(x)=V(x+b)$ 中运动,试写出它在动量表象中的薛定谔方程.

11. 证明:

(1) $\langle q''|p|q'\rangle=i\hbar\frac{\partial}{\partial q'}\delta(q'-q'')=-i\hbar\frac{\partial}{\partial q''}\delta(q'-q'')$

(2) $\langle p''|q|p'\rangle=-i\hbar\frac{\partial}{\partial p'}\delta(p'-p'')=i\hbar\frac{\partial}{\partial p''}\delta(p'-p'')$

并由(1),(2)的结果出发,得到:在坐标表象中,$p=-i\hbar\frac{\partial}{\partial q}$;在动量表象中,$q=i\hbar\frac{\partial}{\partial p}$.

12. 如果体系的哈密顿算符不显含时间 t,求证:

(1) $\sum_n (E_n-E_m)\,|\,x_{nm}\,|^2=\frac{\hbar^2}{2\mu}$

(2) $\sum_m E_{nm}[\langle n\mid x\mid m\rangle\langle m\mid y\mid n\rangle+\langle n\mid y\mid m\rangle\langle m\mid x\mid n\rangle]=0$

(3) 对分立谱的状态,动量平均值为零.

第6章 运动方程

在第4章和第5章，我们建立了指定某一时刻的态与力学量之间关系的数学方案，没有涉及态和力学量是怎样随时间变化的. 为了得到量子力学的完整理论，必须研究态和力学量随时间的变化.

我们知道，描述体系状态的矢量和代表力学量的算子都不能直接测量，而只有根据它们之间的固定关系，如求平均值(特殊情况求本征值)，得到的力学量的平均值(特殊情况是本征值)才是物理上的测量值. 运动方程应该反映这种测量值在这一时刻和另一时刻的因果联系. 这样，就出现了两种数学方案：一种是把测量值的变化归之于态随时间的变化，而让力学量保持固定，这就是薛定谔图像；另一种是归之于力学量的变化，而让态保持固定，这就是海森堡图像. 还有介于这两种图像之间的，称为相互作用图像，这里不予讨论.

6.1 薛定谔图像

让态$|P\rangle$随时间变化，力学量保持固定. 设在t_0和t时刻的态分别为$|Pt_0\rangle$和$|Pt\rangle$，量子力学的基本假定态的迭加关系在运动中保持不变.

若在时间t_0，有

$$|Pt_0\rangle = C_1|At_0\rangle + C_2|Bt_0\rangle$$

则在时间t，也有

$$|Pt\rangle = C_1|At\rangle + C_2|Bt\rangle$$

由此得到，由$|Pt_0\rangle$到$|Pt\rangle$的变换是线性变换. 令此线性算子为$T(t)$，可表示为

$$|Pt\rangle = T|Pt_0\rangle \tag{6.1}$$

设T保持矢量长度不变，即

$$\langle Qt|Pt\rangle = \langle Qt_0|\overline{T}T|Pt_0\rangle = \langle Qt_0|Pt_0\rangle$$

得到

$$\overline{T}T = 1 \tag{6.2}$$

说明T是幺正算子. 矢量由$|Pt_0\rangle$到$|Pt\rangle$的变换为幺正变换. 过渡到无穷小的情况，令$t\to t_0$，并从物理连续性上假定存在如下极限：

$$\lim_{t\to t_0}\frac{|Pt\rangle - |Pt_0\rangle}{t\to t_0}$$

上式就是$\dfrac{\mathrm{d}|Pt_0\rangle}{\mathrm{d}t_0}$. 根据式(6.1)，有

$$\frac{\mathrm{d}|Pt_0\rangle}{\mathrm{d}t_0} = \left[\lim_{t\to t_0}\frac{T-1}{t-t_0}\right]|Pt_0\rangle$$

类似于无穷小位移算子式(5.76)，括号内的极限值也是一个纯虚线性算子，相当无穷小时移算子. 假定：

$$i\hbar\frac{\mathrm{d}|Pt_0\rangle}{\mathrm{d}t_0} = i\hbar\left[\lim_{t\to t_0}\frac{T-1}{t-t_0}\right]|Pt_0\rangle$$

$$=H(t_0)|Pt_0\rangle \tag{6.3}$$

$H(t_0)$是 t_0 的函数，为体系的哈密顿算子，即相当于假定：

$$i\hbar\left[\lim_{t\to t_0}\frac{T-1}{t-t_0}\right]=H(t_0) \tag{6.4}$$

便得到态$|Pt\rangle$随时间变化的运动方程

$$i\hbar\frac{\mathrm{d}}{\mathrm{d}t}|Pt\rangle=H|Pt\rangle \tag{6.5}$$

式(6.4)的假定是合理的，理由有二：

(1) 与经典力学类比有 $P_x=i\hbar d_x,P_y=i\hbar d_y,P_z=i\hbar d_z$，这点在6.2节中讨论.

(2) 从相对论角度看，由 x,y,z,t 组成一个四维空间，相应的动量(P_x,P_y,P_z)和能量(H)组成四维空间的向量. 既然无穷小位移算子和动量相联系，那么无穷小时移算子应该和能量相联系.

式(6.5)的实际意义往往要与一个具体表象联系起来. 一般来说，选择完全对易算子 ξ_1，$\xi_2,\cdots,\xi_n$ 的共同本征矢$|\xi_1'\xi_2'\cdots\xi_n'\rangle\equiv|\xi\rangle$为基矢，利用推广的符号，有

$$Pt\rangle=\psi(\xi t)\rangle$$

运动方程式(6.5)变成

$$i\hbar\frac{\partial\psi(\xi t)}{\partial t}=H\psi(\xi t) \tag{6.6}$$

式(6.6)就是薛定谔波动方程，其解 $\psi(\xi t)$就是与时间有关的波函数. 下面分ξ取坐标q 和动量 p 两种具体表象分别讨论.

1. 坐标表象

选择坐标 $q_1,q_2,\cdots,q_n$ 为对易算子的完全集，$|q_1'q_2'\cdots q_n'\rangle$为基矢，由式(5.47)知

$$p_r=-i\hbar\frac{\partial}{\partial q_r}$$

式(6.6)化为

$$i\hbar\frac{\partial\psi(q_r t)}{\partial t}=H\left(q_r,-i\hbar\frac{\partial}{\partial q_r},t\right)\psi(q_r t) \tag{6.7}$$

这就是薛定谔方程在坐标表象的形式.

2. 动量表象

选择完全对易的算子 $p_1,p_2,\cdots,p_n$ 的共同本征矢$|p_1'p_2'\cdots p_n'\rangle$为基矢，由式(5.47)知

$$q_r=i\hbar\frac{\partial}{\partial p_r}$$

式(6.6)化为

$$i\hbar\frac{\partial\varphi(p_r t)}{\partial t}=H\left(i\hbar\frac{\partial}{\partial p_r},p_r,t\right)\varphi(p_r t) \tag{6.8}$$

这就是薛定谔方程在动量表象的形式.

3. *T* 的表达式

把$|Pt\rangle=T|Pt_0\rangle$代入运动方程式(6.5)得

$$i\hbar\frac{\mathrm{d}T}{\mathrm{d}t}|Pt_0\rangle=HT|Pt_0\rangle$$

因为$|Pt_0\rangle$是任意右矢，有

$$i\hbar\frac{\mathrm{d}T}{\mathrm{d}t}=HT \tag{6.9}$$

这就是时移算子 T 所满足的方程. 如果体系哈密顿 H 不显含时间 t，则式(6.9)可直接积分，得

$$\frac{1}{T}\frac{\mathrm{d}T}{\mathrm{d}t}=-\frac{i}{\hbar}H$$

$$T=\mathrm{e}^{-\frac{i}{\hbar}H(t-t_0)} \tag{6.10}$$

它满足初始条件

$$T(t_0)=1$$

这样由始态$|Pt_0\rangle$可求得 t 时刻态$|Pt\rangle$

$$|Pt\rangle=\mathrm{e}^{-\frac{i}{\hbar}H(t-t_0)}|Pt_0\rangle$$

所以式(6.9)和薛定谔方程相当. 从相对论看把时移算子 T 假定为体系能量 H 是合理的，经受了实验的检验.

6.2 海森堡图像

让态不随时间变化，而力学量随时间变化，用 T^{-1}算子来实现把运动的态变成静止的：

$$T^{-1}|Pt\rangle=|Pt_0\rangle \tag{6.11}$$

随之力学量算子 V 变换为

$$V_t=T^{-1}V(T^{-1})^{-1}=T^{-1}VT$$

或者

$$TV_t=VT \tag{6.12}$$

当 V 不显含 t，将式(6.12)对时间微商，得

$$T\frac{\mathrm{d}V_t}{\mathrm{d}t}+\frac{\mathrm{d}T}{\mathrm{d}t}V_t=V\frac{\mathrm{d}T}{\mathrm{d}t}$$

两边乘以 $i\hbar$，并利用式(6.9)，得

$$i\hbar T\frac{\mathrm{d}V_t}{\mathrm{d}t}+HTV_t=VHT$$

用 T^{-1}左乘上式，插入单位算子 TT^{-1}，得

$$i\hbar\frac{\mathrm{d}V_t}{\mathrm{d}t}=T^{-1}VTT^{-1}HT-T^{-1}HTV_t$$

由于 $T^{-1}VT=V_t$，　$T^{-1}HT=H_t$，上式化为

$$\frac{\mathrm{d}V_t}{\mathrm{d}t}=\frac{1}{i\hbar}[V_tH_t-H_tV_t]=[V_t,H_t] \tag{6.13}$$

这就是海森堡图像中的运动方程. 在海森堡图像中，力学量随时间的变化等于它和 H_t 的量子泊松方括，这和经典力学非常相似. 在经典力学中，任意不显含 t 的力学量 F 的运动方程为

$$\frac{\mathrm{d}F}{\mathrm{d}t}=\sum_{r}\left(\frac{\partial F}{\partial q_r}\frac{\mathrm{d}q_r}{\mathrm{d}t}+\frac{\partial F}{\partial p_r}\frac{\mathrm{d}p_r}{\mathrm{d}t}\right)$$

由哈密顿正则方程知

$$\frac{\mathrm{d}q_r}{\mathrm{d}t}=\frac{\partial H}{\partial p_r}\qquad \frac{\mathrm{d}p_r}{\mathrm{d}t}=-\frac{\partial H}{\partial q_r}$$

上式变为

$$\frac{\mathrm{d}F}{\mathrm{d}t}=\sum_{r}\left(\frac{\partial F}{\partial q_r}\frac{\partial H}{\partial p_r}-\frac{\partial F}{\partial p_r}\frac{\partial H}{\partial q_r}\right)=[F,H]$$

上式和式(6.13)形式一样,可见海森堡图像更接近经典力学. 一般把薛定谔图像称为波动力学,海森堡图像称为矩阵力学. 在解决实际问题时,运用薛定谔方程更方便;但海森堡图像提供了清晰的经典力学类比形式. 由这点也说明无穷小时移算子等于$\frac{1}{i\hbar}H$ 的合理性.

由式(6.13)看到,当

$$[V_t,H_t]=0 \tag{6.14}$$

若 V 不明显含有 t,有

$$\frac{\mathrm{d}V_t}{\mathrm{d}t}=0$$

说明 V 不随时间变化,V 是守恒量. 当

$$V_tH_t-H_tV_t=0$$

亦即

$$VH-HV=0 \tag{6.15}$$

式(6.14)得到满足. 式(6.15)说明当一个力学量和 H 对易,该力学量守恒. 当没有外力场时,力学体系的总能量、总动量和总角动量守恒,这可由式(6.15)推得. 若 V 明显含有 t,式(6.12)两边对 t 微分得

$$\frac{\mathrm{d}T}{\mathrm{d}t}V_t+T\frac{\mathrm{d}V_t}{\mathrm{d}t}=\frac{\partial V}{\partial t}T+V\frac{\mathrm{d}T}{\mathrm{d}t}$$

上式乘以 $i\hbar$,再利用式(6.9),得

$$HTV_t+i\hbar T\frac{\mathrm{d}V_t}{\mathrm{d}t}=i\hbar\frac{\partial V}{\partial t}T+VHT$$

上式左乘 T^{-1},并利用 $T^{-1}VT=V_t$,$T^{-1}HT=H_t$,得

$$\frac{\mathrm{d}V_t}{\mathrm{d}t}=[V_t,H_t]+\left(\frac{\partial V}{\partial t}\right)_t \tag{6.16}$$

式中,$\left(\frac{\partial V}{\partial t}\right)_t=T^{-1}\frac{\partial V}{\partial t}T$. 式(6.16)$V$ 是显含 t 的力学量的运动方程.

两种图像是对同一客观规律的两种看法:态变,力学量不变或者力学量变,态不变. 这和经典力学中坐标动,体系不动或者体系动,坐标不动,也有两种看法一样. 到目前为止,有必要对我们建立的理论体系所用的基本假定进行小结,这些假定是:

(1) 态用矢量表示,只与矢量方向有关.

(2) 力学量用自共轭算子表示.

(3) 可观察力学量的本征矢组成完全集合.

(4) 力学量的测定值只能是它的本征值.

(5) 态是某力学量的本征态,测该力学量得确定值.态不是本征态,测量会引起跃迁,跃迁概率等于该态向本征态的展开系数的绝对值的平方.

(6) 量子条件的基本假定.

(7) 态迭加原理在体系运动中始终保持不变.

(8) 无穷小时移算子等于$\frac{1}{i\hbar}H$.

以上假定是建立我们的理论体系所必需的.它们的正确性要由各种情况下理论结果和实验数据相比较来检验,基本假定需要多少条,哪些是假定,哪些是推论,看法也不统一,这里只是一种看法.

6.3 定　　态

体系能量有确定值的态称为定态.显然,定态是能量的本征态.现在,由两种图像来研究定态.

1. 薛定谔图像

当 H 不含 t,T 算子由式(6.10)给出:

$$T=\mathrm{e}^{-iH(t-t_0)/\hbar}\qquad T(t_0)=1$$

因此

$$|Pt\rangle=\mathrm{e}^{-iH(t-t_0)/\hbar}|Pt_0\rangle \tag{6.17}$$

这个式子很简明,然而用起来并不方便,因为 H 是算子.只有当$|Pt_0\rangle$是 H 的本征矢量时,式(6.17)才容易计算.设 H 的本征值 H'的简并度是 n,找一组完全对易的力学量算子 $H,\xi_1,\xi_2,\cdots,\xi_n$ 的共同本征矢$|\alpha' t_0\rangle$作基矢,则有

$$H|\alpha' t_0\rangle=H'|\alpha' t_0\rangle$$
$$\xi_r|\alpha' t_0\rangle=\xi_r'|\alpha' t_0\rangle$$

这样选择的基矢避免了简并.现在来研究这组共同的本征矢如何随时间变化.由式(6.17),有

$$|\alpha' t\rangle=T|\alpha' t_0\rangle=\mathrm{e}^{-iH(t-t_0)/\hbar}|\alpha' t_0\rangle$$

将 $\mathrm{e}^{-iH(t-t_0)/\hbar}$展开成 H 的无穷级数,作用到$|\alpha' t_0\rangle$上,由式(4.37),得

$$|\alpha' t\rangle=\mathrm{e}^{-iH'(t-t_0)/\hbar}|\alpha' t_0\rangle \tag{6.18}$$

它显然是 H 的本征态,即

$$\begin{aligned}H|\alpha' t\rangle&=\mathrm{e}^{-iH'(t-t_0)/\hbar}H|\alpha' t_0\rangle\\&=H'\mathrm{e}^{-iH'(t-t_0)/\hbar}|\alpha' t_0\rangle=H'|\alpha' t\rangle\end{aligned} \tag{6.19}$$

式(6.19)表明如果体系的态在起始时刻是能量的本征态,对应本征值是 H',则始终是能量的本征态,本征值是 H'.这是定态的最显著的特点.其实,由式(6.18)看出,$|\alpha' t\rangle$和$|\alpha' t_0\rangle$只差一个相因子 $\mathrm{e}^{-iH'(t-t_0)/\hbar}$,都表示同一个态.

任意力学量 V 的平均值:

$$\langle\alpha' t|V|\alpha' t\rangle=\langle\alpha' t_0|\mathrm{e}^{iH'(t-t_0)/\hbar}V\mathrm{e}^{-iH'(t-t_0)/\hbar}|\alpha' t_0\rangle=\langle\alpha' t_0|V|\alpha' t_0\rangle \tag{6.20}$$

式(6.20)表明平均值不随时间变化.这是定态的另一个特点.力学量 V 在 t 时刻的非对角矩阵元为

$$\langle \alpha' t | V | \alpha'' t \rangle = e^{i(H'-H'')(t-t_0)/\hbar} \langle \alpha' t_0 | V | \alpha'' t_0 \rangle \tag{6.21}$$

随时间的变化的形式是简谐振动的，比较简单. 当 $\alpha''=\alpha'$ 时，对角矩阵元的结果是式(6.20).

2. 海森堡图像

在海森堡图像中，态矢量永远是薛定谔图像中在初始时刻 t_0 的态矢量 $|\alpha' t_0\rangle$，力学量的形式为

$$V_t = e^{\frac{iH(t-t_0)}{\hbar}} V e^{-i\frac{H(t-t_0)}{\hbar}}$$

假定 $|\alpha' t_0\rangle = |\alpha'\rangle$ 仍然是一组互相对易算子 $H, \xi_1, \xi_2, \cdots, \xi_n$ 的共同本征矢，则 V_t 的矩阵元为

$$\langle \alpha' | e^{iH(t-t_0)/\hbar} V e^{-iH(t-t_0)/\hbar} | \alpha'' \rangle = e^{-i(H'-H'')(t-t_0)/\hbar} \langle \alpha' | V | \alpha'' \rangle \tag{6.22}$$

与式(6.21)的结果完全相同，说明两种图像反映着同样的客观运动规律，只是看法不同.

式(6.22)给出了矩阵元随时间周期性的变化，其频率为

$$\nu = |H'-H''|/2\pi\hbar = |H'-H''|/h \tag{6.23}$$

$$H'-H'' = h\nu$$

上式称为玻恩的频率条件. 它只取决于这个矩阵元所关联的两个定态的能量差，反映了光谱学的组合定律和玻恩的频率条件. 按此条件，当系统受辐射影响在两个定态 α' 与 α'' 之间跃迁时，放出或吸收的电磁辐射的频率就是式(6.23)，H 的本征值就是玻尔能级. 这个问题将在第8章讨论. 当初海森堡就是抓住这一关键问题着手建立他的矩阵力学. 力学量用矩阵表示，非对角元代表两个不同的能级，反映出频率条件.

6.4 自由粒子

一个不受任何作用的粒子所组成的体系，其哈密顿等于粒子的动能，相对论的形式是

$$H = c(m^2c^2 + p_x^2 + p_y^2 + p_z^2)^{1/2} \tag{6.24}$$

当粒子的速度远小于光速 c，式(6.24)变为

$$H = mc^2\left(1 + \frac{p_x^2+p_y^2+p_z^2}{m^2c^2}\right)^{1/2} \approx mc^2 + \frac{1}{2m}(p_x^2+p_y^2+p_z^2)$$

上式常数项 mc^2 是相对论中的静止能量，对运动没有影响，重新选取能量零点后可消去它，这样上式变为

$$H = \frac{1}{2m}(p_x^2+p_y^2+p_z^2) \tag{6.25}$$

这是在牛顿力学中熟知的动能表达式，也就是低速运动的自由粒子的哈密顿. 对于光子，$m=0$，由式(6.24)得

$$H = c(p_x^2+p_y^2+p_z^2)^{1/2} = cp \tag{6.26}$$

$$p = \frac{H}{c} = \frac{h\nu}{c} = \frac{h}{\lambda}$$

式(6.24)是哈密顿普遍的形式.

1. 海森堡图像

若体系哈密顿 H 不显含 t，$T=e^{-iH(t-t_0)/\hbar}$，由式(6.12)，得到在海森堡图像中哈密顿的形式为

$$H_t=T^{-1}HT=e^{iH(t-t_0)/\hbar}He^{-iH(t-t_0)/\hbar}=H$$

上式说明 H 不随时间变化，它是守恒量. 动量的三个分量也都是守恒量，$p_{xt}=p_x$，$p_{yt}=p_y$，$p_{zt}=p_z$. 由运动方程容易看出这点：

$$\left.\begin{aligned}&\frac{dH_t}{dt}=[H_t,H_t]=0\\&\frac{dp_{xt}}{dt}=[p_{xt},H_t]=[p_x,H]=0\\&\frac{dp_{yt}}{dt}=[p_{yt},H_t]=[p_y,H]=0\\&\frac{dp_{zt}}{dt}=[p_{zt},H_t]=[p_z,H]=0\end{aligned}\right\}\tag{6.27}$$

而坐标并非守恒量：

$$x_t=T^{-1}xT=e^{iH(t-t_0)/\hbar}xe^{-iH(t-t_0)/\hbar}$$
$$y_t=e^{iH(t-t_0)/\hbar}ye^{-iH(t-t_0)/\hbar}$$
$$z_t=e^{iH(t-t_0)/\hbar}ze^{-iH(t-t_0)/\hbar}$$

由于 x,y,z 和 $H(p)$ 是不对易的，因此自由粒子坐标是不守恒的，自由粒子的运动方程：

$$\frac{dx_t}{dt}=[x_t,H_t]=[x_t,H]$$

由量子泊松方括的式(5.23)，上式为

$$\frac{dx_t}{dt}=[x_t,H]=\frac{\partial H}{\partial p_x}=\frac{cp_x}{(m^2c^2+p_x^2+p_y^2+p_z^2)^{1/2}}=\frac{c^2p_x}{H}$$

总之，三个分量为

$$\frac{dx_t}{dt}=\frac{c^2p_x}{H}\qquad\frac{dy_t}{dt}=\frac{c^2p_y}{H}\qquad\frac{dz_t}{dt}=\frac{c^2p_z}{H}\tag{6.28}$$

这些和经典的结果都相同. 粒子的速度

$$v=\left[\left(\frac{dx_t}{dt}\right)^2+\left(\frac{dy_t}{dt}\right)^2+\left(\frac{dz_t}{dt}\right)^2\right]^{1/2}=\frac{c^2p}{H}\tag{6.29}$$

如果

$$(p_x^2+p_y^2+p_z^2)\ll mc^2$$
$$v=\frac{c^2p}{H}\approx\frac{c^2p}{mc^2}=\frac{p}{m}$$

这是牛顿力学的结果. 对光子，$m=0$

$$v=\frac{c^2p}{H}=\frac{c^2p}{cp}=c$$

2. 薛定谔图像

对于自由粒子，动量的本征矢量也必然是能量的本征矢量. 在薛定谔表象(坐标表象)中，

解动量算子的本征方程

$$-i\hbar\nabla\psi(x,y,z,t)=\boldsymbol{p}'\psi(x,y,z,t) \tag{6.30}$$

它可以写成分量形式：

$$-i\hbar\frac{\partial\psi}{\partial x}=p_x'\psi \quad -i\hbar\frac{\partial\psi}{\partial y}=p_y'\psi \quad -i\hbar\frac{\partial\psi}{\partial z}=p_z'\psi$$

解得

$$\psi(x,y,z,t)=a(t)\mathrm{e}^{i(p_x' x+p_y' y+p_z' z)/\hbar}$$

由式(6.18)能确定 $a(t)$ 的形式：

$$\begin{aligned}\psi(x,y,z,t)&=T\psi(x,y,z,0)\\&=\mathrm{e}^{-iHt/\hbar}a(0)\mathrm{e}^{i(p_x' x+p_y' y+p_z' z)/\hbar}\\&=a(0)\mathrm{e}^{i(p_x' x+p_y' y+p_z' z-H't)/\hbar}\end{aligned} \tag{6.31}$$

$$H'=c(m^2c^2+p_x'^2+p_y'^2+p_z'^2)^{1/2}$$

设 p 与 x,y,z 轴夹角分别是 α,β,γ(图 6.1)，即

$$p_x'=p'\cos\alpha \qquad p_y'=p'\cos\beta \qquad p_z'=p'\cos\gamma$$

则式(6.31)变为

$$\psi(x,y,z,t)=a_0\mathrm{e}^{i(p'x\cos\alpha+p'y\cos\beta+p'z\cos\gamma-H't)/\hbar} \tag{6.32}$$

一个在 n 方向(方向余弦为 $\cos\alpha,\cos\beta,\cos\gamma$)前进的具有空间周期性和时间周期性的平面波的形式是

$$\exp\left[i2\pi\left(\frac{x\cos\alpha+y\cos\beta+z\cos\gamma}{\lambda}-\nu t\right)\right]$$

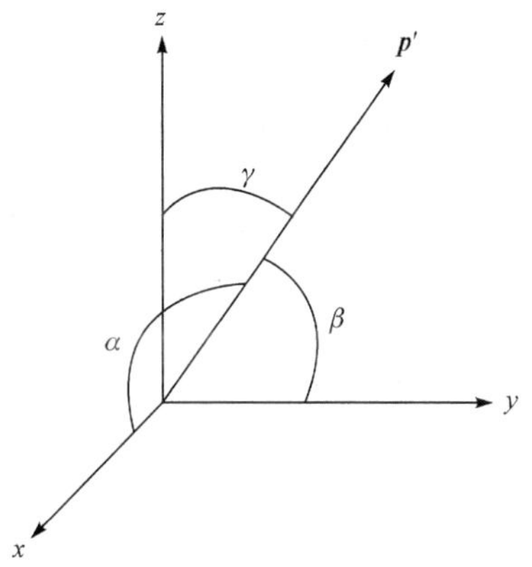

图 6.1

将上式与式(6.32)比较，得

$$\frac{H'}{\hbar}=2\pi\nu \qquad H'=h\nu$$

$$\frac{p'}{\hbar}=\frac{2\pi}{\lambda} \qquad p'=\frac{h}{\lambda} \tag{6.33}$$

这就是德布罗意关系式，在式(1.2)中已给出.所有的粒子都要满足这两个方程，这正是反映了粒子的二象性.式(6.31)表示的波函数也是德布罗意波.该式表示的态，粒子的动量 $\boldsymbol{p}$ 有确定值 $\boldsymbol{p}'$，由测不准关系知道，这时粒子的坐标完全不确定，这是测不准关系的极限，是一种理想情况.实际上，粒子的动量也有个不确定的范围.

$$p_x'\pm\Delta p_x' \qquad p_y'\pm\Delta p_y' \qquad p_z'\pm\Delta p_z'$$

这时，粒子在空间出现的概率 $|\psi|^2$ 就不再是常数[在式(6.31)表示的状态，$|\psi|^2=|a_0|^2$ 是常数]，而是在空间的某处应该有极大值.这样，表示自由粒子的实际波函数不再是一个单色的平面波，而是一些波长和传播方向相近的平面波的迭加——波包.波包中心移动的速度——群速即为粒子运动速度，即

$$v'=\frac{\mathrm{d}\nu}{\mathrm{d}\left(\frac{1}{\lambda}\right)}=\frac{\mathrm{d}H'}{\mathrm{d}p'}=\frac{c^2p'}{H'} \tag{6.34}$$

当粒子的质量为零，粒子运动速度

$$v'=\frac{c^2p'}{H'}=c \tag{6.35}$$

这就是光子的运动.在此情况下,德布罗意关系式仍成立.

作为练习,下面来证明式(6.34).对于一维情况,波包的函数形式是

$$\psi(x,t)=\int_{k_0-\Delta k}^{k_0+\Delta k}C(k)e^{i(kx-\omega t)}dk \tag{6.36}$$

式中,$k_0=\frac{p_0}{h}=\frac{2\pi}{\lambda_0}$为波数,波包的波数都在 k_0 附近(假定 Δk 很小).$e^{i(kx-\omega t)}$,就是式(6.31)所表示的德布罗意波,其相位为

$$\alpha=kx-\omega t$$

等相面由方程为

$$kx-\omega t=常数$$

将上式对时间求微商,得到波的相速度

$$u=\frac{\omega}{k} \tag{6.37}$$

由式(6.37)看出德布罗意波的相速度与 k 有关,因此也与波长 $\lambda\left(\lambda=\frac{2\pi}{k}\right)$有关.这说明,即使在真空中,德布罗意波也存在着色散.而且由关系式(6.33)容易看出

$$u=\frac{\omega}{k}=\frac{H'}{p'}=\frac{c(m^2c^2+p'^2)^{1/2}}{p'}$$

当 $m^2c^2\gg p'^2$,有

$$u\approx\frac{mc^2}{p'}=\frac{c^2}{v}\gg c$$

说明在粒子运动速度远小于光速时,德布罗意波的相速度远大于光速.在积分式(6.35)中,由于 Δk 很小,将频率 ω 按 $k-k_0$ 的幂级数展开

$$\omega=\omega_0+\left(\frac{d\omega}{dk}\right)_0(k-k_0)+\cdots$$

$$k=k_0+(k-k_0)$$

把$(k-k_0)$作为新的积分变数 ξ,并把 $C(k)$认为是 k 的慢慢变化的函数,求得 $\psi(x,t)$可以表为下列形式:

$$\psi(x,t)=C(k_0)e^{i(k_0x-\omega_0t)}\int_{-\Delta k}^{\Delta k}e^{i\left[x-\left(\frac{d\omega}{dk}\right)_0t\right]\xi}d\xi$$

对 ξ 计算此简单积分,得

$$\psi(x,t)=2C(k_0)\frac{\sin\left\{\left[x-\left(\frac{d\omega}{dk}\right)_0t\right]\Delta k\right\}}{\left[x-\left(\frac{d\omega}{dk}\right)_0t\right]}e^{i(k_0x-\omega_0t)}=C(x,t)e^{i(k_0x-\omega_0t)} \tag{6.38}$$

由于在正弦号下有小量 Δk,值 $C(x,t)$是时间 t 和坐标 x 的慢慢变化的函数,所以 $C(x,t)$可认为是单色波的振幅,而$(k_0x-\omega_0t)$为它的周相,把 $C(x,t)$的极大位置 x 称为波包的中心,容易求得

$$x=\left(\frac{d\omega}{dk}\right)_0t$$

由此可见波包中心移动速度 v' 为

$$v'=\left(\frac{d\omega}{dk}\right)_0=\left(\frac{dv}{d\frac{1}{\lambda}}\right)_0$$

这个速度称为群速度. 它不等于相速度. 为了看出群速 v'就是自由粒子运动速度 v,讨论 $m^2c^2\gg p'^2$的情况,这时

$$H'=\frac{p'^2}{2m}$$

$$\omega=\frac{H'}{h}=\frac{p'^2}{2mh}=\frac{(hk)^2}{2mh}=\frac{hk^2}{2m}$$

$$v'=\frac{d\omega}{dk}=\frac{hk}{m}=\frac{p}{m}=\frac{mv}{m}=v$$

这样,波包的群速度与自由粒子的运动速度 v 相等,式(6.34)得证.

6.5 波包的运动

6.4 节讨论了自由粒子的状态要用一个波包来描述,波包中心的运动代表了粒子的运动. 其实,凡是有经典类比的力学体系,如果一个态的经典描述近似地成立,则在量子力学中,这个态就要由一个波包代表,所有坐标与动量都有近似的数值,其精确度为海森堡测不准原理所决定. 一般来说,设体系有 n 个自由度,正则坐标和正则动量为

$$q_1,q_2,\cdots,q_n$$
$$p_1,p_2,\cdots,p_n$$

它的经典哈密顿为 $H_C(q_r,p_r)$,量子哈密顿量为 $H(q_r,p_r)$,p_r 用算子$-i\hbar\frac{\partial}{\partial q_r}$代替. 波包的一般形式是

$$\psi(q,t)=A\mathrm{e}^{iS/\hbar} \tag{6.39}$$

式中,A 为振幅,S 为相位. A 和 S 为 q 和 t 的实函数. 薛定谔方程规定了波包的运动方程

$$i\hbar\frac{\partial}{\partial t}A\,\mathrm{e}^{iS/\hbar}\rangle=H(q_r,p_r)A\,\mathrm{e}^{iS/\hbar}\rangle \tag{6.40}$$

下面证明,在极限情况下 S,A 服从经典运动方程,并且可以从量子运动方程式(6.40)推导出来. 为此,先回顾一下经典的哈密顿-雅各比(Jacobi)方程.

n 个自由度的体系,哈密顿正则方程为

$$\dot{q}_S=\frac{\partial H_C}{\partial p_S}\qquad \dot{p}_S=-\frac{\partial H_C}{\partial q_S}\qquad (S=1,2,\cdots,n) \tag{6.41}$$

也可以从另一个角度建立运动方程. 雅各比引入一个 S 函数,它服从如下方程:

$$-\frac{\partial S}{\partial t}=H\left(q_r,\frac{\partial S}{\partial q_r}\right)$$

且正则动量定义为 $p_S=\frac{\partial S}{\partial q_S}$,就可以写出运动方程的哈密顿-雅各比形式:

$$\left.\begin{aligned}-\frac{\partial S}{\partial t}&=H\left(q_r,\frac{\partial S}{\partial q_r}\right)\\ p_S&=\frac{\partial S}{\partial q_S}\\ \dot{q}_S&=\left.\frac{\partial H(q_r,p_r)}{\partial p_S}\right|_{p_r=\frac{\partial S}{\partial q_r}}\end{aligned}\right\}\quad (S=1,2,\cdots,n) \tag{6.42}$$

式(6.42)与式(6.41)两组方程是等价的,雅各比引入一个 $S(q_r,p_r)$ 函数,把 $2n$ 个哈密顿全微分方程变为一组偏微分方程组,用 $n+1$ 个变数代替 n 个变数. 下面证明,由雅各比方程出发可以得到哈密顿方程. 为此,将

$$p_S=\frac{\partial S}{\partial q_S}$$

上式两边对时间 t 求微商即可得证:

$$\begin{aligned}\dot{p}_S&=\frac{\mathrm{d}}{\mathrm{d}t}\left(\frac{\partial S}{\partial q_S}\right)=\frac{\partial^2 S}{\partial t\partial q_S}+\sum_{u=1}^{n}\frac{\partial^2 S}{\partial q_u\partial q_S}\dot{q}_u\\ &=-\frac{\partial}{\partial q_S}H\left(q_r,\frac{\partial S}{\partial q_r}\right)+\sum_{u=1}^{n}\frac{\partial^2 S}{\partial q_u\partial q_S}\dot{q}_u\\ &=-\left[\frac{\partial}{\partial q_S}H(q_r,p_r)\right]_{p_S=\frac{\partial S}{\partial q_r}}-\sum_{u=1}^{n}\left[\frac{\partial H(q_r,p_r)}{\partial p_u}\right]_{p_r=\frac{\partial S}{\partial q_r}}\frac{\partial^2 S}{\partial q_S\partial q_u}+\sum_{u=1}^{n}\frac{\partial^2 S}{\partial q_u\partial q_S}\dot{q}_u\\ &=-\left.\frac{\partial H(q_r,p_r)}{\partial q_S}\right|_{p_r=\frac{\partial S}{\partial q_r}}\end{aligned}$$

上式利用

$$\left.\frac{\partial H(q_r,p_r)}{\partial p_u}\right|_{p_r=\frac{\partial S}{\partial q_r}}=\dot{q}_u$$

所以,从雅各比方程过渡到了哈密顿方程的形式:

$$\left.\begin{aligned}\dot{q}_S&=\frac{\partial H(q_r,p_r)}{\partial p_S}\\ \dot{p}_S&=-\frac{\partial H(q_r,p_r)}{\partial q_S}\\ p_r&=\frac{\partial S}{\partial q_r}\end{aligned}\right\} \tag{6.43}$$

两组方程是一致的,只是雅各比引入了一个 $S(q_r,p_r)$ 函数,多了一个桥梁 $p_r=\dfrac{\partial S}{\partial q_r}$,减少了 n 个变数,用起来很方便. 有了上面的准备,现在从薛定谔方程式(6.40)出发进行讨论,由式(6.40),得

$$\left\{i\hbar\frac{\partial A}{\partial t}\mathrm{e}^{iS/\hbar}-\frac{\partial S}{\partial t}A\mathrm{e}^{iS/\hbar}\right\}\Big\rangle=H(q_r,p_r)A\mathrm{e}^{iS/\hbar}\rangle$$

上式两边左乘 $\mathrm{e}^{-iS/\hbar}$

$$\left\{i\hbar\frac{\partial A}{\partial t}-A\frac{\partial S}{\partial t}\right\}\Big\rangle=\mathrm{e}^{-iS/\hbar}H(q_r,p_r)A\mathrm{e}^{iS/\hbar}\rangle \tag{6.44}$$

由式(6.44)看出 $\mathrm{e}^{-is/\hbar}$ 显然是幺正线性算子,根据式(5.69)对函数相似变换

$$e^{-iS/\hbar}H(q_r,p_r)e^{iS/\hbar}=H(q_r,e^{-iS/\hbar}p_r e^{-iS/\hbar})$$

而

$$e^{-iS/\hbar}p_r e^{iS/\hbar}=e^{-iS/\hbar}\left(-i\hbar\frac{\partial}{\partial q_r}\right)e^{-iS/\hbar}=-i\hbar\frac{\partial}{\partial q_r}+\frac{\partial S}{\partial q_r}=p_r+\frac{\partial S}{\partial q_r}$$

把上面两式代入式(6.44)，得

$$\left\{i\hbar\frac{\partial A}{\partial t}-A\frac{\partial S}{\partial t}\right\}\Big\rangle=H\left(q_r,p_r+\frac{\partial S}{\partial q_r}\right)A\Big\rangle \tag{6.45}$$

下面对式(6.45)进行讨论：

(1) 保留到 h 的零次方项.

保留到 h 的零次方项，式(6.45)变成

$$-\frac{\partial S}{\partial t}=H\left(q_r,\frac{\partial S}{\partial q_r}\right) \tag{6.46}$$

这是相位函数 S 所必须满足的微分方程，这一方程由经典哈密顿函数 H_C 决定. 它就是式(6.42)第一式的哈密顿-雅各比方程.

(2) 保留到 h 的一次方项.

设 f 是 q 的一个任意函数，以左矢 $\langle Af$ 左乘式(6.45)，得

$$\left\langle Af\left(i\hbar\frac{\partial A}{\partial t}-\frac{\partial S}{\partial t}A\right)\right\rangle=\left\langle Af\,H\left(q_r,p_r+\frac{\partial S}{\partial q_r}\right)A\right\rangle \tag{6.47}$$

式(6.47)两边取复数共轭，得

$$\left\langle Af\left(-i\hbar\frac{\partial A}{\partial t}-\frac{\partial S}{\partial t}A\right)\right\rangle=\left\langle AH\left(q_r,p_r+\frac{\partial S}{\partial q_r}\right)Af\right\rangle \tag{6.48}$$

式(6.47)减去式(6.48)，得

$$i\hbar\left\langle f\frac{\partial A^2}{\partial t}\right\rangle=\left\langle A\left\{fH\left(q_r,p_r+\frac{\partial S}{\partial q_r}\right)-H\left(q_r,p_r+\frac{\partial S}{\partial q_r}\right)f\right\}A\right\rangle$$

两式相减把 h 的零次方项减掉，因此上式已无零次方项. 上式两边用 $i\hbar$ 除之，得

$$\left\langle f\frac{\partial A^2}{\partial t}\right\rangle=\left\langle A\left[f,H\left(q_r,p_r+\frac{\partial S}{\partial q_r}\right)\right]A\right\rangle \tag{6.49}$$

现在来计算泊松方括 $\left[f,H\left(q_r,p_r+\frac{\partial S}{\partial q_r}\right)\right]$，假定 $\hbar$ 可以看作小量，把 $H\left(q_r,p_r+\frac{\partial S}{\partial q_r}\right)$ 展开成 p 的幂级数，有

$$\left[f,H\left(q_r,p_r+\frac{\partial S}{\partial q_r}\right)\right]=C_0+i\hbar C_1+(i\hbar)^2C_2+\cdots \tag{6.50}$$

式(6.50)左端已经被 $i\hbar$ 除过了，所以右端的展开中，C_0 项实际是 $i\hbar$ 的一次方项. 利用经典泊松方括式(5.5)，得

$$\left[f,H\left(q_r,p_r+\frac{\partial S}{\partial q_r}\right)\right]=\sum_s\frac{\partial f}{\partial q_s}\left[\frac{\partial H(q_r,p_r)}{\partial p_s}\right]_{p_r=\frac{\partial s}{\partial q_r}} \tag{6.51}$$

经典泊松方括没有被 $i\hbar$ 除过，所以式(6.51)的结果相当于式(6.50)的 C_0，这样可以把式(6.51)代入式(6.49)中，得

$$\left\langle f\frac{\partial A^2}{\partial t}\right\rangle=\left\langle A^2\sum_s\frac{\partial f}{\partial q_s}\left[\frac{\partial H_C(q_r,p_r)}{\partial p_s}\right]_{p_r=\frac{\partial s}{\partial q_r}}\right\rangle$$

右式经过一次分部积分，并且在边界上函数值为零，得出

$$\left\langle f\frac{\partial A^2}{\partial t}\right\rangle=-\left\langle f\sum_s\frac{\partial}{\partial q_s}\left\{A^2\left[\frac{\partial H_C(q_r,p_r)}{\partial p_s}\right]_{p_r=\frac{\partial s}{\partial q_r}}\right\}\right\rangle$$

上式对任意实函数 $f(q)$成立，得到 A^2 满足的微分方程为

$$\frac{\partial A^2}{\partial t}=-\sum_s\frac{\partial}{\partial q_s}\left\{A^2\left[\frac{\partial H_C(q_r,p_r)}{\partial p_s}\right]_{p_r=\frac{\partial s}{\partial q_r}}\right\}$$

或者

$$\frac{\partial A^2}{\partial t}+\sum_s\frac{\partial}{\partial q_s}\left\{A^2\left[\frac{\partial H_C(q_r,p_r)}{\partial p_s}\right]_{p_r=\frac{\partial s}{\partial q_r}}\right\}=0 \tag{6.52}$$

式(6.52)就是波包的振幅 A 所服从的方程. 由于 $A^2=|\psi|^2$ 是粒子的概率密度 ρ，可以将式(6.52)与经典连续性方程进行类比

$$\frac{\partial\rho}{\partial t}+\sum_s\frac{\partial}{\partial q_s}(\rho\,\dot{q}_s)=0$$

所以把式(6.52)看作流体的守恒方程，流体密度为 A^2，速度为

$$\frac{\mathrm{d}q_s}{\mathrm{d}t}=\left[\frac{\partial H_C(q_r,p_r)}{\partial p_s}\right]_{p_r=\frac{\partial s}{\partial q_r}} \tag{6.53}$$

流体的运动取决于满足式(6.46)的函数 S，对式(6.46)的每一解就有一种可能的运动.

总之，保留到 $\hbar$ 的零次方项和一次方项，便得到经典运动方程，即量子力学中若把 h 看成无穷小量，就可过渡到经典力学. 因此，量子力学的极限是经典力学.

$$-\frac{\partial S}{\partial t}=H_C\left(q_r\ \frac{\partial S}{\partial q_r}\right)$$

$$p_s=\frac{\partial S}{\partial q_s}$$

$$\dot{q}_s=\frac{\partial H_C(q_r,p_r)}{\partial p_s}$$

上面三式说明波包按经典力学的规律运动.

习　题

1. 证明算符(在薛定谔图像中不显含时间 t)的平均值不受图像选择的影响.
2. 在海森堡表象中讨论自由粒子.
3. 利用解坐标和动量算符的运动方程的方法，求在海森堡表象中线性谐振子的坐标和动量算符.
4. 设

$$\Gamma=|\psi\rangle\langle\psi|$$

在两种图像中求$\dfrac{\partial\Gamma}{\partial t}$.

第 7 章　初 等 应 用

7.1　谐　振　子

在第 3 章里，我们已经在薛定谔表象讨论过谐振子的问题. 下面用算子力学的方法再来讨论一次. 这个例子虽然简单，但对普遍理论有重要意义，因为它构成了量子辐射理论的基础.

1. 算子 η 和 $\bar{\eta}$

谐振子的哈密顿为

$$H=\frac{1}{2m}(p^2+m^2\omega^2q^2) \tag{7.1}$$

式中，m 为振动粒子的质量，$\omega=2\pi\nu$ 为圆频率，$m\omega^2=k$ 为弹力常数；q 和 p 分别为广义坐标和广义动量，满足式(5.20)的量子条件，即

$$qp-pq=i\hbar$$

定义无量纲算子 η 和 $\bar{\eta}$：

$$\eta=(2m\hbar\omega)^{-1/2}(p+im\omega q) \tag{7.2}$$

$$\bar{\eta}=(2m\hbar\omega)^{-1/2}(p-im\omega q) \tag{7.3}$$

下面讨论中不用 p 和 q，而用 η 和 $\bar{\eta}$.

首先证明四个对易关系：

(1) $\bar{\eta}\eta-\eta\bar{\eta}=1$.

先计算 $\eta\bar{\eta}$ 和 $\bar{\eta}\eta$：

$$\begin{aligned}\hbar\omega\eta\bar{\eta}&=\frac{1}{2m}(p+im\omega q)(p-im\omega q)\\&=\frac{1}{2m}[p^2+m^2\omega^2q^2+im\omega(qp-pq)]\\&=H-\frac{1}{2}\hbar\omega\end{aligned} \tag{7.4}$$

同样

$$\hbar\omega\bar{\eta}\eta=H+\frac{1}{2}\hbar\omega \tag{7.5}$$

式(7.5)和式(7.4)两式相减得

$$\bar{\eta}\eta-\eta\bar{\eta}=1 \tag{7.6}$$

(2) $\bar{\eta}\eta^n+\eta^n\bar{\eta}=n\eta^{n-1}$.

假设对 $n=k(\geqslant 2)$ 成立

$$\bar{\eta}\eta^k-\eta^k\bar{\eta}=k\eta^{k-1}$$

用 η 左乘上式得

$$\eta\bar{\eta}\eta^k-\eta^{k+1}\bar{\eta}=k\eta^k$$

利用对易关系式(7.6),有

$$(\bar{\eta}\eta-1)\eta^k-\eta^{k+1}\bar{\eta}=k\eta^k$$
$$\bar{\eta}\eta^{k+1}-\eta^{k+1}\bar{\eta}=k\eta^k+\eta^k=(k+1)\eta^k$$

上式表明 $n=k+1$ 成立,这就证明了

$$\bar{\eta}\eta^n-\eta^n\bar{\eta}=n\eta^{n-1} \tag{7.7}$$

(3) $\bar{\eta}H-H\bar{\eta}=\hbar\omega\bar{\eta}$.

式(7.4)左乘 $\bar{\eta}$,式(7.5)右乘 $\bar{\eta}$,然后两式相减得到

$$0=\bar{\eta}H-H\bar{\eta}-\hbar\omega\bar{\eta}$$
$$\bar{\eta}H-H\bar{\eta}=\hbar\omega\bar{\eta} \tag{7.8}$$

(4) $\eta H-H\eta=-\hbar\omega\eta$.

对式(7.8)两边取共轭,即得证:

$$H\eta-\eta H=\hbar\omega\eta$$
$$\eta H-H\eta=-\hbar\omega\eta \tag{7.9}$$

前两式是 $\bar{\eta}\eta$ 的对易关系,后两式是 $\bar{\eta}H$ 和 ηH 的对易关系.在矩阵力学中总要寻找算子的对易关系,也要找算子与 H 的对易关系.

2. 能量本征值

(1) 能量本征值有下限,即 $H'\geqslant\frac{1}{2}\hbar\omega$.

设 $|H'\rangle$ 为能量的本征矢量,其本征值为 H',求 $\bar{\eta}|H'\rangle$ 的内积,并用式(7.4)得

$$\hbar\omega\langle H'|\eta\bar{\eta}|H'\rangle=\hbar\omega\left\langle H'|H-\frac{1}{2}\hbar\omega|H'\right\rangle=\left(H'-\frac{1}{2}\hbar\omega\right)\langle H'|H'\rangle\geqslant0$$

由于

$$\langle H'|H'\rangle\geqslant0\qquad\left(H'-\frac{1}{2}\hbar\omega\right)\geqslant0$$

$$H'\geqslant\frac{1}{2}\hbar\omega$$

等号只在

$$\bar{\eta}|H'\rangle=0$$

时才成立.

(2) 若 $\bar{\eta}|H'>\neq0$,则 $\bar{\eta}|H'\rangle$ 是 H 的本征矢量,其本征值为 $H'-\hbar\omega$.

利用式(7.8)可得

$$H\bar{\eta}|H'\rangle=(\bar{\eta}H-\hbar\omega\bar{\eta})|H'\rangle=(H'-\hbar\omega)\bar{\eta}|H'\rangle \tag{7.10}$$

这种做法可以继续下去

$$|H'\rangle,\bar{\eta}|H'\rangle,\bar{\eta}^2|H'\rangle,\cdots,\bar{\eta}^k|H'\rangle$$

直到

$$\bar{\eta}^{k+1}|H'\rangle=0$$

相应的本征值为

$$H',H'-\hbar\omega,H'-2\hbar\omega,\cdots,H'-k\hbar\omega=\frac{1}{2}\hbar\omega\text{(能量本征值有一个下限)}$$

由此看到，$\bar{\eta}$是下降算子，使其能量本征值下降一个能量单位$\hbar\omega$.

(3) 若$|H'\rangle$是本征矢量，则$\eta|H'\rangle$也是H的本征矢量，其本征值为$H'+\hbar\omega$.

利用式(7.9)可得

$$H\eta|H'\rangle=(\eta H+\hbar\omega\eta)|H'\rangle=(H'+\hbar\omega)\eta|H'\rangle \tag{7.11}$$

这种做法可以一直继续下去，能量本征值没有上限. 假定有上限$|H''\rangle$，即

$$\eta|H''\rangle=0$$

计算这个本征矢量的长度得

$$\hbar\omega\langle H''|\bar{\eta}\eta|H''\rangle=\langle H''|H+\frac{1}{2}\hbar\omega|H''\rangle=\left(H''+\frac{1}{2}\hbar\omega\right)\langle H''|H''\rangle>0$$

等式左边恒等于零，右边大于零，与假设矛盾. 因此，能量本征值没有上限. 由此看到，η是上升算子，使其能量本征值上升一个能量单位$\hbar\omega$.

总之，谐振子能量本征矢为

$$|0\rangle,\quad \eta|0\rangle,\quad \eta^2|0\rangle,\quad \cdots,\quad \eta^n|0\rangle,\quad \cdots$$

相应本征值为

$$\frac{1}{2}\hbar\omega,\frac{3}{2}\hbar\omega,\frac{5}{2}\hbar\omega,\cdots,\left(n+\frac{1}{2}\right)\hbar\omega,\cdots$$

即

$$E_n=\left(n+\frac{1}{2}\right)\hbar\omega \qquad (n=0,1,2,\cdots) \tag{7.12}$$

$$n=0 \qquad E_0=\frac{1}{2}\hbar\omega$$

是最低能量，称为零点能.

以基矢

$$|0\rangle,\quad \eta|0\rangle,\quad \eta^2|0\rangle,\quad \cdots$$

为表象称为福克(Фока)表象，它是由苏联物理学家福克首先提出来的. 福克表象在二次量子化等许多问题中是很有用的.

3. 能量本征函数

设$|0\rangle$为相应于本征值为$\frac{1}{2}\hbar\omega$的本征矢量，由于

$$\bar{\eta}|0\rangle=0$$

在薛定谔表象中，有

$$\langle q'|p-im\omega q|0\rangle=0$$

因为

$$\begin{aligned}\langle q'\mid p\mid 0\rangle&=\int\langle q'\mid -i\hbar\frac{\partial}{\partial q}\mid q''\rangle dq''\langle q''\mid 0\rangle\\&=-i\hbar\frac{\partial}{\partial q'}\int\delta(q'-q'')dq''\langle q''\mid 0\rangle\\&=-i\hbar\frac{\partial}{\partial q'}\langle q'\mid 0\rangle\end{aligned}$$

所以

$$\hbar\frac{\partial}{\partial q'}\langle q'|0\rangle+m\omega q'\langle q'|0\rangle=0$$

解得

$$\frac{\mathrm{d}}{\mathrm{d}q'}\langle q'|0\rangle=-\frac{m\omega}{\hbar}q'\langle q'|0\rangle$$

$$\int\frac{\mathrm{d}\langle q'\mid 0\rangle}{\langle q'\mid 0\rangle}=-\frac{m\omega}{\hbar}\int q'\mathrm{d}q'$$

$$\langle q'|0\rangle=N_0\mathrm{e}^{-\frac{m\omega}{2\hbar}q'^2}$$

令

$$\frac{m\omega}{\hbar}=\alpha^2\qquad\xi=\alpha q'$$

$$\langle q'|0\rangle=N_0\mathrm{e}^{-\frac{\xi^2}{2}}$$

由归一化条件

$$\int\langle 0\mid q'\rangle\mathrm{d}q'\langle q'\mid 0\rangle=\int_{-\infty}^{\infty}N_0^2\mathrm{e}^{-\xi^2}\mathrm{d}q'=\frac{N_0^2}{\alpha}\sqrt{\pi}=1$$

$$N_0=\left(\frac{\alpha}{\sqrt{\pi}}\right)^{1/2}=\left(\frac{m\omega}{\pi\hbar}\right)^{1/4}$$

$$\langle q'|0\rangle=\left(\frac{m\omega}{\pi\hbar}\right)^{1/4}\mathrm{e}^{-\frac{m\omega}{2\hbar}q'^2}\tag{7.13}$$

下面求一般本征矢 $\eta^n|0\rangle$在薛定谔表象的形式. 先将 $\eta^n|0\rangle$归一化. 由式(7.7),有

$$\begin{aligned}\langle 0|\bar{\eta}^n\eta^n|0\rangle&=\langle 0|\bar{\eta}^{n-1}(\bar{\eta}\eta^n)|0\rangle=\langle 0|n\bar{\eta}^{n-1}\eta^{n-1}+\bar{\eta}^{n-1}\eta^n\bar{\eta}|0\rangle\\&=n\langle 0|\bar{\eta}^{n-1}\eta^{n-1}|0\rangle=n(n-1)\langle 0|\bar{\eta}^{n-2}\eta^{n-2}|0\rangle\\&=\cdots=n!\ \langle 0|0\rangle=n!\end{aligned}$$

所以,归一化的本征矢是

$$|n\rangle=\frac{1}{i^n}\frac{1}{(n!)^{1/2}}\eta^n|0\rangle\tag{7.14}$$

因子 $1/i^n$ 的引入是为了对消 η^n 中提出来的 i^n,保证$|n\rangle$是实函数. 下面求$\langle q'|n\rangle$,利用 η 的定义式(7.2),有

$$\begin{aligned}\langle q'|n\rangle&=\frac{1}{i^n(n!)^{1/2}}\langle q'|\eta^n|0\rangle\\&=\frac{1}{(2^n n!)^{1/2}}\langle q'|(m\hbar\omega)^{-\frac{n}{2}}\left\langle\left(-\hbar\frac{\mathrm{d}}{\mathrm{d}q}+m\omega q\right)^n|0\right\rangle\\&=\frac{1}{(2^n n!)^{1/2}}\left[-\left(\frac{\hbar}{m\omega}\right)^{1/2}\frac{\mathrm{d}}{\mathrm{d}q'}+\left(\frac{m\omega}{\hbar}\right)^{1/2}q'\right]^n\langle q'|0\rangle\\&=\frac{1}{(2^n n!)^{1/2}}\left(-\frac{\mathrm{d}}{\mathrm{d}\xi'}+\xi'\right)^n\left(\frac{m\omega}{\pi\hbar}\right)^{1/4}\mathrm{e}^{-\frac{\xi'^2}{2}}\\&=\frac{1}{(2^n n!)^{1/2}}\left(\frac{m\omega}{\pi\hbar}\right)^{1/4}\left(-\frac{\mathrm{d}}{\mathrm{d}\xi'}+\xi'\right)^n\mathrm{e}^{-\frac{\xi'^2}{2}}\end{aligned}\tag{7.15}$$

式中,$\xi'=\left(\frac{m\omega}{\hbar}\right)^{1/2}q'$,这就是 n 级谐振子的波函数. 很容易将式(7.15)化为式(3.25)的形式.

由厄米多项式 $H_n(\xi)$的递推公式:

$$H'_n(\xi)=2nH_{n-1}(\xi)$$

$$H_{n+1}(\xi)=2\xi H_n(\xi)-2nH_{n-1}(\xi)$$

得

$$H_{n+1}(\xi)=2\xi H_n(\xi)-\frac{\mathrm{d}}{\mathrm{d}\xi}H_n(\xi)$$

上式两边左乘以 $\mathrm{e}^{-\frac{\xi^2}{2}}$

$$\mathrm{e}^{-\frac{\xi^2}{2}}H_{n+1}(\xi)=2\xi\mathrm{e}^{-\frac{\xi^2}{2}}H_n(\xi)-\mathrm{e}^{-\frac{\xi^2}{2}}\frac{\mathrm{d}}{\mathrm{d}\xi}H_n(\xi)$$

$$=\left(\xi-\frac{\mathrm{d}}{\mathrm{d}\xi}\right)\mathrm{e}^{-\frac{\xi^2}{2}}H_n(\xi)$$

由此式出发,得到

$$\mathrm{e}^{-\frac{\xi^2}{2}}H_1(\xi)=\left(\xi-\frac{\mathrm{d}}{\mathrm{d}\xi}\right)\mathrm{e}^{-\frac{\xi^2}{2}}H_0(\xi)$$

$$\mathrm{e}^{-\frac{\xi^2}{2}}H_2(\xi)=\left(\xi-\frac{\mathrm{d}}{\mathrm{d}\xi}\right)\mathrm{e}^{-\frac{\xi^2}{2}}H_1(\xi)=\left(\xi-\frac{\mathrm{d}}{\mathrm{d}\xi}\right)^2\mathrm{e}^{-\frac{\xi^2}{2}}H_0(\xi)$$

$$\cdots$$

$$\mathrm{e}^{\frac{\xi^2}{2}}\left(\xi-\frac{\mathrm{d}}{\mathrm{d}\xi}\right)^n\mathrm{e}^{-\frac{\xi^2}{2}}H_0(\xi)=\mathrm{e}^{\frac{\xi^2}{2}}\mathrm{e}^{-\frac{\xi^2}{2}}H_n(\xi)=H_n(\xi)$$

所以

$$\langle q'|n\rangle=\left(\frac{\alpha}{\sqrt{\pi}2^n n!}\right)^{1/2}\mathrm{e}^{-\frac{\xi'^2}{2}}\mathrm{e}^{\frac{\xi'^2}{2}}\left(\xi'-\frac{\mathrm{d}}{\mathrm{d}\xi'}\right)^n\mathrm{e}^{-\frac{\xi'^2}{2}}=N_n\mathrm{e}^{-\frac{\xi'^2}{2}}H_n(\xi')$$

$$N_n=\left(\frac{\alpha}{\sqrt{\pi}2^n n!}\right)^{1/2}$$

这就是式(3.25)的结果.

4. 运动方程

在海森堡图像中,运动方程为

$$\frac{\mathrm{d}\eta_t}{\mathrm{d}t}=[\eta_t,H_t]=\frac{1}{i\hbar}(\eta_t H_t-H_t\eta_t)$$

$$\eta_t=T^{-1}\eta T\qquad H_t=T^{-1}HT$$

$$\eta_t H_t-H_t\eta_t=T^{-1}(\eta H-H\eta)T$$

将式(7.9)代入得

$$\eta_t H_t-H_t\eta_t=T^{-1}(-\hbar\omega\eta)T=-\hbar\omega\eta_t$$

所以运动方程为

$$\frac{\mathrm{d}\eta_t}{\mathrm{d}t}=\frac{1}{i\hbar}(-\hbar\omega\eta_t)=i\omega\eta_t$$

解得

$$\left.\begin{aligned}\eta_t&=\eta_0\mathrm{e}^{i\omega t}\\ \bar{\eta}_t&=\bar{\eta}_0\mathrm{e}^{-i\omega t}\end{aligned}\right\}\tag{7.16}$$

7.2 角　动　量

角动量在经典力学中是一个重要的物理量.在量子力学中,角动量也有其重要地位,它与三维旋转群联系起来.角动量的经典定义为

$$\boldsymbol{m}=\boldsymbol{r}\times\boldsymbol{p}$$

$$m_x=yp_z-zp_y$$

$$m_y=zp_x-xp_z$$

$$m_z=xp_y-yp_x$$

$$\beta=m^2=m_x{}^2+m_y{}^2+m_z{}^2$$

在量子力学中,保留了经典角动量的形式,但以算子代替了力学量.

1. 对易关系

借助量子条件,可以求得角动量算子和坐标、动量算子以及自身的对易关系.

(1) 和 x,y,z 的对易关系:

$$[m_x,x]=[yp_z-zp_y,x]=[yp_z,x]-[zp_y,x]=0$$

$$[m_x,y]=[yp_z-zp_y,x]=-z[p_y,y]=z$$

$$[m_x,z]=[yp_z-zp_y,z]=-y[p_z,z]=-y$$

同理

$$[m_y,x]=-z\qquad [m_y,y]=0\qquad [m_y,z]=x$$

$$[m_z,x]=y\qquad [m_z,y]=-x\qquad [m_z,z]=0\tag{7.17}$$

总之,在泊松括号中,存在着 $x\to y\to z$ 的正轮换.

(2) 和 p_x,p_y,p_z 的对易关系:

$$[m_x,p_x]=[yp_z-zp_y,p_x]=0$$

$$[m_x,p_y]=[yp_z-zp_y,p_y]=[y,p_y]p_z=p_z$$

$$[m_x,p_z]=[yp_z-zp_y,p_z]=-[z,p_z]p_y=-p_y\tag{7.18}$$

同样,也存在着 $x\to y\to z$ 的正轮换,即

$$[m_y,p_x]=-p_z\qquad [m_y,p_y]=0\qquad [m_y,p_z]=p_x$$

$$[m_z,p_x]=p_y\qquad [m_z,p_y]=-p_x\qquad [m_z,p_z]=0$$

(3) m_x,m_y,m_z 的对易关系:

$$[m_x,m_x]=0$$

$$[m_x,m_y]=[m_x,zp_x-xp_z]=[m_x,z]p_x-x[m_x,p_z]=-yp_z+xp_y=m_z$$

$$[m_x,m_z]=[m_x,xp_y-yp_x]=x[m_x,p_y]-[m_x,y]=xp_z-zp_x=-m_y$$

同理,也存在着下标 $x\to y\to z$ 的正轮换,即

$$[m_y,m_z]=m_x\qquad [m_y,m_x]=-m_z\qquad \cdots$$

综合上述诸式,$\boldsymbol{m}$ 和 $\boldsymbol{m}$ 的对易关系可统一表示为

$$\boldsymbol{m}\times\boldsymbol{m}=i\hbar\boldsymbol{m}\tag{7.19}$$

(4) 和标量 $a_xb_x+a_yb_y+a_zb_z$ 的对易关系,$\boldsymbol{a}$,$\boldsymbol{b}$ 可以是坐标、动量、角动量.

$$\begin{aligned}[m_x,a_xb_x+a_yb_y+a_zb_z]&=a_y[m_x,b_y]+[m_x,a_y]b_y+a_z[m_x,b_z]+[m_x,a_z]b_z\\&=a_yb_z+a_zb_y-a_zb_y-a_yb_z=0\end{aligned}$$

同理

$$[m_y,a_xb_x+a_yb_y+a_zb_z]=0$$
$$[m_z,a_xb_x+a_yb_y+a_zb_z]=0$$

特别是当 $\boldsymbol{a}=\boldsymbol{b}=\boldsymbol{m}$,有

$$[m_x,m^2]=[m_y,m^2]=[m_z,m^2]=0 \tag{7.20}$$

因此,角动量同标量的泊松括号永远等于零.

2. 算子 $\boldsymbol{\eta}$ 和 $\bar{\boldsymbol{\eta}}$

由式(7.20)看到,四个算子,即 m_x,m_y,m_z 和 $\beta=m^2$,其中前三个算子都和 β 对易,但前三个算子之间并不对易,因此最多只能选取两个是对易的.一般选 β,m_z.用 m_x,m_y 算子可以定义另外两个算子 η 和 $\bar{\eta}$.

$$\bar{\eta}=m_x+im_y \tag{7.21}$$

$$\eta=m_x-im_y \tag{7.22}$$

$\bar{\eta}$ 称为升算子,η 称为降算子.下面推导 $\bar{\eta},\eta$ 和 m_z 的四个关系式:

(1) $\bar{\eta}\eta=\beta-m_z^2+\hbar m_z$.

$$\begin{aligned}\bar{\eta}\eta&=(m_x+im_y)(m_x-im_y)\\&=m_x^2+m_y^2-i(m_xm_y-m_ym_x)\\&=m_x^2+m_y^2+\hbar m_z=\beta-m_z^2+\hbar m_z\end{aligned} \tag{7.23}$$

(2) $\eta\bar{\eta}=\beta-m_z^2-\hbar m_z$.

$$\begin{aligned}\eta\bar{\eta}&=(m_x-im_y)(m_x+im_y)\\&=m_x^2+m_y^2+i(m_xm_y-m_ym_x)\\&=m_x^2+m_y^2-\hbar m_z=\beta-m_z^2-\hbar m_z\end{aligned} \tag{7.24}$$

(3) $\eta m_z-m_z\eta=\hbar\eta$.

$$\begin{aligned}\eta m_z-m_z\eta&=(m_x-im_y)m_z-m_z(m_x-im_y)\\&=(m_xm_z-m_zm_x)-i(m_ym_z-m_zm_y)\\&=-i\hbar m_y+\hbar m_x=\hbar\eta\end{aligned} \tag{7.25}$$

(4) $\bar{\eta}m_z-m_z\bar{\eta}=-\hbar\bar{\eta}$.

取式(7.25)的共轭:

$$m_z\bar{\eta}-\bar{\eta}m_z=\hbar\bar{\eta}$$

$$\bar{\eta}m_z-m_z\bar{\eta}=-\hbar\bar{\eta} \tag{7.26}$$

得到上面四个关系式,可以很容易地讨论角动量的本征值和本征矢.

3. 角动量本征值

选 β,m_z 共同本征矢 $|\beta'm_z'\rangle$ 作为基矢.若 β' 和 m_z' 为无量纲的量,有

$$\beta|\beta'm_z'\rangle=\beta'\hbar^2|\beta'm_z'\rangle$$

$$m_z|\beta'm_z'\rangle=m_z'\hbar|\beta'm_z'\rangle$$

β' 代表总角动量的数值,m_z' 代表总角动量 z 分量的数值.下面讨论 β',m_z' 之间的关系.

(1) 当 β' 固定，m_z' 有上下限.

由式(7.23)，有

$$\langle \beta' m_z' | \bar{\eta}\eta | \beta' m_z' \rangle = \langle \beta' m_z' | \beta - m_z^2 + \hbar m_z | \beta' m_z' \rangle$$
$$= \hbar^2 (\beta' - m_z'^2 + m_z') \langle \beta' m_z' | \beta' m_z' \rangle \geqslant 0$$

所以

$$\beta' - m_z'^2 + m_z' \geqslant 0 \tag{7.27}$$

等式只在 $\eta|\beta' m_z'\rangle = 0$ 时才成立. 令 $\beta' = l'(l'+1)$，因为 β' 是正数，这样令当然是可以的. 代入得

$$l'(l'+1) \geqslant m_z'^2 - m_z'$$

上式两边同时加上 1/4，得

$$l'^2 + l' + \frac{1}{4} \geqslant m_z'^2 - m_z' + \frac{1}{4}$$

配成平方

$$\left(l' + \frac{1}{2}\right)^2 \geqslant \left(m_z' - \frac{1}{2}\right)^2$$

$$\left(l' + \frac{1}{2}\right) \geqslant \left| m_z' - \frac{1}{2} \right|$$

所以

$$l' + \frac{1}{2} \geqslant m_z' - \frac{1}{2} \geqslant -\left(l' + \frac{1}{2}\right)$$

$$l' + 1 \geqslant m_z' \geqslant -l' \tag{7.28}$$

由式(7.28)得到 m_z' 的下限是 $-l'$. 同样，由

$$\langle \beta' m_z' | \eta\bar{\eta} | \beta' m_z' \rangle = \langle \beta' m_z' | \beta - m_z^2 - \hbar m_z | \beta' m_z' \rangle$$
$$= \hbar^2 (\beta' - m_z'^2 - m_z') \langle \beta' m_z' | \beta' m_z' \rangle \geqslant 0$$

可得 m_z' 的上限为 l. 由上式可得

$$\beta' - m_z'^2 - m_z' \geqslant 0$$

或者

$$l'(l'+1) \geqslant m_z'^2 + m_z'$$

上式两边同时加上 1/4，配成平方后再开方，得

$$l' + \frac{1}{2} \geqslant \left| m_z' + \frac{1}{2} \right|$$

所以

$$l' + \frac{1}{2} \geqslant m_z' + \frac{1}{2} \geqslant -\left(l' + \frac{1}{2}\right)$$

$$l' \geqslant m_z' \geqslant -(l'+1) \tag{7.29}$$

综合式(7.28)和式(7.29)两式同时成立，必须有

$$l' \geqslant m_z' \geqslant -l' \tag{7.30}$$

第一个等号在

$$\bar{\eta} | \beta' m_z' \rangle = 0$$

时成立($m_z' = l$)，第二个等号在

$$\eta | \beta' m_z' \rangle = 0$$

时成立($m_z' = -l$).

(2) 若 $\eta|\beta' m_z'\rangle \neq 0$,则 $\eta|\beta' m_z'\rangle$ 为 β 和 m_z 的本征矢,其本征值为 $l'(l'+1)\hbar^2$ 和 $(m_z'-1)\hbar$.

证明:因为 β 和 η 对易,所以

$$\beta\eta|\beta' m_z'\rangle = \eta\beta|\beta' m_z'\rangle = l'(l'+1)\hbar^2\eta|\beta' m_z'\rangle$$

又根据式(7.25),得

$$m_z\eta|\beta' m_z'\rangle = (\eta m_z - \hbar\eta)|\beta' m_z'\rangle = \hbar(m_z'-1)\eta|\beta' m_z'\rangle \tag{7.31}$$

这种做法可以继续下去

$$|\beta' m_z'\rangle,\quad \eta|\beta' m_z'\rangle,\quad \eta^2|\beta' m_z'\rangle,\quad \cdots,\quad \eta^k|\beta' m_z'\rangle$$

直到 $\eta^{k+1}|\beta' m_z'\rangle = 0$ 为止. β 的本征值都是 $\beta'\hbar^2 = l'(l'+1)\hbar^2$. m_z 的本征值分别是

$$m_z'\hbar, (m_z'-1)\hbar, (m_z'-2)\hbar, \cdots, (m_z'-k)\hbar = -l\hbar$$

(3) 若 $\bar{\eta}|\beta' m_z'\rangle \neq 0$,则它是 β 和 m_z 的本征矢,其本征值分别为 $\beta'\hbar^2$ 和 $(m_z'+1)\hbar$.

证明:

$$\beta\bar{\eta}|\beta' m_z'\rangle = \bar{\eta}\beta|\beta' m_z'\rangle = l'(l'+1)\hbar^2\bar{\eta}|\beta' m_z'\rangle = \beta'\hbar^2\bar{\eta}|\beta' m_z'\rangle$$

又根据式(7.26),得

$$m_z\bar{\eta}|\beta' m_z'\rangle = (\bar{\eta} m_z + \hbar\bar{\eta})|\beta' m_z'\rangle = \hbar(m_z'+1)\bar{\eta}|\beta' m_z'\rangle \tag{7.32}$$

这种做法也可以继续下去

$$|\beta' m_z'\rangle,\quad \bar{\eta}|\beta' m_z'\rangle,\quad \bar{\eta}^2|\beta' m_z'\rangle,\quad \cdots,\quad \bar{\eta}^k|\beta' m_z'\rangle$$

直到 $\bar{\eta}^{k+1}|\beta' m_z'\rangle = 0$. 它们是 β 和 m_z 的本征矢. β 的本征值都是 $\beta'\hbar^2$, m_z 的本征值分别是

$$m_z'\hbar, (m_z'+1)\hbar, (m_z'+2)\hbar, \cdots, (m_z'+k)\hbar = l\hbar$$

综上所述,得到如下结论:对于固定的 β',有 $(2l'+1)$ 个基矢

$$|\beta' l'\rangle,\quad \eta|\beta' l'\rangle,\quad \eta^2|\beta' l'\rangle,\quad \cdots,\quad \eta^{2l}|\beta' l'\rangle$$

对应 m_z 的本征值分别是

$$l'\hbar,\quad (l'-1)\hbar,\quad (l'-2)\hbar,\quad \cdots,\quad -l'\hbar$$

即

$$\beta' = l'(l'+1)$$
$$m_z' = -l', -l'+1, \cdots, l' \qquad (\text{共有 } 2l'+1 \text{ 项}) \tag{7.33}$$

$2l'$ 必须是整数, l' 是整数或半整数,即

$$l' = \begin{cases} \text{半整数} & \dfrac{1}{2}, \dfrac{3}{2}, \dfrac{5}{2}, \cdots \\ \text{整数} & 0, 1, 2, \cdots \end{cases}$$

以上讨论只是用了角动量的定义及量子条件,没有涉及哈密顿的具体形式,因而得到的结论对任何力学体系普遍适用.

4. 角动量的本征矢

同谐振子的处理一样,可以从最大的本征值 $|\beta' l'\rangle$ 开始,用下降算子作用,可得到全部本征矢.

首先求 $|\beta' l'\rangle$ 在薛定谔表象中的形式. 由

$$\eta\bar{\eta}|\beta' l'\rangle = (\beta - m_z^2 - \hbar m_z)|\beta' l'\rangle = 0$$

采用球坐标,得

$$\langle\theta'\varphi'|\beta - m_z^2 - \hbar m_z|\beta' l'\rangle = 0 \tag{7.34}$$

在坐标表象,有

$$\beta=-\hbar^2\left[\frac{1}{\sin\theta}\frac{\partial}{\partial\theta}\left(\sin\theta\frac{\partial}{\partial\theta}\right)+\frac{1}{\sin^2\theta}\frac{\partial^2}{\partial\varphi^2}\right]$$

$$m_z=-i\hbar\frac{\partial}{\partial\varphi}$$

代入式(7.34)，得

$$\left\{-\hbar^2\left[\frac{1}{\sin\theta'}\frac{\partial}{\partial\theta'}\left(\sin\theta'\frac{\partial}{\partial\theta'}\right)+\frac{1}{\sin^2\theta'}\frac{\partial^2}{\partial\varphi'^2}\right]+\hbar^2\frac{\partial^2}{\partial\varphi'^2}+i\hbar^2\frac{\partial}{\partial\varphi'}\right\}\langle\theta'\varphi'|\beta'l'\rangle=0$$

令

$$\langle\theta'\varphi'|\beta'l'\rangle=P_{l'}^{l'}(\cos\theta')e^{il'\varphi'}$$

代入上式，两边消去 $e^{il'\varphi'}$ 因子，得到 $P_{l'}^{l'}(\cos\theta')$ 所满足的微分方程：

$$\left[-\frac{1}{\sin\theta'}\frac{d}{d\theta'}\left(\sin\theta'\frac{d}{d\theta'}\right)+\frac{l'^2}{\sin^2\theta'}-l'(l'+1)\right]P_{l'}^{l'}(\cos\theta')=0$$

令 $W=\cos\theta'$，$dW=-\sin\theta' d\theta'$，上式化为

$$\left[\frac{d}{dW}(1-W^2)\frac{d}{dW}+l'(l'+1)-\frac{l'^2}{1-W^2}\right]P_{l'}^{l'}(W)=0$$

容易看出，这是联属勒让德方程，$P_{l'}^{l'}(W)$ 是联属勒让德多项式. 所以

$$\langle\theta',\varphi'||\beta',l'\rangle=P_{l'}^{l'}(\cos\theta')e^{il'\varphi'} \tag{7.35}$$

和第 3 章所得到的结果是一致的.

上面得到的是对于 m_z 取最大本征值 $l'\hbar$ 的本征矢 $|\beta',l'\rangle$ 在薛定谔表象的表示式. 对于 m_z 的其他本征矢，用降算子 η 的作用可得到. 为此，需要建立 $|\beta'l'-k\rangle$ 同 $\eta^k|\beta'l'\rangle$ 之间的联系，与谐振子需要建立 $|\eta\rangle$ 同 $\eta^n|0\rangle$ 的联系[式(7.14)]一样.

设 $|\beta'l'-1\rangle=C\eta|\beta'l'\rangle$，由归一化，可得

$$\begin{aligned}1&=C^2\langle\beta'l'|\bar{\eta}\eta|\beta'l'\rangle=C^2\langle\beta'l'|\beta-m_z{}^2+\hbar m_z|\beta'l'\rangle\\&=C^2[l'(l'+1)-l'^2+l']\hbar^2\langle\beta'l'|\beta'l'\rangle\end{aligned}$$

所以

$$C=[l'(l'+1)-l'(l'-1)]^{-1/2}\hbar^{-1}$$

$$|\beta'l'-1\rangle=\frac{1}{[l'(l'+1)-l'(l'-1)]^{1/2}\hbar}\eta|\beta'l'\rangle$$

同样，可得

$$|\beta'l'-2\rangle=\frac{1}{[l'(l'+1)-l'(l'-1)]^{1/2}[l'(l'+1)-(l'-1)(l'-2)]^{1/2}\hbar^2}\eta^2|\beta'l'\rangle$$

依次下去，得到

$$|\beta'l'-k\rangle=\prod_{m_z'=l'-k+1}^{l'}\{[l'(l'+1)-m_z'(m_z'-1)]^{-1/2}\hbar^{-k}\}\eta^k|\beta'l'\rangle \tag{7.36}$$

由

$$l'(l'+1)-m_z'(m_z'-1)=(l'+m_z')(l'-m_z'+1)$$

并令

$$l'-k=m' \qquad k=l'-m'$$

则式(7.36)可化为更清晰的形式：

$$|\beta' l'-k\rangle=\prod_{m'_z=l'-k+1}^{l'}\{[(l'+m-z')(l'-m-z'+1)]^{-1/2}\hbar^{-k}\}\eta^k|\beta' l'\rangle$$

$$=\sqrt{\frac{1}{(2l')\cdot(2l'-1)\cdot 2\cdots(2l'-k+1)\cdot k}}\frac{1}{\hbar^k}\eta^k|\beta' l'\rangle$$

$$=\sqrt{\frac{(2l'-k)!}{(2l')!\ k!}}\frac{\eta^k}{\hbar^k}|\beta' l'\rangle$$

$|\beta' l'-k\rangle$用$|l'm'\rangle$表示,则有

$$|l'm'\rangle=\sqrt{\frac{(l'+m')!}{(2l')!\ (l'-m')!}}\frac{1}{\hbar^{l'-m'}}\eta+\{l'-m'\}|l'l'\rangle \tag{7.37}$$

5. 多粒子的角动量

多电子原子就是一个多粒子体系,这些电子不但有轨道角动量,而且还有自旋角动量.

设有 n 个粒子,其角动量为 $\boldsymbol{m}_1,\boldsymbol{m}_2,\cdots,\boldsymbol{m}_n$,总角动量 $\boldsymbol{M}$ 为

$$\boldsymbol{M}=\sum_r \boldsymbol{m}_r$$

$$M_x=\sum_r m_{xr}\qquad M_y=\sum_r m_{yr}\qquad M_z=\sum_r m_{zr}$$

下面讨论角动量加和定则.为此,首先讨论角动量分量对易关系.

1) 对易关系

由于不同粒子间的角动量互相对易,因此有

$$[M_x,M_x]=\left[\sum_r m_{xr},\sum_t m_{xt}\right]=\sum_{r,t}[m_{x_r},m_{x_t}]=\sum_r[m_{x_r},m_{x_r}]=0$$

$$[M_x,M_y]=\sum_{r,t}[m_{x_r},m_{y_t}]=\sum_r[m_{x_r},m_{y_t}]=\sum_r m_{z_r}=M_z$$

$$[M_x,M_z]=\sum_r[m_{x_r},m_{z_r}]=-M_y$$

同理

$$[M_y,M_x]=-M_z\qquad[M_y,M_y]=0\qquad[M_y,M_z]=M_x$$

$$[M_z,M_x]=M_y\qquad[M_z,M_y]=-M_x\qquad[M_z,M_z]=0$$

总之,有

$$\boldsymbol{M}\times\boldsymbol{M}=i\hbar M \tag{7.38}$$

即总角动量的对易关系同单个粒子角动量的一样.

设 $\boldsymbol{A}$ 代表一个粒子的坐标,动量或者是 n 个粒子的坐标或动量之和,同单粒子的证明一样,有

$$A_x=\sum_r x_r\text{ 或}\sum_r p_{x_r}\qquad A_y=\sum_r y_r\text{ 或}\sum_r p_{y_r}\qquad A_z=\sum_r z_r\text{ 或}\sum_r p_{z_r}$$

$$\begin{aligned}&[M_x,A_x]=0\qquad[M_x,A_y]=A_z\qquad[M_x,A_z]=-A_y\\&[M_y,A_x]=-A_z\qquad[M_y,A_y]=0\qquad[M_y,A_z]=A_x\\&[M_z,A_x]=A_y\qquad[M_z,A_y]=-A_x\qquad[M_z,A_z]=0\end{aligned} \tag{7.39}$$

同标量积 $\boldsymbol{A}\cdot\boldsymbol{B}$ 的对易关系为

$$[\boldsymbol{M},A_xB_x+A_yB_y+A_zB_z]=0 \tag{7.40}$$

以上对易关系式告诉我们,总角动量 $\boldsymbol{M}$ 满足标志角动量这一力学量的一切对易关系式.因此,若总角动量量子数为 L',则磁量子数 M'_z应有下列值:

$$L',L'-1,\cdots,-L'$$

问题是：当有两个角动量 $\boldsymbol{m}_1$ 和 $\boldsymbol{m}_2$，它们可以是两个电子的轨道角动量，也可以是一个电子的轨道角动量和一个自旋角动量，怎样求合成总角动量 $\boldsymbol{M}=\boldsymbol{m}_1+\boldsymbol{m}_2$？也就是，当 m_1^2 和 m_{1z} 的共同本征态为

$$|l_1'm_{1z}'\rangle,\qquad m_{1z}'=l_1',l_1'-1,\cdots,-l_1'$$

$$m_1^2|l_1'm_{1z}'\rangle=l_1'(l_1'+1)\hbar^2|l_1'm_{1z}'\rangle\qquad m_{1z}|l_1'm_{1z}'\rangle=m_{1z}'\hbar|l_1'm_{1z}'\rangle$$

m_2^2 和 m_{2z} 的共同本征态为

$$|l_2'm_{2z}'\rangle,\qquad m_{2z}'=l_2',l_2'-1,\cdots,-l_2'$$

$$m_2^2|l_2'm_{2z}'\rangle=l_2'(l_2'+1)\hbar^2|l_2'm_{2z}'\rangle\qquad m_{2z}|l_2'm_{2z}'\rangle=m_{2z}'\hbar|l_2'm_{2z}'\rangle$$

$$M^2=(\boldsymbol{m}_1+\boldsymbol{m}_2)^2=m_1^2+m_2^2+2\boldsymbol{m}_1\cdot\boldsymbol{m}_2$$

$$M_z=m_{1z}+m_{2z}$$

M_1，M_2 取值，这就是角动量加和问题.

2）角动量加和规则

由于 m_1^2，m_2^2，m_{1z}和 m_{2z}互相对易，它们有共同本征函数：

$$|l_1'm_{1z}'\rangle\ |l_2'm_{2z}'\rangle \tag{7.41}$$

$$m_{1z}'=l_1',l_1'-1,\cdots,-l_1'$$

$$m_{2z}'=l_2',l_2'-1,\cdots,-l_2'$$

线性独立个数是$(2l_1'+1)(2l_2'+1)$. 我们看到，因 M^2 中有 $\boldsymbol{m}_1\cdot\boldsymbol{m}_2$ 的项，故 M^2 和 $\boldsymbol{m}_1$，$\boldsymbol{m}_2$ 的各分量不对易. 这样，在以式(7.41)所表示的矢量为基矢的表象里，M^2 没有对角形式，但 M_z 有对角形式：

$$M_z|l_1'm_{1z}'\rangle|l_2'm_{2z}'\rangle=(m_{1z}'+m_{2z}')\hbar|l_1'm_{1z}'\rangle|l_2'm_{2z}'\rangle$$

其本征值为

$$M_z'\hbar=(m_{1z}'+m_{2z}')\hbar$$

然而，M_z'与 L'是有关系的，$M_z'=L',L'-1,\cdots,-L'$，所以可以通过 M_z'的数值来决定 L'. 当 $m_{1z}'=l_1'$，$m_{2z}'=l_2'$，M_z'有最大值 $l_1'+l_2'$. 对应于 M_z'的这个值，L'的数值也应为 $L'=l_1'+l_2'$. 并且如果 L'可以有不止一个值的话，这也是它的最大值，因为假定 L'还有更大的值，则 $l_1'+l_2'$将不是 M_z'的最大值. M_z'的最大值 $l_1'+l_2'$只出现一次，即只有在一种情形（当 $m_{1z}'=l_1'$，$m_{2z}'=l_2'$时）下 M_z'有这个值，因而 $l_1'+l_2'$也是 L'的唯一的最大值. 因为假定 L'能两次取这个数值，则必定也有两种情形能使 $M_z'=l_1'+l_2'$.

考虑 M_z'的次一个数值 $l_1'+l_2'-1$. 现在有两种情形能使 M_z'等于这个值，这两种情形是 $m_{1z}'=l_1'$，$m_{2z}'=l_2'-1$ 和 $m_{1z}'=l_1'-1$，$m_{2z}'=l_2'$. 其中一种情形是属于 $L'=l_1'+l_2'$的，因为当 $L'=l_1'+l_2'$时，$M_z'=l_1'+l_2',l_1'+l_2'-1,l_1'+l_2'-2,\cdots,-(l_1'+l_2')$. 另一种情形必须属于另一个 L'的数值. 因为 $l_1'+l_2'$是 L'的唯一的最大值，所以 L'的第二个值应小于它. 但又不能小于 $l_1'+l_2'-1$，因$M_z'\leqslant L'$. 因此，L'的第二个值是 $l_1'+l_2'-1$. 依此类推，可以定出 L'的值为

$$L'=l_1'+l_2',l_1'+l_2'-1,l_1'+l_2'-2,\cdots$$

对于每个 L'，$M_z'=L',L'-1,\cdots,-L'$. 但 L'不能为负数，所以存在一个 L'的最小值，我们来确定 L'的最小值.

由于 M^2，M_z 互相对易，它们有共同的本征函数$|L'M_z'\rangle$，它们可由$|l_1'm_{1z}'\rangle|l_2'm_{2z}'\rangle$的线性迭加而得到. 对于给定的 l_1'，l_2'，$|l_1'm_{1z}'\rangle|l_2'm_{2z}'\rangle$的线性独立的数目是$(2l_1'+1)(2l_2'+1)$，所以$|L'M_z'\rangle$线性独立的数目也应是这样多. 对于 L'的每个值，共有$(2L'+1)$个独立的$|L'M_z'\rangle$，所

以设 $L'_{\min}$ 为 L' 的最小值，则

$$\sum_{L'=L'_{\min}}^{l'_1+l'_2}(2L'+1)=(2l'_1+1)(2l'_2+1) \tag{7.42}$$

利用等差级数公式，很容易从上式求出 $L'_{\min}$.

$$\text{左边}=\frac{(2L'_{\min}+1)+[2(l'_1+l'_2)+1]}{2}\cdot(l'_1+l'_2-L'_{\min}+1)$$
$$=(l'_1+l'_2+L'_{\min}+1)(l'_1+l'_2-L'_{\min}+1)=(l'_1+l'_2+1)^2-L'^2_{\min}$$

代回式(7.42)，得

$$(l'_1+l'_2)^2+2(l'_1+l'_2)+1-L'^2_{\min}=(2l'_1+1)(2l'_2+1)$$

化简后，得

$$L'^2_{\min}=(l'_1-l'_2)^2$$

所以

$$L'_{\min}=|l'_1-l'_2| \tag{7.43}$$

因此得到结论：$\boldsymbol{m}_1[m_1^2=l'_1(l'_1+1)\hbar^2]$ 和 $\boldsymbol{m}_2[m_2^2=l'_1(l'_2+1)\hbar^2]$ 的合成角动量 $\boldsymbol{M}=\boldsymbol{m}_1+\boldsymbol{m}_2$ $[M^2=L'(L'+1)\hbar^2]$ 的量子数 L' 能取值

$$L'=l_1+l_2,l_1+l_2-1,\cdots,|l_1-l_2| \tag{7.44}$$

相应于 L' 的每个数值

$$M'_z=L',L'-1,\cdots,-L' \tag{7.45}$$

这就是角动量的加和规则.

如何把 $(2l'_1+1)(2l'_2+1)$ 个基矢 $|l'_1m'_{1z}\rangle|l'_2m'_{2z}\rangle$ 组合起来，得到 $|L'M'_z\rangle$，需要用到克来布希-戈登(Clebsch-Gordon)系数. 这里，我们不讨论.

例 7.1　碱金属价电子角动量相加

S：　$l'=0$，　$s'=\dfrac{1}{2}$，　$j=\dfrac{1}{2}$

P：　$l'=1$，　$s'=\dfrac{1}{2}$，　$j=\dfrac{3}{2}$，　$\dfrac{1}{2}$

D：　$l'=2$，　$s'=\dfrac{1}{2}$，　$j=\dfrac{5}{2}$，　$\dfrac{3}{2}$

由于电子具有自旋角动量，除 S 态没有分裂外，P 和 D 态都出现了多重态. P 态 $j=\dfrac{3}{2}$，$j=\dfrac{1}{2}$，分裂成两个多重态，一组为 4 个，另一组为 2 个. 它们的能量有微小差别. 而 D 态 $j=\dfrac{5}{2}$ 和 $\dfrac{3}{2}$，也分裂成两个多重态，它们的能量有小的差别，其多重态数目分别是 6 和 4.

6. 转动算子

类似于位移算子，对坐标轴的旋转定义一个旋转算子 R. 它是幺正算子，作用于矢量 $|P\rangle$ 和力学量 V 的结果为

$$|P_r\rangle=R|P\rangle$$
$$V_r=RVR^{-1}$$

绕 z 轴旋转 $\delta\varphi$ 角，相应的无穷小算子定义为

$$r_z=\lim_{\delta\varphi\to 0}\frac{R_z-1}{\delta\varphi}$$

因此

$$R_z=1+r_z\delta\varphi \tag{7.46}$$

对于一个粒子的坐标或动量 $\mathbf{A}$,当绕 z 轴转动 $\delta\varphi$,其结果为

$$A'_x=A_x\cos\delta\varphi+A_y\sin\delta\varphi\approx A_x+A_y\delta\varphi$$
$$A'_y=-A_x\sin\delta\varphi+A_y\cos\delta\varphi\approx -A_x\delta\varphi+A_y$$
$$A'_z=A_z$$

由于

$$V_d=(1+\delta\varphi\, r_z)V(1-\delta\varphi\, r_z)=V+\delta\varphi(r_zV-Vr_z)$$

将 V_d 代入上式 $\mathbf{A}'$ 中得

$$\left.\begin{aligned}A_y&=r_zA_z-A_xr_z\\-A_x&=r_zA_y-A_yr_z\\0&=r_zA_z-A_zr_z\end{aligned}\right\} \tag{7.47}$$

同角动量的对易关系式(7.17)比较,得到

$$i\hbar r_z=m_z$$

同理,有 m_x,m_y 的对应公式. 因此

$$(m_x,m_y,m_z)=i\hbar(r_x,r_y,r_z) \tag{7.48}$$

在前两章,我们还有结果:

$$(p_x,p_y,p_z)=i\hbar(d_x,d_y,d_z)$$
$$H=i\hbar\lim_{t\to t_0}\frac{T-1}{t-t_0}=i\hbar d_t$$

这样,我们对动量、角动量和能量算了有更深刻的了解:动量算子与位移算子联系在一起;角动量算子与转动算子联系在一起;能量算子与时移算子联系在一起. 我们把位移算子、时移算子和转动算子的主要结果总结如下:

	位移算子	时移算子	转动算子
定义	$D_x=1+\Delta x\mathrm{d}x$	$\vert Pt\rangle=T\vert Pt_0\rangle$	$R_z=1+\delta\varphi r_z$
逆算子	$D_x^{-1}=1-\Delta x\mathrm{d}x$	$\vert Pt_0\rangle=T^{-1}\vert Pt\rangle$	$R_z^{-1}=1-\delta\varphi r_z$
无穷小算子表示	$\mathrm{d}_x=\lim\limits_{\Delta x\to 0}\frac{D-1}{\Delta x}$ $\quad \mathrm{d}_x=-\frac{\partial}{\partial x}=\frac{Px}{i\hbar}$	$\lim\limits_{\Delta t\to 0}\frac{T-1}{\Delta t}$ $\quad \frac{\partial}{\partial x}=\frac{H}{i\hbar}$	$r_z=\lim\limits_{\delta\varphi\to 0}\frac{R_z-1}{\delta\varphi}$ $\quad r_z=\frac{\partial}{\partial\varphi}=\frac{L_z}{i\hbar}$
相关力学量	$V_d=DVD^{-1}$ $P_x=i\hbar\mathrm{d}_x$ $(p_x,p_y,p_z)=i\hbar(d_x,d_y,d_z)$	$V_t=T^{-1}VT$ $H=i\hbar\frac{\partial}{\partial t}$	$V_t=RVR^{-1}$ $L_z=i\hbar r_z$ $(L_x,L_y,L_z)=i\hbar(r_x,r_y,r_z)$
表达式	$D_x=\mathrm{e}^{-\frac{i}{\hbar}\Delta x\Delta P_x}$ $D_{\bar{a}}=\mathrm{e}^{-\frac{i}{\hbar}\boldsymbol{aP}}$	$T=\mathrm{e}^{-\frac{i}{\hbar}H(t-t_0)}$ (H 不显含 t) $T=\mathrm{e}^{-\frac{i}{\hbar}Ht}$	$R_z=\mathrm{e}^{-\frac{i}{\hbar}L_z\delta\varphi}$ $R=\mathrm{e}^{-\frac{i}{\hbar}\theta(\boldsymbol{n}\cdot\boldsymbol{L})}$
物理意义	空间的均匀性——动量守恒	时间的均匀性——能量守恒	空间的各向同一性——角动量守恒

7.3 电子的自旋

电子的运动除了轨道角动量外,还有自旋角动量.1925年,乌伦贝克(Uhlenbeck)和古德斯米特(Goudsmit)为了解释光谱实验数据,提出电子自旋的存在.他们发现,在钠原子光谱线中,从 $2P$ 到 $1S$ 的跃迁是由两条靠得很近的谱线组成,一条是 5890Å,另一条是 5896Å.为了解释谱线的分裂,他们提出:

(1) 每一个电子都具有自旋角动量 $\boldsymbol{S}$,它在空间任何方向的投影只可能取两个数值:

$$S_z=\pm\frac{\hbar}{2}$$

(2) 每一个电子都有自旋磁矩 $\boldsymbol{\mu}_s$,它和 $\boldsymbol{S}$ 的关系为

$$\boldsymbol{\mu}_s=-\frac{e}{m_c}\boldsymbol{S}$$

式中,电子电荷为 $-e$,电子质量为 m.

1928年,狄拉克从相对论量子力学推出电子自旋的存在.这里,我们引入自旋,并且认为它服从角动量对易关系式(7.19),即

$$\boldsymbol{S}\times\boldsymbol{S}=i\hbar\boldsymbol{S}$$

自旋角动量的量子数 $S'=\frac{1}{2}$,磁量子数 $S'_z=\pm\frac{1}{2}$.在 S^2,S_x,S_y,S_z 中,只能选择两个,如 S^2 和 S_z,具有共同本征矢量.这种本征矢只有两个,一个是 $|S'_z=\frac{1}{2}\rangle$,另一个是 $|S'_z=-\frac{1}{2}\rangle$,且

$$\left.\begin{aligned}S^2|S'_z=\pm\frac{1}{2}\rangle&=\frac{3}{4}\hbar^2|S'_z=\pm\frac{1}{2}\rangle\\ S_z|S'_z=\pm\frac{1}{2}\rangle&=\pm\frac{\hbar}{2}\hbar|S'_z=\pm\frac{1}{2}\rangle\end{aligned}\right\}\tag{7.49}$$

为了讨论方便,定义一个无量纲的 σ 算子,它的本征值为 ±1.

$$\frac{\hbar}{2}\sigma=S\tag{7.50}$$

由于

$$\boldsymbol{S}\times\boldsymbol{S}=i\hbar\boldsymbol{S}$$

得到

$$\boldsymbol{\sigma}\times\boldsymbol{\sigma}=2i\,\boldsymbol{\sigma}\tag{7.51}$$

也就是

$$\sigma_x\sigma_y-\sigma_y\sigma_x=2i\,\sigma_z$$
$$\sigma_y\sigma_z-\sigma_z\sigma_y=2i\,\sigma_x$$
$$\sigma_z\sigma_x-\sigma_x\sigma_z=2i\,\sigma_y$$

由 $S_z=\frac{\hbar}{2}\sigma_z=\pm\frac{\hbar}{2}$,得 $\sigma_z=\pm1$.$\boldsymbol{\sigma}$ 是泡利(Pauli)首先引进来的,称为泡利矩阵.

1. $\boldsymbol{\sigma}$ 的性质

(1) $\sigma_x,\sigma_y,\sigma_z$ 的本征值分别为 ±1,因此

$$\sigma_x^2=\sigma_y^2=\sigma_z^2=1\tag{7.52}$$

(2)

$$\left.\begin{aligned}\sigma_x\sigma_y&=-\sigma_y\sigma_x\\\sigma_y\sigma_z&=-\sigma_z\sigma_y\\\sigma_z\sigma_x&=-\sigma_x\sigma_z\end{aligned}\right\}\tag{7.53}$$

从 $\sigma_x\sigma_z^2-\sigma_z^2\sigma_x=0$ 出发，可证明：

$$\begin{aligned}0&=\sigma_x\sigma_z^2-\sigma_z\sigma_x\sigma_z+\sigma_z\sigma_x\sigma_z-\sigma_z^2\sigma_x\\&=(\sigma_x\sigma_z-\sigma_z\sigma_x)\sigma_z+\sigma_z(\sigma_x\sigma_z-\sigma_z\sigma_x)\\&=-2i\sigma_y\sigma_z-2i\sigma_z\sigma_y\\&=-2i(\sigma_y\sigma_z+\sigma_z\sigma_y)\end{aligned}$$

所以

$$\sigma_y\sigma_z=-\sigma_z\sigma_y$$

下标轮换 $x \to y \to z \to x$，可证明其他两式.

(3) 将式(7.51)和式(7.53)结合，得

$$\left.\begin{aligned}\sigma_y\sigma_z&=-\sigma_z\sigma_y=i\sigma_x\\\sigma_z\sigma_x&=-\sigma_x\sigma_z=i\sigma_y\\\sigma_x\sigma_y&=-\sigma_y\sigma_x=i\sigma_z\end{aligned}\right\}\tag{7.54}$$

由式(7.54)，立刻得到

$$\sigma_x\sigma_y\sigma_z=\sigma_y\sigma_z\sigma_x=\sigma_z\sigma_x\sigma_y=i\tag{7.55}$$

2. $\boldsymbol{\sigma}_x,\boldsymbol{\sigma}_y,\boldsymbol{\sigma}_z$ 的矩阵表示

选择 $|\sigma_z'=1\rangle$ 和 $|\sigma_z'=-1\rangle$ 为基矢量，简记 $|1\rangle$ 和 $|-1\rangle$，在这组基矢量中，σ_z 的矩阵表示为

$$\langle 1|\sigma_z|1\rangle=1,\langle -1|\sigma_z|-1\rangle=-1,\langle 1|\sigma_z|-1\rangle=\langle -1|\sigma_z|1\rangle=0$$

$$\sigma_z=\begin{pmatrix}1&0\\0&-1\end{pmatrix}\tag{7.56}$$

设 σ_x 矩阵为

$$\sigma_x=\begin{pmatrix}a_1&a_3\\a_4&a_2\end{pmatrix}$$

由于 $\sigma_z\sigma_x=-\sigma_x\sigma_z$，得

$$\begin{pmatrix}a_1&a_3\\-a_4&-a_2\end{pmatrix}=\begin{pmatrix}-a_1&a_3\\-a_4&a_2\end{pmatrix}$$

因此

$$a_1=0\qquad a_2=0$$

又由 σ_x 的厄米性质和 $\sigma_x^2=1$，得到

$$\sigma_x=\begin{pmatrix}0&\mathrm{e}^{i\alpha}\\\mathrm{e}^{-i\alpha}&0\end{pmatrix}$$

α 为任意实数，为了简单，取 $\alpha=0$，则 σ_x 唯一确定为

$$\sigma_x=\begin{pmatrix}0&1\\1&0\end{pmatrix}\tag{7.57}$$

当 σ_z 和 σ_x 确定后，σ_y 就随之确定了. 由

$$\sigma_y\sigma_z\sigma_x=i$$

得

$$\sigma_y = i\sigma_x\sigma_z = \begin{pmatrix} 0 & -i \\ i & 0 \end{pmatrix} \tag{7.58}$$

3. $\boldsymbol{\sigma}$ 在任何方向 $\boldsymbol{n}(l,m,n)$ 的本征值和本征矢

选取球坐标(l,m,n 是 $\boldsymbol{n}$ 的方向余弦),如图 7.1 所示,得

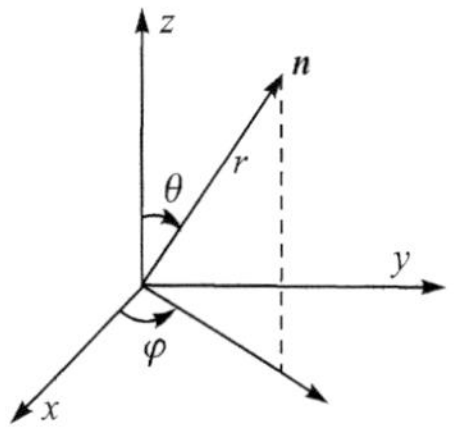

图 7.1 $\boldsymbol{n}$ 的方位角

$$l = \sin\theta\cos\varphi$$

$$m = \sin\theta\sin\varphi$$

$$n = \cos\theta$$

$$\begin{aligned}\boldsymbol{\sigma}\cdot\boldsymbol{n} &= \sigma_x l + \sigma_y m + \sigma_z n \\ &= \begin{pmatrix} n & l-im \\ l+im & -n \end{pmatrix} \\ &= \begin{pmatrix} \cos\theta & \sin\theta e^{-i\varphi} \\ \sin\theta e^{i\varphi} & -\cos\theta \end{pmatrix}\end{aligned} \tag{7.59}$$

在“σ_z”表象里,设 $a|1\rangle + b|-1\rangle$ 是 $\boldsymbol{\sigma}\cdot\boldsymbol{n}$ 的本征矢. 本征方程为

$$\begin{pmatrix} \cos\theta & \sin\theta e^{-i\varphi} \\ \sin\theta e^{i\varphi} & -\cos\theta \end{pmatrix}\begin{pmatrix} a \\ b \end{pmatrix} = \sigma_n' \begin{pmatrix} a \\ b \end{pmatrix} \tag{7.60}$$

久期方程为

$$\begin{vmatrix} \cos\theta - \sigma_n' & \sin\theta e^{-i\varphi} \\ \sin\theta e^{i\varphi} & -\cos\theta - \sigma_n' \end{vmatrix} = 0$$

将行列式展开,得

$$-(\cos\theta - \sigma_n')(\cos\theta + \sigma_n') - \sin^2\theta = 0$$

$$\sigma_n'^2 = 1 \qquad \sigma_n' = \pm 1$$

下面求本征矢. 当 $\sigma_n' = 1$,代入式(7.60)得

$$a\cos\theta + b\sin\theta e^{-i\varphi} = a$$

$$a\sin\theta e^{i\varphi} - b\cos\theta = b$$

从上两式得

$$a = \frac{\sin\theta e^{-i\varphi}}{1-\cos\theta} b \tag{7.61}$$

由归一化条件

$$(a^* \ b^*)\begin{pmatrix} a \\ b \end{pmatrix} = 1$$

将 a 的表达式代入,得

$$\frac{\sin^2\theta}{(1-\cos\theta)^2}\cdot |b|^2 + |b|^2 = 1$$

经过简单运算得

$$1 - \cos\theta = 2|b|^2$$

$$b = \sqrt{\frac{1-\cos\theta}{2}} e^{i\delta} = \sin\frac{\theta}{2} e^{i\delta}$$

代入式(7.61),得

$$a=\frac{\sin\theta}{1-\cos\theta}\sqrt{\frac{1-\cos\theta}{2}}e^{-i\varphi}e^{i\delta}$$
$$=\frac{\sin\theta}{\sqrt{2(1-\cos\theta)}}e^{-i\varphi}e^{i\delta}$$
$$=\frac{1}{2}\frac{\sin\theta}{\sin\frac{\theta}{2}}e^{-i\varphi}e^{i\delta}$$
$$=\cos\frac{\theta}{2}e^{-i\varphi}e^{i\delta}$$

取 $\delta=0$，则对于 $\sigma_n'=1$ 的本征矢为

$$|\sigma_n'=1\rangle=\begin{pmatrix}\cos\frac{\theta}{2}e^{-i\varphi}\\ \sin\frac{\theta}{2}\end{pmatrix}$$

写成比较对称的形式

$$|\sigma_n'=1\rangle=\begin{pmatrix}\cos\frac{\theta}{2}e^{\frac{-i\varphi}{2}}\\ \sin\frac{\theta}{2}e^{\frac{-i\varphi}{2}}\end{pmatrix}\tag{7.62}$$

同理可得 $\sigma_n'=-1$ 的本征矢

$$|\sigma_n'=-1\rangle=\begin{pmatrix}\sin\frac{\theta}{2}e^{\frac{-i\varphi}{2}}\\ -\cos\frac{\theta}{2}e^{\frac{-i\varphi}{2}}\end{pmatrix}\tag{7.63}$$

考虑了自旋后，电子的波函数包含四个变量 x,y,z 和 σ_z，其形式为

$$\psi(x,y,z,\sigma_z)$$

σ_z 取 1 和 −1 两个数值. 这也可以看作二组分向量，即

$$\psi=\begin{bmatrix}\psi_1(x,y,z,1)\\ \psi_2(x,y,z,-1)\end{bmatrix}\tag{7.64}$$

到相对论量子力学中，ψ 是四组分向量.

对 ψ 进行归一化，必须同时对自旋空间求和以及对坐标空间积分，即

$$\int\psi^*\psi d\tau=\int(\psi_1^*\ \psi_2^*)\begin{pmatrix}\psi_1\\ \psi_2\end{pmatrix}d\tau=\int(|\psi_1|^2+|\psi_2|^2)d\tau=1$$

7.4 选择定则

处于定态的体系受到电磁场的作用，从 α'态跃迁到 α''态的概率与跃迁矩阵元 $\langle\alpha''|\boldsymbol{r}|\alpha'\rangle$ 绝对值的平方成正比(详见 8.2 节)，当 $\langle\alpha''|\boldsymbol{r}|\alpha'\rangle=0$，若只考虑偶极近似，便不可能实现这种跃迁，称为禁戒跃迁. 要实现 α'态到 α''态的跃迁，必须满足

$$\langle\alpha''|\boldsymbol{r}|\alpha'\rangle\neq0$$

的条件. 这样就能得到光谱上的选择定则.

1. 谐振子的选择定则

在谐振子的讨论中,定义了算子 η 和 $\bar{\eta}$

$$\eta=(2m\hbar\omega)^{-1/2}(p+im\omega q)$$
$$\bar{\eta}=(2m\hbar\omega)^{-1/2}(p-im\omega q)$$

它们和 H 的对易关系为

$$\eta H-H\eta=-\hbar\omega\eta$$
$$\bar{\eta}H-H\bar{\eta}=\hbar\omega\bar{\eta}$$

从这些对易关系,可以推导能级间跃迁的选择定则.

$$\langle H'|\eta H-H\eta+\hbar\omega\eta|H''\rangle=0$$
$$(H''-H'+\hbar\omega)\langle H'|\eta|H''\rangle=0 \tag{7.65}$$

由式(7.65)看到,$\langle H'|\eta|H''\rangle\neq0$ 的必要条件是

$$H''-H'+\hbar\omega=0$$

或者

$$H''-H'=-\hbar\omega \tag{7.66}$$

同理

$$\langle H'|\bar{\eta}H-H\bar{\eta}-\hbar\omega\eta|H''\rangle=0$$
$$(H''-H'-\hbar\omega)\langle H'|\bar{\eta}|H''\rangle=0$$

要使

$$\langle H'|\bar{\eta}|H''\rangle\neq0$$

必须

$$H''-H'=\hbar\omega \tag{7.67}$$

又知

$$q=\frac{1}{2im\omega}(2m\hbar\omega)^{1/2}(\eta-\bar{\eta})$$

所以$\langle H'|q|H''\rangle\neq0$ 的条件是

$$\Delta H'=H''-H'=\pm\hbar\omega$$

因此,谐振子只有在相邻能级之间才能跃迁.这就是谐振子的选择定则.

2. 中心力场的选择定则

在中心力场中,H,m^2 和 m_z 互相对易,因此它们的共同本征矢量组成一个完全集合.讨论中心力场的选择定则,也就是讨论电子在能级跃迁时 Δm_z 和 Δl 的值是多少.

1) m_z 的选择定则

m_z 和 x,y,z 的对易关系体现在下列三个式子中:

$$[m_z,x+iy]=[m_z,x]+i[m_z,y]=y-ix=-i(x+iy)$$

或者

$$m_z(x+iy)-(x+iy)m_z=\hbar(x+iy)$$

所以

$$m_z(x+iy)-(x+iy)(m_z+\hbar)=0 \tag{7.68}$$

同样,有

$$[m_z,x-iy]-y+ix=i(x-iy)$$

$$m_z(x-iy)-(x-iy)(m_z-\hbar)=0 \tag{7.69}$$

$$m_z z-z m_z=0 \tag{7.70}$$

由式(7.68)、式(7.69)和式(7.70)三个式子,可以推导 m_z 的选择定则.

设基矢量是$|\alpha'\rangle$,它们是 H,m^2 和 m_z 的共同本征矢量,其本征值分别为 $H',l'(l'+1)\hbar^2$ 和 $m_z'\hbar$. 由式(7.68)得算子方程:

$$\langle\alpha'|m_z(x+iy)-(x+iy)(m_z+\hbar)|\alpha''\rangle=\hbar(m_z'-m_z''-1)\langle\alpha'|x+iy|\alpha''\rangle=0$$

所以$\langle\alpha'|x+iy|\alpha''\rangle\neq 0$ 的必要条件为

$$m_z'-m_z''=1 \tag{7.71}$$

同理,由式(7.69)得算子方程:

$$\langle\alpha'|m_z(x-iy)-(x-iy)(m_z-\hbar)|\alpha''\rangle=\hbar(m_z'-m_z''+1)\langle\alpha'|x-iy|\alpha''\rangle=0$$

$\langle\alpha'|x-iy|\alpha''\rangle\neq 0$ 的必要条件为

$$m_z'-m_z''=-1 \tag{7.72}$$

由式(7.70)得算子方程:

$$\langle\alpha'|m_z z-z m_z|\alpha''\rangle=\hbar(m_z'-m_z'')\langle\alpha'|z|\alpha''\rangle=0$$

$\langle\alpha'|z|\alpha''\rangle\neq 0$ 的必要条件为

$$m_z'-m_z''=0 \tag{7.73}$$

从式(7.71)、式(7.72)和式(7.73)三个式子得到 m_z 的选择定则为

$$\Delta m_z'=m_z''-m_z'=0,\pm 1 \tag{7.74}$$

因此,在中心力场中,受电磁场的作用引起电子能级跃迁,m_z 的选择定则只能是 $\Delta m_z'=0,\pm 1$.

2) m^2 的选择定则

(1) 三个对易关系式.

(a) $$[m^2,z]=2(m_y x-m_x y+i\hbar z)=2(xm_y-m_x y)=2(m_y x-ym_x)$$

证明:由式(7.17)的对易关系,得

$$\begin{aligned}[m^2,z]&=[{m_x}^2+{m_y}^2+{m_z}^2,z]=[{m_x}^2,z]+[{m_y}^2,z]\\&=m_x[m_x,z]+[m_x,z]m_x+m_y[m_y,z]+[m_y,z]m_y\\&=-m_x y-ym_x+m_y x+xm_y\end{aligned} \tag{7.75}$$

又由

$$m_x y-ym_x=i\hbar z$$

$$m_y x-xm_y=-i\hbar z$$

得

$$ym_x=m_x y-i\hbar z$$

$$xm_y=m_y x+i\hbar z$$

代入式(7.75),得

$$\begin{aligned}[m^2,z]&=-m_x y-m_x y+i\hbar z+m_y x+m_y x+i\hbar z\\&=2(m_y x-m_x y+i\hbar z)\end{aligned} \tag{7.76}$$

将

$$m_y x=xm_y-i\hbar z$$

代入式(7.76),得

$$[m^2,z]=2(m_y x-m_x y+i\hbar z)=2(xm_y-m_x y)$$

又将

$$m_x y = y m_x + i\hbar z$$

代入式(7.76),得

$$[m^2, z] = 2(m_y x - m_x y + i\hbar z) = 2(x m_y - m_x y) = 2(m_y x - y m_x) \tag{7.77}$$

在式(7.77)的第二个等号里作下标代换:$x \to y, y \to z, z \to x$,即 $x \to y \to z \to x$,得

(b)
$$[m^2, x] = 2(y m_z - m_y z) \tag{7.78}$$

在式(7.77)的第三个等号里作下标代换:$x \to z, y \to x, z \to y$,即 $x \to z \to y \to x$,得

(c)
$$[m^2, y] = 2(m_x z - x m_z) \tag{7.79}$$

(2) $[m^2, [m^2, z]] = -2(m^2 z + z m^2)$.

证明:由上面三个对易关系式,得

$$\begin{aligned}[m^2, [m^2, z]] &= [m^2, 2(m_y x - m_x y + i\hbar z)] = 2m_y[m^2, x] - 2m_x[m^2, y] + 2i\hbar[m^2, z] \\ &= 4m_y(y m_z - m_y z) - 4m_x(m_x z - x m_z) + 2(m^2 z - z m^2)\end{aligned}$$

在上式加一项 $m_z z m_z$,再减去 $m_z^2 z = m_z z m_z$,得

$$\begin{aligned}[m^2, [m^2, z]] &= 4(m_x x + m_y y + m_z z) m_z - 4({m_x}^2 + {m_y}^2 + {m_z}^2) z + 2(m^2 z - z m^2) \\ &= -4m^2 z + 2(m^2 z - z m^2) = -2(m^2 z + z m^2)\end{aligned} \tag{7.80}$$

式(7.80)的证明用到

$$m_x x + m_y y + m_z z = \boldsymbol{m} \cdot \boldsymbol{r} = \boldsymbol{r} \times \boldsymbol{p} \cdot \boldsymbol{r} = 0$$

式(7.80)两边乘以$\hbar^2$,得

$$i\hbar[m^2, i\hbar[m^2, z]] = 2\hbar^2(m^2 z + z m^2)$$

或者

$$\begin{aligned}i\hbar[m^2, m^2 z - z m^2] &= m^2(m^2 z - z m^2) - (m^2 z - z m^2) m^2 \\ &= m^4 z - 2m^2 z m^2 + z m^4 = 2\hbar^2(m^2 z + z m^2)\end{aligned}$$

亦即得到所需要的算子恒等式

$$m^4 z - 2m^2 z m^2 + z m^4 - 2\hbar^2(m^2 z + z m^2) = 0 \tag{7.81}$$

(3) 选择定则.

由算子恒等式[式(7.81)]得到算子方程:

$$\langle \alpha' | m^4 z - 2m^2 z m^2 + z m^4 - 2\hbar^2(m^2 z + z m^2) | \alpha'' \rangle = 0$$

由此得出

$$\begin{aligned}\hbar^4[&l'^2(l'+1)^2 - 2l'(l'+1)l''(l''+1) + l''^2(l''+1)^2 \\ &- 2l'(l'+1) - 2l''(l''+1)]\langle \alpha' | z | \alpha'' \rangle = 0\end{aligned}$$

$\langle \alpha' | z | \alpha'' \rangle \neq 0$ 的必要条件是

$$l'^2(l'+1)^2 - 2l'(l'+1)l''(l''+1) + l''^2(l''+1)^2 - 2l'(l'+1) - 2l''(l''+1) = 0$$

将上式分解因子:

$$(l' + l'' + 2)(l' + l'')(l' - l'' + 1)(l' - l'' - 1) = 0$$

由于 l', l'' 总是正数或零,上式第一个因子总是大于零的;第二个因子只有在 $l' = l'' = 0$ 时才为零,否则也是大于零的.从第三、四个因子得到

$$\Delta l' = l'' - l' = \pm 1 \tag{7.82}$$

在中心力场中,定态在一个电磁场中吸收和放出一个光子的选择定则只能是 $\Delta l = \pm 1$.这就是角动量 m^2 的选择定则.

还需说明,第二个因子在 $l' = l'' = 0$ 为零时,并不能给出任何跃迁.因为 $l' = l'' = 0$,必有

$$m_z' = m_x' = m_y' = 0$$

$$m''_z = m''_x - m''_y - 0$$

这时,由 m_z 的选择定则的三个式子

$$\hbar(m'_z - m''_z - 1)\langle\alpha'|x+iy|\alpha''\rangle = 0$$

$$\hbar(m'_z - m''_z + 1)\langle\alpha'|x-iy|\alpha''\rangle = 0$$

$$\hbar(m'_z - m''_z)\langle\alpha'|z|\alpha''\rangle = 0$$

可以看出,对于 $l'=l''=0$ 的态,x,y 的矩阵元为零. 但是,由第三个式子看不出 z 的矩阵元也为零. 因为 x,y,z 三个方向是完全等价的,所以对 m_x 或 m_y 的同样选择定则能表明,z 的矩阵元也为零. 这样,$l'=l''=0$ 的两个态之间的跃迁不能出现.

以上推导是从 $[m^2,[m^2,z]] = -2(m^2z+zm^2)$ 出发. 在中心力场,x,y,z 三个方向完全等价,可以在算子恒等式[式(7.80)]中作下标代换 $z\to x$ 或 $z\to y$,会得到同样的结果. 以上推导告诉我们,要寻求选择定则,关键是要找到力学量 α 的算子恒等式:

$$\sum f(\alpha)Dg(\alpha) = 0$$

式中,D 为 x,y,z 或其线性组合,$f(\alpha)$,$g(\alpha)$ 是 α 的函数,为定态的力学量,跃迁的态是 α 的本征矢量,计算

$$\langle\alpha' \mid \sum f(\alpha)Dg(\alpha) \mid \alpha''\rangle = \sum f(\alpha')g(\alpha'')\cdot\langle\alpha' \mid D \mid \alpha''\rangle = 0$$

$\langle\alpha'|D|\alpha''\rangle \neq 0$ 的必要条件是

$$\sum f(\alpha')g(\alpha'') = 0 \tag{7.83}$$

从而求出选择定则.

7.5 氢原子的塞曼效应

现在研究在均匀磁场中的氢原子系统光谱. 设外磁场为 $\mathscr{H}$,用矢势 $\mathbf{A}$ 描述:

$$\mathscr{H} = \nabla\times\mathbf{A}$$

按照经典力学,这时电子运动的动量 P_x,P_y,P_z 将以 $P_x+\frac{e}{c}A_x$,$P_y+\frac{e}{c}A_y$,$P_z+\frac{e}{c}A_z$ 替代. 设外磁场沿着 z 方向,其值为 $\mathscr{H}$,则 $\mathbf{A}$ 为

$$A_x = -\frac{1}{2}\mathscr{H}y \qquad A_y = \frac{1}{2}\mathscr{H}x \qquad A_z = 0$$

由于电子有自旋,根据实验或相对论理论推导,它的磁矩为

$$\boldsymbol{\mu}_s = -\frac{e}{mc}\boldsymbol{S} = -\frac{e\hbar}{2mc}\boldsymbol{\sigma}$$

这个磁矩在磁场中的能量为

$$-\mathscr{H}\cdot\boldsymbol{\mu}_s = \frac{e\hbar}{2mc}\mathscr{H}\sigma_z$$

因此,氢原子的哈密顿为

$$\begin{aligned} H &= \frac{1}{2m}\left[\left(P_x+\frac{e}{c}A_x\right)^2+\left(P_y+\frac{e}{c}A_y\right)^2+\left(P_z+\frac{e}{c}A_z\right)^2\right]-\frac{e^2}{r}+\frac{e\hbar}{2mc}\mathscr{H}\sigma_z \\ &= \frac{1}{2m}\left[\left(P_x-\frac{e}{2c}\mathscr{H}y\right)^2+\left(P_y+\frac{e}{2c}\mathscr{H}x\right)^2+P_z\right]-\frac{e^2}{r}+\frac{e\hbar}{2mc}\mathscr{H}\sigma_z \end{aligned}$$

当 $\mathscr{H}$ 不很大，把上式平方项展开，只保留到 $\frac{e\mathscr{H}}{c}$ 的一次方项，上式化为

$$H=\frac{1}{2m}(P_x^2+P_y^2+P_z^2)-\frac{e^2}{r}+\frac{e\mathscr{H}}{2mc}(xP_y-yP_x)+\frac{e\hbar}{2mc}\mathscr{H}\sigma_z$$
$$=\frac{1}{2m}(P_x^2+P_y^2+P_z^2)-\frac{e^2}{r}+\frac{e\mathscr{H}}{2mc}(m_z+\hbar\sigma_z) \tag{7.84}$$

由于

$$H_0=\frac{1}{2m}(P_x^2+P_y^2+P_z^2)-\frac{e^2}{r}$$

和

$$\frac{e\mathscr{H}}{2mc}(m_z+\hbar\sigma_z) \tag{7.85}$$

对易，它们有共同的本征函数. H_0 的本征函数为 $U_{n,l,m}(r,\theta,\varphi)$，本征值为 $E'_{n,l,m}$，则

$$U_{n,l,m}\,|\sigma_z'=1\rangle$$
$$U_{n,l,m}\,|\sigma_z'=-1\rangle$$

就是式(7.85)的本征函数，其本征值为

$$\frac{e\hbar}{2mc}\mathscr{H}(m_z'\pm1) \tag{7.86}$$

氢原子在磁场中的薛定谔方程为

$$H|\Psi\rangle=H'|\Psi\rangle=\left[E'_{n,l,m}+\frac{e\hbar}{2mc}\mathscr{H}(m_z'\pm1)\right]|\Psi\rangle$$

氢原子在磁场中的能量为

$$H'=E'_{n,l,m}+\frac{e\hbar}{2mc}\mathscr{H}(m_z'\pm1)$$

根据 7.4 节讨论，m_z 的选择定则为

$$\Delta m_z'=0,\pm1$$

又因 σ_z 和 $\boldsymbol{er}$ 对易，故 σ_z 的选择定则为

$$\Delta\sigma_z'=0$$

因此，外磁场的存在，跃迁中能量的改变增值为

$$\frac{e\hbar\mathscr{H}}{2mc},0,-\frac{e\hbar\mathscr{H}}{2mc}$$

相应的频率改变为

$$\frac{e\mathscr{H}}{4\pi mc},0,-\frac{e\mathscr{H}}{4\pi mc}$$

图 7.2 表示 3s 和 3p 两个能级在磁场中的分裂情况。

由于能级的分裂是等距离的，故六条谱线中，a，a' 重合，b，b' 重合，c，c' 重合，只剩下三条. 这种在没有外磁场时的一条谱线在外磁场中分裂为三条的现象称为正常塞曼(Zeeman)效应，它是在磁场较强的情况下观察到的. 正常塞曼效应不能反映电子自旋，到精细结构才能反映自旋. 如果磁场很弱，需要考虑自旋轨道的相互作用，这时能级的分裂不是等距离的，比正常塞曼效应复杂，称为反常塞曼效应，第 8 章要讲到.

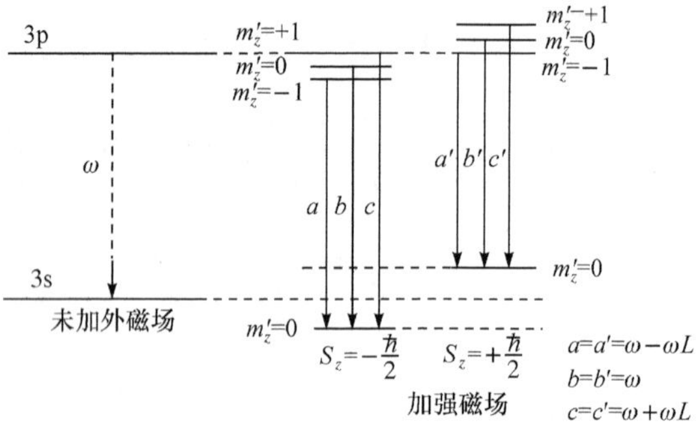

图 7.2　在磁场中 3s 能级和 3p 能级的分裂

习　题

1. 在谐振子能量表象中给出 $\eta,\bar{\eta},\eta\bar{\eta},q$ 和 p 的矩阵表示.
2. 证明:任何一个算符如果与角动量的两个分量可交换,则必定与第三个分量可交换.
3. 证明:

$$|jM\rangle=\sqrt{\frac{(j+M)!}{(2j)!(j-M)!}}\,\bar{\eta}^{j-M}\,|jj\rangle$$

4. 求在下列状态中 J^2,J_z 的本征值:

(1) $\psi_1=\frac{1}{\sqrt{3}}\left[\sqrt{2}\,\chi^{1/2}(S_z)Y_{10}(\theta,\varphi)+\chi^{-1/2}(S_z)Y_{11}(\theta,\varphi)\right]$

(2) $\psi_2=\frac{1}{\sqrt{3}}\left[\sqrt{2}\,\chi^{-1/2}(S_z)Y_{10}(\theta,\varphi)+\chi^{1/2}(S_z)Y_{1-1}(\theta,\varphi)\right]$

5. 求在 σ_x 表象中算符 σ_y 和 σ_z 的本征值和本征矢.
6. 在 $j=l+\frac{1}{2}$ 和 $j=l-\frac{1}{2}$ 两种情况下,求 $\langle jm_j|\ 2\boldsymbol{L}\cdot\boldsymbol{S}|jm_j\rangle$ 分别等于多少.
7. 在 J^2,J_z 表象中,当 $J^1=\frac{1}{2},1,\frac{3}{2},2$,求 J_x,J_y,J_z 的矩阵表示.
8. 一个 p 电子的轨道角动量的本征矢为 $|1,1\rangle,|1,0\rangle,|1,-1\rangle$,自旋本征矢为 $\alpha\beta$,推导总角动量的本征矢 $|j^1,m'\rangle$.
9. 求在下列状态中,J^2 和 J_z 的本征值:

(1) $\Psi_1=\alpha|1\ 1\rangle$

(2) $\Psi_2=\frac{1}{\sqrt{3}}\{\sqrt{2}\alpha|1\ 0\rangle+\beta|1\ 1\rangle\}$

(3) $\Psi_3=\frac{1}{\sqrt{3}}\{\sqrt{2}\beta|1\ 0\rangle+\alpha|1\ -1\rangle\}$

(4) $\Psi_4=\beta|1\ -1\rangle$

10. 通过 l',m_z',S',m_s' 表象,用直接解本征方程的方法,求 m^2,S^2,J^2 和 J_z 的共同本征函数和 J^2 的本征值.
11. 求在自旋状态,$x_{\frac{1}{2}}(S_z)=\begin{pmatrix}1\\0\end{pmatrix}$,$(\Delta S_x)^2(\Delta S_y)^2=?$
12. 设 $\boldsymbol{J}=\boldsymbol{J}_1+\boldsymbol{J}_2$,$\boldsymbol{J}_1,\boldsymbol{J}_2$ 为两个独立的角动量,且 $j_2=\frac{1}{2}$,体系处于 $\psi_{j_1m_1}\psi_{\frac{1}{2}\frac{1}{2}}$ 的状态,求:

(1) J^2 的平均值;

(2) J^2 的取值概率.

13. 设粒子处于态 $\psi(\theta,\varphi)=\sqrt{\frac{1}{3}}Y_{11}+\sqrt{\frac{2}{3}}Y_{20}$,试求:

(1) L_z 的取值概率分布,$\bar{L}_z,(\Delta L_z)^2$;

(2) L^2 的取值概率分布,$\bar{L}^2,(\Delta L_z)^2$.

第8章　微扰理论

在第3章，用波动力学精确地求解了线性谐振子、氢原子等力学体系的薛定谔方程. 在第7章，用算子力学又求解了谐振子、中心力场的角动量等问题. 但是，大量的实际问题，由于哈密顿算子比较复杂，往往不能精确求解，需要用近似方法来求解. 量子力学的一个重要工作就是发展各种近似方法.

不能精确求解，并不只是量子力学自身的缺欠. 就是在经典力学，大量的问题也是不能精确求解的. 简单的三体问题，经典力学也要求助于近似方法.

量子力学的近似方法主要有两大类：微扰法和变分法. 这里只讨论微扰法，变分法留在量子化学中讨论.

8.1　微扰引起的能量变化

设体系的哈密顿为

$$H = E + V \tag{8.1}$$

V 为一级小量. E、V 都不显含时间. E 的本征值 E' 和本征矢量 $|E'\rangle$ 为已知，要求 H 的本征值 H' 和本征矢量 $|H'\rangle$，即求解下面的定态薛定谔方程：

$$H|H'\rangle = (E+V)|H'\rangle = H'|H'\rangle \tag{8.2}$$

设

$$\left.\begin{aligned} H' &= E' + a_1 + a_2 + \cdots \\ |H'\rangle &= |0\rangle + |1\rangle + |2\rangle + \cdots \end{aligned}\right\} \tag{8.3}$$

相对 V 而言，a_1、$|1\rangle$ 和 a_2、$|2\rangle$ 分别称为一级和二级小量. 由式(8.2)知

$$(H' - E)|H'\rangle = V|H'\rangle$$

将式(8.3)代入上式，得

$$(E' + a_1 + a_2 + \cdots - E)(|0\rangle + |1\rangle + |2\rangle + \cdots) = V(|0\rangle + |1\rangle + |2\rangle + \cdots) \tag{8.4}$$

按小量的级别比较，得到 n 个等式

零级近似：　$(E' - E)|0\rangle = 0$ (8.5)

一级近似：　$(E' - E)|1\rangle + a_1|0\rangle = V|0\rangle$ (8.6)

二级近似：　$(E' - E)|2\rangle + a_1|1\rangle + a_2|0\rangle = V|1\rangle$ (8.7)

…

对一般问题，只求到二级能量修正，因此上面三个式子就够了. 但要注意展开级数的收敛性. 下面从这三个式子出发，分别就 E' 为简并和非简并两种情况进行讨论.

1. E' 为非简并

从式(8.5)，得

$$E|0\rangle = E'|0\rangle$$

非简并的条件告诉我们，$|E'\rangle$ 和 $|0\rangle$ 最多差一个常数. 考虑归一化，有

$$|0\rangle=|E'\rangle \tag{8.8}$$

将式(8.6)左乘$\langle E'|$，得

$$\langle E'|E'-E|1\rangle+a_1\langle E'|E'\rangle=\langle E'|V|E'\rangle$$

上式第一项等于零，所以

$$a_1=\langle E'|V|E'\rangle \tag{8.9}$$

将式(8.6)左乘$\langle E''|$，$E''\neq E'$，并考虑$\langle E''|E'\rangle=0$，得

$$(E'-E'')\langle E''|1\rangle=\langle E''|V|E'\rangle$$

所以当$E''\neq E'$时，有

$$\langle E''|1\rangle=\frac{\langle E''|V|E'\rangle}{E'-E''} \tag{8.10}$$

可以证明$\langle E'|1\rangle=0$. 从$|H'\rangle$的归一化条件，有

$$\langle H'|H'\rangle=1$$

得

$$\langle 0|0\rangle=1$$

$$\langle 0|1\rangle+\langle 1|0\rangle=0 \tag{8.11}$$

$$\langle 0|2\rangle+\langle 2|0\rangle+\langle 1|1\rangle=0 \tag{8.12}$$

由式(8.11)知

$$\langle 0|1\rangle=\langle E'|1\rangle=-\langle 1|E'\rangle$$

为虚数，限于实数范围，有

$$\langle 0|1\rangle=\langle E'|1\rangle=0 \tag{8.13}$$

同样，限于实数范围，由式(8.12)得

$$\langle E'|2\rangle=-\frac{1}{2}\langle 1|1\rangle \tag{8.14}$$

把未知的$|1\rangle$向E的本征矢作展开，并注意$\langle E'|1\rangle=0$，把式(8.10)代入，得

$$\begin{aligned}|1\rangle&=\sum_{E''}|E''\rangle\langle E''|1\rangle\\&=\sum_{E''\neq E'}|E''\rangle\frac{\langle E''|V|E'\rangle}{E'-E''}\end{aligned} \tag{8.15}$$

式中，$\sum_{E''}|E''\rangle\langle E''|=I$为单位算子. 因此，得到一级近似的结果

$$a_1=\langle E'|V|E'\rangle$$

$$|1\rangle=\sum_{E''\neq E'}\frac{\langle E''|V|E'\rangle}{E'-E''}|E''\rangle$$

下面求二级近似的结果. 将式(8.7)左乘$\langle E'|$，得

$$\langle E'|E'-E|2\rangle+a_1\langle E'|1\rangle+a_2\langle E'|E'\rangle=\langle E'|V|1\rangle=\sum_{E''}\langle E'|V|E''\rangle\langle E''|1\rangle$$

上式第一项等于零，第二项由于正交也等于零，利用式(8.15)，得

$$a_2=\sum_{E''\neq E'}\frac{\langle E'|V|E''\rangle\langle E''|V|E'\rangle}{E'-E''}=\sum_{E''\neq E'}\frac{|\langle E'|V|E''\rangle|^2}{E'-E''} \tag{8.16}$$

下面再求$|2\rangle=$？为此，以$|E''\rangle(E''\neq E')$左乘式(8.7)

$$(E'-E'')\langle E''|2\rangle+a_1\langle E''|1\rangle+a_2\langle E''|E'\rangle=\langle E''|V|1\rangle$$

将式(8.9)及式(8.15)的结果代入上式，得

$$(E'-E'')\langle E''|2\rangle+\langle E'|V|E'\rangle\sum_{E'''\neq E'}\langle E''|E'''\rangle\frac{\langle E'''|V|E'\rangle}{E'-E'''}$$
$$=\sum_{E'''\neq E'}\langle E''|V|E'''\rangle\frac{\langle E'''|V|E'\rangle}{E'-E'''}$$

因此，当 $E''\neq E'$ 时

$$\langle E''\mid 2\rangle=\sum_{E'''\neq E'}\left\{\frac{\langle E''\mid V\mid E'''\rangle\langle E'''\mid V\mid E'\rangle}{(E'-E''')(E'-E'')}\right\}-\frac{\langle E'\mid V\mid E'\rangle\langle E''\mid V\mid E'\rangle}{(E'-E'')^2}$$

又由式(8.14)得

$$\langle E'|2\rangle=-\frac{1}{2}\langle 1|1\rangle=-\frac{1}{2}\sum_{E''\neq E'}\frac{|\langle E''|V|E'\rangle|^2}{(E'-E'')^2}$$

最后，得二级近似矢量 $|2\rangle$ 为

$$\begin{aligned}|2\rangle&=\sum_{E''}|E''\rangle\langle E''|2\rangle\\&=\sum_{E''\neq E'}|E''\rangle\left[\sum_{E'''\neq E'}{}'\frac{\langle E''|V|E'''\rangle\langle E'''|V|E'\rangle}{(E'-E''')(E'-E'')}-\frac{\langle E'|V|E'\rangle\langle E''|V|E'\rangle}{(E'-E'')^2}\right]\\&\quad-|E'\rangle\frac{1}{2}\sum_{E''\neq E'}\frac{|\langle E''|V|E'\rangle|^2}{(E'-E'')^2}\end{aligned}\tag{8.17}$$

综合上面得到能量二级修正和波函数的一级修正结果：

$$H'=E'+\langle E'|V|E'\rangle+\sum_{E''\neq E'}\frac{|\langle E''|V|E'\rangle|^2}{E'-E''}+\cdots\tag{8.18}$$

$$|H'\rangle=|E'\rangle+\sum_{E''\neq E'}\frac{\langle E''|V|E'\rangle}{E'-E''}|E''\rangle+\cdots\tag{8.19}$$

例 8.1　用微扰法计算 He 原子基态能量.

解　He 原子的哈密顿为

$$H=\frac{1}{2m}(P_1^2+P_2^2)-\frac{2e^2}{r_1}-\frac{2e^2}{r_2}+\frac{e^2}{r_{12}}=E+V$$

$$E=\frac{1}{2m}(P_1^2+P_2^2)-\frac{2e^2}{r_1}-\frac{2e^2}{r_2}$$

$$V=\frac{e^2}{r_{12}}$$

E 相当于两个没有相互作用的类氢离子，它的基态能量和波函数是已知的，即

$$E'=2E'_{1s}=2\left(-\frac{2^2e^2}{2a_0}\right)=-\frac{4e^2}{a_0}$$

$$|E'\rangle=|(1s)_1(1s)_2\rangle$$

由式(8.9)知

$$a_1=\langle(1s)_1(1s)_2|\frac{e^2}{r_{12}}|(1s)_1(1s)_2\rangle$$

这个积分的值比较容易得到，在鲍林的《量子力学导论》附录Ⅴ中证明了

$$a_1=\frac{5}{4}\left(\frac{e^2}{a_0}\right)$$

这样，到一级近似，He 原子基态能量为

$$H'=E'+a_1=-\frac{16}{4}\frac{e^2}{a_0}+\frac{5}{4}\frac{e^2}{a_0}$$

$$=\left(8-\frac{5}{2}\right)\left(-\frac{e^2}{2a_0}\right)=\frac{11}{2}\times(-13.6\ \text{eV})=-74.8\ \text{eV}$$

实验测得 $H'=-78.98$ eV，理论值与实验值相差 4.18 eV，相对误差为 5%左右. He 原子中的两个电子的排斥能与两个电子的位置有关，一级近似就是把两个电子的平均排斥能加上，所以 He 原子总能量升高了.

2. E'为简并

设属于 E' 的本征矢量为 $|E'\beta'\rangle$，$\beta'=1,2,\cdots,n$，且 $\langle E'\beta''|E'\beta'\rangle=\delta_{\beta\beta'}$. 从式(8.5)知道，$|0\rangle$ 自然应是 $|E'\beta'\rangle$ 的线性组合. 设

$$|0\rangle=\sum_{\beta'}|E'\beta'\rangle\langle E'\beta'|0\rangle=\sum_{\beta'}|E'\beta'\rangle f(\beta') \tag{8.20}$$

式中，$f(\beta')=\langle E'\beta'|0\rangle$. 式(8.6)变为

$$(E'-E)|1\rangle+a_1\sum_{\beta'}|E'\beta'\rangle f(\beta')=V\sum_{\beta'}|E'\beta'\rangle f(\beta')$$

将式(8.6)从左边以单位算子 $1=\sum_{E''\beta''}|E''\beta''\rangle\langle E''\beta''|$ 作用，得

$$\sum_{E''\beta''}|E''\beta''\rangle\langle E''\beta''|E'-E|1\rangle+a_1\sum_{E''\beta''}|E''\beta''\rangle\langle E''\beta''|0\rangle$$

$$=\sum_{E''\beta''}\sum_{E'''\beta'''}|E''\beta''\rangle\langle E''\beta''|V|E'''\beta'''\rangle\langle E'''\beta'''|0\rangle$$

把 $|0\rangle=\sum_{\beta'}|E'\beta'\rangle f(\beta')$ 及 $\langle E''\beta''|0\rangle=\delta_{E'E''}f(\beta')$ 代入上式得

$$\sum_{E''\beta''}|E''\beta''\rangle\langle E''\beta''|E'-E|1\rangle+a_1\sum_{\beta'}|E'\beta''\rangle f(\beta')$$

$$=\sum_{E''\beta''}\sum_{\beta''}|E''\beta''\rangle\langle E''\beta''|V|E'\beta'''\rangle f(\beta'')$$

以 $\langle E'\beta'|$ 左乘上式，并利用正交关系得

$$a_1 f(\beta')=\sum_{\beta''}\langle E'\beta'|V|E'\beta'''\rangle f(\beta'')$$

移项得到要解的代数方程组：

$$\sum_{\beta'}[\langle E'\beta'|V|E'\beta''\rangle-a_1\delta_{\beta\beta'}]f(\beta')=0 \tag{8.21}$$

$$\beta'=1,2,\cdots,n$$

式(8.21)是齐次代数方程组，方程组存在非零解的充要条件是

$$|\langle E'\beta'|V|E'\beta''\rangle-a_1\delta_{\beta\beta'}|=0 \tag{8.22}$$

由式(8.22)得 a_1 的 n 个解，将每个解代入式(8.21)得一组 $f(\beta')$ 的解. 因此，零级近似波函数和一级近似能量为

$$\left.\begin{aligned}|0\rangle^{(k)}&=\sum_{\beta'}|E'\beta''\rangle f(\beta)^{(k)}\\ H'^{(k)}&=E'+a_1{}^{(k)}\end{aligned}\right\}\quad(k=1,2,\cdots,n) \tag{8.23}$$

由式(8.21)看出，n 重简并的微扰问题实际是在 n 维空间求微扰矩阵的本征值和本征矢量

$$V=\begin{pmatrix}\langle E'1|V|E'1\rangle & \langle E'1|V|E'2\rangle & \cdots & \langle E'1|V|E'n\rangle\\ \langle E'2|V|E'1\rangle & \langle E'2|V|E'2\rangle & \cdots & \langle E'2|V|E'n\rangle\\ \cdots & \cdots & \cdots & \cdots\\ \langle E'n|V|E'1\rangle & \langle E'n|V|E'2\rangle & \cdots & \langle E'n|V|E'n\rangle\end{pmatrix}$$

也就是将该微扰矩阵 V 对角化. 对角化后的对角矩阵元就是久期方程式(8.22)的根. 零级近似波函数是 V 为对角的表象的基矢.

有时在一级近似下,简并并未消除,即 $a_1=0$,这时需要求二级能量修正. 作为练习,下面在 $a_1=0$ 的情况下,求在 n 重简并时的二级能量修正和一级波函数.

此时,式(8.6)和式(8.7)变为

$$(E'-E)|1\rangle=V|0\rangle \tag{8.24}$$

$$(E'-E)|2\rangle+a_2|0\rangle=V|1\rangle \tag{8.25}$$

以 $\langle E'\alpha'|$ 左乘式(8.25),得

$$a_2\langle E'\alpha'|0\rangle=\langle E'\alpha'|V|1\rangle$$

由于 $|0\rangle=\sum\limits_{\alpha''}|E'\alpha''\rangle f(\alpha'')$,则上式变为

$$\begin{aligned}a_2 f(\alpha')&=\langle E'\alpha'|V|1\rangle\\&=\sum_{E''\beta''}\langle E'\alpha'|V|E''\beta''\rangle\langle E''\beta''|1\rangle\end{aligned} \tag{8.26}$$

又由式(8.13) $\langle 0|1\rangle=0$ 得到

$$\langle E'\alpha'|1\rangle=0\qquad(\text{对所有的 }\alpha')$$

则式(8.26)变为

$$a_2 f(\alpha')=\sum_{E''\beta''}{}'\langle E'\alpha'|V|E''\beta''\rangle\langle E''\beta''|1\rangle \tag{8.27}$$

这里,$\sum\limits_{E''\beta''}{}'=\sum\limits_{E''\neq E'}$. 下面求 $\langle E''\beta''|1\rangle=$? 为此,以 $\langle E''\beta''|$(且 $E''\neq E'$)左乘式(8.24),得

$$(E'-E'')\langle E''\beta''|1\rangle=\langle E''\beta''|V|0\rangle=\sum_{\alpha''}\langle E''\beta''|V|E'\alpha''\rangle f(\alpha'')$$

所以,当 $E''\neq E'$ 时

$$\langle E''\beta''|1\rangle=\frac{\sum\limits_{\alpha''}\langle E''\beta''|V|E'\alpha''\rangle f(\alpha'')}{E'-E''} \tag{8.28}$$

将式(8.28)代入式(8.27),得

$$\begin{aligned}a_2 f(\alpha')&=\sum_{E''\beta''}{}'\langle E'\alpha'|V|E''\beta''\rangle\frac{\sum\limits_{\alpha''}\langle E''\beta''|V|E'\alpha''\rangle f(\alpha'')}{E'-E''}\\&=\sum_{\alpha''}\sum_{E''\beta''}{}'\frac{\langle E'\alpha'|V|E''\beta''\rangle\langle E''\beta''|V|E'\alpha''\rangle}{E'-E''}f(\alpha'')\end{aligned}$$

移项得

$$\sum_{\alpha''}\left[\sum_{E''\beta''}{}'\frac{\langle E'\alpha'|V|E''\beta''\rangle\langle E''\beta''|V|E'\alpha''\rangle}{E'-E''}-a_2\delta_{\alpha'\alpha''}\right]f(\alpha'')=0 \tag{8.29}$$

$$\alpha'=1,2,\cdots,n$$

式(8.29)的形式和式(8.21)一样. 只不过这里的微扰矩阵元

$$V_{\alpha'\alpha''}=\sum_{E''\beta''}{}'\frac{\langle E'\alpha'|V|E''\beta''\rangle\langle E''\beta''|V|E'\alpha''\rangle}{E'-E''}$$

来自于$|E'\alpha'\rangle$向所有其他态的跃迁的贡献. 同样,式(8.29)有非零解的条件是

$$\left|\sum_{E''\beta''}{}' \frac{\langle E'\alpha' \mid V \mid E''\beta''\rangle\langle E''\beta'' \mid V \mid E'\alpha''\rangle}{E'-E''} - a_2\delta_{\alpha'\alpha''}\right| = 0 \tag{8.30}$$

解之,得 a_2 的各根. 并可求出 $f(\alpha')$,得到$|0\rangle$的表达式. 下面求$|1\rangle=?$

$$|1\rangle = \sum_{E''\beta''} |E''\beta''\rangle\langle E''\beta'' \mid 1\rangle = \sum_{E''\beta''}{}' |E''\beta''\rangle\langle E''\beta'' \mid 1\rangle$$

将式(8.28)代入得波函数一级修正的结果

$$|1\rangle = \sum_{E''\beta''}{}' |E''\beta''\rangle \sum_{\alpha''} \frac{\langle E''\beta'' \mid V \mid E'\alpha''\rangle f(\alpha'')}{E'-E''} \tag{8.31}$$

8.2　微扰引起跃迁

由式(8.19)看到,当没有微扰,体系的态是$|E'\rangle$,有了微扰以后,态是

$$|H'\rangle = |E'\rangle + \sum_{E''}{}' \frac{\langle E'' \mid V \mid E'\rangle}{E'-E''} |E''\rangle$$

有了$|E''\rangle$的成分. 因此,可以说有了跃迁,这种跃迁是在固定时间的跃迁. 这就是 8.1 节讨论的未微扰系统和微扰系统都显含时间的微扰——定态微扰. 还有一种微扰量 V,它可以是时间 t 的任意函数. 我们要问,经过一段时间,由于 $V(t)$的存在,体系的状态发生了什么变化? 这就是本节要讨论的问题.

设在 $t=0$ 时,体系的状态为$|\alpha'\rangle$; 在 t 时刻,体系的状态将为

$$T|\alpha'\rangle \tag{8.32}$$

T 由下列方程确定:

$$i\hbar\frac{\mathrm{d}T}{\mathrm{d}t} = (E+V)T = HT \tag{8.33}$$

现在,因 H 显含时间 t,不能对式(8.33)直接积分. 令 $T^* = \mathrm{e}^{\frac{iEt}{\hbar}}T$,则

$$\begin{aligned} i\hbar\frac{\mathrm{d}T^*}{\mathrm{d}t} &= i\hbar\frac{iE}{\hbar}\mathrm{e}^{i\frac{Et}{\hbar}}T + \mathrm{e}^{i\frac{Et}{\hbar}}i\hbar\frac{\mathrm{d}T}{\mathrm{d}t} \\ &= \mathrm{e}^{i\frac{Et}{\hbar}}\left(-ET + i\hbar\frac{\mathrm{d}T}{\mathrm{d}t}\right) = \mathrm{e}^{i\frac{Et}{\hbar}}VT = V^*T^* \end{aligned} \tag{8.34}$$

式中,$V^* = \mathrm{e}^{i\frac{Et}{\hbar}}V\mathrm{e}^{-i\frac{Et}{\hbar}}$. 与式(8.33)相比,式(8.34)更方便,因为当 $V=0$,T^* 还原到它的初值,$T^*=1$.

$t=0$,体系的态为$|\alpha'\rangle$;t 时刻,体系的态为 $T|\alpha'\rangle$,利用单位算子 $1=\sum_{\alpha''}|\alpha''\rangle\langle\alpha''|$ 左乘式(8.32)得

$$T|\alpha'\rangle = \sum_{\alpha''} |\alpha''\rangle\langle\alpha'' \mid T \mid \alpha'\rangle$$

这里,$\langle\alpha''|T|\alpha'\rangle$的意义是:它的绝对值的平方是体系由 α'态跃迁到 α''的概率,这个概率用符号 $P_{\alpha'\to\alpha''}$表示,即

$$\begin{aligned} P_{\alpha'\to\alpha''} &= |\langle\alpha''|T|\alpha'\rangle|^2 = |\langle\alpha''|\mathrm{e}^{-\frac{iEt}{\hbar}}T^*|\alpha'\rangle|^2 \\ &= |\mathrm{e}^{-\frac{iE''t}{\hbar}}\langle\alpha''|T^*|\alpha'\rangle|^2 = |\langle\alpha''|T^*|\alpha'\rangle|^2 \end{aligned} \tag{8.35}$$

由此看到,用 T^* 计算跃迁概率和用 T 计算是等价的. 用微扰法解 T^* 满足的式(8.34). 令

$$T^* = 1 + T_1^* + T_2^* + \cdots \tag{8.36}$$

T_1^* 为一级小量，T_2^* 为二级小量，……将式(8.36)代入式(8.34)，得

$$\left.\begin{aligned} &\text{一级近似：} \quad i\hbar\frac{\mathrm{d}T_1^*}{\mathrm{d}t} = V^* \\ &\text{二级近似：} \quad i\hbar\frac{\mathrm{d}T_2^*}{\mathrm{d}t} = V^* T_1^* \end{aligned}\right\} \tag{8.37}$$

从式(8.37)第一式，得

$$T_1^* = -\frac{i}{\hbar}\int_0^t V^*(t')\mathrm{d}t' \tag{8.38}$$

从第二式，得

$$T_2^* = -\frac{1}{\hbar^2}\int_0^t V^*(t')\mathrm{d}t'\int_0^{t'} V^*(t'')\mathrm{d}t'' \tag{8.39}$$

这样，到一级近似，有

$$T^* = 1 + T_1^*$$

$$\begin{aligned} P_{\alpha'\to\alpha''} &= |\langle\alpha'' \mid 1 + T_1^* \mid \alpha'\rangle|^2 = |\langle\alpha'' \mid T_1^* \mid \alpha'\rangle|^2 \\ &= \frac{1}{\hbar^2}\left|\int_0^t \langle\alpha'' \mid V^*(t') \mid \alpha'\rangle \mathrm{d}t'\right|^2 \qquad (\alpha'' \neq \alpha') \end{aligned} \tag{8.40}$$

由于 V^* 和 V 一样是实的，所以

$$\langle\alpha''|V^*(t')|\alpha'\rangle = \overline{\langle\alpha'|V^*(t')|\alpha''\rangle}$$

因此，在一级近似下

$$P_{\alpha'\to\alpha''} = P_{\alpha''\to\alpha'} \tag{8.41}$$

总之，有如下结论：微扰 $V(t)$ 的存在，使态发生了跃迁．由 α' 态到 α'' 态的跃迁概率等于 α'' 态到 α' 态的概率．到二级近似

$$T^* = 1 + T_1^* + T_2^*$$

$$\begin{aligned} P_{\alpha'\to\alpha''} &= |\langle\alpha'' \mid 1 + T_1^* + T_2^* \mid \alpha'\rangle|^2 = |\langle\alpha'' \mid T_1^* + T_2^* \mid \alpha'\rangle|^2 \\ &= \frac{1}{\hbar}\left|\int_0^t \langle\alpha'' \mid V^*(t') \mid \alpha'\rangle \mathrm{d}t'\right. \\ &\quad \left. - \frac{1}{\hbar}\sum_{\alpha'''\neq\alpha',\alpha''}\int_0^t \langle\alpha'' \mid V(t') \mid \alpha'''\rangle \mathrm{d}t'\int_0^{t'} \langle\alpha'' \mid V^*(t'') \mid \alpha'\rangle \mathrm{d}t''\right|^2 \end{aligned} \tag{8.42}$$

由于 $\langle\alpha''|V|\alpha'\rangle$ 是小量（否则没有必要求二级微扰），所以在式(8.42)求和中略去了 $\alpha'''=\alpha'$ 和 $\alpha'''=\alpha''$ 的项．这样，式(8.42)的第一项

$$\int_0^t \langle\alpha'' \mid V^*(t') \mid \alpha'\rangle \mathrm{d}t'$$

是从 $|\alpha'\rangle$ 到 $|\alpha''\rangle$ 的直接跃迁，第二项

$$\int_0^t \langle\alpha'' \mid V(t') \mid \alpha'''\rangle \mathrm{d}t'\int_0^{t'} \langle\alpha'' \mid V^*(t'') \mid \alpha'\rangle \mathrm{d}t''$$

是 $|\alpha'\rangle$ 跃迁到中间态 $|\alpha'''\rangle$，再从 $|\alpha'''\rangle$ 跃迁到 $|\alpha''\rangle$．求和是对所有这种间接跃迁求和．

第一项是一级小量，而第二项是两个无穷小量的乘积，所以直接跃迁比间接跃迁的贡献大得多．上面的讨论是微扰引起跃迁的普遍理论．下面举一个电场微扰的例子．实际上，在光辐射下的原子体系就是电场微扰的例子．

设入射光为一平面偏振光，电场 $\boldsymbol{\varepsilon}$ 在某一固定方向，并设各电场分量 $(\varepsilon_x, \varepsilon_y, \varepsilon_z)$ 的波长和

原子尺度(10^{-8}cm)相比都要大得多. 这样,可以认为在原子尺度内,$\boldsymbol{\varepsilon}$ 不随空间 $\boldsymbol{r}$ 变化,只是时间的周期函数. 电子在电场 $\boldsymbol{\varepsilon}$ 下受到力为 $-e\boldsymbol{\varepsilon}(t)$,根据经典理论,有

$$-\nabla V=-e\boldsymbol{\varepsilon}$$

三个分量为

$$\frac{\mathrm{d}}{\mathrm{d}x}V_x=e\varepsilon_x \qquad \frac{\mathrm{d}}{\mathrm{d}y}V_y=e\varepsilon_y \qquad \frac{\mathrm{d}}{\mathrm{d}z}V_z=e\varepsilon_z$$

积分后,得

$$V=e(x\varepsilon_x+y\varepsilon_y+z\varepsilon_z)=e\boldsymbol{r}\cdot\boldsymbol{\varepsilon}$$

对于多个电子的情况,$e\boldsymbol{r}$ 用 $\sum_i e\boldsymbol{r}_i=\boldsymbol{D}$ 代替,则 $V=\boldsymbol{D}\cdot\boldsymbol{\varepsilon}$,$\boldsymbol{D}$ 称为原子的电矩. 令 D 为体系的电矩在 $\boldsymbol{\varepsilon}$ 方向的分量,则微扰能量为

$$V=D\varepsilon(t)$$

由式(8.40)知

$$\begin{aligned}P_{\alpha'\to\alpha''}&=\frac{1}{\hbar^2}\left|\int_0^t\langle\alpha''\mid V^*(t')\mid\alpha'\rangle\mathrm{d}t'\right|^2\\&=\frac{1}{\hbar^2}\left|\int_0^t\mathrm{e}^{i(E''-E')t'/\hbar}\langle\alpha'''\mid D\varepsilon(t')\mid\alpha'\rangle\mathrm{d}t'\right|^2\\&=\frac{1}{\hbar^2}\mid\langle\alpha''\mid D\mid\alpha'\rangle\mid^2\left|\int_0^t\mathrm{e}^{i(E''-E')t'/\hbar}\varepsilon(t')\mathrm{d}t'\right|^2\end{aligned}\tag{8.43}$$

由此看到,在电磁场作用下,原子体系由 α' 态跃迁到 α'' 态的概率与 $|\langle\alpha''|D|\alpha'\rangle|^2$ 成正比. 这就回答了为什么在第 7 章讨论选择定则时要讨论 $\langle\alpha''|\boldsymbol{r}|\alpha'\rangle\neq0$ 的条件.

如果在时间 $0\sim t$,入射辐射分解为傅里叶分量,按经典电动力学,在频率 ν 附近的单位频率范围内($\nu\to\nu+\mathrm{d}\nu$)通过单位面积的能量为

$$E_\nu=\frac{c}{2\pi}\left|\int_0^t\mathrm{e}^{i2\pi\nu t'}\varepsilon(t')\mathrm{d}t'\right|^2$$

式中,c 为光速. 将上式与式(8.43)比较,得

$$P_{\alpha'\to\alpha''}=\frac{2\pi}{c\hbar^2}E_\nu|\langle\alpha''|D|\alpha'\rangle|^2\tag{8.44}$$

式(8.44)就和实验上的测量联系起来了. 跃迁概率与 E_ν、电位移矩阵元的平方均成正比. 跃迁频率为

$$\nu=\frac{h\nu}{2\pi\hbar}=\frac{|E''-E'|}{2\pi\hbar}=\frac{|E''-E'|}{h}$$

这就是 1913 年玻尔提出的频率条件. 当 $E'<E''$,体系吸收光子 $h\nu$,由态 α' 到态 α''. 当 $E'>E''$,体系放出光子 $h\nu$,由态 α' 到态 α''. 前者称为辐射吸收,后者称为受激辐射,这两者的跃迁概率是相等的.

8.3 与时间无关的微扰引起跃迁

当微扰量 V 不显含时间 t 时,8.2 节所讨论的结果仍然成立. 当然,也可以用 8.1 节的定态微扰的方法来处理这个问题. 但是,这里感兴趣的不是能量的变化,而是当知道在 $t=0$ 时,体系处于某态 α',要求 t 时刻体系处于态 α''的概率. 因此,直接代用 8.2 节的结果会来得方便.

当V不显含t，根据8.2节公式有

$$\int_0^t \langle\alpha''\mid V^*(t')\mid\alpha'\rangle\mathrm{d}t'=\int_0^t \mathrm{e}^{i(E''-E')t'/\hbar}\langle\alpha''\mid V\mid\alpha'\rangle\mathrm{d}t'$$

$$=\langle\alpha''\mid V\mid\alpha'\rangle\left(\frac{\hbar}{i}\right)\int_0^t \mathrm{d}[\mathrm{e}^{i(E''-E')t'/\hbar}/(E''-E')]$$

$$=\left(\frac{\hbar}{i}\right)\langle\alpha''\mid V\mid\alpha'\rangle\frac{\mathrm{e}^{i(E''-E')t/\hbar}-1}{E''-E'}$$

态α'到α''的跃迁概率为

$$P_{\alpha'\to\alpha''}=|\langle\alpha''\mid T_1^*\mid\alpha'\rangle|^2=\left|-\frac{i}{\hbar}\int_0^t\langle\alpha''\mid V^*(t')\mid\alpha'\rangle\mathrm{d}t'\right|^2$$

$$=|\langle\alpha''\mid V\mid\alpha'\rangle|^2\frac{[\mathrm{e}^{i(E''-E')t/\hbar}-1][\mathrm{e}^{-i(E''-E')t/\hbar}-1]}{(E''-E')^2}$$

$$=2\mid\langle\alpha''\mid V\mid\alpha'\rangle\mid^2\frac{1-\cos\dfrac{(E''-E')t}{\hbar}}{(E''-E')^2}\tag{8.45}$$

由上看到，跃迁概率是t的周期函数，且当E''接近E'时，跃迁概率就大.

有时，我们关心从分立始态α'跃迁到所有其他态的总概率是多少. 假如，从α'态跃迁到α''态的能量范围$E''+\mathrm{d}E''$为

$$P_{\alpha'\to\alpha''}\mathrm{d}E''$$

则总概率显然为

$$\int P_{\alpha'\to\alpha''}\mathrm{d}E''=2\int\mid\langle\alpha''\mid V\mid\alpha'\rangle\mid^2\frac{1-\cos\dfrac{(E''-E')t}{\hbar}}{(E''-E')^2}\mathrm{d}E''$$

假定，终态α''除包含能量E''外，还包含其他力学变量β''，且因分母有因子$(E''-E')^2$，可把积分范围扩大到$-\infty\to\infty$. 上式积分可重写为

$$\int P_{\alpha'\to\alpha''}\mathrm{d}E''=2\int_{-\infty}^{\infty}\mid\langle E''\beta''\mid V\mid\alpha'\rangle\mid^2\frac{1-\cos\dfrac{(E''-E')t}{\hbar}}{(E''-E')^2}\mathrm{d}E''$$

作变量代换，令$x=(E''-E')t/\hbar$，则$E''=E'+\dfrac{\hbar x}{t}$. 因$\hbar$是小量，当$t$足够大时，近似有

$$E''=E'+\frac{\hbar x}{t}\to E'$$

上述积分化为

$$\int P_{\alpha'\to\alpha''}\mathrm{d}E'=\frac{2t}{\hbar}\mid\langle E'\beta''\mid V\mid\alpha'\rangle\mid^2\int_{-\infty}^{\infty}\frac{1-\cos x}{x^2}\mathrm{d}x$$

$$=\frac{2\pi t}{\hbar}\mid\langle E'\beta''\mid V\mid\alpha'\rangle\mid^2\tag{8.46}$$

单位时间跃迁总概率为

$$\frac{\displaystyle\int P_{\alpha'\to\alpha''}\mathrm{d}E''}{t}=\frac{2\pi}{\hbar}\mid\langle E'\beta''\mid V\mid\alpha'\rangle\mid^2\tag{8.47}$$

式(8.47)到第9章还要用到. 上面只考虑了一级近似T_1^*

$$\langle\alpha''|T_1^*|\alpha'\rangle=-\langle\alpha''|V|\alpha'\rangle\frac{e^{i(E''-E')t'/\hbar}-1}{E''-E'}$$

若考虑二级近似 T_2^*，则

$$\begin{aligned}\langle\alpha''\mid T_2^*\mid\alpha'\rangle&=(-\frac{i}{\hbar})^2\sum_{\alpha'''\neq\alpha',\alpha''}\int_0^t\langle\alpha''\mid V^*(t')\mid\alpha'''\rangle\mathrm{d}t'\int_0^{t'}\langle\alpha'''\mid V^*(t'')\mid\alpha'\rangle\mathrm{d}t''\\&=\left(\frac{i}{\hbar}\right)^2\sum_{\alpha'''\neq\alpha',\alpha''}\int_0^t e^{i(E''-E''')t'/\hbar}\langle\alpha''\mid V\mid\alpha'''\rangle\mathrm{d}t'\int_0^{t'}e^{i(E'''-E')t''/\hbar}\langle\alpha'''\mid V\mid\alpha'\rangle\mathrm{d}t''\\&=\left(\frac{i}{\hbar}\right)^2\sum_{\alpha'''\neq\alpha',\alpha''}\langle\alpha''\mid V\mid\alpha'''\rangle\langle\alpha'''\mid V\mid\alpha'\rangle\int_0^t e^{i(E''-E''')t'/\hbar}\mathrm{d}t'\ \frac{e^{i(E'''-E')t'/\hbar}-1}{i/h(E'''-E')}\\&=\frac{i}{\hbar}\sum_{\alpha'''\neq\alpha',\alpha''}\langle\alpha''\mid V\mid\alpha'''\rangle\langle\alpha'''\mid V\mid\alpha'\rangle\frac{1}{E'''-E'}\int_0^t\left[e^{i(E''-E')t'/\hbar}-e^{i(E''-E''')t'/\hbar}\right]\mathrm{d}t'\\&\approx\frac{i}{\hbar}\sum_{\alpha'''\neq\alpha',\alpha''}\langle\alpha''\mid V\mid\alpha'''\rangle\langle\alpha'''\mid V\mid\alpha'\rangle\frac{1}{E'''-E'}\int_0^t e^{i(E''-E')t'/\hbar}\mathrm{d}t'\\&=\sum_{\alpha'''\neq\alpha',\alpha''}\langle\alpha''\mid V\mid\alpha'''\rangle\langle\alpha'''\mid V\mid\alpha'\rangle\frac{e^{i(E''-E')t'/\hbar}-1}{(E'''-E')(E''-E')}\end{aligned}$$

由于 E'',E''' 均为激发态，贡献很小，故在积分中忽略了 $-e^{i(E''-E''')t'/\hbar}$ 项. 因此，到二级微扰，跃迁概率为

$$\begin{aligned}P_{\alpha'\to\alpha''}&=|\langle\alpha''\mid T_1^*\mid\alpha'\rangle+\langle\alpha''\mid T_2^*\mid\alpha'\rangle|^2\\&=\left|\langle\alpha''\mid V\mid\alpha'\rangle-\sum_{\alpha'''\neq\alpha',\alpha''}\frac{\langle\alpha''\mid V\mid\alpha'''\rangle\langle\alpha'''\mid V\mid\alpha'\rangle}{E'''-E'}\right|^2\frac{[e^{i(E''-E')t'/\hbar}-1][e^{-i(E''-E')t'/\hbar}-1]}{(E''-E')^2}\\&=2\left|\langle\alpha''\mid V\mid\alpha'\rangle-\sum_{\alpha'''\neq\alpha',\alpha''}\frac{\langle\alpha''\mid V\mid\alpha'''\rangle\langle\alpha'''\mid V\mid\alpha'\rangle}{E'''-E'}\right|^2\frac{1-\cos\dfrac{(E''-E')t}{\hbar}}{(E''-E')^2}\end{aligned}\tag{8.48}$$

如计算总跃迁概率，同样可得

$$\int P_{\alpha'\to\alpha''}\mathrm{d}E''=\frac{2\pi t}{\hbar}\left|\langle E'\beta''\mid V\mid\alpha'\rangle-\sum_{\alpha'''\neq\alpha',\alpha''}\frac{\langle E'\beta''\mid V\mid\alpha'''\rangle\langle\alpha'''\mid V\mid\alpha'\rangle}{E'''-E'}\right|^2\tag{8.49}$$

单位时间总跃迁概率为

$$\frac{\int P_{\alpha'\to\alpha''}\mathrm{d}E''}{t}=\frac{2\pi}{\hbar}\left|\langle E'\beta''\mid V\mid\alpha'\rangle-\sum_{\alpha'''\neq\alpha',\alpha''}\frac{\langle E'\beta''\mid V\mid\alpha'''\rangle\langle\alpha'''\mid V\mid\alpha'\rangle}{E'''-E'}\right|^2$$

上述推导作了两点近似：①在 $\sum\limits_{\alpha'''}$ 中，忽略 $\alpha'''\neq\alpha',\alpha''$；②忽略两个激发态之间跃迁的贡献.

8.4 塞曼效应

在 7.5 节中，讨论了氢原子的正常塞曼效应. 那是单电子原子在外磁场中的情况. 本节讨论一般情况，即多电子原子在外磁场的情况. 所得结论当然能适合单电子情况. 设外磁场 $\mathscr{H}$ 沿着 z 方向，则体系哈密顿为

$$H=E+V$$

式中，E 为没有外磁场时原子体系的哈密顿，V 为外磁场存在时体系附加能量，与 E 相比，V 是个小量.

$$V=\frac{e\mathscr{H}}{2mc}\sum_i(m_{zi}+2S_{zi})=\frac{e\mathscr{H}}{2mc}(M_z+2S_z)\tag{8.50}$$

当外磁场较强，出现正常塞曼效应；当外磁场较弱，出现反常塞曼效应，下面分别讨论.

1. 正常塞曼效应

由于外磁场较强，它同轨道磁矩与自旋磁矩的作用较强. 这时轨道磁矩同自旋磁矩之间的作用同外磁场作用相比较弱，可以不考虑. 此时，M^2，M_z，S^2，S_z 都同 H 对易，量子数 L'，S'，M'_z 和 S'_z 都是好量子数. 因此，基矢可以选择为 $|L'S'M'_zS'_z\rangle$，自然有

$$M^2|L'S'M'_zS'_z\rangle=L'(L'+1)\hbar^2|L'S'M'_zS'_z\rangle$$
$$S^2|L'S'M'_zS'_z\rangle=S'(S'+1)\hbar^2|L'S'M'_zS'_z\rangle$$
$$M_z|L'S'M'_zS'_z\rangle=M'_z\hbar|L'S'M'_zS'_z\rangle$$
$$S_z|L'S'M'_zS'_z\rangle=S'_z\hbar|L'S'M'_zS'_z\rangle$$

而且，$|L'S'M'_zS'_z\rangle$ 也是

$$V=S\frac{e\mathscr{H}}{2mc}(M_z+2S_z)$$

的本征函数，其本征值为

$$V'=\frac{e\mathscr{H}}{2mc}(M'_z+2S'_z)\hbar$$

所以

$$H'=E'+\frac{e\mathscr{H}\hbar}{2mc}(M'_z+2S'_z) \tag{8.51}$$

这个解是严格的，只要不考虑自旋和轨道的耦合，且在中心力场，这个解都成立. 由此看到，由于磁场 $\mathscr{H}$ 作用，能级分裂了. 原来 $(2L'+1)(2S'+1)$ 重简并的状态，现在分裂开来.

考虑谱线的分裂，要计算 $\Delta H'$

$$\Delta H'=\Delta E'+\frac{e\mathscr{H}\hbar}{2mc}(\Delta M'_z+2\Delta S'_z)$$

由选择定则

$$\Delta S'_z=0$$
$$\Delta M'_z=0,\pm1$$

得到谱线的频率分裂为

$$\nu'=\nu^{(0)}\pm\frac{e\mathscr{H}}{4\pi mc}$$

$\nu^{(0)}$ 即原来一条谱线，现在分裂为三条，一条不动，还是 $\nu^{(0)}$，另外两条是 $\nu^{(0)}\pm\frac{e\mathscr{H}}{4\pi mc}$.

2. 反常塞曼效应

在外磁场较弱时，自旋磁矩和轨道磁矩的相互作用不能忽略，其相互作用能的形式是 $\xi(r)\boldsymbol{L}\cdot\boldsymbol{S}$，$\xi(r)$ 是 r 的某种函数. 如果把这种作用能归并到 E 中去，因 $\boldsymbol{L}\cdot\boldsymbol{S}$ 的存在，M_z，L_z，S_z 不再同 E 对易，故不能选择 $|L'S'M'_zS'_z\rangle$ 当作基矢. 但是，L^2，S^2，J^2 和 J_z 同 E 对易，基矢选作 $|L'S'J'J'_z\rangle$，这套基矢量可以表示成 $|L'S'M'_zS'_z\rangle$ 的线性组合.

$$|L'S'J'J'_z\rangle=\sum_{M'_zS'_z}|L'S'M'_zS'_z\rangle\langle L'S'M'_zS'_z|L'S'J'J'_z\rangle$$

上式相当于进行一个线性变换，变换矩阵 $\langle L',S',M'_z,S'_z|L',S',J',J'_z\rangle$. 矩阵元称为克莱-戈

登系数，克莱-戈登系数求法已超出本书范围，在此不作讨论.

$$J_z=M_z+S_z$$

这时，E'与L'，S'，J'有关，与J'_z无关，有$2J+1$重简并. 这样，在弱磁场中，计算原子能级的分裂问题是一个$(2J+1)$重简并的微扰问题，其微扰项为

$$V=\frac{e\mathscr{H}}{2mc}(M_z+2S_z)=\frac{e\mathscr{H}}{2mc}(J_z+S_z) \tag{8.52}$$

根据式(8.21)，到一级近似，需要计算矩阵元

$$\begin{aligned}\langle L'S'J'J''_z|V|L'S'J'J'_z\rangle&=\frac{e\mathscr{H}}{2mc}\langle L'S'J'J''_z|J_z+S_z|L'S'J'J'_z\rangle\\&=\frac{e\mathscr{H}}{2mc}[\hbar J'_z\delta_{J'_zJ''_z}+\langle L'S'J'J''_z|S_z|L'S'J'J'_z\rangle]\end{aligned} \tag{8.53}$$

也就是要计算S_z的矩阵元. 为此，首先考虑

$$\begin{aligned}S_zJ^2&=S_z(J_x{}^2+J_y{}^2+J_z{}^2)\\&=J_z(S_xJ_x+S_yJ_y+S_zJ_z)+(S_zJ_x-J_zS_x)J_x+(S_zJ_y-J_zS_y)J_y\end{aligned} \tag{8.54}$$

如果令$\boldsymbol{r}=\boldsymbol{M}\times\boldsymbol{S}$，分量为

$$r_x=S_zJ_y-J_zS_y=S_z(M_y+S_y)-(M_z+S_z)S_y=S_zM_y-M_zS_y=M_yS_z-M_zS_y$$

$$r_y=-(S_zJ_x-J_zS_x)=M_zS_x-M_xS_z$$

$$r_z=M_xS_y-M_yS_x$$

则式(8.54)可写为

$$\begin{aligned}S_zJ^2&=J_z(\boldsymbol{S}\cdot\boldsymbol{J})+r_xJ_y-r_yJ_x\\&=\frac{J_z(J^2+S^2-M^2)}{2}+r_xJ_y-r_yJ_x\end{aligned} \tag{8.55}$$

下面证明，在一级近似下，式(8.55)中后面两项对微扰没有贡献.

$\boldsymbol{r}=\boldsymbol{M}\times\boldsymbol{S}$是向量，**$\boldsymbol{J}$**是角动量. 角动量同旋转算子联系在一起.

$$A_y=r_zA_x-A_xr_z$$

$$-A_x=r_zA_y-A_yr_z$$

$$0=r_zA_z-A_zr_z$$

由式(7.47)看到，将r_z代作$\dfrac{J_z}{i\hbar}$，$\boldsymbol{A}$代作$\boldsymbol{r}$，得到

$$\left.\begin{aligned}[J_z,r_x]&=r_y\\[J_z,r_y]&=-r_x\\[J_z,r_z]&=0\end{aligned}\right\} \tag{8.56}$$

或者

$$[J_z,r_x+ir_y]=r_y-ir_x=-i(r_x+ir_y)$$

这个式子同

$$[m_z,x+iy]=-i(x+iy)$$

平行. 由式(8.56)不难得到

$$J_z(r_x+ir_y)-(r_x+ir_y)(J_z+\hbar)=0 \tag{8.57}$$

它又同式(7.68)

$$m_z(x+iy)-(x+iy)(m_z+\hbar)=0$$

平行. 令 $|\alpha'\rangle \equiv |L'S'J'J'_z\rangle$，由

$$\langle\alpha''|J_z(r_x+ir_y)-(r_x+ir_y)(J_z+\hbar)|\alpha'\rangle=0$$

得

$$\hbar(J''_z-J'_z-1)\langle\alpha''|r_x+ir_y|\alpha'\rangle=0$$

$\langle\alpha''|r_x+ir_y|\alpha'\rangle\neq0$ 的必要条件是

$$J''_z-J'_z=1 \tag{8.58}$$

同样，有类似式(7.69)

$$m_z(x-iy)-(x-iy)(m_z-\hbar)=0$$

$$J_z(r_x-ir_y)-(r_x-ir_y)(J_z-\hbar)=0 \tag{8.59}$$

类似地得到 $\langle\alpha''|r_x-ir_y|\alpha'\rangle\neq0$ 的条件是

$$J''_z-J'_z=-1 \tag{8.60}$$

又由式(8.56)第三式得到 $\langle\alpha''|r_z|\alpha'\rangle\neq0$ 的条件是

$$J''_z=J'_z \tag{8.61}$$

总之，只有当

$$J''_z-J'_z=0,\pm1 \tag{8.62}$$

才有

$$\langle\alpha''|\boldsymbol{r}|\alpha'\rangle\neq0$$

这就相当于讨论选择定则式(7.58)

$$\Delta m'_z=m''_z-m'_z=0,\pm1$$

一样，这里

$$\Delta J'_z=J''_z-J'_z=0,\pm1$$

同式(7.64)完全类似，能得到

$$[J^2,[J^2,r_z]]=-2(J^2r_z+r_zJ^2) \tag{8.63}$$

由式(8.63)出发，完全类似得到式(7.65)的推导，能得到 $\langle\alpha''|r_z|\alpha'\rangle\neq0$ 的条件是

$$\Delta J'=\pm1 \tag{8.64}$$

又由式(7.59)，能得到

$$[m^2,z]=2(xm_y-ym_x)-2i\hbar z$$

类似地，这里有

$$[J^2,r_z]=2(r_xJ_y-r_yJ_x)-2i\hbar r_z$$

或者

$$r_xJ_y-r_yJ_x=\frac{1}{2}[J^2,r_z]+i\hbar r_z \tag{8.65}$$

将式(8.65)代回式(8.55)，有

$$S_zJ^2=\frac{J_z(J^2+S^2-M^2)}{2}+\frac{1}{2}[J^2,r_z]+i\hbar r_z \tag{8.66}$$

一级近似是在固定 J' 的 $(2J'+1)$ 维子空间进行微扰计算，因此条件式(8.64)不被满足. 这样

$$\begin{aligned}\langle\alpha''|S_zJ^2|\alpha'\rangle&=\langle\alpha''|S_z|\alpha'\rangle J'(J'+1)\hbar^2\\&=\frac{\hbar^2[J'(J'+1)+S'(S'+1)-L'(L'+1)]\hbar J'_z}{2}\delta_{\alpha'\alpha''}\\&\quad+\frac{[J''(J''+1)-J'(J'+1)]\hbar^2}{2}\langle\alpha''|r_z|\alpha'\rangle+i\hbar\langle\alpha''|r_z|\alpha'\rangle\end{aligned}$$

$$=\frac{\hbar^2[J'(J'+1)+S'(S'+1)-L'(L'+1)]\hbar J'_z}{2}\delta_{\alpha'\alpha''} \tag{8.67}$$

因此,式(8.53)的矩阵元为

$$\begin{aligned}&\langle L',S',J',J'_z|V|L',S',J',J'_z\rangle\\&=\frac{e\mathscr{H}\hbar}{2mc}J'_z+\frac{J'(J'+1)+S'(S'+1)-L'(L'+1)}{2J'(J'+1)}J'_z\delta_{J'_zJ''_z}\\&=g_{J'}\frac{e\mathscr{H}\hbar}{2mc}J'_z\delta_{J'_zJ''_z}\end{aligned} \tag{8.68}$$

$$g_{J'}=1+\frac{J'(J'+1)+S'(S'+1)-L'(L'+1)}{2J'(J'+1)} \tag{8.69}$$

$g_{J'}$称为兰德(Lande)因子.

由式(8.68)看到,微扰矩阵是对角的,所以不用解久期方程,便可直接写出由于外磁场的存在而产生的附加能量:

$$a_1=g_{J'}\frac{e\hbar\mathscr{H}}{2mc}J'_z \tag{8.70}$$

这样,到一级近似,总能量为

$$H'=E'+a_1=E'+g_{J'}\frac{e\hbar\mathscr{H}}{2mc}J'_z \tag{8.71}$$

$$g_{J'}=1+\frac{J'(J'+1)+S'(S'+1)-L'(L'+1)}{2J'(J'+1)}$$

对于一定的L',S',由角动量加和规则知$J=L'+S',L'+S'-1,\cdots,|L'-S'|$. J'不同的值,能级有小的差别.这个小的差别来自自旋,轨道相互作用.这种L',S'相同而J'不同的各态称为多重态.由式(8.66)看到,对不同的多重态,J'不同,因此$g_{J'}$不同,在磁场中能级的分裂距离也不同,不像正常塞曼效应按等距离分裂.所以,反映到谱线上也比较复杂.

这时,$\Delta H'$为

$$\Delta H'=\Delta E'+\frac{e\hbar\mathscr{H}}{2mc}(g_{J''}J''_z-g_{J'}J'_z)$$

选择定则为

$$\Delta J'=\pm1$$
$$\Delta J'_z=0,\pm1$$

例 8.2　钠的 D 双线(D_1,D_2)在弱磁场中的分裂.

D 双线为

$$D_1:3\ ^2S_{1/2}\longrightarrow 3\ ^2P_{1/2}$$
$$D_2:3\ ^2S_{1/2}\longrightarrow 3\ ^2P_{3/2}$$

在没有磁场时,$3\ ^2S_{1/2}$态是一个单重态,$3\ ^2P_{1/2}$和$3\ ^2P_{3/2}$是靠得很近的两重态.加上弱磁场后,其能级分裂情况由表 8.1 和图 8.1 给出.

图 8.1 给出了服从选择定则的跃迁所发生的谱线.由图可见,D_1 线分为 4 条,D_2 线分为 6 条.

表 8.1　钠的 D 双线在弱磁场中的分裂

态	g	J_z'	$J_z'g$
$^2S_{1/2}$	2	$\frac{1}{2}$	1
		$-\frac{1}{2}$	-1
$^2P_{1/2}$	$\frac{2}{3}$	$\frac{1}{2}$	$\frac{1}{3}$
		$-\frac{1}{2}$	$-\frac{1}{3}$
$^2P_{3/2}$	$\frac{4}{3}$	$\frac{3}{2}$	$\frac{6}{3}$
		$\frac{1}{2}$	$\frac{2}{3}$
		$-\frac{1}{2}$	$-\frac{2}{3}$
		$-\frac{3}{2}$	$-\frac{6}{3}$

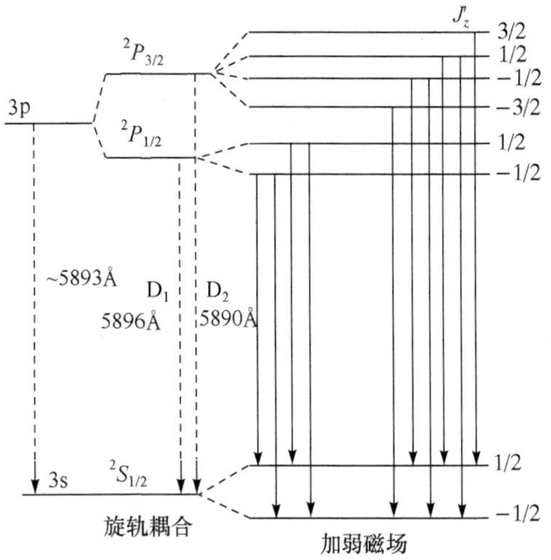

图 8.1　钠的 D 双线在弱磁场中的能级分裂情况

习　　题

1. 设在外场下谐振子的哈密顿量为

$$H=\frac{P^2}{2\mu}+\frac{1}{2}\mu\omega^2x^2+\beta x^3$$

其中 β 为常数,第三项较小,用微扰法求能级.

2. 考虑氢原子在恒定外电场 $\boldsymbol{\varepsilon}$ 中,证明在一级近似下 $n=2$ 能级分裂成等距离的能级,并指出其简并度.

3. 设哈密顿算子在能量表象中为矩阵

$$\begin{pmatrix} E_1^0+a & b \\ b & E_2^0+a \end{pmatrix}$$

其中 a,b 为小的实数.

(1) 用微扰法求能量至二级修正值;

(2) 直接求能量.

4. 电荷为 e 的谐振子在时间 $t=0$ 时处于基态,$t>0$ 时处在 $\boldsymbol{\varepsilon}=\boldsymbol{\varepsilon}_0\mathrm{e}^{-\frac{t}{\tau}}$ 的电场中,求谐振子处于激发态的概率.

5. 基态氢原子处在电场中,若电场是均匀的且随时间按指数下降,即

$$\boldsymbol{\varepsilon}=\begin{cases}0 & \text{当 } t\leqslant 0\\ \boldsymbol{\varepsilon}\mathrm{e}^{-t/\tau} & \text{当 } t\geqslant 0\end{cases}$$

τ 为大于 0 的参数.求经过长时间后氢原子处在 $2P$ 态的概率.

6. 用矩阵解法求解谐振子的微扰问题:

$$H=E+V$$

$E=\dfrac{P^2}{2m}+\dfrac{1}{2}m\omega^2q^2$,$V$ 为小量,分别是:① $V=-aq$;② $V=bq^2$;③ $V=cq+3$.

7. 设哈密顿量在能量表象中的矩阵是

$$\begin{pmatrix} E_1^0 & 0 & \lambda_a \\ 0 & E_1^0 & \lambda_b \\ \lambda_a^* & \lambda_a^* & E_2^0 \end{pmatrix}\qquad (E_2^0>E_1^0)$$

(1) 用简并微扰的方法求能量至二级修正值；

(2) 求能量的准确值，并与(1)的结果比较.

8. 若基态氢原子处在随时间变化的电场中，电场强度为 $E(t)=\dfrac{c\tau}{e\pi(t^2+\tau)}$，求 $t=-\infty$ 到 $t=\infty$ 时，氢原子处于 $2P$ 态的概率.

第9章 碰撞问题

一个粒子从远方射向某一原子系统，经过相互作用后，又向远方离去. 这样一类两体问题统称碰撞问题. 碰撞问题对研究原子、分子结构有着重要意义，它也是化学反应理论的基础. 在研究微观反应动力学时总是要用到碰撞理论.

在碰撞理论中，从远方来的粒子称为被散射粒子. 进行散射的原子系统称为散射中心. 碰撞理论的基本任务是如何计算散射系数.

9.1 散射系数

考虑一束粒子流(如电子流)沿着 z 轴向散射中心 A 射来(图 9.1). 假定 A 的质量比入射粒子质量大得多，由碰撞而引起的 A 的运动可以略去.

入射粒子受 A 的作用而偏离原来的运动方向发生散射. 在面积元 $\mathrm{d}S$ 上接收到的粒子数 $\mathrm{d}N$ 与 $\mathrm{d}S$ 成正比，而与 r^2 成反比，因此有

$$\mathrm{d}N \sim \frac{\mathrm{d}S}{r^2} = \mathrm{d}\Omega'$$

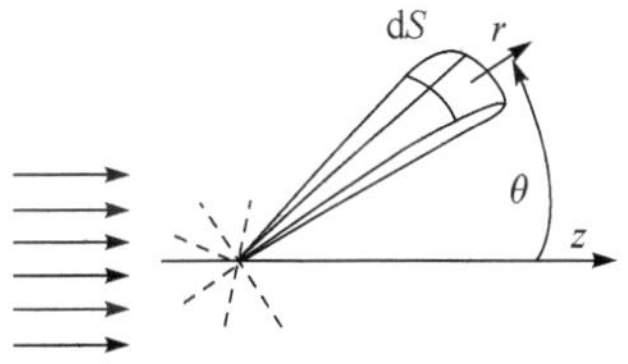

图 9.1 粒子的散射

式中，$\mathrm{d}\Omega'$ 为 $\mathrm{d}S$ 对 A 所张的立体角元. 同时，$\mathrm{d}N$ 还应与入射粒子流强度 N 成正比. 这个强度的定义是：在垂直于入射粒子流前进的方向上取一单位面积 S_0，单位时间内穿过 S_0 的粒子数就是入射粒子流强度 N. 这样就有

$$\mathrm{d}N \sim N\mathrm{d}\Omega'$$

以 $\sigma(\theta',\varphi',\alpha')$ 表示这个比例关系中的比例系数，在一般情况下它与出射粒子的方向 (θ',φ') 有关，参量 α' 表示散射中心处于 α' 态的散射系数. 因而，有

$$\mathrm{d}N = \sigma(\theta',\varphi',\alpha')N\mathrm{d}\Omega' \tag{9.1}$$

$\sigma(\theta',\varphi',\alpha')\mathrm{d}\Omega' = \dfrac{\mathrm{d}N}{N}$ 表示一个粒子散射到 $\mathrm{d}\Omega$ 内的概率. 也就是在入射粒子流中垂直于 z 轴取大小为 $\sigma(\theta',\varphi',\alpha')\mathrm{d}\Omega'$ 的面积，则在单位时间穿过这个面积的粒子数 $N\sigma(\theta',\varphi',\alpha')\mathrm{d}\Omega'$ 都被散射到 $\mathrm{d}\Omega'$ 立体角元内. $\sigma(\theta',\varphi',\alpha')$ 称为散射系数，或称微分散射截面. 它具有面积的量纲. 将 $\sigma(\theta',\varphi',\alpha')\mathrm{d}\Omega'$ 对各种可能的方向积分，得到

$$Q = \int \sigma(\theta',\varphi',\alpha')\mathrm{d}\Omega'$$

Q 称为总散射截面，它表示一个粒子被散射的概率.

在碰撞理论中，本征矢用 $|P\,\alpha\rangle$ 表示. 第一个表示指标粒子，第二个表示散射中心. 计算一个粒子始态 $|P^0\alpha^0\rangle$ 到终态 $|P'\alpha'\rangle$ 的跃迁概率，使用的理论是微扰理论，自由粒子的本征值是连续谱，而散射中心是分立谱. 这是一个连续谱的微扰问题.

1. 方程的建立

设散射中心的哈密顿为 H_s，粒子的哈密顿为

$$W=\frac{1}{2m}(p_x^2+p_y^2+p_z^2)=\frac{\hbar}{2m}k^2 \tag{9.2}$$

粒子和散射中心的相互作用为 V. 因此，这个体系的总哈密顿为

$$H=H_s+W+V \tag{9.3}$$

相对于 H_s+W，V 为小量，可以用微扰理论处理. 设 H_s 的本征矢量为 $|\alpha^0\rangle$，$|\alpha'\rangle$，…，它们的相应能量为 $H_s(\alpha^0)$，$H_s(\alpha')$，…. 粒子的态用坐标表象，相应于本征值 W^0 和 W' 的本征矢量用 $|X^0\rangle$ 和 $|X'\rangle$ 表示.

取未受微扰系统为粒子与散射中心没有相互作用的系统，它的哈密顿为

$$E=H_s+W$$

则

$$H=E+V$$

根据第 8 章微扰理论，设

$$|H'\rangle=|0\rangle+|1\rangle+|2\rangle+\cdots$$
$$H'=E'+a_1+a_2+\cdots$$

有

$$(E'-E)|1\rangle+a_1|0\rangle=V|0\rangle$$
$$(E'-E)|2\rangle+a_1|1\rangle+a_2|0\rangle=V|1\rangle$$

把散射粒子与散射中心视为一个体系，这个体系的总能量守恒，因此

$$H'=E'$$

所以，$a_1=0$，$a_2=0$. 微扰公式简化为

$$(E'-E)|1\rangle=V|0\rangle \tag{9.4}$$

$$(E'-E)|2\rangle=V|1\rangle \tag{9.5}$$

取未受微扰系统的一个表象，其中 H_s 及粒子的坐标 x,y,z 都是对角的. 也就是选取 $|X\alpha'\rangle$ 为基矢量. 这里，X 代表 x',y',z'. 在这个表象里，体系的始态是 $|0\rangle$，它是具有能量 W^0，动量 $\boldsymbol{P}^0$ 的粒子从远方入射，且散射中心处于定态 α^0 的态，可以表示为

$$\langle X\alpha'|0\rangle=\langle X\alpha'|P^0\alpha^0\rangle=\delta_{\alpha'\alpha^0}\,\mathrm{e}^{\frac{i(P^0,X^0)}{\hbar}} \tag{9.6}$$

式中，$(P^0,X^0)=\boldsymbol{P}^0\cdot\boldsymbol{X}^0$. 在我们取的坐标表象里，式(9.4)化为

$$\langle X\alpha'\mid E'-E\mid 1\rangle=\sum_{\alpha''}\int\langle X\alpha'\mid V\mid X^0\alpha''\rangle\mathrm{d}^3x^0\langle X^0\alpha''\mid 0\rangle$$

将式(9.6)代入，上式变为

$$\begin{aligned}\langle X\alpha'\mid E'-E\mid 1\rangle&=\sum_{\alpha''}\int\langle X\alpha'\mid V\mid X^0\alpha''\rangle\mathrm{d}^3x^0\delta_{\alpha''\alpha^0}\,\mathrm{e}^{\frac{i(P^0,X^0)}{\hbar}}\\&=\int\langle X\alpha'\mid V\mid X^0\alpha^0\rangle\mathrm{d}^3x^0\,\mathrm{e}^{\frac{i(P^0,X^0)}{\hbar}}\end{aligned} \tag{9.7}$$

注意，$E=H_s+W$，且在我们选取的表象使 H_s 及粒子坐标 x,y,z 都是对角的

$$H_s\to H_s(\alpha')$$

$$W\to-\frac{\hbar^2}{2m}\nabla^2$$

所以

$$\langle X\alpha'|E'-E|1\rangle=\left[E'-H_s(\alpha')+\frac{\hbar}{2m}\nabla^2\right]\langle X\alpha'|1\rangle$$

由于粒子散射前后，总能量是守恒的

$$E'=H_s(\alpha^0)+W^0=H_s(\alpha')+W'$$

为体系总能量，所以

$$\langle X\alpha'|E'-E|1\rangle=\left(W'+\frac{\hbar}{2m}\nabla^2\right)\langle X\alpha'|1\rangle \tag{9.8}$$

式中，$W'=W^0+H_s(\alpha^0)-H_s(\alpha')=\dfrac{\hbar^2k^2}{2m}$. 因此，式(9.7)简化为

$$(k^2+\nabla^2)\langle X\alpha'|1\rangle=F \tag{9.9}$$

式中，$F=\dfrac{2m}{\hbar^2}\int\langle X\alpha'\mid V\mid X^0\alpha^0\rangle\mathrm{d}^3x^0\,\mathrm{e}^{\frac{i(P^0,X^0)}{\hbar}}$. 式(9.9)就是至一级微扰所建立的微分方程，求散射系数就是解这个微分方程.

2. 方程的解

选用球坐标，式(9.9)表示为

$$\left[k^2+\frac{\partial^2}{\partial r^2}+\frac{2}{r}\frac{\partial}{\partial r}+\frac{1}{r^2\sin\theta}\frac{\partial}{\partial\theta}\left(\sin\theta\frac{\partial}{\partial\theta}\right)+\frac{1}{r^2\sin^2\theta}\frac{\partial^2}{\partial\varphi^2}\right]\langle r\,\theta\,\varphi,\alpha'|1\rangle=F \tag{9.10}$$

当 r 很大，$V=0$，所以 $F=0$. 式(9.10)的解的 r 部分可写为 e^{ikr}/r

$$\frac{\partial^2}{\partial r^2}\left(\frac{\mathrm{e}^{ikr}}{r}\right)=\frac{1}{r}\frac{\partial^2}{\partial r^2}\mathrm{e}^{ikr}+2\frac{\partial}{\partial r}\left(\frac{1}{r}\right)\frac{\partial}{\partial r}\mathrm{e}^{ikr}+\mathrm{e}^{ikr}\frac{\partial^2}{\partial r^2}\left(\frac{1}{r}\right)$$

$$=-k^2\frac{\mathrm{e}^{ikr}}{r}-\frac{2}{r^2}(ik)\mathrm{e}^{ikr}+\frac{2\mathrm{e}^{ikr}}{r^3}$$

$$\frac{2}{r}\frac{\partial}{\partial r}\left(\frac{\mathrm{e}^{ikr}}{r}\right)=\frac{2ik}{r^2}\mathrm{e}^{ikr}-\frac{2\mathrm{e}^{ikr}}{r^3}$$

$$\left(k^2+\frac{\partial^2}{\partial r^2}+\frac{2}{r}\frac{\partial}{\partial r}\right)\mathrm{e}^{ikr}/r=0$$

将上两式代入式(9.10)，忽略$\dfrac{1}{r^3}$项，发现$\langle r\,\theta\,\varphi,\alpha'|1\rangle$的 r 部分写为 e^{ikr}/r 确实满足式(9.10).

因此，有理由写出

$$\langle r\theta\varphi,\alpha'|1\rangle=u(\theta,\varphi,\alpha')\frac{\mathrm{e}^{ikr}}{r} \tag{9.11}$$

当 r 较远时，e^{ikr}/r 满足式(9.10)，r 近一点时，引入一个因子 $u(\theta,\varphi,\alpha')$乘 e^{ikr}/r，代入式(9.10)可求出 $u(\theta,\varphi,\alpha')$. 下面由格林(Green)公式来确定 $u(\theta,\varphi,\alpha')$.

1) k 一定要为正值

在中心力场，矢径 r 定义为$r=(x^2+y^2+z^2)^{1/2}$，引入力学变量 P_r，定义为

$$P_r=r^{-1}(xp_x+yp_y+zp_z)$$

它与 r 的泊松括号由下式给出：

$$r[r,P_r]=[r,rP_r]=[r,xp_x+yp_y+zp_z]$$
$$=x[r,p_x]+y[r,p_y]+z[r,p_z]=x\frac{\partial r}{\partial x}+y\frac{\partial r}{\partial y}+z\frac{\partial r}{\partial z}$$
$$=x\cdot x/r+y\cdot y/r+z\cdot z/r=r$$

因而

$$[r,P_r]=1$$

或者

$$rP_r-P_rr=i\hbar$$

满足量子化条件. 但 P_r 不是正则动量,因为它不是自共轭算子.

$$\overline{P}_r=(P_xx+P_yy+P_zz)/r=(xP_x+yP_y+zP_z-3i\hbar)/r$$
$$=(rP_r-3i\hbar)/r=P_r-2i\hbar/r$$
$$\overline{P}_r+i\hbar/r=P_r-i\hbar/r$$

因此,$P_r-i\hbar/r$ 才是自共轭算子,且

$$[r,P_r-i\hbar/r]=[r,P_r]-[r,i\hbar/r]=[r,P_r]=1$$

所以,$P_r-i\hbar/r$ 才是真正的正则动量.

又由

$$P_r=r^{-1}(xP_x+yP_y+zP_z)=-i\hbar\left(\frac{x}{r}\frac{\partial}{\partial x}+\frac{y}{r}\frac{\partial}{\partial y}+\frac{z}{r}\frac{\partial}{\partial z}\right)$$
$$=-i\hbar\left(\frac{\partial x}{\partial r}\frac{\partial}{\partial x}+\frac{\partial y}{\partial r}\frac{\partial}{\partial y}+\frac{\partial z}{\partial r}\frac{\partial}{\partial z}\right)=-i\hbar\frac{\partial}{\partial r}$$

这里用到

$$x=r\sin\theta\cos\varphi \qquad \frac{\partial x}{\partial r}=\frac{x}{r}$$
$$y=r\sin\theta\sin\varphi \qquad \frac{\partial y}{\partial r}=\frac{y}{r}$$
$$z=r\cos\theta \qquad \frac{\partial z}{\partial r}=\frac{z}{r}$$

所以

$$(P_r-i\hbar/r)\frac{e^{ikr}}{r}=-i\hbar\left(\frac{\partial}{\partial r}+\frac{1}{r}\right)\frac{e^{ikr}}{r}=-i\hbar\left(ik-\frac{1}{r}+\frac{1}{r}\right)\frac{e^{ikr}}{r}=k\hbar\frac{e^{ikr}}{r}$$
$$(P_r-i\hbar/r)\frac{e^{ikr}}{r}=k\hbar\frac{e^{ikr}}{r}$$

上式说明,状态 e^{ikr}/r 是正则动量$(P_r-i\hbar/r)$的本征态,对应的本征值为 $k\hbar$. 粒子被散射后向远方而去,动量必须是正的. 因此,k 一定要为正的. k 为负的,说明粒子从远方而来,不是散射,而是吸收粒子.

2）格林公式的应用

根据格林公式

$$\int_V(A\nabla^2B-B\nabla^2A)\mathrm{d}^3x=\int_S\left[A\frac{\partial B}{\partial n}-B\frac{\partial A}{\partial n}\right]\mathrm{d}S \tag{9.12}$$

选取以散射中心为原点的一个大球作为体积分区域 V,球面为面积分区域 S. 由于面积分比球体积分方便,结合具体问题,选

$$A = e^{-ikr\cos\theta}$$

$$B = \langle r\,\theta\,\varphi, \alpha' | 1 \rangle$$

则

$$A\,\nabla^2 B - B\,\nabla^2 A = e^{-ikr\cos\theta}\nabla^2 \langle r\,\theta\,\varphi, \alpha' | 1 \rangle - \langle r\,\theta\,\varphi, \alpha' | 1 \rangle \nabla^2 e^{-ikr\cos\theta}$$

$$= e^{-ikr\cos\theta}(k^2 + \nabla^2)\langle r\,\theta\,\varphi, \alpha' | 1 \rangle = e^{-ikr\cos\theta} F \tag{9.13}$$

式中，$F = (k^2 + \nabla^2)\langle r\theta\varphi, \alpha' | 1 \rangle$，上面推导用到

$$\nabla^2 e^{-ikr\cos\theta} = -k^2 e^{-ikr\cos\theta}$$

这点证明如下：

$$\left[\frac{\partial^2}{\partial r^2} + \frac{2}{r}\frac{\partial}{\partial r} + \frac{1}{r^2 \sin\theta}\frac{\partial}{\partial\theta}\left(\sin\theta\frac{\partial}{\partial\theta}\right) + \frac{1}{r^2\sin^2\theta}\frac{\partial^2}{\partial\varphi^2}\right] e^{-ikr\cos\theta}$$

$$= \left\{\frac{\partial^2}{\partial r^2} + \frac{2}{r}\frac{\partial}{\partial r} + \frac{\partial}{r^2\partial(\cos\theta)}\left[(1-\cos^2\theta)\frac{\partial}{\partial(\cos\theta)}\right]\right\} e^{-ikr\cos\theta}$$

$$= \left[\frac{\partial^2}{\partial r^2} + \frac{2}{r}\frac{\partial}{\partial r} + + \frac{1}{r^2}\sin^2\theta\frac{\partial^2}{\partial(\cos\theta)^2} - \frac{2\cos\theta}{r^2}\frac{\partial}{\partial(\cos\theta)}\right] e^{-ikr\cos\theta}$$

$$= \left[-k^2\cos^2\theta - \frac{2ik\cos\theta}{r} - k^2\sin^2\theta + \frac{2ik\cos\theta}{r}\right] e^{-ikr\cos\theta}$$

$$= -k^2 e^{-ikr\cos\theta}$$

再回到格林公式，注意等号右边

$$\left(A\frac{\partial B}{\partial n} - B\frac{\partial A}{\partial n}\right) = \left(A\frac{\partial B}{\partial r} - B\frac{\partial A}{\partial r}\right)$$

$$= e^{-ikr\cos\theta}\frac{\partial}{\partial r}\left(u\frac{e^{ikr}}{r}\right) - u\frac{e^{ikr}}{r}\frac{\partial}{\partial r}e^{-ikr\cos\theta}$$

$$= e^{-ikr\cos\theta}\left(ik - \frac{1}{r}\right)u\frac{e^{ikr}}{r} + u\frac{e^{ikr}}{r}ik\cos\theta e^{-ikr\cos\theta}$$

$$= ik(1+\cos\theta)u\frac{e^{ikr(1-\cos\theta)}}{r} \tag{9.14}$$

在上式最后一步，略去$\frac{1}{r}u\frac{e^{ikr}}{r}$项，即略去$\frac{1}{r^2}$项. 将式(9.13)和式(9.14)代入式(9.12)，得到

$$\int e^{-ikr\cos\theta} F\,d^3x = \int_0^{2\pi} d\varphi \int_0^{\pi} r^2 \sin\theta d\theta \frac{iku(\theta\,\varphi, \alpha')}{r}(1+\cos\theta)e^{ikr(1-\cos\theta)} \tag{9.15}$$

对 θ 部分进行分部积分

$$\int_0^{\pi}(1+\cos\theta)u(\theta\,\varphi, \alpha')e^{ikr(1-\cos\theta)}ikr\sin\theta d\theta$$

$$= \left[(1+\cos\theta)u(\theta\varphi, \alpha')e^{ikr(1-\cos\theta)}\right]_0^{\pi} - \int_0^{\pi} e^{ikr(1-\cos\theta)}\frac{\partial}{\partial\theta}\left[(1+\cos\theta)u(\theta\,\varphi, \alpha')\right]d\theta$$

对上式第二项再做一次分部积分，分母要出现 r，因此它是$\frac{1}{r}$的数量级，可以略去. 这样，上式的结果为$-2u(0\varphi, \alpha')$，式(9.15)的右端为

$$-2\int_0^{2\pi} u(0\,\varphi, \alpha')d\varphi = -4\pi u(0\,\varphi, \alpha')$$

因为在 $\theta=0$ 时，$u(0\,\varphi, \alpha')$与 φ 无关，所以可将 $u(0\,\varphi, \alpha')$提到积分号外面，式(9.15)化为

$$u(0\ \varphi,\alpha') = -\frac{1}{4\pi}\int e^{-ikr\cos\theta} F\,d^3x \qquad (P' = \hbar k)$$

$$= -\frac{1}{4\pi}\int e^{-\frac{iP'r\cos\theta}{\hbar}} F\,d^3x \tag{9.16}$$

在式(9.16)中,$\theta=0$,实际是把动量 $\boldsymbol{P}'$ 的方向选为极轴. 另选极轴,P' 和此轴的夹角为 θ',则式(9.16)推广到一般形式

$$u(\theta'\varphi',\alpha') = -\frac{1}{4\pi}\int e^{-i\frac{(P',X)}{\hbar}} F\,d^3x \tag{9.17}$$

将 F 的表达式代入,得

$$u(\theta'\varphi',\alpha') = -\frac{m}{2\pi\hbar^2}\iint e^{-i\frac{(P',X)}{\hbar}}\,d^3x\langle X\alpha'\mid V\mid X^0\alpha^0\rangle d^3x^0\, e^{i\frac{(P^0,X^0)}{\hbar}} \tag{9.18}$$

利用关系式 $\langle q'|P'\rangle = \frac{1}{\hbar^{1/2}}e^{i\frac{P'q'}{\hbar}}$,式(9.18)化为

$$\begin{aligned}u(\theta'\varphi',\alpha') &= -\frac{mh^3}{2\pi\hbar^2}\iint \frac{1}{h^{3/2}}e^{-i\frac{(P',X)}{\hbar}}\,d^3x\langle X\alpha'\mid V\mid X^0\alpha^0\rangle d^3x^0\,\frac{1}{h^{3/2}}e^{i\frac{(P^0,x^0)}{\hbar}}\\ &= -2\pi mh\iint\langle P'\alpha'\mid X\alpha'\rangle d^3x\langle X\alpha'\mid V\mid X^0\alpha^0\rangle d^3x^0\langle X^0\alpha^0\mid P^0\alpha^0\rangle\\ &= -2\pi mh\langle P'\alpha'\mid V\mid P^0\alpha^0\rangle\end{aligned} \tag{9.19}$$

最后一步抽出两个坐标表象的单位算子 $\int|X\alpha\rangle d^3x\langle X\alpha|$,变为动量表象,形式上很简洁. 由于动量表象中 V 不易写成 P 算子函数,实际计算还是用坐标表象. 这里,P',P^0 都代表动量的三个分量. 式(9.19)为 $u(\theta'\varphi',\alpha')$ 在动量表象中的表达式. 注意式(9.11),得到动量表象中解的形式

$$\langle r\theta'\varphi',\alpha'|1\rangle = -2\pi mh\langle P'\alpha'|V|P^0\alpha^0\rangle\frac{e^{ikr}}{r}$$

综上所述,首先得到 r 部分函数为 e^{ikr}/r,然后由格林公式确定 θ,φ 部分. 其中用了一个近似,即忽略了 r 的高次小量($1/r^2$). 玻恩首先得到这个公式,故称玻恩近似.

3. 散射系数跃迁概率

入射粒子的速度为 $\frac{P^0}{m}$,散射粒子的速度为 $\frac{P'}{m}$. 其中,P^0 和 P' 分别为 $\boldsymbol{P}^0$ 和 $\boldsymbol{P}'$ 的绝对值. $\boldsymbol{P}^0$ 和 $\boldsymbol{P}'$ 的方向如图 9.2 所示. $\boldsymbol{P}^0$ 和 $\boldsymbol{P}'$ 的夹角为 θ'.

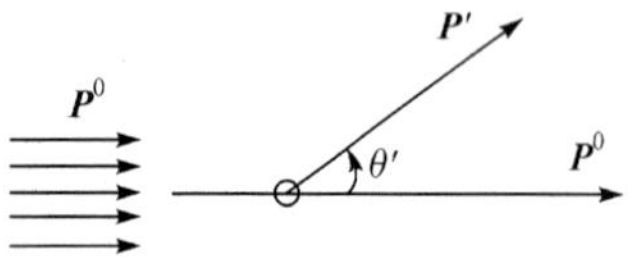

图 9.2

$$|0\rangle = \delta_{\alpha''\alpha^0}\,e^{i\frac{(P^0,X^0)}{\hbar}}$$

入射粒子的概率密度=1,散射粒子的概率密度为

$$\left|u\frac{e^{ikr}}{r}\right|^2 = \frac{|u(\theta'\varphi',\alpha')|^2}{r^2}$$

因此,入射粒子流的强度 $N=\frac{P^0}{m}$. 单位面积概率密度 $=\frac{P^0}{m}$. 单位时间内,在 $\boldsymbol{P}'$ 方向的 dS 面积元接收到被散射的粒子数 dN(散射中心属于 α' 态)为 $dN=\frac{P'}{m}$. 概率密度为

$$\mathrm{d}N=\frac{P'}{m}\left|u(\theta'\varphi',\alpha')\frac{\mathrm{e}^{ikr}}{r}\right|^2 r^2\mathrm{d}\Omega'$$

根据式(9.1)，散射系数 $\sigma(\theta'\varphi',\alpha')$ 定义为

$$\sigma(\theta'\varphi',\alpha')\mathrm{d}\Omega'=\frac{\mathrm{d}N}{N}$$

所以

$$\begin{aligned}\sigma(\theta'\varphi',\alpha')&=\frac{\mathrm{d}N}{N\mathrm{d}\Omega'}=\frac{P'}{P^0}|u(\theta'\varphi',\alpha')|^2\\&=4\pi^2h^2m^2\frac{P'}{P^0}|\langle P'\alpha'|V|P^0\alpha^0\rangle|^2\end{aligned}\tag{9.20}$$

这就是散射系数. 它和体系从 $|P^0\alpha^0\rangle$ 跃迁到 $|P'\alpha'\rangle$ 的概率相联系.

4. 弹性散射

碰撞以后，散射中心内部状态不发生改变，即 $\alpha'=\alpha^0$. 这样的散射称为弹性散射.

在坐标表象中，跃迁矩阵元可写为

$$\langle X\alpha'|V|X^0\alpha^0\rangle=\delta_{\alpha'\alpha^0}\langle X|V|X^0\rangle=\delta_{\alpha'\alpha^0}V(r)\langle X|X^0\rangle=\delta_{\alpha'\alpha^0}V(r)\delta^3(x-x^0)$$

式(9.18)现在变为

$$\begin{aligned}u(\theta'\varphi',\alpha')&=-\frac{\delta_{\alpha'\alpha^0}m}{2\pi\hbar^2}\iint \mathrm{e}^{-i\frac{(P',X)}{\hbar}}\mathrm{d}^3xV(r)\delta^3(x-x^0)\mathrm{d}^3x^0\mathrm{e}^{i\frac{(P^0,X^0)}{\hbar}}\\&=-\frac{\delta_{\alpha'\alpha^0}m}{2\pi\hbar^2}\int \mathrm{e}^{-i\frac{(P',X)}{\hbar}}V(r)\mathrm{e}^{i\frac{(P^0,X)}{\hbar}}\mathrm{d}^3x\end{aligned}$$

上面的推导并不要求 V 是 r 的函数，只要 V 是坐标的函数即可. 只有 $\alpha'=\alpha^0$ 时 $\delta_{\alpha'\alpha^0}=1$，去掉 $\delta_{\alpha'\alpha^0}$ 因子，有

$$u(\theta'\varphi',\alpha')=u(\theta'\varphi')=-\frac{m}{2\pi\hbar^2}\int \mathrm{e}^{\frac{i(P^0-P',X)}{\hbar}}V(r)\mathrm{d}^3x\tag{9.21}$$

由图 9.3 看出

$$(\boldsymbol{P}^0-\boldsymbol{P}')^2=P^{02}+P'^2-2P^0P'\cos\theta'$$

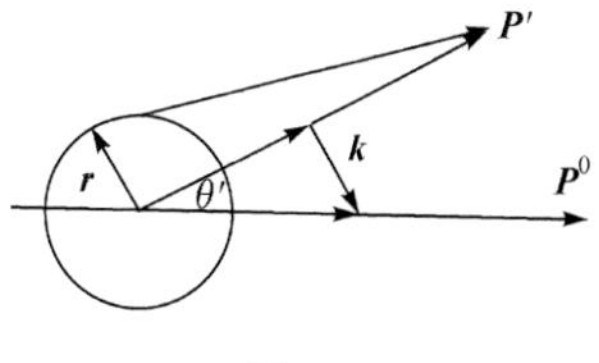

图 9.3

又由能量守恒关系式

$$E'=H_s(\alpha^0)+\frac{P^{02}}{2m}=H_s(\alpha')+\frac{P'^2}{2m}$$

由于 $\alpha^0=\alpha'$，有 $P^0=P'=P$，所以

$$(\boldsymbol{P}^0-\boldsymbol{P}')^2=2P^2(1-\cos\theta')=4P^2\sin^2\frac{\theta'}{2}$$

上式两边开方得

$$|\boldsymbol{P}^0-\boldsymbol{P}'|=2P\sin\frac{\theta'}{2}$$

令

$$\frac{|\boldsymbol{P}^0-\boldsymbol{P}'|}{\hbar}=\frac{2P\sin\frac{\theta'}{2}}{\hbar}\equiv k$$

k 的方向如图 9.3 所示. 选 $\boldsymbol{k}$ 的方向为积分极轴的方向，有

$$\frac{(\boldsymbol{P}^0-\boldsymbol{P}')\cdot\boldsymbol{X}}{\hbar}=kr\cos\theta$$

上式代入式(9.21),得

$$\begin{aligned}u(\theta,\varphi')&=-\frac{m}{2\pi\hbar^2}\int e^{ikr\cos\theta}V(r)r^2\sin\theta\mathrm{d}r\mathrm{d}\theta\mathrm{d}\varphi\\&=-\frac{m}{\hbar^2}\int_0^\infty V(r)r^2\mathrm{d}r\int_0^\pi e^{ikr\cos\theta}\sin\theta\mathrm{d}\theta\\&=-\frac{m}{i\hbar^2k}\int_0^\infty V(r)r\mathrm{d}r[-e^{ikr\cos\theta}]_0^\pi\\&=-\frac{2m}{\hbar k}\int_0^\infty V(r)r\frac{e^{ikr}-e^{-ikr}}{2i}\mathrm{d}r\\&=-\frac{2m}{\hbar k}\int_0^\infty \sin kr\, V(r)r\mathrm{d}r\end{aligned}\tag{9.22}$$

式(9.22)是中心力场中弹性散射的一般公式.作为一个例子,考虑一个高速带电粒子(带电荷 $Z'e$)被一中性原子散射,原子核产生的电场被原子内部的电子所屏蔽,这种屏蔽库仑场可以表示为

$$V(r)=\frac{Z'Ze^2}{r}e^{-\frac{r}{a}}$$

式中,a 为原子半径,Z 为原子序数.代入式(9.22),得

$$u(\theta'\varphi')=-\frac{2mZZ'e^2}{\hbar^2k}\int_0^\infty \sin kr e^{-\frac{r}{a}}\mathrm{d}r$$

注意 Im 为复数的虚部 $\sin kr e^{-\frac{r}{a}}=Im(e^{ikr}e^{-\frac{r}{a}})$,有

$$\begin{aligned}\int_0^\infty \sin kr e^{-\frac{r}{a}}&=Im\left[\int_0^\infty e^{-\left(\frac{1}{a}-ik\right)r}\mathrm{d}r\right]=Im\left[\frac{-e^{-\left(\frac{1}{a}-ik\right)r}}{\left(\frac{1}{a}-ik\right)}\right]_0^\infty\\&=Im\left[\frac{1}{\frac{1}{a}-ik}\right]=Im\left[\frac{\frac{1}{a}+ik}{\left(\frac{1}{a}\right)^2+k^2}\right]=\frac{k}{k^2+\left(\frac{1}{a}\right)^2}\end{aligned}$$

所以

$$\begin{aligned}u(\theta')&=-\frac{2mZZ'e^2}{\hbar^2}\frac{1}{k^2+\left(\frac{1}{a}\right)^2}\qquad\left(式中,k=\frac{2mv\sin\frac{\theta'}{2}}{\hbar}\right)\\&=-\frac{2mZZ'e^2}{4m^2v^2\sin^2\frac{\theta'}{2}+\frac{\hbar^2}{a^2}}\end{aligned}\tag{9.23}$$

若入射粒子是 α 粒子,m 较大,有 $4m^2v^2\sin^2\frac{\theta'}{2}\gg\frac{\hbar^2}{a^2}$,式(9.23)分母的$\frac{\hbar^2}{a^2}$略去,得到

$$u(\theta')=-\frac{ZZ'e^2}{2mv^2\sin^2\frac{\theta'}{2}}$$

微分散射截面为

$$\sigma(\theta')=\frac{P'}{P^0}|u(\theta')|^2=|u(\theta')|^2=\frac{Z^2Z'^2e^4}{4m^2v^4}\csc^4\frac{\theta'}{2} \tag{9.24}$$

卢瑟福(Rutherford)1911年从经典库仑场推导出这个公式，并估计出原子核半径 a 为 10^{-13} cm 数量级，与实验事实完全符合，从而推翻汤姆孙(Thomson)原子核模型.

9.2 动量表象中求解

在动量表象中求解，结果的得来可能更为直接. 而且在动量表象中，可以从相对论公式出发，直接得到光子的散射公式.

1. 方程的建立

相对论量子力学中粒子的哈密顿为

$$W=c(m^2c^2+P_x^2+P_y^2+P_z^2)^{1/2}$$

$$\frac{W^2}{c^2}=m^2c^2+P^2$$

一级微扰式(9.4)为

$$(E'-H_s(\alpha)-W)|1\rangle=V|0\rangle$$

动量表象的基矢为 $|P'\alpha'\rangle$. 用 $\langle P'\alpha'|$ 从左边作用上式，得到

$$\langle P'\alpha'|E'-H_s-W|1\rangle=\langle P'\alpha'|V|0\rangle$$

或者

$$(E'-H_s(\alpha')-W)\langle P'\alpha'|1\rangle=\langle P'\alpha'|V|0\rangle \tag{9.25}$$

为了下面推导，用 P 代替 P'. 由于

$$E'-H_s(\alpha')=W'=c(m^2c^2+P'^2)^{1/2}$$

式(9.25)化为

$$(W'-W)\langle P\,\alpha'|1\rangle=\langle P\,\alpha'|V|0\rangle \tag{9.25'}$$

比较下面两式

$$\langle X^0\,\alpha''|0\rangle=\delta_{\alpha''\alpha^0}\,\mathrm{e}^{\frac{i(P^0,X^0)}{\hbar}}$$

$$\langle X^0\,\alpha''|P^0\alpha^0\rangle=\delta_{\alpha''\alpha^0}\frac{1}{h^{3/2}}\,\mathrm{e}^{\frac{i(P^0,X^0)}{\hbar}}$$

得到

$$|0\rangle=h^{3/2}|P^0\,\alpha^0\rangle$$

代入式(9.25)′，得到在动量表象要解的方程

$$(W'-W)\langle P\,\alpha'|1\rangle=h^{3/2}\langle P\,\alpha'|V|P^0\,\alpha^0\rangle \tag{9.26}$$

若在动量空间采用球坐标

$$P_x=P\sin\omega\cos\chi$$

$$P_y=P\sin\omega\sin\chi$$

$$P_z=P\cos\omega$$

式(9.26)化为

$$(W'-W)\langle P'\omega'\chi',\alpha'|1\rangle=h^{3/2}\langle P'\omega'\chi',\alpha'|V|P^0\omega^0\chi^0,\alpha^0\rangle \tag{9.27}$$

式(9.27)中 ω' 随散射中心而固定，ω 跟着 P 变，一定有那样一点 $W=W'$. 因此，式(9.27)用 $(W'-W)$ 去除，出现一个奇点. 为了求得式(9.27)的解，下面讨论更一般情况. 波函数 $|\quad\rangle$ 中空着，意为差一级到二级均可.

$$(W'-W)\langle P'\omega'\chi',\alpha'|\quad\rangle=f(P'\omega'\chi',\alpha') \tag{9.28}$$

2. 方程求解

用 $(W'-W)$ 除式(9.28)，由于 $W=W'$ 是个奇点，其结果为

$$\langle P'\omega'\chi',\alpha'|\quad\rangle=\frac{f(P'\omega'\chi',\alpha')}{W'-W}+\lambda(P'\omega'\chi',\alpha')\delta(W'-W)$$

不难验证，这个结果是正确的. 用 $(W'-W)$ 乘式(9.28)，因为 $\lambda(W'-W)\delta(W'-W)=\lambda\cdot 0\cdot\delta(W'-W)\to 0$ 可还原到式(9.28). 为了定出 $\lambda(P'\omega'\chi',\alpha')$，再变到坐标表象. 由于

$$\langle r\,\theta\,\varphi|P\,\omega\,\chi\rangle=h^{-3/2}\mathrm{e}^{i\frac{(P,X)}{\hbar}}$$

有

$$\begin{aligned}\langle r\,\theta\,\varphi,\alpha'|\quad\rangle&=\int\langle r\,\theta\,\varphi,\alpha'\mid P\,\omega\,\chi,\alpha'\rangle P^2\sin\omega\mathrm{d}P\mathrm{d}\omega\mathrm{d}\chi\langle P\omega\chi\alpha'|\quad\rangle\\&=\int\frac{1}{h^{3/2}}\mathrm{e}^{i\frac{(P,x)}{\hbar}}\langle P\omega\chi,\alpha'|\quad\rangle P^2\sin\omega\mathrm{d}P\mathrm{d}\omega\mathrm{d}\chi\end{aligned}$$

这里

$$\begin{aligned}(P,X)&=P_xx+P_yy+P_zz=Pr\sin\omega\sin\theta\cos\chi\cos\varphi+Pr\sin\omega\sin\theta\sin\chi\sin\varphi+Pr\cos\omega\cos\theta\\&=Pr\cos\omega\cos\theta+Pr\sin\omega\sin\theta\cos(\chi-\varphi)\end{aligned}$$

为了简便，设 $\theta=0$ 的方向为新的 $\boldsymbol{Z}'$ 极轴方向，求得

$$\langle r\;0\;\varphi,\alpha'|\quad\rangle=h^{-3/2}\int_0^\infty P^2\mathrm{d}P\int_0^{2\pi}\mathrm{d}\chi\int_0^\pi\mathrm{e}^{iPr\cos\omega/\hbar}\langle P\,\omega\,\chi,\alpha'|\quad\rangle\sin\omega\mathrm{d}\omega$$

这并不影响普遍结果. 上式首先对 ω 积分. 进行分部积分，得

$$-\left[\frac{\mathrm{e}^{iPr\cos\omega/\hbar}}{iPr/\hbar}\langle P\,\omega\,\chi,\alpha'|\quad\rangle\right]_0^\pi+\int_0^\pi\frac{\mathrm{e}^{iPr\cos\omega/\hbar}}{iPr/\hbar}\frac{\partial}{\partial\omega}\langle P\,\omega\,\chi,\alpha'|\quad\rangle\mathrm{d}\omega$$

第二项再分部积分一次，分母又出来 r，故是 $\frac{1}{r^2}$ 量级，当 r 足够大时可以忽略不计. 上式化为

$$\frac{i\hbar}{Pr}\left[\mathrm{e}^{-\frac{iPr}{\hbar}}\langle P\,\pi\,\chi,\alpha'|\quad\rangle-\mathrm{e}^{\frac{iPr}{\hbar}}\langle P\;0\;\chi,\alpha'|\quad\rangle\right]$$

所以

$$\langle r\;0\;\varphi,\alpha'|\quad\rangle=i\frac{1}{h^{1/2}2\pi r}\int_0^\infty P\mathrm{d}P\int_0^{2\pi}\mathrm{d}\chi\left[\mathrm{e}^{-\frac{iPr}{\hbar}}\langle P\,\pi\,\chi,\alpha'|\quad\rangle-\mathrm{e}^{\frac{iPr}{\hbar}}\langle P\;0\;\chi,\alpha'|\quad\rangle\right]$$

由于 $\omega=0$，在极轴上，与 χ 无关，故上式可直接对 χ 积分，得到

$$\langle r\;0\;\varphi,\alpha'|\quad\rangle=\frac{i}{h^{1/2}r}\int_0^\infty P\mathrm{d}P\left[\mathrm{e}^{-\frac{iPr}{\hbar}}\langle P\,\pi\,\chi,\alpha'|\quad\rangle-\mathrm{e}^{\frac{iPr}{\hbar}}\langle P\;0\;\chi,\alpha'|\quad\rangle\right] \tag{9.29}$$

首先计算式(9.29)的第一项.

$$\begin{aligned}\mathrm{I}&=\frac{i}{h^{1/2}r}\int_0^\infty P\mathrm{d}P\mathrm{e}^{-\frac{iPr}{h}}\langle P\,\pi\,\chi,\alpha'|\quad\rangle\\&=\frac{i}{h^{1/2}r}\int_0^\infty P\mathrm{d}P\mathrm{e}^{-\frac{iPr}{h}}\left[\frac{f(P\,\pi\,\chi,\alpha')}{W'-W}+\lambda(P\,\pi\,\chi,\alpha)\delta(W'-W)\right]\end{aligned} \tag{9.30}$$

式(9.30)第二项由于有 $\delta(W'-W)$，因此容易积分. 首先注意，$\frac{W^2}{c^2}=m^2c^2+P^2$，$\frac{W\mathrm{d}W}{c^2}=P\mathrm{d}P$，则式(9.30)的第二项

$$
\begin{aligned}
\mathrm{I}_2 &= \frac{i}{h^{1/2}r}\int_0^{\infty} P\mathrm{d}P\mathrm{e}^{-\frac{iPr}{\hbar}}\lambda(P\,\pi\,\chi,\alpha')\delta(W'-W) \\
&= \frac{i}{h^{1/2}r}\int_{mc^2}^{\infty} \frac{W\mathrm{d}W}{c^2}\mathrm{e}^{-\frac{iPr}{\hbar}}\lambda(P\,\pi\,\chi,\alpha')\delta(W'-W) \\
&= \frac{i}{h^{1/2}}\frac{W'}{c^2}\frac{\mathrm{e}^{\frac{-iP'r}{\hbar}}}{r}\lambda(P'\pi\,\chi,\alpha')
\end{aligned}
\tag{9.31}
$$

式(9.30)的第一项

$$
\begin{aligned}
\mathrm{I}_1 &= \frac{i}{h^{1/2}r}\int_0^{\infty} P\mathrm{d}P\mathrm{e}^{-\frac{iPr}{\hbar}}\frac{f(P\,\pi\,\chi,\alpha')}{W'-W} \\
&= \frac{i}{h^{1/2}}\frac{\mathrm{e}^{-\frac{iP'r}{\hbar}}}{r}\int_0^{\infty} P\mathrm{d}P\mathrm{e}^{\frac{i(P'-P)r}{\hbar}}\frac{f(P\,\pi\,\chi,\alpha')}{W'-W}\cdot\frac{P'-P}{P'-P} \\
&= -\frac{\pi}{h^{1/2}}\frac{\mathrm{e}^{-\frac{iP'r}{\hbar}}}{r}\int_0^{\infty} P\mathrm{d}P\frac{\mathrm{e}^{\frac{i(P'-P)r}{\hbar}}}{i\pi(P'-P)}f(P\,\pi\,\chi,\alpha')\frac{P'-P}{W'-W}
\end{aligned}
$$

注意，当 r 足够大时

$$
\frac{\mathrm{e}^{\frac{i(P'-P)r}{\hbar}}}{i\pi(P'-P)}=\frac{1}{\hbar}\frac{\mathrm{e}^{\frac{i(P'-P)r}{\hbar}}}{i\pi\frac{(P'-P)}{\hbar}}=\frac{1}{\hbar}\delta\left(\frac{P'-P}{\hbar}\right)=\delta(P'-P)
$$

另外

$$
\frac{P'-P}{W'-W}\to\left(\frac{\mathrm{d}P}{\mathrm{d}W}\right)_{P=P'}
$$

所以

$$
\begin{aligned}
\mathrm{I}_1 &= -\frac{\pi}{h^{1/2}}\frac{\mathrm{e}^{-\frac{iP'r}{\hbar}}}{r}\int_0^{\infty} P\mathrm{d}P\delta(P'-P)f(P\,\pi\,\chi,\alpha')\left(\frac{\mathrm{d}P}{\mathrm{d}W}\right)_{P=P'} \\
&= -\frac{\pi}{h^{1/2}}\frac{\mathrm{e}^{-\frac{iP'r}{\hbar}}}{r}P'\left(\frac{\mathrm{d}P}{\mathrm{d}W}\right)_{P=P'}f(P'\pi\,\chi,\alpha')
\end{aligned}
$$

由

$$
\frac{W^2}{c^2}=m^2c^2+P^2\longrightarrow\left(\frac{\mathrm{d}P}{\mathrm{d}W}\right)_{P=P'}=\left(\frac{W}{Pc^2}\right)_{P=P'}=\frac{W'}{P'c^2}
$$

代入 I_1 的表达式，得到

$$
\mathrm{I}_1=-\frac{\pi}{h^{1/2}}\frac{\mathrm{e}^{-\frac{iPr}{\hbar}}}{r}\frac{W'}{c^2}f(P'\pi\,\chi,\alpha')
\tag{9.32}
$$

把上面第一项、第二项的结果代入 I 的式子里，最后得到

$$
\begin{aligned}
\mathrm{I} &= \frac{i}{h^{1/2}r}\int_0^{\infty} P\mathrm{d}P\mathrm{e}^{-\frac{iPr}{\hbar}}\left[\frac{f(P\,\pi\,\chi,\alpha')}{W'-W}+\lambda(P\,\pi\,\chi,\alpha')\delta(W'-W)\right] \\
&= \frac{1}{h^{1/2}}\frac{W'}{c^2}\frac{\mathrm{e}^{\frac{-iP'r}{\hbar}}}{r}[-\pi f(P'\pi\,\chi,\alpha')+i\lambda(P'\pi\,\chi,\alpha')]
\end{aligned}
\tag{9.33}
$$

再来计算式(9.29)的第二项

$$
\begin{aligned}
\text{II} &= -\frac{i}{h^{1/2}r}\int_0^\infty P\mathrm{d}P\mathrm{e}^{\frac{iPr}{\hbar}}\langle P\ 0\ \chi,\alpha'|\quad\rangle \\
&= -\frac{i}{h^{1/2}r}\int_0^\infty P\mathrm{d}P\mathrm{e}^{\frac{iPr}{\hbar}}\left[\frac{f(P\ 0\ \chi,\alpha')}{W'-W}+\lambda(P\ 0\ \chi,\alpha')\delta(W'-W)\right]
\end{aligned}
\tag{9.34}
$$

比较式(9.33)和式(9.34)，发现只要在式(9.31)中作如下代换：

$$i\to -i\qquad \pi\to 0$$

则立即得到式(9.34)的结果. 所以

$$\text{II}=\frac{1}{h^{1/2}}\frac{W'}{c^2}\frac{\mathrm{e}^{\frac{-iP'r}{\hbar}}}{r}[-\pi f(P'0\ \chi,\alpha')-i\lambda(P'0\ \chi,\alpha')]\tag{9.35}$$

根据 9.1 节的讨论知，碰撞后粒子向远方飞去，径向动量为正，所以在$\langle r\ 0\ \varphi,\alpha'|\quad\rangle$的式子里不应该包括$\frac{\mathrm{e}^{-\frac{iPr}{\hbar}}}{r}$项. 这样，在式(9.33)中，方括号的值应为零，即

$$
\begin{gathered}
[-\pi f(P'\pi\ \chi,\alpha')+i\lambda(P'\pi\ \chi,\alpha')]=0\\
\lambda(P'\pi\ \chi,\alpha')=-i\pi f(P'\pi\ \chi,\alpha')
\end{gathered}
\tag{9.36}
$$

这样，考虑到径向动量必须为正，得到式(9.33)积分值

$$\text{I}=0$$

$$\lambda(P'0\ \chi,\alpha')=-i\pi f(P'0\ \chi,\alpha')$$

代入式(9.34)，最后得到式(9.29)的结果为

$$\langle r\ 0\ \varphi,\alpha'|\quad\rangle=\frac{2\pi}{h^{1/2}}\frac{W'}{c^2}\frac{\mathrm{e}^{\frac{iP'r}{\hbar}}}{r}f(P'0\ \chi,\alpha')\tag{9.37}$$

推广到任意极轴时，有

$$\langle r\ \theta\ \varphi,\alpha'|\quad\rangle=\frac{2\pi}{h^{1/2}}\frac{W'}{c^2}\frac{\mathrm{e}^{\frac{iP'r}{\hbar}}}{r}f(P'\omega\ \chi,\alpha')\tag{9.38}$$

因为 ω,χ 和 θ,φ 都代表动量 $\boldsymbol{P}'$ 的方位角，所以

$$\omega=\theta\to\theta'\qquad \chi=\varphi\to\varphi'$$

将式(9.27)代入式(9.38)，得

$$
\begin{aligned}
\langle r\theta'\varphi',\alpha'|1\rangle &= -2\pi h\frac{W'}{c^2}\frac{\mathrm{e}^{\frac{iP'r}{\hbar}}}{r}\langle P'\omega'\chi',\alpha'|V|P^0\ \omega^0\ \chi^0,\alpha^0\rangle \\
&= -2\pi h\frac{W'}{c^2}\langle P'\alpha'|V|P^0\alpha^0\rangle\frac{\mathrm{e}^{\frac{iP'r}{\hbar}}}{r} \\
&= u(\theta'\varphi'\alpha')\frac{\mathrm{e}^{\frac{iP'r}{\hbar}}}{r}
\end{aligned}
\tag{9.39}
$$

$$u(\theta'\varphi'\alpha')=-2\pi h\frac{W'}{c^2}\langle P'\alpha'|V|P^0\ \alpha^0\rangle\tag{9.40}$$

当 $W'=W^0=mc^2$，式(9.40)还原为式(9.19).

3. 散射系数

入射粒子的速度为 c^2P^0/W^0，散射粒子的速度为 c^2P'/W'，与式(9.20)同样的考虑，散射

系数 $\sigma(\theta'\varphi',\alpha')$ 为

$$\begin{aligned}\sigma(\theta'\varphi',\alpha')&=\text{出射粒子速度}\cdot|u(\theta'\varphi'\alpha')|^2/\text{入射粒子速度}\\&=\frac{c^2P'/W'}{c^2P^0/W^0}4\pi^2h^2\frac{W'^2}{c^4}|\langle P'\alpha'|V|P^0\alpha^0\rangle|^2\\&=\frac{4\pi^2h^2W'W^0}{c^4}\frac{P'}{P^0}|\langle P'\alpha'|V|P^0\alpha^0\rangle|^2\end{aligned}\tag{9.41}$$

如果 P^0 和 P' 远小于 mc^2，则 $W^0W'=m^2c^4$，式(9.41)化为式(9.20).

式(9.41)的得到采用了两点近似：①一级微扰近似；② r 一定要足够大，忽略 $1/r^2$ 二级小量.

9.3 色散散射

体系的哈密顿为

$$H=H_s+W+V$$

没有微扰项 V 时基矢量是

$$|P^0\alpha^0\rangle,|P'\alpha'\rangle,|P''\alpha''\rangle,\cdots$$

它们是 H_s 和 W 的各自的本征矢的简单相乘.

当作入射粒子能被散射中心吸收，体系出现闭合态. 闭合态对散射结果很有影响. 当被散射粒子为光子时，称为色散现象. 闭合态是 H_s 和 W 合在一起，当作一个算子的本征态. 这些闭合态表示为

$$|k'\rangle,|k''\rangle,\cdots$$

并且假定这些闭合态和 $|P'\alpha'\rangle$ 线性无关. 此时基矢为

$$\begin{cases}|P^0\alpha^0\rangle,|P'\alpha'\rangle,|P''\alpha''\rangle,\cdots\\|k'\rangle,|k''\rangle,\cdots\end{cases}$$

一级微扰公式为

$$\left.\begin{aligned}\langle P\alpha'|E'-E|1\rangle&=h^{3/2}\langle P\alpha'|V|P^0\alpha^0\rangle\\\langle k|E'-E|1\rangle&=h^{3/2}\langle k|V|P^0\alpha^0\rangle\end{aligned}\right\}\tag{9.42}$$

由于 $E=H_s+W,E'=H_s(\alpha')+W'$，上两式化为

$$[E'-H_s(\alpha')-W]\langle P\alpha'|1\rangle=h^{3/2}\langle P\alpha'|V|P^0\alpha^0\rangle$$

$$\left.\begin{aligned}(W'-W)\langle P\alpha'|1\rangle&=h^{3/2}\langle P\alpha'|V|P^0\alpha^0\rangle\\(E'-E_k)\langle k|1\rangle&=h^{3/2}\langle k|V|P^0\alpha^0\rangle\end{aligned}\right\}\tag{9.43}$$

这里，用到

$$(H_s+W)|k\rangle=E_k|k\rangle$$

二级微扰公式为

$$\left.\begin{aligned}(W'-W)\langle P\alpha'|2\rangle&=\langle P\alpha'|V|1\rangle\\(E'-E_k)\langle k|2\rangle&=\langle k|V|1\rangle\end{aligned}\right\}\tag{9.44}$$

将式(9.44)右端用矩阵乘法展开

$$\begin{aligned}&(W'-W)\langle P\alpha'\mid 2\rangle\\&=\sum_{\alpha''}\int\langle P\alpha'\mid V\mid P''\alpha''\rangle d^3P''\langle P''\alpha''\mid 1\rangle+\sum_{k''}\langle P\alpha'\mid V\mid k''\rangle\langle k''\mid 1\rangle\end{aligned}\tag{9.45}$$

$$
\begin{aligned}
&(E'-E_k)\langle k\mid 2\rangle \\
&=\sum_{\alpha''}\int\langle k\mid V\mid P''\alpha''\rangle \mathrm{d}^3P''\langle P''\alpha''\mid 1\rangle+\sum_{k''}\langle k\mid V\mid k''\rangle\langle k''\mid 1\rangle
\end{aligned} \tag{9.46}
$$

可以假定矩阵元$\langle k|V|k''\rangle=0$，$\langle k|V|P''\alpha''\rangle$为一级小量，$\langle P\alpha'|V|P''\alpha''\rangle$为二级小量. 在式(9.45)中保留到一级小量，得

$$
(W'-W)\langle P\alpha'|2\rangle=\sum_{k''}\langle P\alpha'|V|k''\rangle\langle k''|1\rangle \tag{9.47}
$$

式(9.46)变为

$$
(E'-E_k)\langle k\mid 2\rangle=\sum_{\alpha''}\int\langle k\mid V\mid P''\alpha''\rangle \mathrm{d}^3P''\langle P''\alpha''\mid 1\rangle
$$

我们研究的情况是终态是粒子被散射，闭合态只是作为一种中间态出现，故这个式子用不上，不考虑. 由式(9.43)的第二式得

$$
\langle k|1\rangle=\frac{h^{3/2}\langle k|V|P^0\ \alpha^0\rangle}{E'-E_k} \tag{9.48}
$$

需要指出的是，在式(9.43)的第二式可能出现$E'=E_k$的情况. 这里只讨论$E'\neq E_k$的情况，因此可以用$E'-E_k$除等式两边. 对于$E'=E_k$的情况，将在9.4节中讨论. 将式(9.48)代入式(9.47)，得

$$
(W'-W)\langle P\alpha'\mid 2\rangle=h^{3/2}\sum_{k''}\frac{\langle P\alpha'\mid V\mid k''\rangle\langle k''\mid V\mid P^0\alpha^0\rangle}{E'-E''_k}
$$

将一级微扰和二级微扰合在一起，得

$$
\begin{aligned}
&(W'-W)[\langle P\alpha'\mid 1\rangle+\langle P\alpha'\mid 2\rangle] \\
&=h^{3/2}\left\{\langle P\alpha'\mid V\mid P^0\alpha^0\rangle+\sum_{k''}\frac{\langle P\alpha'\mid V\mid k''\rangle\langle k''\mid V\mid P^0\alpha^0\rangle}{E'-E''_k}\right\}
\end{aligned} \tag{9.49}
$$

在9.2节中，我们由式(9.26)出发，得到式(9.41)的结果. 这里，式(9.49)的地位和式(9.26)完全相当，完全一样推导，可得到对于我们现在的问题的地位和式(9.41)相当的公式.

$$
\sigma(\theta'\varphi',\alpha')=\frac{4\pi^2h^2W^0W'P'}{c^4P^0}\left|\langle P\alpha'\mid V\mid P^0\alpha^0\rangle+\sum_{k''}\frac{\langle P\alpha'\mid V\mid k''\rangle\langle k''\mid V\mid P^0\alpha^0\rangle}{E'-E''_k}\right|^2 \tag{9.50}
$$

式(9.50)的第一项为始态$|P^0\alpha^0\rangle$到终态$|P\alpha'\rangle$的直接散射的贡献；第二项为间接散射的贡献，从始态经闭合态$|k''\rangle$再到终态.

9.4 共振散射

在式(9.50)中，若有一个闭合态k的能量接近E'，散射系数的数值就很大. 若$E'=E_k$，将变得无穷大，这显然是不合理的. 这种不合理性是由9.3节的近似处理造成的. 当出现$E'=E_k$的情况，就要用更精确的方法处理.

体系哈密顿为

$$
H=H_s+W+V=E+V
$$

这里

$$
E=H_s+W
$$

方程为

$$H|H'\rangle=H'|H'\rangle=E'|H'\rangle$$

这里,因体系总能量守恒,$H'=E'$.上面方程变为

$$(E'-E)|H'\rangle=V|H'\rangle \tag{9.51}$$

基矢量仍然选为

$$\begin{cases}|P^0\alpha^0\rangle,|P'\alpha'\rangle,|P''\alpha''\rangle,\cdots\\|k'\rangle,|k''\rangle,\cdots\end{cases}$$

这时,式(9.51)表示为

$$\begin{cases}\langle P\alpha'|E'-E|H'\rangle=\langle P\alpha'|V|H'\rangle\\\langle k|E'-E|H'\rangle=\langle k|V|H'\rangle\end{cases}$$

进一步得到

$$\begin{cases}(W'-W)\langle P\alpha'|H'\rangle=\langle P\alpha'|V|H'\rangle\\(E'-E_k)\langle k|H'\rangle=\langle k|V|H'\rangle\end{cases} \tag{9.52}$$

式(9.52)的得到还是用了微扰理论.因为基矢量是选取 $V=0$ 时的定态.将式(9.52)中两式用矩阵乘法展开:

$$\begin{aligned}&(W'-W)\langle P\alpha'\mid H'\rangle\\&=\sum_{\alpha''}\int\langle P\alpha'\mid V\mid P''\alpha''\rangle d^3P''\langle P''\alpha''\mid H'\rangle+\sum_{k''}\langle P\alpha'\mid V\mid k''\rangle\langle k''\mid H'\rangle\end{aligned} \tag{9.53}$$

$$\begin{aligned}&(E'-E_k)\langle k\mid H'\rangle\\&=\sum_{\alpha''}\int\langle k\mid V\mid P''\alpha''\rangle d^3P''\langle P''\alpha''\mid H'\rangle+\sum_{k''}\langle k\mid V\mid k''\rangle\langle k''\mid H'\rangle\end{aligned} \tag{9.54}$$

散射系数中的大项来自矩阵元$\langle P\alpha'|V|k\rangle$和$\langle k|V|P\alpha'\rangle$,因此在式(9.53)和式(9.54)中只保留这些主要项而忽略其他项,得到

$$(W'-W)\langle P\alpha'|H'\rangle\approx\langle P\alpha'|V|k\rangle\langle k|H'\rangle \tag{9.55}$$

$$(E'-E_k)\langle k\mid H'\rangle\approx\sum_{\alpha''}\int\langle k\mid V\mid P\alpha'\rangle d^3P\langle P\alpha'\mid H'\rangle \tag{9.56}$$

式(9.55)两边用$(W'-W)$除,并考虑 $W'=W$ 是奇点,得到

$$\langle P\alpha'|H'\rangle=\frac{\langle P\alpha'|V|k\rangle\langle k|H'\rangle}{W'-W}+\lambda\delta(W'-W) \tag{9.57}$$

λ 可能是 $\boldsymbol{P}$ 和 α' 的任意函数.应当这样选择它,使式(9.57)表示相应于$|0\rangle$(即 $h^{3/2}|P^0\alpha^0\rangle$)的入射粒子加上只向外运动的粒子.$h^{3/2}|P^0\alpha^0\rangle$的表示式实际上是 $\lambda\delta(W'-W)$的形式.因为从$\langle P\alpha'|P^0\alpha^0\rangle=\delta_{\alpha'\alpha^0}\langle P|P^0\rangle=\delta_{\alpha'\alpha^0}\delta^3(P-P^0)$看到,$|P^0\alpha^0\rangle$不为零的条件 $\alpha'=\alpha^0$,$\boldsymbol{P}=\boldsymbol{P}^0$,导致 $W'=E'-H_s(\alpha')=E'-H_s(\alpha^0)=W^0=W$.根据 9.2 节讨论,有

$$\lambda\delta(W'-W)=h^{3/2}\langle P\alpha'|P^0\alpha^0\rangle-i\pi\langle P\alpha'|V|k\rangle\langle k|H'\rangle\delta(W'-W) \tag{9.58}$$

初看起来,式(9.58)第一项好像不知从何而来.这是因为$\langle P\alpha'|H'\rangle$表示入射粒子($h^{3/2}|P^0\alpha^0\rangle$)和出射粒子两部分.将式(9.58)代入式(9.57),得到

$$\begin{aligned}\langle P\alpha'|H'\rangle&=\frac{\langle P\alpha'|V|k\rangle\langle k|H'\rangle}{W'-W}+h^{3/2}\langle P\alpha'|P^0\alpha^0\rangle-i\pi\langle P\alpha'|V|k\rangle\langle k|H'\rangle\delta(W'-W)\\&=h^{3/2}\langle P\alpha'|P^0\alpha^0\rangle+\langle P\alpha'|V|k\rangle\langle k|H'\rangle\left[\frac{1}{W'-W}-i\pi\delta(W'-W)\right]\end{aligned} \tag{9.59}$$

式(9.59)第一项来自入射粒子,第二项来自出射粒子.

将式(9.55)和式(9.26)比较,它们的地位完全相同[只不过在式(9.55)中少了因子 $h^{3/2}$].

这样，在这里可以得到类似于式(9.41)的结果，唯一的差别是分母里要有 h^3

$$\sigma(\theta'\varphi',\alpha')=\frac{4\pi^2W^0W'h^2}{c^4h^3}\frac{P'}{P^0}|\langle P'\alpha'|V|k\rangle\langle k|H'\rangle|^2$$
$$=\frac{4\pi^2W^0W'}{c^4h}\frac{P'}{P^0}|\langle P'\alpha'|V|k\rangle\langle k|H'\rangle|^2 \tag{9.60}$$

式(9.60)中 $\langle k|H'\rangle$ 是未知的. 将式(9.59)的结果代入式(9.56)，得

$$(E'-E_k)\langle k\mid H'\rangle$$
$$=\sum_{\alpha'}\int\langle k\mid V\mid P\alpha'\rangle \mathrm{d}^3P\langle P\alpha'\mid H'\rangle$$
$$=h^{3/2}\langle k\mid V\mid P^0\alpha^0\rangle+\langle k\mid H'\rangle\sum_{\alpha'}\int|\langle k\mid V\mid P\alpha'\rangle|^2\mathrm{d}^3P\left[\frac{1}{W'-W}-i\pi\delta(W'-W)\right]$$
$$=h^{3/2}\langle k\mid V\mid P^0\alpha^0\rangle+\langle k\mid H'\rangle(a-ib) \tag{9.61}$$

其中

$$a=\sum_{\alpha'}\int|\langle k\mid V\mid P\alpha'\rangle|^2\frac{\mathrm{d}^3P}{W'-W}$$
$$b=\pi\sum_{\alpha'}\int|\langle k\mid V\mid P\alpha'\rangle|^2\delta(W'-W)\mathrm{d}^3P$$
$$=\pi\sum_{\alpha'}\int|\langle k\mid V\mid P\omega\,\chi,\alpha'\rangle|^2\delta(W'-W)P^2\mathrm{d}P\sin\omega\mathrm{d}\omega\mathrm{d}\chi$$
$$=\pi\sum_{\alpha'}\int|\langle k\mid V\mid P\omega\,\chi,\alpha'\rangle|^2\delta(W'-W)\frac{PW}{c^2}\mathrm{d}W\sin\omega\mathrm{d}\chi\mathrm{d}\omega$$
$$=\pi\frac{P'W'}{c^2}\int|\langle k\mid V\mid P\omega\,\chi,\alpha'\rangle|^2\sin\omega\mathrm{d}\omega\mathrm{d}\chi$$

这里，用到 $\frac{W^2}{c^2}=m^2c^2+P^2$，$\frac{W\mathrm{d}W}{c^2}=P\mathrm{d}P$，由式(9.61)得

$$(E'-E_k-a+ib)\langle k|H'\rangle=h^{3/2}\langle k|V|P^0\alpha^0\rangle$$

或

$$\langle k|H'\rangle=\frac{h^{3/2}\langle k|V|P^0\alpha^0\rangle}{E'-E_k-a+ib} \tag{9.62}$$

将式(9.62)代入式(9.60)，得到散射系数

$$\sigma(\theta'\varphi',\alpha')=\frac{4\pi^2W^0W'}{c^4h}\frac{P'}{P^0}|\langle P'\alpha'|V|k\rangle\langle k|H'\rangle|^2$$
$$=\frac{4\pi^2h^2W^0W'}{c^4}\frac{P'}{P^0}\frac{|\langle P'\alpha'|V|k\rangle\langle k|V|P^0\alpha^0\rangle|^2}{(E'-E_k-a)^2+b^2} \tag{9.63}$$

式(9.63)就是共振散射系数公式，它的分母有 b^2 的存在，不会为零.

在式(9.63)中，对 $\boldsymbol{P}'$ 的所有方向积分，而保持 P' 不变，并对 α' 求和，得到总的有效散射面积：

$$Q=\sum_{\alpha'}\sigma(\theta'\varphi',\alpha')\mathrm{d}\Omega'=\frac{4\pi^2W^0}{c^2P^0}\frac{b\mid\langle k\mid V\mid P^0\,\alpha^0\rangle\mid^2}{(E'-E_k-a)^2+b^2} \tag{9.64}$$

当 $E'=E_k+a$ 时，式(9.64)出现极大值. 当 $E'=E_k+a\pm b$ 时，散射值将为最大值的一半. 因此，b 称为共振散射峰的半宽度. 在入射粒子的能量使 E' 接近 E_k 时，将有一条共振吸收线. 吸收线的中心偏离入射粒子的共振能一个二级小量 a，将出现极大值.

对前几节的内容小结如下：

(1) 没有闭合态，结果是式(9.41)

$$\sigma(\theta'\varphi',\alpha')=\frac{4\pi^2h^2W'W^0}{c^4}\frac{P'}{P^0}|\langle P'\alpha'|V|P^0\alpha^0\rangle|^2$$

当粒子动能比 mc^2 小得多，$W^0=W'=mc^2$，得到式(9.20)

$$\sigma(\theta'\varphi',\alpha')=4\pi^2h^2m^2\frac{P'}{P^0}|\langle P'\alpha'|V|P^0\alpha^0\rangle|^2$$

(2) 有闭合态，但两个粒子的能量 E' 与 E_k 不接近，结果是式(9.50)

$$\sigma(\theta'\varphi'\alpha')=\frac{4\pi^2h^2W^0W'P'}{c^4P^0}\left|\langle P\alpha' \mid V \mid P^0\alpha^0\rangle+\sum_{k''}\frac{\langle P\alpha' \mid V \mid k''\rangle\langle k'' \mid V \mid P^0\alpha^0\rangle}{E'-E''_k}\right|^2$$

式中第一项代表直接跃迁，第二项代表从始态跃迁到闭合态，再从闭合态跃迁到终态.

(3) 有闭合态，且 E' 接近 E_k，不能应用式(9.50)，应用精确方程推导，结果是式(9.63)

$$\sigma(\theta'\varphi',\alpha')=\frac{4\pi^2h^2W^0W'}{c^4}\frac{P'}{P^0}\frac{|\langle P'\alpha'|V|k\rangle\langle k|V|P^0\alpha^0\rangle|^2}{(E'-E_k-a)^2+b^2}$$

有闭合态存在时，从整体看，从始态 $|P^0\alpha^0\rangle$ 到终态 $|P'\alpha'\rangle$. 但实际上包含两个过程：散射中心先把入射粒子吸收到闭合态，吸收矩阵元为 $\langle k|V|P^0\alpha^0\rangle$；然后，闭合态再将粒子放出去，发射矩阵元为 $\langle P'\alpha'|V|k\rangle$. 9.5 节将详细讨论这两个过程.

9.5 发射与吸收

本节要推导出发射系数和吸收系数.

首先从 9.4 节的结果入手，然后从微扰理论重新做起.

由式(9.64)知，总的散射截面为

$$\begin{aligned}Q&=\sum_{\alpha'}\sigma(\theta'\varphi',\alpha')\sin\theta'\mathrm{d}\theta'\mathrm{d}\varphi'\\&=\frac{4\pi h^2W^0}{c^2P^0}\frac{|\langle k \mid V \mid P^0\alpha^0\rangle|^2}{(E'-E_k-a)^2+b^2}\pi\sum_{\alpha'}\frac{W'P'}{c^2}\int|\langle P'\alpha' \mid V \mid k\rangle|^2\mathrm{d}\Omega'\\&=\frac{4\pi h^2W^0}{c^2P^0}\frac{b\,|\langle k \mid V \mid P^0\alpha^0\rangle|^2}{(E'-E_k-a)^2+b^2}\end{aligned}$$

用式(9.63)除以 Q 得一比值

$$\begin{aligned}\frac{\sigma(\theta'\varphi',\alpha')}{Q}&=\frac{\pi W'P'}{c^2b}|\langle P'\alpha'|V|k\rangle|^2\\&=\frac{2\pi W'P'}{\hbar c^2}|\langle P'\alpha'|V|k\rangle|^2/(2b/\hbar)\end{aligned}\tag{9.65}$$

式(9.65)左边分子为某一方向、某一态的散射系数，分母为总的散射系数，等式的右边分子为某一方向、某一终态的发射系数，而右边分母为总的发射系数，因此有

$$\text{发射系数}=\frac{2\pi W'P'}{\hbar c^2}|\langle P'\alpha'|V|k\rangle|^2\tag{9.66}$$

发射系数的意义是：在单位时间内，向 $\boldsymbol{P}'$ 方向的单位立体角内发射粒子而发射中心又落到态 α' 的概率. 对所有立体角积分，并对 α' 求和，得到总的发射系数，即

$$\sum_{\alpha'}\int(\text{发射系数})\mathrm{d}\Omega'=\frac{2b}{\hbar}$$

下面再来求吸收系数. 若入射粒子束不是全部由具有相同能量的粒子组成，而是有一个能量分布，则对于 $E'=E_k+a\pm\Delta E'$，得到散射的散射系数为

$$\int\sigma(\theta'\varphi',\alpha')\mathrm{d}E'=\frac{4\pi^2h^2W^0W'}{c^4}\frac{P'}{P^0}\mid\langle P'\alpha'\mid V\mid k\rangle\langle k\mid V\mid P^0\alpha^0\rangle\mid^2\int\frac{\mathrm{d}E'}{(E'-E_k-a)^2+b^2}$$

在上式的积分中，令 $x=(E'-E_k-a)/b$，则

当 $E'=E_k+a-\Delta E'$ 时，x 的下限为 $-\Delta E'/b$.

当 $E'=E_k+a+\Delta E'$ 时，x 的上限为 $\Delta E'/b$.

又由于 b 是二级小量，$-\Delta E'/b\to-\infty$；$+\Delta E'/b\to+\infty$，所以得到上式积分为

$$\int\frac{\mathrm{d}E'}{(E'-E_k-a)^2+b^2}=\int_{-\infty}^{\infty}\frac{\mathrm{d}x}{1+x^2}=\frac{\pi}{b}$$

因此，能量在吸收峰附近的 $E'=E_k+a\pm\Delta E'$ 的散射系数为

$$\begin{aligned}\int\sigma(\theta'\varphi',\alpha')\mathrm{d}E'&=\frac{4\pi^2h^2W^0W'P'}{c^4P^0}\frac{\pi}{b}\mid\langle P'\alpha'\mid V\mid k\rangle\langle k\mid V\mid P^0\alpha^0\rangle\mid^2\\&=\frac{4\pi^2h^2W^0}{c^2P^0}\mid\langle k\mid V\mid P^0\alpha^0\rangle\mid^2\frac{\frac{2\pi W'P'}{\hbar c}\mid\langle P'\alpha'\mid V\mid k\rangle\mid^2}{\frac{2b}{\hbar}}\\&=\text{吸收系数}\cdot\text{发射系数}/\text{总发射系数}\end{aligned}\tag{9.67}$$

从式(9.67)看出共振散射由两个微观过程组成，散射中心先把 $|P^0\alpha^0\rangle$ 的粒子吸收到闭合态 $|k\rangle$，然后将闭合态的粒子发射出去到终态 $|P'\alpha'\rangle$.

由于发射系数 $=\dfrac{2\pi W'P'}{\hbar c}|\langle P'\alpha'|V|k\rangle|^2$，总发射系数 $=\dfrac{2b}{\hbar}$，则

$$\text{吸收系数}=\frac{4\pi^2h^2W^0}{c^2P^0}|\langle k|V|P^0\alpha^0\rangle|^2\tag{9.68}$$

下面从微扰理论重新推导出式(9.66)和式(9.68).

1. 发射系数

由式(8.47)知，在单位时间内，闭合态为 $|k\rangle$，发射一个具有态为 $|W'\omega'\chi'\rangle$ 的粒子，而散射中心落到态 $|\alpha'\rangle$ 的概率为

$$\frac{2\pi}{\hbar}\mid\langle W'\omega'\chi',\alpha'\mid V\mid k\rangle\mid^2\tag{9.69}$$

下面找出 $\langle W'\omega'\chi',\alpha'|$ 与 $\langle P'\omega'\chi,\alpha'|$ 的关系. 由完备性条件知

$$\sum_{\alpha'}\int\mid W'\omega'\chi',\alpha'\rangle\mathrm{d}W'\sin\omega'\mathrm{d}\omega'\mathrm{d}\chi'\langle W'\omega'\chi',\alpha'\mid=1\tag{9.70}$$

$$\sum_{\alpha'}\int\mid P'\omega'\chi,\alpha'\rangle P'^2\mathrm{d}P'\sin\omega'\mathrm{d}\omega'\mathrm{d}\chi'\langle P'\omega'\chi,\alpha'\mid=1\tag{9.71}$$

又由

$$\frac{W'^2}{c^2}=m^2c^2+P^2\to\frac{W'\mathrm{d}W'}{c^2}=P'\mathrm{d}P'\to\frac{P'W'\mathrm{d}W'}{c^2}=P'^2\mathrm{d}P'$$

将上式代入式(9.71)得

$$\sum_{\alpha'}\int\mid P'\omega'\chi,\alpha'\rangle\frac{P'W'\mathrm{d}W'}{c^2}\sin\omega'\mathrm{d}\omega'\mathrm{d}\chi'\langle P'\omega'\chi,\alpha'\mid=1\tag{9.72}$$

比较式(9.72)和式(9.70),得到

$$\langle W'\omega'\chi',\alpha'| = \left(\frac{W'P'}{c^2}\right)^{1/2}\langle P'\omega'\chi,\alpha'|$$

将上式代入式(9.69),得到发射系数

$$\text{发射系数} = \frac{2\pi W'P'}{\hbar c^2}|\langle P'\alpha'|V|k\rangle|^2$$

这就是式(9.66)的结果.

2. 吸收系数

又由式(8.45)知,由于与时间无关的微扰的作用,始态$|\alpha'\rangle$跃迁到$|\alpha''\rangle$的概率为

$$P_{\alpha'\to\alpha''} = 2|\langle\alpha''|V|\alpha'\rangle|^2\frac{1-\cos\dfrac{(E''-E')t}{\hbar}}{(E''-E')^2}$$

在这里,始态为$|\alpha'\rangle = |0\rangle = h^{3/2}|P^0\alpha^0\rangle$; 终态为$|\alpha''\rangle = |k\rangle$. 在时间 t 后,由于吸收粒子跃迁到$|k\rangle$的概率为

$$2h^3\ |\langle k\ |\ V\ |\ P^0\alpha^0\rangle\ |^2\frac{1-\cos\dfrac{(E''-E')t}{\hbar}}{(E_k-E')^2} \tag{9.73}$$

式(9.73)并不是吸收系数.要用单位时间内通过单位面积入射进来的粒子数除才是吸收系数.粒子数为

$$\frac{c^2P^0}{W^0}||0\rangle|^2 = \frac{c^2P^0}{W^0}$$

所以,入射粒子能量为 E',在时间 t 之后,一个粒子被吸收的概率为

$$\frac{2h^3W^0}{c^2P^0}|\langle k|V|P^0\alpha^0\rangle|^2\frac{1-\cos\dfrac{(E''-E')t}{\hbar}}{(E_k-E')^2} \tag{9.74}$$

实际上,入射粒子能量不会全部为 E',而要有个能量范围 $E'\pm\Delta E'$. 因此,式(9.74)要对这个能量小范围 $\mathrm{d}E'$积分. 首先计算积分

$$\int\frac{1-\cos\dfrac{(E''-E')t}{\hbar}}{(E_k-E')^2}\mathrm{d}E'$$

令$\dfrac{(E_k-E')t}{\hbar} = x$,$E'$虽然接近 E_k,但由于 h 很小,t 足够大,x 的上下限为$\pm\infty$,所以上述积分为

$$\frac{t}{\hbar}\int_{-\infty}^{\infty}\frac{1-\cos x}{x^2}\mathrm{d}x = \frac{t}{\hbar}\pi = \frac{2\pi^2t}{h}$$

这样,在时间 t 之内,能量在$\pm\Delta E'$之内,单位时间内通过单位面积进来的一个粒子的吸收概率为

$$\frac{4\pi^2h^2W^0t}{c^2P^0}|\langle k|V|\boldsymbol{P}^0\alpha^0\rangle|^2 \tag{9.75}$$

单位时间的吸收概率定义为吸收系数,则

$$吸收系数=\frac{4\pi^2 h^2 W^0}{c^2 P^0}|\langle k|V|P^0\alpha^0\rangle|^2 \tag{9.76}$$

如式(9.64)对 dE' 积分,并注意

$$\int_{-\infty}^{\infty}\frac{b}{(E'-E-a)^2+b^2}dE'=\pi$$

也能得到式(9.76)的结果.这会使我们对共振散射机理有进一步认识:在吸收峰邻域内被散射的粒子总数等于被吸收的粒子总数.也就是粒子被吸收后,又向各个方向重新散射出来.

习　题

1. 求粒子在势能 $U(r)=U_0 e^{-\alpha^2 r^2}$ 场下的散射系数.
2. 求粒子在排斥场

$$U(r)=\begin{cases}U_0 & 当\ r<a\\ 0 & 当\ r>a\end{cases}$$

下的散射系数(设 U_0 较小).

3. 用一级微扰理论求势能为 $V=2\pi^2 m\nu^2 x^2+ax^3$ 的非谐振子的微扰波函数,并用它讨论选择定则和跃迁概率.
4. 设 $t=0$ 电荷为 e 的线性谐振子处在基态在 $t>0$ 时,附加一个与谐振子振动方向相同的恒定外电场 $\boldsymbol{\varepsilon}$,求吸收系数.

第 10 章　相同粒子体系

10.1　对称态与反对称态

设有 n 个相同粒子的体系，描述第一个粒子用一组量 ξ_1（如原子中的电子，用坐标 x_1，y_1，z_1 及自旋 z 分量 σ_{z_1}），描述第二个粒子用 ξ_2，依此类推，描述第 n 个粒子用 ξ_n. 哈密顿量为 ξ_1，ξ_2，…，ξ_n 的对称函数，即当 ξ_r 和 ξ_s 交换，或当 ξ_1，ξ_2，…，ξ_n 作某种新排列时，哈密顿不变. 实际上，任何有意义的物理量都应该是这 n 组变量的对称函数. 例如，一个多电子原子，在玻恩-奥本海默近似下哈密顿为

$$H=-\frac{\hbar^2}{2m}\sum_i \nabla_i^2-\sum_{i,\alpha}\frac{Z_\alpha e^2}{r_{i\alpha}}+\sum_{i<k}\frac{e^2}{r_{ik}}$$

第一项和第二项对置换作用指标 i 是不变的，第三项如用置换(123)作用：

$$(123)\left[\frac{1}{r_{12}}+\frac{1}{r_{13}}+\frac{1}{r_{23}}\right]=\frac{1}{r_{23}}+\frac{1}{r_{21}}+\frac{1}{r_{31}}$$

也具有不变性. 因此，用置换作用哈密顿上，H 是不变的.

$$\begin{pmatrix}1 & 2 & \cdots & n\\ i_1 & i_2 & \cdots & i_n\end{pmatrix}H(\xi_1\ \xi_2\cdots\ \xi_n)=H(\xi_{i_1}\xi_{i_2}\cdots\ \xi_{i_n})=H(\xi_1\ \xi_2\cdots\ \xi_n)$$

对相同粒子的体系的任意力学量都是全对称函数，用置换作用上去力学量不变.

1. 基右矢

设第一个粒子的定态为 $|a_1\rangle$，$|b_1\rangle$，$|c_1\rangle$，…，第二个粒子的定态为 $|a_2\rangle$，$|b_2\rangle$，$|c_2\rangle$，…，等等. 若第一个粒子的态为 $|a_1\rangle$，第二个粒子的态为 $|b_2\rangle$，……，第 n 个粒子的态为 $|g_n\rangle$，则 n 个粒子的态为

$$|a_1\rangle|b_2\rangle|c_3\rangle\cdots|g_n\rangle=|a_1\ b_2\ c_3\cdots\ g_n\rangle \tag{10.1}$$

若将第一和第二个粒子交换，其余不变，得到的态为

$$(1,2)|a_1\ b_2\cdots\ g_n\rangle=|a_2\ b_1\cdots\ g_n\rangle \tag{10.2}$$

它也是 n 个粒子的态. 但同原来的态不同了. 一般来说，用任意置换作用上去都会得到一新态.

$$\begin{pmatrix}1 & 2 & \cdots & n\\ i_1 & i_2 & \cdots & i_n\end{pmatrix}|a_1\ b_2\ \cdots\ g_n\rangle=|a_{i_1}b_{i_2}\cdots\ g_{i_n}\rangle$$

n 个指标的置换共有 $n!$ 项. 因此，对于选定的 n 个粒子的右矢之后，共有 $n!$ 个不同的基右矢. 另外，选定 n 个粒子的右矢 $|a_1'\ b_2'\cdots\ g_n'\rangle$ 用 $n!$ 个置换作用上去，又会得到 $n!$ 个不同的基右矢，……因此，这些右矢总加起来，代表 n 个相同粒子体系的完备的基右矢. 这些基右矢不一定是 n 个粒子体系能量的本征矢，因为粒子间有相互作用. 然而，没有相互作用的 n 个粒子的哈密顿的本征矢总可以作为一个完备的基右矢集合.

在理解 n 个相同粒子的体系的基右矢时，要注意以下三点：

(1) 以单粒子定态为基础.

(2) 因为单粒子定态有无穷多个,所以基右矢的个数也是无穷多的.

(3) 基右矢集合是完备的集合.

2. 对称态与反对称态

任何一个排列或置换,都可以写成若干个交换的乘积.若交换个数为偶数,称为偶排列或偶置换;若交换个数为奇数,称为奇排列或奇置换.对于全同粒子体系,态只有两类,一类是对称态;另一类是反对称态.电子的态属于反对称态;光子的态属于对称态.对于对称态,任何置换作用上去,矢量不变.对于反对称态,偶置换作用上去,矢量不变,奇置换作用上去,仅改变符号.怎样由$|a_1\, b_2\, \cdots\, g_n\rangle$构造对称态和反对称态?

对称态用$|S\rangle$表示,为

$$|S\rangle = \sum_P P\ |a_1\, b_2 \cdots g_n\rangle \tag{10.3}$$

式中,$\sum\limits_P P$ 称为置换算子.求和是对所有的置换进行的,共有 $n!$ 项.容易验证,任意置换 P_a 作用$|S\rangle$上,$|S\rangle$不变.

$$P_a\ |S\rangle = \sum_P P_a P\ |a_1\, b_2 \cdots g_n\rangle$$

由群元素的封闭性,即 $\sum\limits_P P_a P = \sum\limits_P P$,得

$$P_a\ |S\rangle = \sum_P P_a P\ |a_1\, b_2 \cdots g_n\rangle = \sum_P P\ |a_1\, b_2 \cdots g_n\rangle = |S\rangle$$

对于式(10.3)所表示的具有对称性的态,不能说哪个粒子处于哪个态,因为各态已经都平均化了,只能说哪些态被占用.在对称态中,同一态,如$|a\rangle$,$|b\rangle$,$|c\rangle$等,都可以出现多次,也就是一个态可以为几个粒子所占据.

反对称态用$|A\rangle$表示,为

$$|A\rangle = \sum_P (-1)^{\nu_P} P\,|a_1\, b_2 \cdots g_n\rangle \tag{10.4}$$

$$\nu_P = \begin{cases} 0 & \text{对于 } P \text{ 是偶置换} \\ 1 & \text{对于 } P \text{ 是奇置换} \end{cases}$$

对于任意置换 P_a,容易验证$|A\rangle$的对称性:

$$\begin{aligned} P_a\ |A\rangle &= \sum_P (-1)^{\nu_P} P_a P\ |a_1\, b_2 \cdots g_n\rangle \\ &= \begin{cases} \sum\limits_P (-1)^{\nu_P} P\ |a_1\, b_2 \cdots g_n\rangle & \text{当 } P_a \text{ 为偶置换} \\ -\sum\limits_P (-1)^{\nu_P} P\ |a_1\, b_2 \cdots g_n\rangle & \text{当 } P_a \text{ 为奇置换} \end{cases} \\ &= (-1)^{\nu} P_a\ |A\rangle \end{aligned}$$

式(10.4)也可以写成行列式的形式,这个行列式称为斯莱特(Slater)行列式.

$$|A\rangle = \begin{vmatrix} |a_1\rangle & |a_2\rangle & \cdots & |a_n\rangle \\ |b_1\rangle & |b_2\rangle & \cdots & |b_n\rangle \\ \cdots & & \cdots & \\ |g_1\rangle & |g_2\rangle & \cdots & |g_n\rangle \end{vmatrix} \tag{10.5}$$

如果在$|a\rangle$,$|b\rangle$,…,$|g\rangle$中有两个或多个相同,如$|a\rangle = |b\rangle$,行列式出现两行或多行相同,行列

式为零. 因此,对于反对称态,每个态最多只能被一个粒子占据,这就是泡利不相容原理. 这个原理要求电子的状态一定要用反对称态来表示.

下面提一下对称性在运动过程中不变问题. 根据薛定谔方程:

$$|Rt\rangle = T|Rt_0\rangle$$

T 为全对称时移算子. 例如,当 H 不明显包含 t

$$T = \mathrm{e}^{-iH(t-t_0)/\hbar}$$

因此,对于任何置换 P

$$P|Rt\rangle = PT|Rt_0\rangle = TP|Rt_0\rangle \tag{10.6}$$

$P|Rt\rangle$ 和 $P|Rt_0\rangle$ 的性格相同. 若始态为对称态,在运动过程中始终为对称态; 同样,始态为反对称态,在运动过程中始终为反对称态. 全同粒子的态不随时间改变,称为闭绝态.

3. 玻色子与费米子

宇宙间,发现的粒子只有两大类,一类称为玻色子,其态为对称态; 另一类称为费米子,其态为反对称态.

玻色子有:光子,π 介子,^{4}He,……

费米子有:电子,质子,中子,中微子,μ 介子,……

原子中的基本粒子数目是偶数,是玻色子;基本粒子数目是奇数,是费米子. 玻色子服从玻色-爱因斯坦统计; 费米子服从费米-狄拉克统计. 这些统计和经典统计不同. 例如,两个粒子体系,单粒子定态为 $|a\rangle$, $|b\rangle$. 按照经典统计,在温度高时,$|a_1b_2\rangle$、$|b_1a_2\rangle$、$|a_1a_2\rangle$ 和 $|b_1b_2\rangle$ 出现的概率相等,因此两个粒子占据 a 态的概率为 1/4. 但对于玻色子,需用对称态. 有三个对称态,它们是 $|a_1a_2\rangle$、$|b_1b_2\rangle$ 和 $|a_1b_2\rangle+|b_1a_2\rangle$. 在温度高时,以等概率出现,各为 1/3. 因此,两个粒子占据 a 态的概率为 1/3,比经典统计的数值大. 而对于费米子,需用反对称态,目前只有一个,就是 $|a_1b_2\rangle-|b_1a_2\rangle$,两个粒子同时占据 a 态和 b 态的概率为零.

10.2 置 换 群

1. 一个例子—— $\mathscr{D}_3$ 群

对于 $n=3$ 的置换群是 $\mathscr{D}_3$,有 6 个元素,它们是 1; (12),(23),(13); (123),(132),分为三类. 单位元素 1 自成一类,(12),(23)和(13)属于第二类,(123)和(132)为第三类. 令

$$\left.\begin{aligned}
\chi_1 &= 1 \\
\chi_2 &= \frac{1}{3}\{(12)+(13)+(23)\} \\
\chi_3 &= \frac{1}{2}\{(123)+(132)\}
\end{aligned}\right\} \tag{10.7}$$

它们之间互相对易:

$$\chi_1\chi_1 = \chi_1$$

$$\chi_1\chi_2 = \chi_2\chi_1 = \chi_2$$

$$\chi_1\chi_3 = \chi_3\chi_1 = \chi_3$$

$$\chi_2\chi_2=\frac{1}{3}\chi_1+\frac{2}{3}\chi_3$$

$$\chi_2\chi_3=\chi_3\chi_2=\chi_2$$

$$\chi_3\chi_3=\frac{1}{2}\chi_1+\frac{1}{2}\chi_3 \tag{10.8}$$

利用式(10.8),可以求 χ_1,χ_2 和 χ_3 的本征值,从而得到置换群的特征标.

$$\chi_r\begin{pmatrix}\chi_1\\\chi_2\\\chi_3\end{pmatrix}=X^{(r)}\begin{pmatrix}\chi_1\\\chi_2\\\chi_3\end{pmatrix} \tag{10.9}$$

由式(10.9)求得的 $X^{(r)}$ 称为 χ_r 的本征值. χ_1 的本征值显然为 1. 这由式(10.8)的前三个式子可以看出:

$$\chi_1\begin{pmatrix}\chi_1\\\chi_2\\\chi_3\end{pmatrix}=X^{(1)}\begin{pmatrix}\chi_1\\\chi_2\\\chi_3\end{pmatrix} \tag{10.10}$$

用矩阵表示出来为

$$\begin{pmatrix}1&0&0\\0&1&0\\0&0&1\end{pmatrix}\begin{pmatrix}\chi_1\\\chi_2\\\chi_3\end{pmatrix}=X^{(1)}\begin{pmatrix}\chi_1\\\chi_2\\\chi_3\end{pmatrix}$$

或

$$\begin{pmatrix}1-X^{(1)}&0&0\\0&1-X^{(1)}&0\\0&0&1-X^{(1)}\end{pmatrix}\begin{pmatrix}\chi_1\\\chi_2\\\chi_3\end{pmatrix}=0$$

久期行列式为零,得到

$$[1-X^{(1)}]^3=0 \qquad X^{(1)}=1,1,1$$

求 $X^{(2)}=?$ 由

$$\chi_2\begin{pmatrix}\chi_1\\\chi_2\\\chi_3\end{pmatrix}=X^{(2)}\begin{pmatrix}\chi_1\\\chi_2\\\chi_3\end{pmatrix} \tag{10.11}$$

再利用式(10.8),有

$$\chi_2\chi_1=\chi_2$$

$$\chi_2\chi_2=\frac{1}{3}\chi_1+\frac{2}{3}\chi_3$$

$$\chi_2\chi_3=\chi_2$$

可以把上式用矩阵表示出来:

$$\begin{pmatrix}0&1&0\\\frac{1}{3}&0&\frac{2}{3}\\0&1&0\end{pmatrix}\begin{pmatrix}\chi_1\\\chi_2\\\chi_3\end{pmatrix}=X^{(2)}\begin{pmatrix}\chi_1\\\chi_2\\\chi_3\end{pmatrix}$$

久期行列式为

$$\begin{vmatrix} -X^{(2)} & 1 & 0 \\ \dfrac{1}{3} & -X^{(2)} & \dfrac{2}{3} \\ 0 & 1 & -X^{(2)} \end{vmatrix} = 0$$

将久期行列式展开，得

$$-X^{(2)3} + \frac{2}{3}X^{(2)} + \frac{1}{3}X^{(2)} = 0$$

上式作因式分解为

$$X^{(2)}[X^{(2)2} - 1] = 0$$

得到三个根

$$X^{(2)} = 1, -1, 0$$

同理，由 χ_3 的本征值 $X^{(3)}$ 适合的方程

$$\begin{vmatrix} -X^{(3)} & 0 & 1 \\ 0 & 1-X^{(3)} & 0 \\ \dfrac{1}{2} & 0 & \dfrac{1}{2}-X^{(3)} \end{vmatrix} = 0$$

可求得

$$X^{(3)} = 1, 1, -\frac{1}{2}$$

总之，得到本征值 $X^{(1)}, X^{(2)}, X^{(3)}$，重写如下：

$$X^{(1)} = 1,\quad 1,\quad 1$$
$$X^{(2)} = 1, -1,\quad 0$$
$$X^{(3)} = 1,\quad 1, -\frac{1}{2}$$

这些本征值和 $\mathscr{D}_3$ 群的不可约表示的特征标有密切联系.

群的不可约表示数等于类的数目. 不可约表示的维数平方之和等于群的元素数. $\mathscr{D}_3$ 群的元素数为 6，类的数目为 3. 所以

$$1^2 + 1^2 + 2^2 = 6$$

由此看到，$\mathscr{D}_3$ 群有三个不可约表示，其中两个为一维，一个为二维，特征标表为

	E	$3(12)$	$2(123)$
	$X^{(1)}$	$X^{(2)}$	$X^{(3)}$
A_1	1	1	1
A_2	1	-1	1
E	2	0	-1

这个表可用 $X^{(1)}, X^{(2)}, X^{(3)}$ 的数值得到. 具体做法是：将 $X^{(1)}, X^{(2)}, X^{(3)}$ 的值当作列向量排成一个表，如

$X^{(1)}$ (列)	$X^{(2)}$ (列)	$X^{(3)}$ (列)
1	1	1
1	−1	1
1	0	$-\frac{1}{2}$

由这个数字表的行元素构成不可约表示的特征标；若表示是一维的，如 A_1 表示和 A_2 表示，行元素本身就是特征标；若表示是二维的，如 E 表示，还要将行元素都乘以维数 2，即

$$2\times\left(1,0,-\frac{1}{2}\right)=(2,0,-1)=E\text{ 表示的特征标}$$

$X^{(1)}$，$X^{(2)}$，$X^{(3)}$ 三列排序的次序要由正交关系来确定. $\mathscr{D}_3$ 群的三个不可约表示中，A_1 为对称表示，A_2 为反对称表示.

$\mathscr{D}_3$ 群和点群 C_{3v}、D_3 同构. 实际任何点群都和一个置换群或置换群的子群同构.

2. 置换群 $\mathscr{D}_n$

对于 n 个数字的置换群 $\mathscr{D}_n$，有 $n!$ 个元素.

$$P=\begin{pmatrix}1 & 2 & 3 & \cdots & n\\ i_1 & i_2 & i_3 & \cdots & i_n\end{pmatrix}$$

式中，$i_1,i_2,i_3,\cdots i_n$ 是 $1,2,3,\cdots n$ 的任意一种排列. 置换群中任意一个元素可用循环来表示，如

$$P_6=\begin{pmatrix}1 & 2 & 3 & 4 & 5 & 6\\ 3 & 4 & 2 & 1 & 6 & 5\end{pmatrix}=(1\ 3\ 2\ 4)\ (5\ 6)$$

写成循环表示不是唯一的. 但规定，最小字母放在前面，就唯一了.

$$P_a=(1\ 3\ 2\ 4)\ (5\ 6)$$

它的逆元素为

$$P_a^{-1}=(4\ 2\ 3\ 1)\ (6\ 5)$$

$$\begin{aligned}P_aP_a^{-1}&=(1\ 3\ 2\ 4)\ (5\ 6)\ (4\ 2\ 3\ 1)\ (6\ 5)\\ &=(1\ 3\ 2\ 4)\ (4\ 2\ 3\ 1)\ (5\ 6)\ (6\ 5)=\begin{pmatrix}1\,2\,3\,4\,5\,6\\ 1\,2\,3\,4\,5\,6\end{pmatrix}\end{aligned}$$

P_a，P_a^{-1} 称为具有相同循环结构元素，它们属于一类.

1) 类

具有相同循环结构的元素属于同一类，如

$$P_a=(1\ 4\ 3)\ (2\ 7)\ (5\ 8)\ (6)$$

和

$$P_b=(8\ 7\ 1)\ (3\ 5)\ (4\ 6)\ (2)$$

属于同一类. 因为可以找到一个 P_x，把 P_a 变到 P_b：

$$P_x=(1\ 8\ 6\ 2\ 3)\ (4\ 7\ 5)$$

下列关系式成立：

$$P_b=P_x^{-1}P_aP_x$$

这正是 P_a 和 P_b 属于同一类的条件. 怎样找 P_x? 把 P_a 和 P_b 的数字对起来(P_a 在上,P_b 在下),看成一个新的置换,这个置换就是 P_x,即

$$\begin{matrix} P_a \rightarrow (1\ 4\ 3)\ (2\ 7)\ (5\ 8)\ (6) \\ P_b \rightarrow (8\ 7\ 1)\ (3\ 5)\ (4\ 6)\ (2) \end{matrix} \longrightarrow \begin{pmatrix} 1\ 4\ 3\ 2\ 7\ 5\ 8\ 6 \\ 8\ 7\ 1\ 3\ 5\ 4\ 6\ 2 \end{pmatrix} = (1\ 8\ 6\ 2\ 3)\ (4\ 7\ 5) = P_x$$

又如

$$P_a = (1\ 3\ 4)\ (2\ 5)\ (6) \qquad P_b = (5\ 6\ 1)\ (3\ 4)\ (2)$$

$$\begin{matrix} P_a \rightarrow (1\ 3\ 4)\ (2\ 5)\ (6) \\ P_b \rightarrow (5\ 6\ 1)\ (3\ 4)\ (2) \end{matrix} \longrightarrow \begin{pmatrix} 1\ 3\ 4\ 2\ 5\ 6 \\ 5\ 6\ 1\ 3\ 4\ 2 \end{pmatrix} = (1\ 5\ 4)\ (3\ 6\ 2) = P_x$$

可验证

$$P_b = P_x^{-1} P_a P_x$$

因为循环结构中的循环写法不唯一,故 P_x 也不唯一. 如上例中

$$P_b = (6\ 1\ 5)\ (4\ 3)\ (2)$$

$$P'_x = (1\ 6\ 2\ 4\ 5\ 3)$$

且

$$P_b = P'^{-1}_x P_a P'_x$$

但总可以找到一个 P_x,使 P_a 经过相似变换后到 P_b,就说 P_a 和 P_b 属于同一类. 相反地,属于同一类的元素必具有相同循环结构. P^{-1} 和 P 具有相同循环结构,它们属于同一类.

下面再举 $\mathscr{D}_4$ 群的例子. 共有 $4!=24$ 个元素,分为

(1) 循环结构 4^1(四个字母的循环 1 个)的元素数有 $6\left(=\frac{4!}{4}\right)$个:

$$(1\ 2\ 3\ 4), (1\ 2\ 4\ 3), (1\ 3\ 2\ 4), (1\ 3\ 4\ 2), (1\ 4\ 2\ 3) \text{和} (1\ 4\ 3\ 2)$$

(2) 循环结构 $3^1 1^1$(三个字母的循环 1 个,一个字母的循环 1 个)的元素有 $8\left(=\frac{4!}{3}\right)$个:

$$(2\ 3\ 4)\ (1), (2\ 4\ 3)\ (1), (1\ 2\ 4)\ (3), (1\ 4\ 2)\ (3)$$
$$(1\ 3\ 4)\ (2), (1\ 4\ 3)\ (2), (1\ 2\ 3)\ (4), (1\ 3\ 2)\ (4)$$

(3) 循环结构 2^2(两个字母的循环 2 个)的元素有 $3\left(=\frac{4!}{2^2\times 2}\right)$个:

$$(1\ 2)\ (3\ 4), (1\ 3)\ (2\ 4), (1\ 4)\ (2\ 3)$$

(4) 循环结构 $2^1 1^2$(两个字母的循环 1 个,一个字母的循环 2 个)的元素有 $6\left(=\frac{4!}{2\times 2}\right)$个:

$$(1\ 2)\ (3)\ (4), (1\ 3)\ (2)\ (4), (1\ 4)\ (2)\ (3)$$
$$(2\ 3)\ (1)\ (4), (2\ 4)\ (1)\ (3), (3\ 4)\ (1)\ (2)$$

(5) 1^4 结构(一个字母的循环有 4 个),只有一个元素.

分类是否对? 由总的元素数目来验证:

$$6+8+3+6+1=24$$

一般来说,一个循环结构 $1^{i_1} 2^{i_2} \cdots S^{i_S}$(一个字母的循环有 i_1 个,两个字母的循环有 i_2 个,……,S 个字母的循环有 i_S 个),($1\times i_1 + 2\times i_2 + \cdots + S\times i_S = n$) 的元素数目 $=\frac{n!}{1^{i_1} i_1!\, 2^{i_2} i_2! \cdots S^{i_S} i_S!}$. 例如,$n=6$,$3^1 2^1 1^1$ 结构的元素数目为 $\frac{6!}{3\times 2}=120$ 个,2^3 的结构有

$\frac{6!}{2^3\times 3!}=15$ 个，1^6 结构的数目只有$\frac{6!}{6!}=1$ 个，这个元素就是单位元素.

2) 对易集

对于 $\mathscr{D}_n=\{P_1=1,P_2,\cdots,P_a,\cdots,P_b,\cdots\}$ 的任意元素 $P_a,P_b,P_aP_b\neq P_bP_a$，但我们有办法把群元素适当组合起来，组合起来的元素会互相对易. 例如，在 $\mathscr{D}_3$ 中，有

$$\chi_1=1$$

$$\chi_2=\frac{1}{3}\{(12)+(13)+(23)\}$$

$$\chi_3=\frac{1}{2}\{(123)+(132)\}$$

一般来说，将同类元素相加，再用类中元素数除，即

$$\chi_C=\frac{1}{n_C}\sum P_C \tag{10.12}$$

式中，n_C 为类中元素数. 求和是对类中所有元素进行. 这实际是对类中元素取平均. 还有另一种定义

$$\chi_C=\frac{1}{n!}\sum_P P^{-1}P_CP \tag{10.13}$$

式中，P_C 为 C 类的任一元素. 求和是对所有群元素进行.

例如，$\mathscr{D}_3$：

$$\chi_1=\frac{1}{3!}\sum_P P^{-1}1P=\frac{1}{3!}\times 6=1 \qquad \chi_2=\frac{1}{3!}\sum_P P^{-1}(1\ 2)P$$

对上式求和遍及 P 的 6 个元素，当 $P=1$ 和(1 2)得到两个(1 2). 类似(2 3)和(1 3)也出现两次，所以

$$\chi_2=\frac{1}{3!}2[(1\ 2)+(2\ 3)+(1\ 3)]=\frac{1}{3}[(1\ 2)+(2\ 3)+(1\ 3)]$$

同样

$$\chi_3=\frac{1}{3!}\sum_P P^{-1}(1\ 2\ 3)P=\frac{1}{2}[(1\ 2\ 3)+(1\ 3\ 2)]$$

和式(10.7)的结果完全一样.

类中元素是等价的. 类中某一元素出现多少次，其他元素也都出现多少次. 式(10.12)和式(10.13)两种定义完全等价. 但从式(10.13)很容易看出 χ_C 同群中每一个元素都是互相对易的：

$$\begin{aligned}\chi_CP_a&=\frac{1}{n!}\sum_P P^{-1}P_C(PP_a)=P_a\cdot\frac{1}{n!}\sum_P P_a^{-1}P^{-1}P_C(PP_a)\\&=P_a\cdot\frac{1}{n!}\sum_P(PP_a)^{-1}P_C(PP_a)=P_a\cdot\frac{1}{n!}\sum_P P^{-1}P_CP=P_a\chi_C\end{aligned}$$

即

$$\chi_CP_a=P_a\chi_C$$

所以

$$\chi_a\chi_C=\chi_C\chi_a$$

总之，$\mathscr{D}_n$ 群有 m 类，可有 $\chi_1,\chi_2,\cdots,\chi_m$ 互相对易，称 $\chi_1,\chi_2,\cdots,\chi_m$ 为对易集。

3）特征标

对于一个群，不可约表示的数目等于类的数目. 不可约表示的矩阵具体形式如能得到最好. 由这些矩阵的对角元素之和(迹)可组成特征标. 特征标信息虽然不像矩阵那样详细，但它有一个重要性质，每一类的元素给出相同的迹，即相同的特征标.

$\mathscr{D}_n$群有 m 类. 由对易集 $\chi_1,\chi_2,\cdots,\chi_m$ 的本征值可以构造 m 个不可约表示的特征标. 因为

$$\chi_r\chi_i=\sum_k a_{ik}^{(r)}\chi_k \tag{10.14}$$

解 χ_r 的本征方程

$$\chi_r\begin{pmatrix}\chi_1\\ \chi_2\\ \cdots\\ \chi_m\end{pmatrix}=X^{(r)}\begin{pmatrix}\chi_1\\ \chi_2\\ \cdots\\ \chi_m\end{pmatrix} \tag{10.15}$$

将式(10.14)和式(10.15)用矩阵表示出来为

$$\begin{pmatrix}a_{11}^{(r)} & a_{12}^{(r)} & \cdots & a_{1m}^{(r)}\\ a_{21}^{(r)} & a_{22}^{(r)} & \cdots & a_{2m}^{(r)}\\ \cdots & \cdots & \cdots & \cdots\\ a_{m1}^{(r)} & a_{m2}^{(r)} & \cdots & a_{mm}^{(r)}\end{pmatrix}\begin{pmatrix}\chi_1\\ \chi_2\\ \cdots\\ \chi_m\end{pmatrix}=X^{(r)}\begin{pmatrix}\chi_1\\ \chi_2\\ \cdots\\ \chi_m\end{pmatrix}$$

非零解的条件是久期行列式为零

$$\begin{vmatrix}a_{11}^{(r)}-X^{(r)} & a_{12}^{(r)} & \cdots & a_{1m}^{(r)}\\ a_{21}^{(r)} & a_{22}^{(r)}-X^{(r)} & \cdots & a_{2m}^{(r)}\\ \cdots & \cdots & \cdots & \cdots\\ a_{m1}^{(r)} & a_{m2}^{(r)} & \cdots & a_{mm}^{(r)}-X^{(r)}\end{vmatrix}=0$$

解 m 次代数方程，得 $X^{(r)}$ 的 m 个根：

$$X_1^{(r)},X_2^{(r)},\cdots,X_m^{(r)}$$

$r=1,X_1^{(1)}=1,1,\cdots 1$. 将 $X^{(r)}(r=1,2,\cdots,m)$的 m 个本征值当作列向量排成一个 $m\times m$ 的数值表. 这个表的每一行都将对应一个不可约表示. 如果表示是一维的，这个表示的特征标就是这一行的数字. 如果表示是高维的，这一行的数字乘以维数就是该表示的特征标. 例如，$\mathscr{D}_4$ 群，24 个元素分 5 类，有 5 个不可约表示：

$$1^2+1^2+2^2+3^2+3^2=24$$

对应的表示是 A_1,A_2,E,T_1,T_2，E 表示是二维的，要乘以 2；T 表示是三维的，要乘以 3.

4）Young 图和 Young 表

用 Young 图来表示类的循环结构，既直观又方便. 例如，$\mathscr{D}_4$ 群，与 5 个类的循环结构相对应的 Young 图是

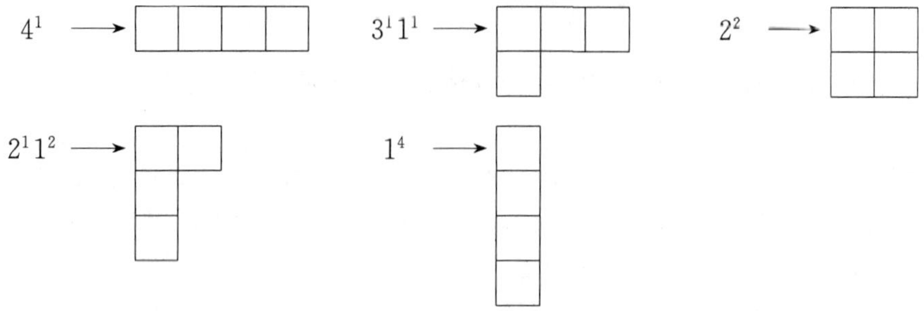

Young 图中每个方格添上数字，构成 Young 表，可给出更多不可约表示知识. Young 表的个数等于不可约表示的维数. $\mathscr{D}_4$ 群 Young 表的维数是

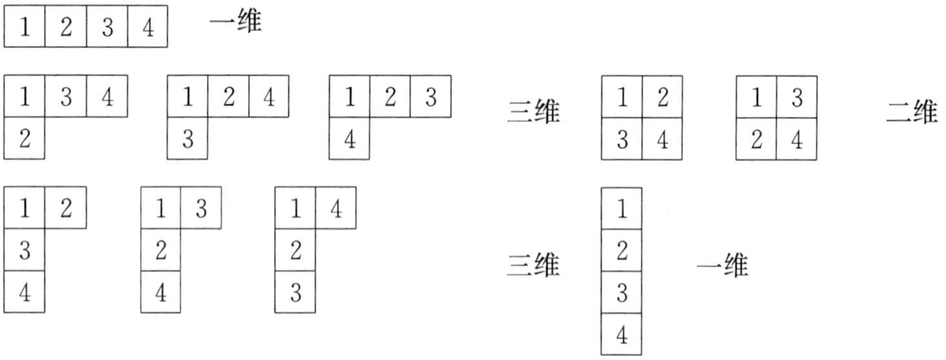

由 Young 表可知：①类的循环结构；②有多少类和多少不可约表示；③不可约表示的维数；④哪些不可约表示是共轭的，上例中两个三维 Young 表为共轭表示；⑤是否为自共轭算子等.

总之，根据 Young 表可写出矩阵表示，引入 Young 算子，可以求出该群的特征标.

3. 态的分类

对于相同粒子体系，哈密顿 $H(\xi_1,\xi_2,\cdots,\xi_n)$具有置换对称性，即对于任意置换 P_i，同 H 对易：

$$P_iH=HP_i \qquad (i=1,2,\cdots,n!) \tag{10.16}$$

然而，这些置换之间不对易. 如何从 $n!$ 个置换当中造出一些对易集合，使它们之间互相对易，而且又同 H 对易？前面已介绍过，由

$$\chi_K=\frac{1}{n!}\sum_P P^{-1}P_KP \qquad (K=1,2,\cdots,m)$$

构造出的对易集正是这种对易集合. 这样，有 $H,\chi_1,\chi_2,\cdots,\chi_m$ 一组力学变量，它们是彼此对易的. 若体系还有和 H 对易的其他力学量 ζ，由于它是 n 个粒子的全对称函数，它也和每个 χ 对易，因此这样的力学量 ζ 也可加到上述的对易集中. 所以，$H,\zeta,\chi_1,\chi_2,\cdots,\chi_m$ 组成对易集，它们有共同的本征矢，是

$$|H',\zeta',\chi_1',\chi_2',\cdots,\chi_m'\rangle \tag{10.17}$$

能级可以用 $\chi_1',\chi_2',\cdots,\chi_m'$ 来分类. 也就是用置换群的不可约表示分类. 这套 χ 总有确定值，当体系的一个态属于置换群某一不可约表示，就说这个态具有该不可约表示的对称性，即把态分为对称态和反对称态.

因为 $\chi_1,\chi_2,\cdots,\chi_m$ 同 H 对易，所以它们是运动恒量. 对于具有置换对称性的微扰因子作用到体系上，因为它有置换对称性，它也和这套 χ 对易，所以它不会改变态的对称性，即态属于某一不可约表示，受到具有置换对称性的微扰作用，仍属于该不可约表示，这种态称为闭绝态.

10.3　矩阵元的计算

一个 n 个相同粒子体系，单粒子定态为

$$|a\rangle,|b\rangle,|c\rangle,\cdots$$

从中选出 n 个，用带上标的 α 表示，为

$$|\alpha^1\rangle,|\alpha^2\rangle,\cdots,|\alpha^n\rangle$$

若第一个粒子处于 α^1 态，第二个粒子处于 α^2 态，……，第 n 个粒子处于 α^n 态，则 n 个粒子的一个态用 $|X\rangle$ 表示，为

$$|X\rangle=|\alpha_1^1\,\alpha_2^2\cdots\,\alpha_n^n\rangle \tag{10.18}$$

这里，上标表示态，下标表示粒子. 将某个置换 $P=\begin{pmatrix}1 & 2 & \cdots & n\\ r & s & & z\end{pmatrix}$作用上去，得到

$$P|X\rangle=P|\alpha_1^1\,\alpha_2^2\,\cdots\,\alpha_n^n\rangle=|\alpha_r^1\,\alpha_s^2\,\cdots\,\alpha_z^n\rangle$$

这又是一个具有相同能量的不同 $|X\rangle$ 的新的定态. 未受微扰，这样的定态有 $n!$ 个，即有 $n!$ 重简并. 当 $P\neq 1$ 时，$\langle X|P|X\rangle=0$，当 $P=P_{12}$时

$$\langle X|P_{12}|X\rangle=\langle\alpha_1^1\,\alpha_2^2\,\cdots\,\alpha_n^n|\alpha_2^1\,\alpha_1^2\,\cdots\,\alpha_n^n\rangle=\langle\alpha_1^1|\alpha_1^2\rangle\langle\alpha_2^2|\alpha_2^1\rangle\cdots\langle\alpha_n^n|\alpha_n^n\rangle=0$$

根据有简并时的微扰理论，到一级近似，需要计算矩阵元

$$\langle X|P_iVP_k|X\rangle=V_{ik} \tag{10.19}$$

然后由久期方程

$$|V_{ik}-\delta_{ik}\Delta E|=0$$

得到 ΔE 的 $n!$ 次多项式. 解之，得到 ΔE 的 $n!$ 个根，它们就是一级微扰能量.

为了计算式(10.19)一类的矩阵元，定义另一类置换 P^α，它们是作用于 α 的上标，即对态指标的置换. 例如

$$P_{12}^\alpha|X\rangle=|\alpha_1^2\,\alpha_2^1\,\alpha_3^3\,\cdots\,\alpha_n^n\rangle$$

它和

$$P_{12}|X\rangle=|\alpha_2^1\,\alpha_1^2\,\alpha_3^3\,\cdots\,\alpha_n^n\rangle$$

结果一样.

置换 P^α 有两个重要性质：

(1)
$$P_a^\alpha P_b=P_bP_a^\alpha$$

这是显然的，一个作用上标，一个作用在下标，各不相干，自然与顺序无关.

(2)
$$P_a^\alpha P_a=1$$

$$P_a=\begin{pmatrix}1 & 2 & \cdots & n\\ i_1 & i_2 & \cdots & i_n\end{pmatrix}$$

$$\begin{aligned}P_a^\alpha P_a|x\rangle&=P_a^\alpha P_a|\alpha_1^1\,\alpha_2^2\,\cdots\,\alpha_n^n\rangle=P_a^\alpha|\alpha_{i_1}^1\alpha_{i_2}^2\,\cdots\,\alpha_{i_n}^n\rangle\\&=|\alpha_{i_1}^{i_1}\alpha_{i_2}^{i_2}\,\cdots\,\alpha_{i_n}^{i_n}\rangle=|\alpha_1^1\,\alpha_2^2\,\cdots\,\alpha_n^n\rangle\end{aligned}$$

下面介绍两个重要公式，它们对于计算矩阵元和平均值很有用. 在下面的讨论中，设 $|\alpha^1\rangle$，

$|\alpha^2\rangle,\cdots,|\alpha^n\rangle$互相正交.对于费米子,每个态只能容纳一个粒子,这个条件显然满足.对于玻色子,这个条件不一定满足,一个态可以容纳多个粒子,α 可能重复出现.

(i) $$V=\sum_P V_P P^\alpha = V_1 + V_{P_{12}} P_{12}^\alpha \cdots$$

式中,$\sum\limits_P$ 是对所有置换求和.V_P 定义如下:

$$V_P=\langle X|VP|X\rangle \tag{10.20}$$

证明:当 $P\neq 1$,$\langle X|P|X\rangle=0$,因此有

$$\sum_P C_P\langle X\mid P^\alpha P_a\mid X\rangle = C_{P_a} \tag{10.21}$$

在式(10.21)中,P_a 固定,对 P^α 中的所有 P 求和.一方面,由 V 的置换对称性,有

$$\langle X|P_x VP_y|X\rangle=\langle X|VP_xP_y|X\rangle=V_{P_xP_y} \tag{10.22}$$

另一方面

$$\begin{aligned}\langle X\mid P_x(\sum_P V_P P^\alpha)P_y\mid X\rangle &= \sum_P V_P\langle X\mid P_x P^\alpha P_y\mid X\rangle\\ &= \sum_P V_P\langle X\mid P^\alpha P_x P_y\mid X\rangle\\ &= \sum_P V_P\langle X\mid (P_xP_y)^\alpha (P_xP_y)\mid X\rangle\\ &= V_{P_xP_y}\end{aligned} \tag{10.23}$$

利用式(10.21),将式(10.23)对 P 求和,只有 $P=P_xP_y$ 一项不等于零.比较式(10.22)和式(10.23),右边相等,左边也应相等,即

$$\langle X\mid P_x VP_y\mid X\rangle=\langle X\mid P_x(\sum_P V_P P^\alpha)P_y\mid X\rangle$$

所以

$$V=\sum_P V_P P^\alpha \tag{10.24}$$

式(10.24)只有在以 $P_x|X\rangle$为基矢的 $n!$ 维空间才成立.把 V 表达成 P^α 基矢的线性组合,计算矩阵时很有用.

(ii) 对于具有 $\chi_1',\chi_2',\cdots,\chi_m'$的闭绝集的所有态,求$\langle V\rangle$可利用公式:

$$V=\sum_P V_P\,\chi'(P^\alpha) \tag{10.25}$$

证明:求和指标是哑指标,可以任意给定一个符号,所以

$$V=\sum_{P_a} V_{P_a} P_a^\alpha$$

又由 V 是全对称函数,与 P_a^α 对易

$$(P_a^\alpha)^{-1}VP_a^\alpha=V(P_a^\alpha)^{-1}P_a^\alpha=V$$

$$\frac{1}{n!}\sum_P (P_a^\alpha)^{-1}VP_a^\alpha=V$$

把 $V=\sum\limits_{P_a} V_{P_a}P_a^\alpha$ 代入上式,再应用式(10.13)得

$$V=\frac{1}{n!}\sum_P (P^\alpha)^{-1}(\sum_{P_a} V_{P_a}P_a^\alpha)P^\alpha=\sum_{P_a} V_{P_a}\left[\frac{1}{n!}\sum_P (P_a^\alpha)^{-1}P_a^\alpha P^\alpha\right]=\sum_{P_a} V_{P_a}\,\chi(P_a^\alpha)$$

再把求和哑指标 P_a 换回到 P,得到

$$V=\sum_P V_P\,\chi'(P^\alpha)$$

式(10.25)在闭绝态中用来计算V的平均值比较方便.例如

$$
\begin{aligned}
&\langle H'\zeta'\chi_1'\chi_2'\cdots\chi_m'|V|H'\zeta'\chi_1'\chi_2'\cdots\chi_m'\rangle\\
=&\langle H'\zeta'\chi_1'\chi_2'\cdots\chi_m'|\sum_P V_P\chi'(P^\alpha)|H'\zeta'\chi_1'\chi_2'\cdots\chi_m'\rangle\\
=&\sum_P V_P\chi'(P^\alpha)\langle H'\zeta'\chi_1'\chi_2'\cdots\chi_m'|H'\zeta'\chi_1'\chi_2'\cdots\chi_m'\rangle\\
=&\sum_P V_P\chi'(P^\alpha)
\end{aligned}
$$

式(10.24)计算矩阵元很方便.一般V只涉及单粒子作用项和双粒子作用项,即

$$V=\sum_{i=1}^{n}V(i)+\sum_{i<k}V(ik)$$

所以

$$V=\sum_P V_P P^\alpha=V_1+\sum_{i<k}V_{ik}P_{ik}^\alpha$$

$$V_1=\langle X|V|X\rangle$$

$$V_{ik}=\langle X|VP_{ik}|X\rangle=\langle X|V(ik)P_{ik}|X\rangle$$

上式最后一步是因为有P_{ik},故V中的$V(i)$项为零,且$\sum\limits_{i<k}V(ik)$中,只有和P_{ik}具有相同字母i,k的那一项不为零,其余V_{lm}项都为零.三个字母以上的置换P_{ijk}都使$V_{P_{ijk}}=0$,故实际要算的项数并不多.最后,还要强调式(10.24)和式(10.25)成立的条件.

(1) 式(10.24)只对$n!$维空间(基矢$P_x|X\rangle$)成立,对超过这个空间不成立.例如,对$P|X\rangle(|X\rangle=|\alpha_1^1\alpha_2^1\cdots\alpha_n^n\rangle)$基矢的空间成立,对$P|X'\rangle(X'=|\alpha'^1_1\alpha'^2_2\cdots\alpha'^n_n\rangle)$基矢的空间也成立,但对这两个空间相加的$2n!$维空间,式(10.24)就不再成立.

(2) 式(10.24)和式(10.25)都用到一个假定:

$$\langle X|P|X\rangle=0\qquad 当P\neq1$$

在什么情况下,这个假定成立?在费米子的情况下,$\alpha^1,\alpha^2,\cdots,\alpha^n$全不相同,这个假定成立;但对玻色子体系,会出现有几个粒子同时占据一个α的态的情况.但这时,上面两个公式仍然成立.只不过在$\sum\limits_P$中,要去掉使$|X\rangle$不变的那些置换(单位元素除外).例如,$n=3$

$$|X\rangle=|\alpha_1^1\alpha_2^1\alpha_3^3\rangle$$

置换群的六个元素中(1),(12)作用上去不变,因此要去掉(12)元素.

10.4 对电子的应用

下面考虑相同粒子是电子的情况.泡利不相容原理要求体系的态必须是反对称态.电子有自旋,自旋产生磁矩.自旋磁矩和轨道磁矩有相互作用,其数量级和相对论修正的数量级一样.在非相对论理论中,一般不予考虑.在没有强磁场的情况下,也不考虑自旋磁矩同磁场的作用.自旋的重要性仅在于电子有两个内部态.因此,描述第i个电子,除用空间坐标x_i,y_i,z_i外,还应有自旋坐标σ_{zi}. $\sigma_{zi}=\pm\dfrac{1}{2}$分别表征自旋态.

1. P^σ和P^x

P^σ表示作用在自旋坐标上的置换;P^x表示作用在空间坐标上的置换.对于使空间坐标和

自旋坐标都交换的置换 P，显然有

$$P=P^{\sigma}P^{x}=P^{x}P^{\sigma} \tag{10.26}$$

由哈密顿 H 是全对称函数，将式(10.26)代入 $HP=PH$，得

$$P^{x}P^{\sigma}H=HP^{x}P^{\sigma} \tag{10.27}$$

不考虑自旋修正项，H 中不包含自旋坐标，所以 $P^{\sigma}H=HP^{\sigma}$. 这样，式(10.27)变为

$$P^{x}HP^{\sigma}=HP^{x}P^{\sigma}$$

用$(P^{\sigma})^{-1}$从右边作用到上式两边，得到

$$P^{x}H=HP^{x} \tag{10.28}$$

对于电子的反对称态，要求 $P_{12}=-1$(属于 A_2 表示)，即

$$P_{12}^{x}P_{12}^{\sigma}=-1$$

上式从右边作用以 P_{12}^{σ}，因为$(P_{12}^{\sigma})^2=1$，所以

$$P_{12}^{x}=-P_{12}^{\sigma} \tag{10.29}$$

由此看到，式(10.29)使得 P_{12}^{x} 和 P_{12}^{σ} 的品格有可能遍及群的各个不可约表示. 只要 $P_{12}=P_{12}^{x}P_{12}^{\sigma}=-1$属于 A_2 表示即可，而 P_{12}^{x}，P_{12}^{σ}单独没有必要一定属于 A_2 表示. 这样，置换群的理论才能用得上. 否则，电子总波函数一定属于 A_2 表示，就没有研究的余地了.

2. 算子 $\boldsymbol{O_{12}=\frac{1}{2}[1+(\sigma_1,\sigma_2)]}$的性质

定义算子：

$$O_{12}=\frac{1}{2}[1+(\sigma_1,\sigma_2)]$$

式中，$(\sigma_1,\sigma_2)=\sigma_{x_1}\sigma_{x_2}+\sigma_{y_1}\sigma_{y_2}+\sigma_{z_1}\sigma_{z_2}$，狄拉克首先研究了 O_{12}算子的性质.

1) $O_{12}^{-1}=O_{12}$

证明：

$$\begin{aligned}(\sigma_1,\sigma_2)^2 &=(\sigma_{x_1}\sigma_{x_2}+\sigma_{y_1}\sigma_{y_2}+\sigma_{z_1}\sigma_{z_2})(\sigma_{x_1}\sigma_{x_2}+\sigma_{y_1}\sigma_{y_2}+\sigma_{z_1}\sigma_{z_2})\\&=\sigma_{x_1}^2\sigma_{x_2}^2+\sigma_{y_1}^2\sigma_{y_2}^2+\sigma_{z_1}^2\sigma_{z_2}^2+\sigma_{x_1}\sigma_{y_1}\sigma_{x_2}\sigma_{y_2}+\sigma_{y_1}\sigma_{x_1}\sigma_{y_2}\sigma_{x_2}\\&\quad+\sigma_{y_1}\sigma_{z_1}\sigma_{y_2}\sigma_{z_2}+\sigma_{z_1}\sigma_{y_1}\sigma_{z_2}\sigma_{y_2}+\sigma_{z_1}\sigma_{x_1}\sigma_{z_2}\sigma_{x_2}+\sigma_{x_1}\sigma_{z_1}\sigma_{x_2}\sigma_{z_2}\end{aligned}$$

利用 $\sigma_x^2=\sigma_y^2=\sigma_z^2=1,\sigma_x\sigma_y=i\sigma_z,\sigma_y\sigma_z=i\sigma_x,\sigma_z\sigma_x=i\sigma_y$，代入上式得

$$(\sigma_1,\sigma_2)^2=3-2(\sigma_{x_1}\sigma_{x_2}+\sigma_{y_1}\sigma_{y_2}+\sigma_{z_1}\sigma_{z_2})=3-2(\sigma_1,\sigma_2)$$

$$O_{12}^2=\frac{1}{4}[1+2(\sigma_1,\sigma_2)+(\sigma_1,\sigma_2)^2]=\frac{1}{4}(1+3)=1$$

所以

$$O_{12}^{-1}=O_{12} \tag{10.30}$$

2) $O_{12}^{-1}\boldsymbol{\sigma}_1O_{12}=\boldsymbol{\sigma}_2,O_{12}^{-1}\boldsymbol{\sigma}_2O_{12}=\boldsymbol{\sigma}_1$

证明：

$$\sigma_{x_1}O_{12}=\sigma_{x_1}\cdot\frac{1}{2}(1+\sigma_{x_1}\sigma_{x_2}+\sigma_{y_1}\sigma_{y_2}+\sigma_{z_1}\sigma_{z_2})=\frac{1}{2}(\sigma_{x_1}+\sigma_{x_2}+i\sigma_{z_1}\sigma_{y_2}-i\sigma_{y_1}\sigma_{z_2})$$

$$O_{12}\sigma_{x_2}=\frac{1}{2}(1+\sigma_{x_1}\sigma_{x_2}+\sigma_{y_1}\sigma_{y_2}+\sigma_{z_1}\sigma_{z_2})\sigma_{x_2}=\frac{1}{2}(\sigma_{x_2}+\sigma_{x_1}-i\sigma_{y_1}\sigma_{z_2}+i\sigma_{z_1}\sigma_{y_2})$$

所以

$$\sigma_{x_1}O_{12}=O_{12}\sigma_{x_2}$$

将 x,y,z 下标轮换：$x\rightarrow y\rightarrow z\rightarrow x$ ，可得到类似于上式的关于 y 分量和 z 分量的式子：

$$\sigma_{y_1}O_{12}=O_{12}\sigma_{y_2}$$

$$\sigma_{z_1}O_{12}=O_{12}\sigma_{z_2}$$

联合上面三式，得到一个矢量式

$$\boldsymbol{\sigma}_1 O_{12}=O_{12}\boldsymbol{\sigma}_2$$

或者

$$O_{12}^{-1}\boldsymbol{\sigma}_1 O_{12}=\boldsymbol{\sigma}_2 \tag{10.31}$$

由式(10.31)，得

$$\boldsymbol{\sigma}_1=O_{12}\boldsymbol{\sigma}_2 O_{12}^{-1}$$

注意式(10.30)，最后得到

$$\boldsymbol{\sigma}_1=O_{12}^{-1}\boldsymbol{\sigma}_2 O_{12} \tag{10.32}$$

3. $P_{12}^{\sigma}=O_{12}=\dfrac{1}{2}[1+(\boldsymbol{\sigma}_1,\boldsymbol{\sigma}_2)]$

证明：由定义知 $(P_{12}^{\sigma})^2=1$，由式(10.30)又知 $O_{12}^2=1$. 看出 P_{12}^{σ} 和 O_{12} 之间有某种类似.

再由 $P_{12}^{\sigma}\boldsymbol{\sigma}_1|\quad\rangle=\boldsymbol{\sigma}_2 P_{12}^{\sigma}|\quad\rangle$，由于 $|\quad\rangle$ 是包含自旋坐标的任意态，因此得到

$$P_{12}^{\sigma}\boldsymbol{\sigma}_1=\boldsymbol{\sigma}_2 P_{12}^{\sigma}$$

即

$$\boldsymbol{\sigma}_1=(P_{12}^{\sigma})^{-1}\boldsymbol{\sigma}_2 P_{12}^{\sigma} \tag{10.33}$$

同理可得

$$\boldsymbol{\sigma}_2=(P_{12}^{\sigma})^{-1}\boldsymbol{\sigma}_1 P_{12}^{\sigma} \tag{10.34}$$

式(10.33)和式(10.32)形式完全类似. 式(10.34)和式(10.31)完全类似. 也就是 O_{12} 与 $\boldsymbol{\sigma}_1,\boldsymbol{\sigma}_2$ 的对易关系和 P_{12}^{σ} 与 $\boldsymbol{\sigma}_1,\boldsymbol{\sigma}_2$ 的对易关系完全类似，因此可以令

$$P_{12}^{\sigma}=C\,O_{12} \tag{10.35}$$

式中，C 为常数. 将式(10.35)两边平方，并注意 $(P_{12}^{\sigma})^2=O_{12}^2=1$，知道 $C^2=1$，$C=\pm 1$. 由两个电子自旋波函数来定出 $C=1$.

对于两个电子的体系，单粒子自旋波函数为 $\alpha=|\sigma_z'=+1\rangle$，$\beta=|\sigma_z'=-1\rangle$，因此可组成具有对称性质的波函数有三个，它们是

$$\alpha_1\alpha_2,\qquad \beta_1\beta_2,\qquad \alpha_1\beta_2+\alpha_2\beta_1$$

反对称波函数一个，是

$$\alpha_1\beta_2-\alpha_2\beta_1$$

在 σ_z 表象里，$\sigma_x,\sigma_y,\sigma_z$ 的矩阵形式为

$$\sigma_x=\begin{pmatrix}0 & 1\\ 1 & 0\end{pmatrix}\qquad \sigma_x=\begin{pmatrix}0 & -i\\ i & 0\end{pmatrix}\qquad \sigma_x=\begin{pmatrix}1 & 0\\ 0 & -1\end{pmatrix}$$

α 和 β 为

$$\alpha=\begin{pmatrix}1\\ 0\end{pmatrix}\qquad \beta=\begin{pmatrix}0\\ 1\end{pmatrix}$$

容易验证，下列关系成立：

$$\sigma_x\alpha=\beta,\quad \sigma_x\beta=\alpha,\quad \sigma_y\alpha=i\beta,\quad \sigma_y\beta=-i\alpha,\quad \sigma_z\alpha=\alpha,\quad \sigma_z\beta=-\beta$$

利用上面这些关系，可以得到

$$O_{12}\alpha_1\alpha_2=\frac{1}{2}[1+\sigma_{x_1}\sigma_{x_2}+\sigma_{y_1}\sigma_{y_2}+\sigma_{z_1}\sigma_{z_2}]\alpha_1\alpha_2$$
$$=\frac{1}{2}[\alpha_1\alpha_2+\beta_1\beta_2+(i\beta_1)(i\beta_2)+\alpha_1\alpha_2]=\alpha_1\alpha_2$$

同理

$$O_{12}\beta_1\beta_2=\beta_1\beta_2$$
$$O_{12}(\alpha_1\beta_2+\alpha_2\beta_1)=\alpha_1\beta_2+\alpha_2\beta_1$$
$$O_{12}(\alpha_1\beta_2-\alpha_2\beta_1)=-(\alpha_1\beta_2-\alpha_2\beta_1)$$

因此,O_{12}对四个自旋波函数的作用结果同 P_{12}^{σ}的作用结果完全一样,所以 $C=1$,得到

$$P_{12}^{\sigma}=O_{12}=\frac{1}{2}[1+(\sigma_1,\sigma_2)] \tag{10.36}$$

由式(10.29)得

$$P_{12}^{x}=-P_{12}^{\sigma}=-\frac{1}{2}[1+(\sigma_1,\sigma_2)] \tag{10.37}$$

4. $\chi(P_{12}^{x})=-\dfrac{n(n-4)+4S(S+1)}{2n(n-1)}$

式中,n 为电子数目,S 为电子总自旋量子数.

证明:由式(10.12)的定义,即

$$\chi_C=\frac{1}{n_C}\sum P_C$$

知

$$\chi(P_{12}^{x})=\frac{1}{n_{12}}\sum_{i<k}P_{ik}^{x} \tag{10.38}$$

n_{12}为只有两个字母的循环(其余还有一个字母的循环 $n-2$ 个)的循环结构中的元素数,为

$$n_{12}=\frac{n!}{1\cdot(n-2)!\ 2^1 1!}=\frac{n(n-1)}{2}$$

将上式及式(10.37)代入式(10.38),得到

$$\chi(P_{12}^{x})=-\frac{2}{n(n-1)}\sum_{i<k}\frac{1}{2}[1+(\sigma_i,\sigma_k)]=-\frac{1}{2}\left[1+\frac{2\sum\limits_{i<k}(\sigma_i,\sigma_k)}{n(n-1)}\right]$$

这里,用到 $\sum\limits_{i<k}1=\dfrac{n(n-1)}{2}$. 下面求 $2\sum\limits_{i<k}(\sigma_i,\sigma_k)=?$ 由总角动量 $\boldsymbol{S}=\dfrac{\hbar}{2}(\boldsymbol{\sigma}_1+\boldsymbol{\sigma}_2+\cdots+\boldsymbol{\sigma}_n)$得到

$$S(S+1)\hbar^2=\bar{S}^2=\frac{\hbar^2}{4}(\boldsymbol{\sigma}_1+\boldsymbol{\sigma}_2+\cdots+\boldsymbol{\sigma}_n)\cdot(\boldsymbol{\sigma}_1+\boldsymbol{\sigma}_2+\cdots+\boldsymbol{\sigma}_n)=\frac{\hbar^2}{4}\Big(\sum_i\sigma_i,\sum_k\sigma_k\Big)$$

$$4S(S+1)=\Big(\sum_i\sigma_i,\sum_k\sigma_k\Big)=\sum_{i=1}^{n}\boldsymbol{\sigma}_i^2+2\sum_{i<k}(\sigma_i,\sigma_k)=3n+2\sum_{i<k}(\sigma_i,\sigma_k)$$

上式证明利用 $\boldsymbol{\sigma}_i^2=\sigma_{x_i}^2+\sigma_{y_i}^2+\sigma_{z_i}^2=3$,所以

$$2\sum_{i<k}(\sigma_i,\sigma_k)=4S(S+1)-3n$$

将上式代入 $\chi(P_{12}^{x})$的表达式,最后得到

$$\chi(P_{12}^{x})=-\frac{1}{2}\left[1+\frac{4S(S+1)-3n}{n(n-1)}\right]=-\frac{n(n-4)+4S(S+1)}{2n(n-1)} \tag{10.39}$$

以上得到两个重要公式[式(10.37)和式(10.39)],它们是由 H 不显含自旋坐标的前提下得来的. 由式(10.39)看到,空间坐标置换 P_{12}^{x} 的品格(特征标)是由总电子数 n 和总自旋量子数 S 决定,同自旋有密切关系. 自旋虽然在 H 中体现不出来作用,但它的影响不是没有,而是在$\chi(P_{12}^{x})$中体现出来. 自旋部分和空间部分若分不开,放在一起考虑,电子的波函数始终是反对称的,属于 A_2 表示,根本不必讨论置换群. 而由于 H 不显含自旋坐标,将自旋部分和空间部分分开讨论,只要总的波函数等于空间波函数乘以自旋波函数是反对称的,而空间部分不必是反对称的,所以置换群的各个不可约表示都可能出现. 以上工作是狄拉克首先推出的.

5. 应用

(1) 一般电子作用能包括单粒子作用能和双粒子作用能两部分:

$$V=\sum_{i}V(i)+\sum_{i<k}V(ik)$$

利用式(10.24),得到

$$V=\sum_{P}V_{P}P^{\alpha}=V_{1}+\sum_{i<k}V_{ik}P_{ik}^{\alpha}$$

$$V_{ik}=\langle X|VP_{ik}|X\rangle$$

当 H 和 V 包含空间坐标,这里的 P,P_{ik} 只是对空间坐标的置换,将 P_{ik} 用式(10.37)代入,得到

$$V=V_{1}-\frac{1}{2}\sum_{i<k}V_{ik}[1+(\sigma_{i},\sigma_{k})] \tag{10.40}$$

式(10.40)的第一项是库仑作用能,第二项是交换作用能,由泡利原理得来的.

(2) $\chi(P_{12}^{x})=-\dfrac{n(n-4)+4S(S+1)}{2n(n-1)}$

$$S'=\frac{n}{2},\frac{n}{2}-1,\frac{n}{2}-2,\cdots\begin{pmatrix}0\\ 或\dfrac{1}{2}\end{pmatrix}\begin{matrix}当 n 是偶数\\ 当 n 是奇数\end{matrix}$$

所以

$$\chi'(P_{12}^{x})=-\frac{n(n-4)+4S'(S'+1)}{2n(n-1)}$$

一般来说,χ'不同,能量不同. 有一个 S',有一个能量; 不同的 S',有不同的能量,这样的态称为多重态. "多重"的意思是对一个 S'态,$S'_z=-S',-S'+1,\cdots,S'$,有 $2S+1$ 重简并. 若忽略自旋与轨道的作用,多重态之间不能相互跃迁. 这个 $2S'+1$ 重简并态组成一个闭绝集. 这时 S' 的选择定则为

$$\Delta S'=0$$

若考虑自旋和轨道作用,则在一个具有 S'的多重态中,$2S'+1$ 个态之间有微小能量差别. 多重态之间也能跃迁,当然跃迁概率很小.

例 10.1　$n=2$

$$\chi(P_{12}^{x})=-\frac{-4+4S(S+1)}{4}\qquad S'=1,0$$

S'	$x_{12}^{\prime(x)}$	$x_{12}^{\prime(\sigma)}$
1	-1	1
0	1	-1

即 $S'=1$,空间部分反对称,自旋部分对称. $S'=0$,空间部分对称,自旋部分反对称.

两个粒子的置换群的特征标是

$\mathscr{D}_2$	1	(12)
A_1	1	1
A_2	1	-1

用 Young 图表示

S'	σ 空间		坐标空间	
1	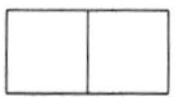	对称		反对称
0		反对称	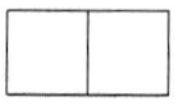	对称

$S'=1, S_z'=-1,0,1$,三重态.

$S'=0, S_z'=0$,单重态.

如果单粒子波函数空间部分用 a,b 表示,自旋部分用 α,β 表示,则总的反对称波函数为

$$S'=1,[a(1)b(2)-a(2)b(1)]\cdot\begin{Bmatrix}\alpha(1)\alpha(2)\\ \beta(1)\beta(2)\\ \alpha(1)\beta(2)+\alpha(2)\beta(1)\end{Bmatrix}$$

$$S'=0,[a(1)b(2)+a(2)b(1)]\cdot\{\alpha(1)\beta(2)-\alpha(2)\beta(1)\}$$

例 10.2　$n=3$

$$\chi(P_{12}^{x})==-\frac{-3+4S(S+1)}{12}\qquad S'=\frac{3}{2},\frac{1}{2}$$

S'	$x_{12}^{\prime(x)}$	$x_{12}^{\prime(\sigma)}$
$\frac{3}{2}$	-1	1
$\frac{1}{2}$	0	0

用 Young 图表示

S'	σ 空间		坐标空间		维数
$\frac{3}{2}$	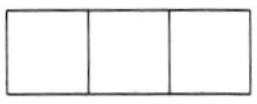	对称	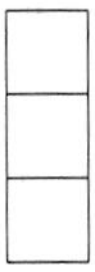	反对称	1
$\frac{1}{2}$	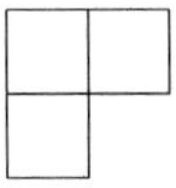		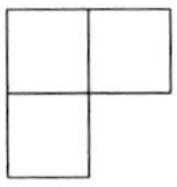		2

三个粒子的置换群的特征标表为

$\mathscr{D}_3$	1	3(12)	2(123)
A_1	1	1	1
A_2	1	-1	1
E	2	0	-1

$S'=\frac{3}{2}$，自旋部分属于 A_1，空间部分属于 A_2.

$S'=\frac{1}{2}$，自旋部分属于 E，空间部分属于 E.

$S'=\frac{3}{2}$，$S'_z=-\frac{3}{2},-\frac{1}{2},\frac{1}{2},\frac{3}{2}$，4 重态.

$S'=\frac{1}{2}$，$S'_z=-\frac{1}{2},\frac{1}{2}$，2 重态.

多重态出现的次数等于 Young 图的维数，$S'=\frac{3}{2}$，出现一次一维. $S'=\frac{1}{2}$，出现两次二维.

用角动量加法定则也可求出多重态出现的次数. 首先两个粒子相加，$\left(\frac{1}{2}\right)+\left(\frac{1}{2}\right)=1,0$；$(1)+\left(\frac{1}{2}\right)=\frac{3}{2},\frac{1}{2}$；$(0)+\left(\frac{1}{2}\right)=\frac{1}{2}$，所以 $S'=\frac{1}{2}$ 出现两次.

例 10.3　$n=4$

$$\chi(P_{12}^{x})==-\frac{4S(S+1)}{24}=-\frac{S(S+1)}{6}$$

S'	$x'^{(x)}_{12}$	$x'^{(\sigma)}_{12}$
2	-1	1
1	$-\frac{1}{2}$	$\frac{1}{2}$
0	0	0

S'	σ 空间	x 空间	维数	多重态出现的次数
2	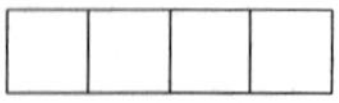		1	1
1	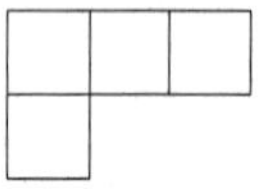	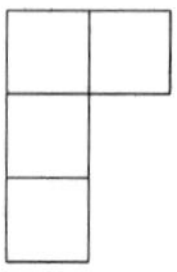	3	3
0	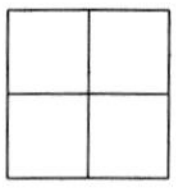	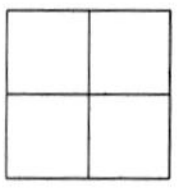	2	2

有 6 个多重态，1 个 $S'=2$，3 个 $S'=1$，2 个 $S'=0$. 用角动量加法规则也可验证：

$$\left(\frac{1}{2}\right)+\left(\frac{1}{2}\right)+\left(\frac{1}{2}\right)=\frac{3}{2},\frac{1}{2},\frac{1}{2}$$

$$\left(\frac{3}{2}\right)+\left(\frac{1}{2}\right)=2,1$$

$$\left(\frac{1}{2}\right)+\left(\frac{1}{2}\right)=1,0$$

$$\left(\frac{1}{2}\right)+\left(\frac{1}{2}\right)=1,0$$

或者

$$\left(\frac{1}{2}\right)+\left(\frac{1}{2}\right)+\left(\frac{1}{2}\right)+\left(\frac{1}{2}\right)=\begin{cases}2 & \uparrow\uparrow\uparrow\uparrow \\ 1\ 1\ 1 & \uparrow\downarrow\uparrow\uparrow,\uparrow\uparrow\downarrow\uparrow,\uparrow\uparrow\uparrow\downarrow \\ 0\ 0 & \uparrow\uparrow\downarrow\downarrow,\uparrow\downarrow\uparrow\downarrow\end{cases}$$

6. 泡利原理

假设定态单粒子轨道为

$$|a^{(1)}\rangle,|a^{(2)}\rangle,\cdots$$

当第一个粒子和第二个粒子的空间部分为同一态，体系的一个态为

$$|a_1^{(1)}\ a_2^{(1)}\ a_3^{(3)}\cdots\ a_n^{(g)}\rangle$$

P_{12}^x作用的结果仍是这个态，即

$$P_{12}^x|a_1^{(1)}a_2^{(1)}a_3^{(3)}\cdots a_n^{(g)}\rangle=|a_1^{(1)}a_2^{(1)}a_3^{(3)}\cdots a_n^{(g)}\rangle$$

所以 $P_{12}^x=1$. 由式(10.29)知

$$P_{12}^\sigma=-P_{11}^x=-1$$

这样，由式(10.36)，得

$$P_{12}^\sigma=\frac{1}{2}[1+(\sigma_1,\sigma_2)]=-1$$

便得到

$$(\sigma_1, \sigma_2) = -3$$

所以

$$(\boldsymbol{\sigma}_1 + \boldsymbol{\sigma}_2)^2 = \boldsymbol{\sigma}_1^2 + \boldsymbol{\sigma}_2^2 + 2\boldsymbol{\sigma}_1 \cdot \boldsymbol{\sigma}_2 = 3 + 3 - 6 = 0$$

$$\boldsymbol{\sigma}_1 = -\boldsymbol{\sigma}_2$$

即第一个粒子和第二个粒子自旋反平行. 由此得出结论:若两个电子同时占据一个空间轨道,只能自旋反平行. 这就是泡利原理的内容.

习　题

1. 设两个自旋为$\frac{3}{2}$的全同粒子组成一个体系,则体系对称的自旋波函数有几个? 反对称的自旋波函数有几个?
2. 证明算子 $\chi_1, \chi_2, \cdots, \chi_m$ 互相对易.
3. 求两个电子总自旋的平方及 z 分量的正交归一化共同本征函数.
4. 以 S_n 和 A_n 分别表示 n 个粒子的对称和反对称算子,证明下列两个关系式:

(1) $S_n = \frac{1}{n}\left[1 + \sum_{i=1}^{n-1} P_{in}\right] S_{n-1} = \frac{1}{n} S_{n-1}\left[1 + \sum_{i=1}^{n-1} P_{in}\right]$

(2) $A_n = \frac{1}{n}\left[1 - \sum_{i=1}^{n-1} P_{in}\right] A_{n-1} = \frac{1}{n} A_{n-1}\left[1 - \sum_{i=1}^{n-1} P_{in}\right]$

第 11 章　辐 射 理 论

19 世纪中叶，最重要的科学成果是电磁理论. 麦克斯韦建立了麦克斯韦方程组，完成了电磁理论的数学表示形式——矢量分析，从而为通信工程和信息工程的发展奠定了理论基础.

辐射理论是电动力学的一部分，主要研究电磁场同原子、分子中的电子的相互作用问题. 为了学习方便，首先温习一下麦克斯韦方程组及其在真空中的解.

11.1　麦克斯韦方程

1. 矢量分析

(1) $\nabla=\boldsymbol{i}\dfrac{\partial}{\partial x}+\boldsymbol{j}\dfrac{\partial}{\partial y}+\boldsymbol{k}\dfrac{\partial}{\partial z}$

(2) $\nabla\varphi=\boldsymbol{i}\dfrac{\partial\varphi}{\partial x}+\boldsymbol{j}\dfrac{\partial\varphi}{\partial y}+\boldsymbol{k}\dfrac{\partial\varphi}{\partial z}$

(3) $\nabla\cdot\boldsymbol{A}=\dfrac{\partial A_x}{\partial x}+\dfrac{\partial A_y}{\partial y}+\dfrac{\partial A_z}{\partial z}$

(4) $\nabla\times\boldsymbol{A}=\boldsymbol{i}\left(\dfrac{\partial A_z}{\partial y}-\dfrac{\partial A_y}{\partial z}\right)+\boldsymbol{j}\left(\dfrac{\partial A_x}{\partial z}-\dfrac{\partial A_z}{\partial x}\right)+\boldsymbol{k}\left(\dfrac{\partial A_y}{\partial x}-\dfrac{\partial A_x}{\partial y}\right)$

(5) $\nabla\cdot(\nabla\varphi)=\left(\boldsymbol{i}\dfrac{\partial}{\partial x}+\boldsymbol{j}\dfrac{\partial}{\partial y}+\boldsymbol{k}\dfrac{\partial}{\partial z}\right)\cdot\left(\boldsymbol{i}\dfrac{\partial\varphi}{\partial x}+\boldsymbol{j}\dfrac{\partial\varphi}{\partial y}+\boldsymbol{k}\dfrac{\partial\varphi}{\partial z}\right)=\dfrac{\partial^2\varphi}{\partial x^2}+\dfrac{\partial^2\varphi}{\partial y^2}+\dfrac{\partial^2\varphi}{\partial z^2}=\nabla^2\varphi$

(6)
$$\nabla\cdot(\nabla\times\boldsymbol{A})=0 \tag{11.1}$$

证明：$\nabla\cdot(\nabla\times\boldsymbol{A})=\dfrac{\partial}{\partial x}\left(\dfrac{\partial A_z}{\partial y}-\dfrac{\partial A_y}{\partial z}\right)+\dfrac{\partial}{\partial y}\left(\dfrac{\partial A_x}{\partial z}-\dfrac{\partial A_z}{\partial x}\right)+\dfrac{\partial}{\partial z}\left(\dfrac{\partial A_y}{\partial x}-\dfrac{\partial A_x}{\partial y}\right)=0$

(7)
$$\nabla\times(\nabla\varphi)=0 \tag{11.2}$$

证明：先证明 $\boldsymbol{i}$ 分量

$$\boldsymbol{i}\left(\frac{\partial^2\varphi}{\partial y\partial z}-\frac{\partial^2\varphi}{\partial z\partial y}\right)=0$$

同理，$\boldsymbol{j}$ 分量，$\boldsymbol{k}$ 分量都为零.

(8)
$$\nabla\times(\nabla\times\boldsymbol{A})=\nabla(\nabla\cdot\boldsymbol{A})-\nabla^2\boldsymbol{A} \tag{11.3}$$

$$\begin{aligned}
&\nabla\times(\nabla\times\boldsymbol{A})\\
&=\boldsymbol{i}\frac{\partial}{\partial x}+\boldsymbol{j}\frac{\partial}{\partial y}+\boldsymbol{k}\frac{\partial}{\partial z}\times\left[\boldsymbol{i}\left(\frac{\partial A_z}{\partial y}-\frac{\partial A_y}{\partial z}\right)+\boldsymbol{j}\left(\frac{\partial A_x}{\partial z}-\frac{\partial A_z}{\partial x}\right)+\boldsymbol{k}\left(\frac{\partial A_y}{\partial x}-\frac{\partial A_x}{\partial y}\right)\right]\\
&=\boldsymbol{i}\left[\frac{\partial}{\partial y}\left(\frac{\partial A_y}{\partial x}-\frac{\partial A_x}{\partial y}\right)-\frac{\partial}{\partial z}\left(\frac{\partial A_x}{\partial z}-\frac{\partial A_z}{\partial x}\right)\right]\\
&\quad+\boldsymbol{j}\left[\frac{\partial}{\partial z}\left(\frac{\partial A_z}{\partial y}-\frac{\partial A_y}{\partial z}\right)-\frac{\partial}{\partial x}\left(\frac{\partial A_y}{\partial x}-\frac{\partial A_x}{\partial y}\right)\right]\\
&\quad+\boldsymbol{k}\left[\frac{\partial}{\partial x}\left(\frac{\partial A_x}{\partial z}-\frac{\partial A_z}{\partial x}\right)-\frac{\partial}{\partial y}\left(\frac{\partial A_z}{\partial y}-\frac{\partial A_y}{\partial z}\right)\right]
\end{aligned}$$

$$\boldsymbol{i}\text{ 分量}=\left(\frac{\partial^2 A_y}{\partial x\partial y}+\frac{\partial^2 A_z}{\partial x\partial z}+\frac{\partial^2 A_x}{\partial x^2}-\frac{\partial^2 A_x}{\partial x^2}-\frac{\partial^2 A_x}{\partial y^2}-\frac{\partial^2 A_x}{\partial z^2}\right)=[\nabla_x(\nabla\cdot\boldsymbol{A})-\nabla^2 A_x]$$

同理

$$\boldsymbol{j}\text{ 分量}=[\nabla_y(\nabla\cdot\boldsymbol{A})-\nabla^2 A_y]$$

$$\boldsymbol{k}\text{ 分量}=[\nabla_z(\nabla\cdot\boldsymbol{A})-\nabla^2 A_z]$$

2. 麦克斯韦方程讨论

1982 年,麦克斯韦总结了电磁理论的研究成果,建立了电磁理论的基本方程:

$$\nabla\cdot\boldsymbol{D}=4\pi\rho \tag{11.4}$$

$$\nabla\cdot\boldsymbol{B}=0 \tag{11.5}$$

$$\nabla\times\boldsymbol{H}=\frac{1}{c}\left(\frac{\partial\boldsymbol{D}}{\partial t}+4\pi\boldsymbol{J}\right) \tag{11.6}$$

$$\nabla\times\boldsymbol{E}=-\frac{1}{c}\frac{\partial\boldsymbol{B}}{\partial t} \tag{11.7}$$

$$\frac{\partial\rho}{\partial t}+\nabla\cdot\boldsymbol{J}=0 \tag{11.8}$$

各量的物理意义:$\boldsymbol{E}$ 为电场强度;$\boldsymbol{D}=\varepsilon\boldsymbol{E}$,为电位移矢量;$\boldsymbol{H}$ 为磁场强度; $\boldsymbol{B}=\mu\boldsymbol{H}$,为磁感应强度;$\rho$ 为电荷密度;$\boldsymbol{J}$ 为电流密度;ε 为介电常数;μ 为磁导率.

式(11.4)是库仑定律的微分表达形式,式(11.5)是磁库仑定律,式(11.6)是安培定律,式(11.7)是电磁感应定律,式(11.8)是连续性方程.

3. 真空中的解

真空中,$\rho=0$,$\boldsymbol{J}=0$,$\varepsilon=1$,$\mu=1$,式(11.4)~式(11.7)变为

$$\nabla\cdot\boldsymbol{E}=0 \tag{11.9}$$

$$\nabla\cdot\boldsymbol{H}=0 \tag{11.10}$$

$$\nabla\times\boldsymbol{H}=\frac{1}{c}\frac{\partial\boldsymbol{E}}{\partial t} \tag{11.11}$$

$$\nabla\times\boldsymbol{E}=-\frac{1}{c}\frac{\partial\boldsymbol{H}}{\partial t} \tag{11.12}$$

由$\nabla\cdot\boldsymbol{H}=0$ 知,一定有矢势 $\boldsymbol{A}$,使得 $\boldsymbol{H}=\nabla\times\boldsymbol{A}$. 由式(11.1)知,$\boldsymbol{H}=\nabla\times\boldsymbol{A}$ 确实满足式(11.10). 但又由式(11.2)知,$\boldsymbol{A}$ 不唯一. $\boldsymbol{A}+\nabla f=\boldsymbol{A}'$,$\nabla\times\boldsymbol{A}'=\nabla\times\boldsymbol{A}+\nabla\times\nabla f=\nabla\times\boldsymbol{A}$. 但可以附加条件使$\nabla\cdot\boldsymbol{A}=0$,这样 $\boldsymbol{A}$ 就唯一确定. 若$\nabla\cdot\boldsymbol{A}\neq 0$,总可找到一个 ψ,使 $\boldsymbol{A}'=\boldsymbol{A}+\psi$,且$\nabla\cdot\boldsymbol{A}'=\nabla\cdot\boldsymbol{A}+\nabla^2\psi=0$. 所以,只要解方程$\nabla^2\psi=-\nabla\cdot\boldsymbol{A}$,就可找到 ψ,则有$\nabla\cdot\boldsymbol{A}'=0$. 因此,附加条件使$\nabla\cdot\boldsymbol{A}=0$ 总是能办到的.

将 $\boldsymbol{H}=\nabla\times\boldsymbol{A}$ 代入式(11.12),得

$$\nabla\times\boldsymbol{E}+\frac{1}{c}\frac{\partial(\nabla\times\boldsymbol{A})}{\partial t}=0$$

或

$$\nabla\times\left(\boldsymbol{E}+\frac{1}{c}\frac{\partial\boldsymbol{A}}{\partial t}\right)=0$$

因此,由式(11.2)知

$$\boldsymbol{E}+\frac{1}{c}\frac{\partial \boldsymbol{A}}{\partial t}=-\nabla\varphi$$

上式中负号的引入是为了使 φ 具有电位的物理意义. 又由式(11.9)得

$$\nabla\cdot\left(-\frac{1}{c}\frac{\partial \boldsymbol{A}}{\partial t}-\nabla\varphi\right)=0$$

$$-\frac{1}{c}\frac{\partial}{\partial t}(\nabla\cdot\boldsymbol{A})+\nabla\cdot\nabla\varphi=0$$

由 $\nabla\cdot\boldsymbol{A}=0$,所以

$$\nabla^2\varphi=0$$

在真空中,选 $\varphi=0$. 因此,只要求解 $\boldsymbol{A}$ 的方程就够了.

由

$$\boldsymbol{H}=\nabla\times\boldsymbol{A}\qquad \nabla\times\boldsymbol{H}=\frac{1}{c}\frac{\partial \boldsymbol{E}}{\partial t}\qquad \boldsymbol{E}=-\frac{1}{c}\frac{\partial \boldsymbol{A}}{\partial t}$$

把 $\boldsymbol{H}$ 和 $\boldsymbol{E}$ 代入上面第二式的两边,得

$$\nabla(\nabla\times\boldsymbol{A})=-\frac{1}{c^2}\frac{\partial^2\boldsymbol{A}}{\partial t^2}$$

利用式(11.3),上式改写为

$$\nabla(\nabla\cdot\boldsymbol{A})-\nabla^2\boldsymbol{A}=-\frac{1}{c^2}\frac{\partial^2\boldsymbol{A}}{\partial t^2}$$

$$\nabla^2\boldsymbol{A}=\frac{1}{c^2}\frac{\partial^2\boldsymbol{A}}{\partial t^2}\tag{11.13}$$

求解式(11.13). 设 $\boldsymbol{A}_k=\boldsymbol{a}_k(t)\mathrm{e}^{i\boldsymbol{k}\cdot\boldsymbol{r}}$,代入上式

$$\begin{aligned}\nabla^2\boldsymbol{A}_k&=\boldsymbol{a}_k(t)\nabla^2\mathrm{e}^{i\boldsymbol{k}\cdot\boldsymbol{r}}=-\boldsymbol{a}_k(t)(k_x^2+k_y^2+k_z^2)\mathrm{e}^{i\boldsymbol{k}\cdot\boldsymbol{r}}\\&=-k^2\boldsymbol{A}_k=\frac{1}{c^2}\ddot{\boldsymbol{a}}_k(t)\mathrm{e}^{i\boldsymbol{k}\cdot\boldsymbol{r}}\end{aligned}$$

式中,$\mathrm{e}^{i\boldsymbol{k}\cdot\boldsymbol{r}}$ 为平面波,$\ddot{\boldsymbol{a}}=\frac{\mathrm{d}^2\boldsymbol{a}_k}{\mathrm{d}t^2}$. 所以

$$\ddot{\boldsymbol{a}}=-c^2k^2\boldsymbol{a}_k\tag{11.14}$$

$$k_x=\frac{2\pi}{\lambda_k}\cos\alpha\qquad k_y=\frac{2\pi}{\lambda_k}\cos\beta\qquad k_z=\frac{2\pi}{\lambda_k}\cos\gamma$$

α,β,γ 为 $\boldsymbol{k}$ 与直角坐标系中 x,y,z 轴的夹角.

$$k^2=\left(\frac{2\pi}{\lambda_k}\right)^2\qquad c^2k^2=(2\pi)^2\left(\frac{c}{\lambda_k}\right)^2=(2\pi\gamma_k)^2=\omega_k^2$$

式(11.14)变为

$$\ddot{\boldsymbol{a}}=-\omega_k^2\boldsymbol{a}_k\tag{11.15}$$

式(11.15)是典型的谐振子方程. 其两个特解为

$$\boldsymbol{a}_k(t)=\boldsymbol{a}_k^0\mathrm{e}^{-i\omega_k t}$$

$$\boldsymbol{a}_k(t)=\bar{\boldsymbol{a}}_k^0\mathrm{e}^{i\omega_k t}$$

这样,我们得到式(11.13)的一个特解

$$\boldsymbol{A}_k(\boldsymbol{r},t)=\boldsymbol{a}_k^0\mathrm{e}^{i(\boldsymbol{k}\cdot\boldsymbol{r}-\omega_k t)}$$

通解为

$$\boldsymbol{A}=\int(\boldsymbol{a}_k\mathrm{e}^{i\boldsymbol{k}\cdot\boldsymbol{r}}+\bar{\boldsymbol{a}}_k\mathrm{e}^{-i\boldsymbol{k}\cdot\boldsymbol{r}})\mathrm{d}^3k$$

作一变数变换，k 换成 $-k$，则

$$\int\bar{\boldsymbol{a}}_k\mathrm{e}^{-i\boldsymbol{k}\cdot\boldsymbol{r}}\mathrm{d}^3k=\int\bar{\boldsymbol{a}}_{-k}\mathrm{e}^{i\boldsymbol{k}\cdot\boldsymbol{r}}\mathrm{d}^3k$$

所以

$$\boldsymbol{A}=\int(\boldsymbol{a}_k+\bar{\boldsymbol{a}}_{-k})\mathrm{e}^{i\boldsymbol{k}\cdot\boldsymbol{r}}\mathrm{d}^3k \tag{11.16}$$

下面说明 $\boldsymbol{k}\cdot\boldsymbol{A}_k=0$

$$\boldsymbol{A}_k=\boldsymbol{a}_k(t)\mathrm{e}^{i\boldsymbol{k}\cdot\boldsymbol{r}}$$

$$\begin{aligned}0=\nabla\cdot\boldsymbol{A}_k&=\frac{\partial}{\partial x}a_{kx}\mathrm{e}^{i\boldsymbol{k}\cdot\boldsymbol{r}}+\frac{\partial}{\partial y}a_{ky}\mathrm{e}^{i\boldsymbol{k}\cdot\boldsymbol{r}}+\frac{\partial}{\partial z}a_{kz}\mathrm{e}^{i\boldsymbol{k}\cdot\boldsymbol{r}}\\&=i(k_xa_{kx}+k_ya_{ky}+k_za_{kz})\mathrm{e}^{i\boldsymbol{k}\cdot\boldsymbol{r}}\\&=i(\boldsymbol{k}\cdot\boldsymbol{a}_k)\mathrm{e}^{i\boldsymbol{k}\cdot\boldsymbol{r}}=i\boldsymbol{k}\cdot\boldsymbol{A}_k=0\end{aligned} \tag{11.17}$$

$\boldsymbol{k}\cdot\boldsymbol{A}_k=0$ 表示平面波是垂直波长 $\boldsymbol{k}$ 前进方向，光波是一个横波.

$$\boldsymbol{E}_k=-\frac{1}{c}\frac{\partial\boldsymbol{A}_k}{\partial t}=-\frac{1}{c}\frac{\partial}{\partial t}[\boldsymbol{a}_k^0\mathrm{e}^{i(\boldsymbol{k}\cdot\boldsymbol{r}-\omega t)}]=i\frac{\omega_k}{c}\boldsymbol{A}_k=ik\boldsymbol{A}_k\qquad\left(\frac{\omega_k}{c}=k\right) \tag{11.18}$$

$$\boldsymbol{H}_k=\nabla\times\boldsymbol{A}_k=\boldsymbol{i}\left(\frac{\partial A_{kz}}{\partial y}-\frac{\partial A_{ky}}{\partial z}\right)+\boldsymbol{j}\left(\frac{\partial A_{kx}}{\partial z}-\frac{\partial A_{kz}}{\partial x}\right)+\boldsymbol{k}\left(\frac{\partial A_{ky}}{\partial x}-\frac{\partial A_{kx}}{\partial y}\right)$$

$\boldsymbol{i}$ 分量：

$$\frac{\partial A_{kz}}{\partial y}-\frac{\partial A_{ky}}{\partial z}=ik_yA_{kz}-ik_zA_{ky}=(i\boldsymbol{k}\times\boldsymbol{A}_k)_x$$

同理可得到 $\boldsymbol{j}$ 和 $\boldsymbol{k}$ 分量：

$$\frac{\partial A_{kx}}{\partial z}-\frac{\partial A_{kz}}{\partial x}=(i\boldsymbol{k}\times\boldsymbol{A}_k)_y$$

$$\frac{\partial A_{ky}}{\partial x}-\frac{\partial A_{kx}}{\partial y}=(i\boldsymbol{k}\times\boldsymbol{A}_k)_z$$

所以

$$\boldsymbol{H}_k=i\boldsymbol{k}\times\boldsymbol{A}_k \tag{11.19}$$

从中看到，∇算子对 $\boldsymbol{A}_k$ 的作用，可用 $i\boldsymbol{k}$ 代替，即

$$\nabla\to i\boldsymbol{k} \tag{11.20}$$

综合式(11.17)～式(11.19)的结果，可看到电磁波是横波，见图 11.1. $\boldsymbol{k}$，$\boldsymbol{E}_k$，$\boldsymbol{H}_k$ 的方向可由图 11.1 表示出来.

4. 能量表示式

由电动力学知，辐射场的能量 H_R 为

$$H_R=\frac{1}{8\pi}\int(E^2+H^2)\mathrm{d}^3x$$

由式(11.16)，得到

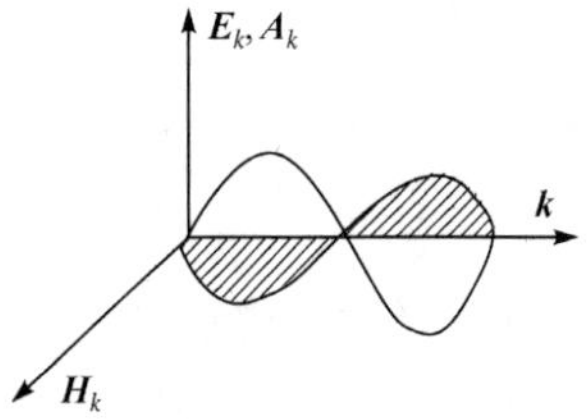

图 11.1 电磁波

$$\boldsymbol{E}=-\frac{1}{c}\frac{\partial\boldsymbol{A}}{\partial t}=\frac{1}{c}\int i\omega_x(\boldsymbol{a}_k-\bar{\boldsymbol{a}}_{-k})\mathrm{e}^{i\boldsymbol{k}\cdot\boldsymbol{r}}\mathrm{d}^3k=\int ik(\boldsymbol{a}_k-\bar{\boldsymbol{a}}_{-k})\mathrm{e}^{i\boldsymbol{k}\cdot\boldsymbol{r}}\mathrm{d}^3k$$

$$E^2=-\iint kk'(\boldsymbol{a}_k-\bar{\boldsymbol{a}}_{-k})\cdot(\boldsymbol{a}_{k'}-\boldsymbol{a}_{-k'})\mathrm{e}^{i\boldsymbol{k}\cdot\boldsymbol{r}}\mathrm{e}^{i\boldsymbol{k}'\cdot\boldsymbol{r}}\mathrm{d}^3k\mathrm{d}^3k'$$

$\int H^2\mathrm{d}^3x=?$ 用一个简便方法可求到.

由 $\boldsymbol{A}\cdot\boldsymbol{B}\times\boldsymbol{C}=\boldsymbol{C}\cdot(\boldsymbol{A}\times\boldsymbol{B})-\boldsymbol{B}\cdot(\boldsymbol{A}\times\boldsymbol{C})$,有

$$\begin{aligned}\nabla\cdot(\boldsymbol{A}\times\boldsymbol{H})&=\boldsymbol{H}\cdot(\nabla\times\boldsymbol{A})-\boldsymbol{A}\cdot(\nabla\times\boldsymbol{H})=H^2-\boldsymbol{A}\cdot[\nabla\times(\nabla\times\boldsymbol{A})]\\&=H^2-\boldsymbol{A}\cdot[\nabla\cdot(\nabla\cdot\boldsymbol{A})-\nabla^2\boldsymbol{A}]=H^2+\boldsymbol{A}\cdot\nabla^2\boldsymbol{A}\end{aligned}$$

所以

$$H^2=\nabla\cdot(\boldsymbol{A}\times\boldsymbol{H})-\boldsymbol{A}\cdot\nabla^2\boldsymbol{A}$$

$$\begin{aligned}\int H^2\mathrm{d}^3x&=\int_V\nabla\cdot(\boldsymbol{A}\times\boldsymbol{H})\mathrm{d}^3x-\int\boldsymbol{A}\cdot\nabla^2\boldsymbol{A}\mathrm{d}^3x\\&=\int_\varepsilon(\boldsymbol{A}\times\boldsymbol{H})_n\mathrm{d}S-\int\boldsymbol{A}\cdot\nabla^2\boldsymbol{A}\mathrm{d}^3x=-\int\boldsymbol{A}\cdot\nabla^2\boldsymbol{A}\mathrm{d}^3x\end{aligned}$$

上式最后一步用高斯定理把体积积分化为面积积分,且积分区域是很大空间,在界面上 $\boldsymbol{E},\boldsymbol{H}$ 的值为零,因此第一项等于零.

$$\boldsymbol{A}=\int(\boldsymbol{a}_k+\bar{\boldsymbol{a}}_{-k})\mathrm{e}^{i\boldsymbol{k}\cdot\boldsymbol{r}}\mathrm{d}^3k$$

$$\nabla^2\boldsymbol{A}=-\int k'^2(\boldsymbol{a}_{k'}+\bar{\boldsymbol{a}}_{-k'})\mathrm{e}^{i\boldsymbol{k}'\cdot\boldsymbol{r}}\mathrm{d}^3k'$$

$$-\boldsymbol{A}\cdot\nabla^2\boldsymbol{A}=\iint k'^2(\boldsymbol{a}_k+\bar{\boldsymbol{a}}_{-k})\cdot(\boldsymbol{a}_{k'}+\bar{\boldsymbol{a}}_{-k'})\mathrm{e}^{i\boldsymbol{k}\cdot\boldsymbol{r}}\mathrm{e}^{i\boldsymbol{k}'\cdot\boldsymbol{r}}\mathrm{d}^3k\mathrm{d}^3k'$$

$$\begin{aligned}H_R=\frac{1}{8\pi}\iiint&[k'^2(\boldsymbol{a}_k+\bar{\boldsymbol{a}}_{-k})\cdot(\boldsymbol{a}_{k'}+\bar{\boldsymbol{a}}_{-k'})\\&-kk'(\boldsymbol{a}_k-\bar{\boldsymbol{a}}_{-k})(\boldsymbol{a}_{k'}-\bar{\boldsymbol{a}}_{-k'})]\mathrm{e}^{i\boldsymbol{k}\cdot\boldsymbol{r}}\mathrm{e}^{i\boldsymbol{k}'\cdot\boldsymbol{r}}\mathrm{d}^3k\mathrm{d}^3k'\mathrm{d}^3x\end{aligned}$$

又由 $\delta(x)$ 的性质

$$\int\mathrm{e}^{i(\boldsymbol{k}+\boldsymbol{k}')\boldsymbol{r}}\mathrm{d}^3x=(2\pi)^3\delta(\boldsymbol{k}+\boldsymbol{k}')$$

$$\begin{aligned}H_R&=\pi^2\iint[k'^2(\boldsymbol{a}_k+\bar{\boldsymbol{a}}_{-k})\cdot(\boldsymbol{a}_{k'}+\bar{\boldsymbol{a}}_{-k'})\\&\quad-kk'(\boldsymbol{a}_k-\bar{\boldsymbol{a}}_{-k})(\boldsymbol{a}_{k'}-\bar{\boldsymbol{a}}_{-k'})]\delta(\boldsymbol{k}+\boldsymbol{k}')\mathrm{d}^3k\mathrm{d}^3k'\\&=\pi^2\int k^2[(\boldsymbol{a}_k+\bar{\boldsymbol{a}}_{-k})\cdot(\boldsymbol{a}_{k'}+\bar{\boldsymbol{a}}_{-k'})-(\boldsymbol{a}_k-\bar{\boldsymbol{a}}_{-k})(\boldsymbol{a}_{k'}-\bar{\boldsymbol{a}}_{-k'})]\mathrm{d}^3k\\&=2\pi^2\int k^2(\boldsymbol{a}_k\cdot\bar{\boldsymbol{a}}_k+\boldsymbol{a}_{-k}\cdot\bar{\boldsymbol{a}}_{-k'})\mathrm{d}^3k\\&=4\pi^2\int k^2\boldsymbol{a}_k\cdot\bar{\boldsymbol{a}}_k\mathrm{d}^3k\\&=4\pi^2\int k^2\boldsymbol{A}_k\cdot\bar{\boldsymbol{A}}_k\mathrm{d}^3k\end{aligned}$$

$$\boldsymbol{A}_k=\boldsymbol{a}_{k^0}\mathrm{e}^{i(\boldsymbol{k}\cdot\boldsymbol{r}-2\pi\nu_kt)}$$

上式在积分时,由于 $\delta(\boldsymbol{k}+\boldsymbol{k}')$,因此 $\boldsymbol{a}_{k'}\to\boldsymbol{a}_{-k}$,但 $k'=\sqrt{k'^2_x+k'^2_y+k'^2_z}$ 是标量,故 $k'\to k$.

重写我们的结果

$$H_R=4\pi^2\int k^2\boldsymbol{A}_k\cdot\bar{\boldsymbol{A}}_k\mathrm{d}^3k\qquad(11.21)$$

上面,我们只求解真空中的麦克斯韦方程.非真空中的解和真空类似.

11.2　玻色子体系

对于 u' 个相同粒子体系，设单粒子定态为

$$|\alpha^{(1)}\rangle, |\alpha^{(2)}\rangle, \cdots$$

若玻色子之间没有相互作用，可用单粒子近似，得

$$|\alpha_1^a\rangle\ |\alpha_2^b\rangle \cdots\ |\alpha_{u'}^{g}\rangle = |\alpha_1^a\ \alpha_2^b\ \cdots\ \alpha_{u'}^{g}\rangle$$

构成 u' 个粒子的基右矢. 式中下标为粒子的标号，上标为粒子定态标号.

对于 u' 个玻色子体系，由于它用对称态，因此需要将上式对称化. 定义一个对称化算子

$$S = (u'!)^{-1/2} \sum_P P$$

P 为 u' 个字母的置换群中元素，求和是对所有元素进行. 例如

$$u'=2, S=\frac{1}{\sqrt{2!}}[1+(12)]$$

$$u'=3, S=\frac{1}{\sqrt{3!}}[1+(12)+(13)+(23)+(123)+(132)]$$

对称态为 $u'!$ 个相同粒子的

$$(u'!)^{-1/2} \sum_P P\ |\ \alpha_1^a\ \alpha_2^b\ \cdots\ \alpha_{u'}^{g}\rangle = S\ |\ \alpha^a\ \alpha^b\ \cdots\ \alpha^g\rangle \tag{11.22}$$

式(11.22)右边把下标去掉了，因为已不能说哪个粒子占据哪个态，只能说粒子在态间的分布，如 n_1' 个粒子占据了 $\alpha^{(1)}$ 态，n_2' 个粒子占据了 $\alpha^{(2)}$ 态，等等. 也就是

$$\alpha^a+\alpha^b+\cdots+\alpha^g = n_1'\alpha^{(1)}+n_1'\alpha^{(2)}+\cdots+n_{u'}'\alpha^{(u')}$$

$$n_1'+n_2'+\cdots+n_{u'}'=u' \tag{11.23}$$

知道了这一组数 $n_1', n_2', \cdots, n_{u'}'$，这个分布也就确定了. 假设用右矢 $|n_1'n_2'\cdots\rangle$ 来描述对于这种分布的状态，且认定 $|n_1'n_2'\cdots\rangle$ 是归一化的，则可以建立 $|n_1'n_2'\cdots\rangle$ 和 $S|\alpha^a\ \alpha^b\ \cdots\ \alpha^g\rangle$ 之间的联系：

$$|n_1'n_2'\cdots\rangle = CS|\alpha^a\alpha^b\cdots\alpha^g\rangle \tag{11.24}$$

由归一化条件来定常数 C，即

$$1=C^2\langle\alpha^a\ \alpha^b\ \cdots\ \alpha^g|\overline{S}S|\alpha^a\ \alpha^b\ \cdots\ \alpha^g\rangle \tag{11.25}$$

可以证明 $\overline{S}=S$. 由 $P|\alpha_1^a\ \alpha_2^b\ \cdots\ \alpha_{u'}^{g}\rangle$ 和它的共轭左矢 $\langle\alpha_1^a\ \alpha_2^b\ \cdots\ \alpha_{u'}^{g}|\overline{P}$ 作内积应等于没有 P 的作用的内积，即

$$\langle\alpha_1^a\ \alpha_2^b\ \cdots\ \alpha_{u'}^{g}|\overline{P}P|\alpha_1^a\ \alpha_2^b\ \cdots\ \alpha_{u'}^{g}\rangle = \langle\alpha_1^a\ \alpha_2^b\ \cdots\ \alpha_{u'}^{g}|\alpha_1^a\ \alpha_2^b\ \cdots\ \alpha_{u'}^{g}\rangle$$

所以

$$\overline{P} = P^{-1}$$

$$\overline{S} = \frac{1}{\sqrt{u'!}}\sum_P P^{-1} = \frac{1}{\sqrt{u'!}}\sum_P P = S$$

这样

$$\overline{S}S = S^2 = \frac{1}{u'!}\sum_{P'}P'\sum_P P = \frac{1}{u'!}\sum_{P'P}P'P$$

$$= \frac{1}{u'!}\sum_P P\sum_{P'}P' = \frac{1}{u'!}u'!\sum_P P = \sum_P P = \sqrt{u'!}\ S$$

所以式(11.25)变为

$$1=\langle \alpha^a \alpha^b \cdots \alpha^g | \sum_P P | \alpha^a \alpha^b \cdots \alpha^g \rangle \tag{11.26}$$

假设 n_1' 个粒子在 $\alpha^{(1)}$ 态，n_2' 个粒子在 $\alpha^{(2)}$ 态，……，且 $n_1', n_2', \cdots$ 只有 0 或 1，上式只有 P 为单位元素那一项不为零，其余全为零，所以 $C^2=1$. 但对于玻色子体系，$n_1', n_2', \cdots$ 可以任意，只要小于 u' 即可. 对相同态之间的置换导致相同的结果. 这种相同结果的置换数为 $n_1'!\ n_2'!\ \cdots$，所以式(11.26)为

$$1=C^2(n_1'!\ n_2'!\ \cdots)\langle \alpha^a \alpha^b \cdots \alpha^g | \alpha^a \alpha^b \cdots \alpha^g \rangle = C^2(n_1'!\ n_2'!\ \cdots)$$

$$C=(n_1'!\ n_2'!\ \cdots)^{-1/2}$$

这样归一化的右矢 $|n_1' n_2' \cdots\rangle$ 表示为

$$|n_1' n_2' \cdots\rangle = (n_1'!\ n_2'!\ \cdots))^{-1/2} S | \alpha^a \alpha^b \cdots \alpha^g \rangle \tag{11.27}$$

式(11.27)中的 n_i' 要满足 $\sum_i n_i = u'$，其中 n_i 是 0 或 1. 对于两个右矢，如 $|n_1' n_2' \cdots\rangle$ 和 $|n_1'' n_2'' \cdots\rangle$，当 $n_i' \neq n_i''$，它们互相正交. 因此，具有所有不同分布(不同的 $n_1', n_2' \cdots$)的式(11.27)组成 u' 个玻色子体系的完整基右矢. 式(11.27)可以看作粒子数 $n_1, n_2, \cdots$ 的共同本征矢，它们有共同的本征值 $n_1', n_2', \cdots$. 因为式(11.27)组成完全的基右矢，力学量 $n_1, n_2, \cdots$ 相互之间对易. 以上是粒子数 u' 固定的情况. 当粒子数不固定，是一个可变量 n'，则下列类型的右矢：

$$|0\rangle, |\alpha^a\rangle, S|\alpha^a \alpha^b\rangle, S|\alpha^a \alpha^b \alpha^c\rangle, \cdots \tag{11.28}$$

组成玻色子体系的完全基右矢. 式中 $a, b, c, \cdots$ 从 $\alpha^{(1)}, \alpha^{(2)}, \cdots$ 中任意挑选，可以重复选用. $|0\rangle$ 为没有玻色子的态，$|\alpha^a\rangle$ 为有一个玻色子的态，$S|\alpha^a \alpha^b\rangle$ 为有两个玻色子的态，等等. 除了归一化因子外，它们和态 $|n_1' n_2' \cdots\rangle$ 等同，粒子数之和

$$n_1' + n_2' + \cdots = n'$$

n' 为一个可变数. 式(11.28)是 $n_1, n_2, \cdots$ 的共同本征矢，本征值为 $n_1', n_2', \cdots$. 它们互相正交，粒子数相同的右矢，互相正交. 这相当于上面固定 u' 的情况. 粒子数不同的右矢，不同本征值的本征矢是正交的. 因此，式(11.28)组成粒子数不受限制的玻色子体系的完全基右矢.

11.3 玻色子与振子的联系

第 7 章讨论过谐振子，它是一个自由度 q 和 p 的力学体系，哈密顿量为 q 和 p 的平方项. 我们可以处理一般振子，它的哈密顿量是 q 和 p 的幂级数，而且当有微扰时，仍为 q 和 p 的幂级数. 现在要研究由多个这样的振子组成的力学体系. 可以不用 q 和 p 描述每一个振子，而用 η 和共轭量 $\bar{\eta}$，并用下标 1,2,3,…区别不同的振子，因此这些振子的整个集合可以用力学变量 $\eta_1, \eta_2, \cdots$ 和 $\bar{\eta}_1, \bar{\eta}_2, \cdots$ 来描述. 这些算子服从下列对易关系：

$$\eta_a \eta_b - \eta_b \eta_a = 0 \qquad \bar{\eta}_a \bar{\eta}_b - \bar{\eta}_b \bar{\eta}_a = 0 \qquad \bar{\eta}_a \eta_b - \eta_b \bar{\eta}_a = \delta_{ab} \tag{11.29}$$

定义：

$$n_a = \eta_a \bar{\eta}_a \tag{11.30}$$

则由式(11.29)第三式 $\bar{\eta}_a \eta_a - \eta_a \bar{\eta}_a = 1$，得

$$\bar{\eta}_a \eta_a = n_a + 1$$

这些 n 是互相对易的可观察量，7.1 节的结果表明，它们都以非负整数为其本征值.

对于第 a 种振子，它有一个基右矢 $|0_a\rangle$，它是 n_a 的一个归一化右矢，本征值为 0. 把 $|0_a\rangle$，$|0_b\rangle$，$|0_c\rangle$，…乘在一起，令

$$|0\rangle=|0_a\rangle|0_b\rangle|0_c\rangle\cdots$$

它是振子集合的一个右矢，是 $n_a, n_b, n_c, \cdots$ 的共同本征矢，本征值都为零. 由第 7 章知 $|0\rangle$ 为相应本征值 $\frac{1}{2}\hbar\omega$ 的本征矢，η_a 是升算子，$\bar{\eta}_a$ 是降算子，因此有

$$\bar{\eta}_a|0\rangle=0 \qquad (a=1,2,\cdots) \tag{11.31}$$

下面推导四个重要的公式.

1. $S|\alpha^a\alpha^b\alpha^c\cdots\rangle=\eta_a\eta_b\eta_c\cdots|0\rangle$

这个式子的左边是玻色子的对称态，右边是振子的态. 光子是玻色子. 因此，这个式子反映了波粒二象性：**由相同的玻色子组成的力学系统等效于由一组振子组成的力学系统——这两个系统恰恰是从两种不同观点来看待的同一个系统. 每一个独立的玻色子伴随着一个振子.**

证明：首先证明 $|n_1'\rangle=(n_1'!)^{-1/2}\eta_1^{n_1'}|0\rangle$.

利用对易关系式(7.7)，即

$$\bar{\eta}_1\eta_1^{n_1'}-\eta_1^{n_1'}\bar{\eta}_1=n_1'\eta_1^{n_1'-1}$$

有

$$\begin{aligned}n_1\eta_1^{n_1'}|0\rangle&=\eta_1\bar{\eta}_1\eta_1^{n_1'}|0\rangle=\eta_1(n_1'\eta_1^{n_1'-1}+\eta_1^{n_1'}\bar{\eta}_1)|0\rangle\\&=\eta_1 n_1'\eta_1^{n_1'-1}|0\rangle=n_1'\eta_1^{n_1'}|0\rangle\end{aligned}$$

上式利用了式(11.31)的结果，即 $\bar{\eta}_1|0\rangle=0$. 而

$$n_2\eta_1^{n_1'}|0\rangle=\eta_2\bar{\eta}_2\eta_1^{n_1'}|0\rangle=\eta_1^{n_1'}\eta_2\bar{\eta}_2|0\rangle=0$$

$\eta_1^{n_1'}|0\rangle$ 是 n_1 的本征值，和 $|n_1'\rangle$ 只差一个常数 C，所以

$$\eta_1^{n_1'}|0\rangle=C|n_1'\rangle$$

由归一化条件确定常数 C. 利用式(7.7)

$$\begin{aligned}C^2&=\langle 0|\bar{\eta}_1^{n_1'}\eta_1^{n_1'}|0\rangle=\langle 0|\bar{\eta}_1^{n_1'-1}\bar{\eta}_1\eta_1^{n_1'}|0\rangle=\langle 0|\bar{\eta}c_1^{n_1'-1}n_1'\eta_1^{n_1'-1}|0\rangle\\&=n_1'\langle 0|\bar{\eta}_1^{n_1'-1}\eta_1^{n_1'-1}|0\rangle=n_1'(n_1'-1)\cdots\langle 0|0\rangle=n_1'!\end{aligned}$$

所以

$$|n_1'\rangle=(n_1'!)^{-1/2}\eta_1^{n_1'}|0\rangle \tag{11.32}$$

式(11.32)的结果推广到其他种振子，由于 $\eta_1, \eta_2, \eta_3, \cdots$ 互相对易，得到一般结果：

$$|n_1'n_2'\cdots\rangle=(n_1'!\ n_2'!\ \cdots)^{-1/2}\eta_1^{n_1'}\eta_2^{n_2'}\cdots|0\rangle \tag{11.33}$$

比较式(11.33)与式(11.27)，得

$$S|\alpha^a\alpha^b\cdots\rangle=\eta_1^{n_1'}\eta_2^{n_2'}\cdots|0\rangle$$

由上式看出，n_1' 个粒子出现在 α^a 态，n_2' 个粒子出现在 α^b 态. $\alpha^a, \alpha^b, \cdots$ 取 $\alpha^{(1)}, \alpha^{(2)}, \cdots$ 中之一，为了符号保持一致，上式记为

$$S|\alpha^a\alpha^b\cdots\rangle=\eta_a\eta_b\cdots|0\rangle \tag{11.34}$$

式(11.34)证明的关键是将式(11.33)和式(11.27)进行类比，只要 n' 值相当，这种类比没有不妥之处. 在式(11.33)中，n' 的意义是第 n' 个能级；在式(11.27)中，n' 的意义是有 n' 个玻色子，即第 n' 能级上的振子与 n' 个玻色子相联系. 玻色子的态用算子作用 $|0\rangle$ 上表达出来，反映微观粒子波粒二象性.

2. $\eta_A=\sum_a\eta_a\langle\alpha^a|\beta^A\rangle$

这个式子反映了算子的 η_a 和 η_A 的变换关系. 由上面的讨论知，对于一套单粒子基右矢，

$\alpha^{(1)}, \alpha^{(2)}, \cdots$，有一组算子与之对应，即

$$|\alpha^a\rangle \quad \Leftrightarrow \quad \eta_a \qquad (a=1,2,\cdots)$$

如选用另一套单粒子基右矢，$\beta^{(1)}, \beta^{(2)}, \cdots$，也有一组算子与之对应，即

$$|\beta^A\rangle \quad \Leftrightarrow \quad \eta_A$$

基矢量的变换关系为

$$|\beta^A\rangle = \sum_a |\alpha^a\rangle\langle\alpha^a|\beta^A\rangle$$

又知

$$|\alpha^a\rangle = \eta_a|0\rangle$$
$$|\beta^A\rangle = \eta_A|0\rangle$$

代入上式，有

$$\eta_A|0\rangle = \sum_a \eta_a|0\rangle\langle\alpha^a|\beta^A\rangle$$

所以

$$\eta_A = \sum_a \eta_a\langle\alpha^a|\beta^A\rangle \tag{11.35}$$

由此看到，算子的变换系数和基矢量的变换系数一样，都是$\langle\alpha^a|\beta^A\rangle$. 如果把基矢量的变换称为一次量子化，则算子的变换称为二次量子化.

3. U_T 为全对称单粒子力学量

$$U_T = \sum_r U_r$$

U_r 是单粒子势函数，则有公式

$$U_T = \sum_{a,b}\eta_a\langle a \mid U \mid b\rangle\bar{\eta}_b$$

这个公式在计算多粒子作用能中单粒子的势能部分很有用.

证明：为了简单，令

$$\langle\alpha_r^a|U_r|\alpha_r^b\rangle = \langle\alpha^a|U|\alpha^b\rangle \equiv \langle a|U|b\rangle$$

利用单位算子 $\sum_a |\alpha_r^a\rangle\langle\alpha_r^a| = 1$，有

$$\begin{aligned} U_r|\alpha_1^{x_1}\ \alpha_2^{x_2}\cdots\ \alpha_r^{x_r}\rangle &= \sum_a |\alpha_1^{x_1}\ \alpha_2^{x_2}\cdots\ \alpha_r^a\cdots\rangle\langle\alpha_r^a|U_r|\alpha_r^{x_r}\rangle \\ &= \sum_a |\alpha_1^{x_1}\ \alpha_2^{x_2}\cdots\ \alpha_r^a\cdots\rangle\langle a|U|x_r\rangle \end{aligned}$$

将上式对 r 求和，再用对称化算子 S 作用，得

$$SU_T|\alpha_1^{x_1}\alpha_2^{x_2}\cdots\alpha_r^{x_r}\cdots\rangle = \sum_a\sum_r S|\alpha_1^{x_1}\alpha_2^{x_2}\cdots\alpha_r^a\cdots\rangle\langle a|U|x_r\rangle$$

由于 $SU_T = U_T S$，上式化为

$$\begin{aligned} SU_T \mid \alpha_1^{x_1}\ \alpha_2^{x_2}\ \cdots\ \alpha_r^{x_r}\cdots\rangle = U_T\eta_{x_1}\eta_{x_2}\cdots \mid 0\rangle &= \sum_a\sum_r \eta_a\eta_{x_r}^{-1}\eta_{x_1}\eta_{x_2}\cdots\eta_{x_r}\cdots \mid 0\rangle\langle a \mid U \mid x_r\rangle \\ &= \sum_{a,b}\eta_a\sum_r\eta_{x_r}^{-1}\eta_{x_1}\eta_{x_2}\cdots\eta_{x_r}\cdots \mid 0\rangle\langle a \mid U \mid b\rangle\delta_{bx_r} \end{aligned} \tag{11.36}$$

下面证明

$$\sum_r\eta_{x_r}^{-1}\eta_{x_1}\eta_{x_2}\cdots \mid 0\rangle\delta_{bx_r} = \bar{\eta}_b\,\eta_{x_1}\eta_{x_2}\cdots\eta_{x_r}\cdots \mid 0\rangle \tag{11.37}$$

已知 $\bar{\eta}_{x_r}$ 和 $\eta_{x_r}^{n'_{xr}}$ 的对易关系式为

$$\bar{\eta}_{x_r}\eta_{x_r}^{n'_{xr}}-\eta_{x_r}^{n'_{xr}}\bar{\eta}_{x_r}=n'_{x_r}\eta_{x_r}^{n'_{xr}-1}$$

上式右乘 $\eta_{x_r}^{-n'_{xr}}$，得

$$n'_{x_r}\eta_{x_r}^{-1}=\bar{\eta}_{x_r}-\eta_{x_r}^{n'_{xr}}\bar{\eta}_{x_r}\eta_{x_r}^{-n'_{xr}}$$

代入式(11.37)的左边，并注意 $\bar{\eta}_{x_r}|0\rangle=0$，$\bar{\eta}_b$ 与偏微分算符$\dfrac{\partial}{\partial\eta_b}$类似，得

$$\begin{aligned}\sum_r\eta_{x_r}^{-1}\eta_{x_1}\eta_{x_2}\cdots\eta_{x_r}\cdots|0\rangle&=\sum_r\frac{1}{n'_{x_r}}(\bar{\eta}_{x_r}-\eta_{x_r}^{n'_{xr}}\bar{\eta}_{x_r}\eta_{x_r}^{-n'_{xr}})\eta_{x_1}\eta_{x_2}\cdots\eta_{x_r}\cdots|0\rangle\delta_{bx_r}\\&=\sum_r\bar{\eta}_{x_r}\delta_{bx_r}\eta_{x_1}\eta_{x_2}\cdots|0\rangle=\bar{\eta}_b\eta_{x_1}\eta_{x_2}\cdots|0\rangle\end{aligned}$$

将式(11.37)代入式(11.36)，最后得到

$$U_T\eta_{x_1}\eta_{x_2}\cdots|0\rangle=\sum_{a,b}\eta_a\bar{\eta}_b\eta_{x_1}\eta_{x_2}\cdots|0\rangle\langle a|U|b\rangle$$

右矢 $\eta_{x_1}\eta_{x_2}\cdots|0\rangle$组成完全集，比较上式两边，得 U_T 算子

$$U_T=\sum_{a,b}\eta_a\langle a|U|b\rangle\bar{\eta}_b \tag{11.38}$$

例 11.1 $n'=2$

$$\begin{aligned}S|\alpha_1^{(1)}\alpha_2^{(2)}\rangle&=\frac{1}{\sqrt{2}}[1+(12)]|\alpha_1^{(1)}\alpha_2^{(2)}\rangle=\frac{1}{\sqrt{2}}[|\alpha_1^{(1)}\alpha_2^{(2)}\rangle+|\alpha_2^{(1)}\alpha_1^{(2)}\rangle]\\&=\langle\alpha_1^{(1)}\alpha_2^{(2)}|SU_TS|\alpha_1^{(1)}\alpha_2^{(2)}\rangle\\&=\frac{1}{2}[\langle\alpha_1^{(1)}\alpha_2^{(2)}|+|\alpha_2^{(1)}\alpha_1^{(2)}\rangle](U_1+U_2)[|\alpha_1^{(1)}\alpha_2^{(2)}\rangle+|\alpha_2^{(1)}\alpha_1^{(2)}\rangle]\\&=\langle 1|U|1\rangle+\langle 2|U|2\rangle\end{aligned}$$

应用式(11.38)计算. 由

$$U_T=\sum_{a,b}\eta_a\langle a|U|b\rangle\bar{\eta}_b$$

得到

$$\begin{aligned}I&=\langle\alpha_1^{(1)}\alpha_2^{(2)}|SU_TS|\alpha_1^{(1)}\alpha_2^{(2)}\rangle=\langle 0|\bar{\eta}_1\bar{\eta}_2U_T\eta_1\eta_2|0\rangle\\&=\sum_{a,b}\langle a|U|b\rangle\langle 0|\bar{\eta}_1\bar{\eta}_2\eta_a\bar{\eta}_b\eta_1\eta_2|0\rangle\end{aligned}$$

$\bar{\eta}_b$ 对消的是 η_1，η_a 产生的也必须是 η_1. $\bar{\eta}_b$ 对消的是 η_2，η_a 产生的也必须是 η_2. 否则，由正交关系矩阵元为零. 所以上式变为

$$\begin{aligned}I&=\sum_{a,b}\langle a|U|b\rangle\langle 0|\bar{\eta}_1\bar{\eta}_2\eta_a\bar{\eta}_b\eta_1\eta_2|0\rangle\\&=\langle 1|U|1\rangle\langle 0|\bar{\eta}_1\bar{\eta}_2\eta_1\eta_2|0\rangle+\langle 2|U|2\rangle\langle 0|\bar{\eta}_1\bar{\eta}_2\eta_1\eta_2|0\rangle\\&=\langle 1|U|1\rangle+\langle 2|U|2\rangle\end{aligned}$$

结果一样.

4. $\boldsymbol{V_T=\sum_{r,t(\neq r)}V_{rt}}$ 为全对称的双粒子作用能

$$V_T=\sum_{abcd}\eta_a\eta_b\langle ab|V|cd\rangle\bar{\eta}_c\bar{\eta}_d$$

证明：由

$$V_{rt} \mid \alpha_1^{x_1}\ \alpha_2^{x_2} \cdots \alpha_r^{x_r} \cdots \alpha_t^{x_t} \cdots \rangle = \sum_{a,b} \mid \alpha_1^{x_1}\ \alpha_2^{x_2} \cdots \alpha_r^{a} \cdots \alpha_t^{b} \cdots \rangle \langle ab \mid V \mid x_r\, x_t \rangle$$

两边对 r,t 求和,再用 S 作用,得

$$SV_T \mid \alpha_1^{x_1}\ \alpha_2^{x_2} \cdots \alpha_r^{x_r} \cdots \alpha_t^{x_t} \cdots \rangle = \sum_{a,b} \sum_{r,t(\neq r)} S \mid \alpha_1^{x_1}\ \alpha_2^{x_2} \cdots \alpha_r^{a} \cdots \alpha_t^{b} \cdots \rangle \langle ab \mid V \mid x_r x_t \rangle$$

由于 V_T 是全对称算子,将 V_T 与 S 交换,并注意式(11.34),得

$$\begin{aligned} V_T \eta_{x_1} \eta_{x_2} \cdots \mid 0 \rangle &= \sum_{a,b} \sum_{r,t(\neq r)} \eta_a \eta_b \eta_{x_r}^{-1} \eta_{x_t}^{-1} \eta_{x_1} \eta_{x_2} \cdots \eta_{x_r} \eta_{x_t} \mid 0 \rangle \langle ab \mid V \mid x_r x_t \rangle \\ &= \sum_{abcd} \sum_{r,t(\neq r)} \eta_a \eta_b \eta_{x_r}^{-1} \eta_{x_t}^{-1} \eta_{x_1} \eta_{x_2} \cdots \eta_{x_r} \eta_{x_t} \mid 0 \rangle \langle ab \mid V \mid cd \rangle \delta_{cx_r} \delta_{dx_t} \end{aligned}$$

与式(11.37)同样考虑

$$\sum_{r,t(\neq r)} \eta_{x_r}^{-1} \eta_{x_t}^{-1} \eta_{x_1} \eta_{x_2} \cdots \eta_{x_r} \eta_{x_t} \mid 0 \rangle \delta_{cx_r} \delta_{dx_t}$$

相当于在 r 位置上出现态 x_r,且要等于 c,并对消一个 η_c 在 t 位置上,出现态 x_t,要等于 d,并对消一个 η_d. 所以

$$\sum_{r,t(\neq r)} \eta_{x_r}^{-1} \eta_{x_t}^{-1} \eta_{x_1} \eta_{x_2} \cdots \mid 0 \rangle \delta_{cx_r} \delta_{dx_t} = n_c{}' n_d{}' \eta_{x_1} \eta_{x_2} \cdots \eta_c^{n_c{}'-1} \cdots \eta_d^{n_d{}'-1} \cdots \mid 0 \rangle = \bar{\eta}_c \bar{\eta}_d \eta_{x_1} \eta_{x_2} \cdots \mid 0 \rangle$$

所以

$$V_T \eta_{x_1} \eta_{x_2} \cdots \mid 0 \rangle = \sum_{abcd} \eta_a \eta_b \bar{\eta}_c \bar{\eta}_d \eta_{x_1} \eta_{x_2} \cdots \mid 0 \rangle \langle ab \mid V \mid cd \rangle$$

基矢 $\eta_{x_1} \eta_{x_2} \cdots |0\rangle$ 是任意的,所以

$$V_T = \sum_{abcd} \eta_a \eta_b \langle ab \mid V \mid cd \rangle \bar{\eta}_c \bar{\eta}_d \tag{11.39}$$

这个公式在计算多粒子作用能中的双粒子势能部分很有用.

11.4 玻色子的发射和吸收

式(11.4)的结果表明,第 a 个谐振子的能量为

$$H_a = \hbar\omega_a \eta_a \bar{\eta}_a + \frac{1}{2}\hbar\omega_a$$

$\frac{1}{2}\hbar\omega_a$ 为零点能,略去它不产生任何影响,只不过相当于对 H_a 的重新定义能量零点. 对于一组没有相互作用的谐振子,总能量为

$$H_T = \sum_a H_a = \sum_a \hbar\omega_a \eta_a \bar{\eta}_a = \sum_a \hbar\omega_a n_a$$

在 11.3 节中已经提到,一组没有相互作用的谐振子与一组没有相互作用的玻色子集合等效,即**一个处于 n_a' 量子态的谐振子,伴随着 n_a' 个玻色子**. 一般来说,这组谐振子的哈密顿量为变量 $\eta_a\ \bar{\eta}_a$ 的幂级数,即

$$H_T = H_p + \sum_a (U_a \eta_a + \bar{U}_a \bar{\eta}) + \sum_{ab} (U_{ab} \eta_a \bar{\eta}_b + V_{ab} \eta_a \eta_b + \bar{V}_{ab} \bar{\eta}_a \bar{\eta}_b) + \cdots \tag{11.40}$$

式中,U_a, U_{ab}, V_{ab} 为势函数,H_p 为实函数,为了得到实函数,$U_{ab} = \bar{U}_{ba}$. 对于玻色子和原子组成的体系,式(11.40)仍然成立,只不过 H_p, U_a, U_{ab} 和 V_{ab} 等为原子变量的函数. 其中特别是 H_p,它是单个原子的哈密顿量. 对式(11.40)作一般处理是困难的,通常把

$$H_p + \sum_a U_{aa} \eta_a \bar{\eta}_a \tag{11.41}$$

看作主要项，其他为微小项，用微扰理论处理. 设体系处于态为(ζ'代表原子态)：

$$|\zeta' n_1' n_2' \cdots n_x' \cdots\rangle \tag{11.42}$$

考虑式(11.40)中各项微扰所引起的跃迁有哪些种. 首先，η_x 是产生算子，$\eta_x|\eta_x\rangle \rightarrow |\eta_x+1\rangle$，所以

$$\begin{aligned}&U_x\eta_x \mid \zeta' n_1' n_2' \cdots n_x' \cdots\rangle\\ &= \sum_{\zeta''} \mid \zeta'' n_1' n_2' \cdots n_x'+1 \cdots\rangle\langle \zeta'' n_1' n_2' \cdots n_x'+1 \cdots \mid U_x\eta_x \mid \zeta' n_1' n_2' \cdots n_x' \cdots\rangle\end{aligned}$$

还应对 $n_1'', n_2'', \cdots$ 求和，但由于正交关系，出现 $\delta_{n_1''n_1'}, \delta_{n_2''n_2'}, \cdots, \delta_{n_x''n_x'+1}\cdots$，最后把对 $n_1'', n_2'', \cdots$ 的求和号消掉. 由上式看到，x 态的玻色子由 n_x' 个变为 $n_x'+1$ 个，因此微扰 $U_x\eta_x$ 引起的结果是向 x 态发射了一个玻色子，相应原子态作了一个 $\zeta' \rightarrow \zeta''$ 任意跃迁. 其次，$\bar{\eta}_x$ 是消灭算子，使 $n_x' \rightarrow n_x'-1$，所以

$$\begin{aligned}&\bar{U}_x\bar{\eta}_x \mid \zeta' n_1' n_2' \cdots n_x' \cdots\rangle\\ &= \sum_{\zeta''} \mid \zeta'' n_1' n_2' \cdots n_x'-1 \cdots\rangle \cdot \langle \zeta'' n_1' n_2' \cdots n_x'-1 \cdots \mid \bar{U}_x\bar{\eta}_x \mid \zeta' n_1' n_2' \cdots n_x' \cdots\rangle\end{aligned}$$

微扰 $\bar{U}_x\bar{\eta}_x$ 使 $|n_x'\rangle$ 态中少了一个玻色子，相当于这个态吸收一个玻色子，相应原子态也作了 $\zeta' \rightarrow \zeta''$ 的跃迁. 再次

$$\begin{aligned}&U_{xy}\eta_x\bar{\eta}_y \mid \zeta' n_1' n_2' \cdots n_x' \cdots n_y' \cdots\rangle\\ &= \sum_{\zeta''} \mid \zeta'' n_1' \cdots n_x'+1 \cdots n_y'-1 \cdots\rangle\\ &\quad \cdot \langle \zeta'' n_1' \cdots n_x'+1 \cdots n_y'-1 \cdots \mid U_x\eta_x\bar{\eta}_y \mid \zeta' n_1' \cdots n_x' \cdots n_y' \cdots\rangle\end{aligned}$$

微扰项 $U_{xy}\eta_x\bar{\eta}_y$ 使 y 态吸收掉一个玻色子，并向 x 态发射了一个玻色子，相应的原子态也作了一个 $\zeta' \rightarrow \zeta''$ 的任意跃迁. 同样，微扰项 $V_{xy}\eta_x\eta_y$，$\bar{V}_{xy}\bar{\eta}_x\bar{\eta}_y$ 所引起的过程分别为两个玻色子被发射出或被吸收掉.

下面计算跃迁矩阵元. 为此，首先推导两个重要公式.

(1) $\eta_x|n_1' n_2' \cdots n_x' \cdots\rangle = (n_x'+1)^{1/2}|n_1' n_2' \cdots n_x'+1 \cdots\rangle$

证明：

$$\eta_x|n_1' n_2' \cdots n_x' \cdots\rangle = C|n_1' n_2' \cdots n_x'+1 \cdots\rangle$$

$$C^2 = \langle n_1' n_2' \cdots n_x' \cdots|\bar{\eta}_x\eta_x|n_1' n_2' \cdots n_x' \cdots\rangle$$

注意，$\eta\bar{\eta}=n$，$\bar{\eta}\eta=n+1$，所以

$$C^2 = (n_{x+1})\langle n_1' n_2' \cdots n_x' \cdots|n_1' n_2' \cdots n_x' \cdots\rangle = n_x'+1$$

$C=(n_x'+1)^{1/2}$，所以

$$\eta_x|n_1' n_2' \cdots n_x' \cdots\rangle = (n_x'+1)^{1/2}|n_1' n_2' \cdots n_x'+1 \cdots\rangle \tag{11.43}$$

(2) $\bar{\eta}_x|n_1' n_2' \cdots n_x' \cdots\rangle = n_x'^{1/2}|n_1' n_2' \cdots n_x'-1 \cdots\rangle$

证明：

$$C^2 = \langle n_1' n_2' \cdots n_x' \cdots|\eta_x\bar{\eta}_x|n_1' n_2' \cdots n_x' \cdots\rangle = n_x'$$

$$\bar{\eta}_x|n_1' n_2' \cdots n_x' \cdots\rangle = n_x'^{1/2}|n_1' n_2' \cdots n_x'-1 \cdots\rangle \tag{11.44}$$

跃迁概率：首先计算一个玻色子发射到 x 态而原子从 $|\zeta'\rangle$ 到 $|\zeta''\rangle$ 的跃迁概率，利用式(11.43)，它等于

$$|\langle \zeta'' n_1' n_2' \cdots n_x'+1 \cdots|U_x\eta_x|\zeta' n_1' n_2' \cdots n_x' \cdots\rangle|^2 = (n_x'+1)|\langle \zeta''|U_x|\zeta'\rangle|^2 \tag{11.45}$$

即向 x 态发射一个玻色子的概率与这个态的粒子 n_x' 加 1 成正比. 从 x 态吸收一个玻色子而原子从 $|\zeta'\rangle$ 到 $|\zeta''\rangle$ 的跃迁概率，利用式(11.44)，它等于

$$|\langle \zeta'' n_1' n_2' \cdots n_x'-1 \cdots|\bar{U}_x\bar{\eta}_x|\zeta' n_1' n_2' \cdots n_x' \cdots\rangle|^2 = n_x'|\langle \zeta''|\bar{U}_x|\zeta'\rangle|^2 \tag{11.46}$$

即这个概率与 x 态的玻色子数 n'_x 成正比. 同样,向 x 态发射一个玻色子,从 y 态吸收一个玻色子,相应原子从 $|\zeta'\rangle$ 到 $|\zeta''\rangle$ 的跃迁概率为

$$(n'_x+1)n'_y|\langle\zeta''|U_{xy}|\zeta'\rangle|^2 \tag{11.47}$$

向 x 态,y 态各发射一个玻色子,相应原子从 $|\zeta'\rangle$ 到 $|\zeta''\rangle$ 的跃迁概率为

$$(n'_x+1)(n'_y+1)|\langle\zeta''|V_{xy}|\zeta'\rangle|^2 \tag{11.48}$$

从 x 态,y 态各吸收一个玻色子,相应原子从 $|\zeta'\rangle$ 到 $|\zeta''\rangle$ 的跃迁概率为

$$n'_x n'_y|\langle\zeta''|\bar{V}_{xy}|\zeta'\rangle|^2 \tag{11.49}$$

一般来说,吸收一个玻色子或发射一个玻色子的机会很大;同时吸收两个玻色子,或发射两个玻色子,或吸收一个又发射一个玻色子的机会很小;同时吸收或发射三个玻色子的机会就更小. 因此,在 H_T 的展开式[式(11.40)]中,到 η 的二次幂就够了.

11.5　对光子的应用

因为光子是玻色子,上述结果可以应用于光子. 当光子的动量 $\boldsymbol{P}$ 确定后,它的能量和运动方向就已确定,但还有不同的偏振态. 用垂直于 $\boldsymbol{P}$ 的两个互相垂直的方向来标志光子的独立偏振态,因此 $|P'I'\rangle$ 相当于 11.4 节中的 $|\alpha'\rangle$. P' 代表 P'_x, P'_y 和 P'_z. 它们的变化范围从 $-\infty$ 到 ∞,对固定的 $P'(P'_x, P'_y$ 和 $P'_z)$, I' 用两个数值描述光子的两个偏振方向. 但现在的讨论和以前的有很大不同. 在前面,对玻色子态 $|\alpha'\rangle, |\alpha''\rangle\cdots$ 是分立态,而这里讨论的光子态是连续态,分立态是求和而连续态是积分,因此需要建立分立态和连续态的对应关系.

1. 连续谱和分立谱

$\boldsymbol{P}$ 的本征值 $\boldsymbol{P}'$ 在三维空间连续变化,代之以一个数目很大且靠得很近的分立点,这些点形成遍布整个三维 $\boldsymbol{P}$ 空间的麻点. 令 $S_{p'}$ 为在任意点 P' 附近的这种麻点的密度(单位体积的点数),这样 $S_{p'}$ 一定是大的,且是正的,但另一方面,它是 P' 的任意函数,当 $\mathrm{d}p_x\mathrm{d}p_y\mathrm{d}p_z$ 取得足够小,总可以做到

$$S_{p'}\mathrm{d}p'_x\mathrm{d}p'_y\mathrm{d}p'_z=1 \tag{11.50}$$

这样

$$\int f(P')\mathrm{d}p'_x\mathrm{d}p'_y\mathrm{d}p'_z=\int f(P')S_{p'}^{-1}S_{p'}\mathrm{d}p'_x\mathrm{d}p'_y\mathrm{d}p'_z=\sum_{P'}f(P')S_{p'}^{-1} \tag{11.51}$$

式(11.51)是连续谱过渡到分立谱的基础. 暂时不考虑偏振态,分立谱定态用 $|P'D\rangle$ 表示. 从分立谱的完备条件得到分立谱的单位算子为

$$\sum_{P'}|P'D\rangle\langle P'D|=1$$

由式(11.50)得

$$1=\sum_{P'}|P'D\rangle\langle P'D|S_{p'}\mathrm{d}p'_x\mathrm{d}p'_y\mathrm{d}p'_z=\int|P'D\rangle\mathrm{d}^3P'\langle P'D|S_{p'}$$

与连续谱的完备性条件比较

$$\int|P'\rangle\mathrm{d}^3P'\langle P'|=1$$

得到连续谱态和分立谱态的关系:

$$|P'\rangle=|P'D\rangle S_{p'}^{1/2} \tag{11.52}$$

2. 能量密度(光强)

当有 $n'_{p'}$ 个光子在 $|P'D\rangle$ 时,定义一个粒子数密度算子

$$\rho=\sum_{P'}\mid P'D\rangle n'_{p'}\langle P'D\mid$$

根据式(11.52)和式(11.50)过渡到连续谱,有

$$\rho=\sum_{P'}\mid P'\rangle n'_{p'}\langle P'\mid S_{p'}^{-1}S_{p'}\mathrm{d}^3P'=\int\mid P'\rangle n'_{p'}\langle P'\mid \mathrm{d}^3P' \tag{11.53}$$

粒子数密度算子在坐标表象的矩阵元:

$$\begin{aligned}\langle x'\mid\rho\mid x'\rangle&=\int\langle x'\mid P'\rangle n'_{p'}\langle P'\mid x'\rangle\mathrm{d}^3P'\\&=\int\frac{\mathrm{e}^{i(P',x')/\hbar}}{h^{3/2}}n'_{p'}\frac{\mathrm{e}^{-i(P',x')/\hbar}}{h^{3/2}}\mathrm{d}^3P'=\int n'_{p'}\frac{\mathrm{d}^3P'}{h^3}\end{aligned} \tag{11.54}$$

在坐标空间体元 d^3x' 中的粒子数为

$$\langle x'\mid\rho\mid x'\rangle\mathrm{d}^3x'=\int n'_{p'}\frac{\mathrm{d}^3P'\mathrm{d}^3x'}{h^3} \tag{11.55}$$

$\mathrm{d}^3P'\mathrm{d}^3x'$ 是六维相空间的体元. 在这个相空间里,相格体积为 h^3. 在这个体积内,粒子的状态相同,不能再区分. 因此,$\mathrm{d}^3P'\mathrm{d}^3x'/h^3$ 为相体元 $\mathrm{d}^3P'\mathrm{d}^3x'$ 的状态数(简并度),所以在体积元 $\mathrm{d}^3P'\mathrm{d}^3x'$ 中的粒子数为

$$\mathrm{d}N_p=\frac{1}{h^3}n'_{p'}\mathrm{d}^3P'\mathrm{d}^3x' \tag{11.56}$$

如在动量空间采用球坐标,并省掉 P' 中的撇,则

$$\mathrm{d}^3P=P^2\mathrm{d}P\mathrm{d}\omega$$

注意

$$P=\frac{h\nu}{c}\qquad \mathrm{d}P=\frac{h}{c}\mathrm{d}\nu$$

则

$$\mathrm{d}^3P=\left(\frac{h\nu}{c}\right)^2\left(\frac{h}{c}\mathrm{d}\nu\right)\mathrm{d}\omega=\frac{h^3\nu^2}{c^3}\mathrm{d}\nu\mathrm{d}\omega \tag{11.57}$$

将式(11.57)代入式(11.56),得到频率为 $\nu\to\nu+\mathrm{d}\nu$,方向为 $\omega\to\omega+\mathrm{d}\omega$,在空间体元 d^3x' 中的光子数:

$$\mathrm{d}N_\nu=n'_p\frac{\nu^2}{c^3}\mathrm{d}\nu\ \mathrm{d}\omega\ \mathrm{d}^3x \tag{11.58}$$

这些光子具有能量

$$\mathrm{d}E_\nu=h\nu\mathrm{d}N_\nu=n'_p\frac{h\nu^3}{c^3}\mathrm{d}\nu\ \mathrm{d}\omega\ \mathrm{d}^3x \tag{11.59}$$

式(11.59)除以单位体积元得到能量密度为 $n'_p\frac{h\nu^3}{c^3}$,在单位频段,单位时间内通过垂直 $\boldsymbol{P}'$ 方向的单位面积的能量为光强 I_p,为

$$I_p=\text{能量密度}\cdot\text{光速}=n'_p\frac{h\nu^3}{c^2} \tag{11.60}$$

对每个偏振都成立,所以

$$I_{PI}=n'_{PI}\frac{h\nu^3}{c^2} \tag{11.61}$$

实验上,可以直接测量到光子的光强.

3. 受激发射和自发发射

由式(11.45)知,发射到态$|P'I\rangle$的一个光子的概率正比于$n'_{PI}+1$,当然也正比于

$$(n'_{P'I}+1)\frac{h\nu^3}{c^2}=I_{P'I}+\frac{h\nu^3}{c^2} \tag{11.62}$$

式(11.62)第二项是自发发射,因为在没有入射辐射时,即$I_{P'I}=0$,仍有一定量的发射.第一项与光强$I_{P'I}$有关,称为受激发射,是在光强$I_{P'I}$的诱导下的发射.

$$\frac{\text{受激发射概率}}{\text{自发发射概率}}=\frac{I_{P'I}c^2}{h\nu^3}$$

1910年爱因斯坦从玻尔兹曼统计理论出发推导出这个公式.当光子从$|P'I'\rangle$发射到$|P''I''\rangle$,其概率正比于

$$n'_{P'I'}(n''_{P''I''}+1)$$

或正比于

$$I_{P'I'}\left(I_{P''I''}+\frac{h\nu''^3}{c^2}\right) \tag{11.63}$$

因此,与发射光子中任何一个有相同频率、相同偏振和相同方向的入射辐射都有激射作用.

11.6 光子和原子(或分子)的作用

对于光子和原子的力学体系,它们的哈密顿为

$$H_T=H_P+H_R+H_Q \tag{11.64}$$

式中,H_P为原子的哈密顿量,H_R为光子的哈密顿量,它等于

$$H_R=\sum_{kI}n_{kI}h\nu_k \tag{11.65}$$

H_Q为原子和光子的相互作用项.为了求得H_Q,首先写出经典辐射场能量,同量子化能量进行类比,从而得到辐射场量子化条件,最后得到量子化的H_Q的表达式.

1. $\boldsymbol{H_R}$

由式(11.21)知道,经典辐射场的能量为

$$H_R=4\pi^2\int k^2\boldsymbol{A}_k\cdot\bar{\boldsymbol{A}}_k\mathrm{d}^3k=4\pi^2\int k^2\boldsymbol{a}_k\cdot\bar{\boldsymbol{a}}_k\mathrm{d}^3k$$

$$\boldsymbol{A}_k=\boldsymbol{a}_k^0\mathrm{e}^{i(\boldsymbol{k}\cdot\boldsymbol{r}-2\pi\nu_k t)}\qquad k^2=\left(\frac{2\pi\nu_k}{c}\right)^2$$

由于光子能量是量子化的,在量子力学中可以把连续分布的积分代之以分立分布的求和

$$H_R=\frac{(4\pi^2)^2}{c^2}\int\nu_k^2\boldsymbol{A}_k\cdot\bar{\boldsymbol{A}}_k\mathrm{d}^3k=\frac{(4\pi^2)^2}{c^2}\sum_{kI}\nu_k^2A_{kI}\bar{A}_{kI}S_k^{-1} \tag{11.66}$$

式(11.66)最后一步,考虑到$\boldsymbol{a}_k^0$在垂直$\boldsymbol{k}$的平面内可由两个分量(用I描述)确定,故

$$\boldsymbol{A}_k\cdot\bar{\boldsymbol{A}}_k\rightarrow\sum_I A_{kI}\bar{A}_{kI}$$

辐射场能量量子表达式为

$$H_R=\sum_{kI}n_{kI}h\nu_k=\sum_{kI}\eta_{kI}\overline{\eta}_{kI}h\nu_k$$

上式和式(11.66)进行比较，得到 A_{kI} 的算子表示：

$$A_{kI}=\frac{ch^{1/2}\nu_k^{-1/2}}{4\pi^2}\eta_{kI}S_k^{1/2} \tag{11.67}$$

式(11.67)就是辐射场量子化条件. 有了它，就可以讨论光子和原子的相互作用项 H_Q，场力学量的量子化又称二次量子化，一般力学量的量子条件称为一次量子化.

2. H_Q

假定原子由在静电场中运动的单个电子构成. 辐射场由矢势 $\overline{A}$ 和标势 φ 描述，这些势有一定程度的任意性，可以选择得使势量 φ 为零. 在辐射场中，一个电子的动能为

$$\frac{1}{2m}\left(\boldsymbol{P}+\frac{e}{c}\boldsymbol{A}\right)^2 \tag{11.68}$$

因此，电子和辐射场的相互作用能为

$$H_Q=\frac{1}{2m}\left(\boldsymbol{P}+\frac{e}{c}\boldsymbol{A}\right)^2-\frac{P^2}{2m}=\frac{e}{mc}\boldsymbol{P}\cdot\boldsymbol{A}+\frac{e^2}{2mc^2}\boldsymbol{A}^2 \tag{11.69}$$

$$\boldsymbol{A}=\int(\boldsymbol{A}_k+\overline{\boldsymbol{A}}_k)\mathrm{d}^3k$$

当光的波长比原子尺度大得多，在原子尺度内，$\boldsymbol{A}$ 可以视为与 x,y,z 无关. 把连续积分变为分立求和，有

$$\begin{aligned}H_Q&=\frac{e}{mc}\int\boldsymbol{P}\cdot(\boldsymbol{A}_k+\overline{\boldsymbol{A}}_k)\mathrm{d}^3k+\frac{e^2}{2mc^2}\iint(\boldsymbol{A}_k+\overline{\boldsymbol{A}}_k)(\boldsymbol{A}_{k'}+\overline{\boldsymbol{A}}_{k'})\mathrm{d}^3k\mathrm{d}^3k'\\&=\frac{e}{mc}\sum_{kI}P_I(A_{kI}+\overline{A}_{kI})S_k^{-1}+\frac{e^2}{2mc^2}\sum_{kk'II'}(A_{kI}+\overline{A}_{kI})(A_{k'I'}+\overline{A}_{k'I'})(\boldsymbol{I}\cdot\boldsymbol{I}')S_k^{-1}S_{k'}^{-1}\end{aligned}$$

式中，$P_I=\boldsymbol{P}\cdot\boldsymbol{I}$，将式(11.67)的结果代入上式，得到

$$\begin{aligned}H_Q=&\frac{h^{1/2}e}{4\pi^2m}\sum_{kI}\nu_k^{-1/2}P_I(\eta_{kI}+\overline{\eta}_{kI})S_k^{-1/2}\\&+\frac{he^2}{32\pi^4m}\sum_{kk'II'}\nu_k^{-1/2}\nu_{k'}^{-1/2}(\eta_{kI}+\overline{\eta}_{kI})(\eta_{k'I'}+\overline{\eta}_{k'I'})(\boldsymbol{I}\cdot\boldsymbol{I}')S_k^{-1/2}S_{k'}^{-1/2}\end{aligned} \tag{11.70}$$

3. 作用矩阵元

(1) 原子始态为 $|\alpha^0\rangle$，在辐射场作用下放出一个偏振 I'，动量 P' 的光子后变到 $|\alpha'\rangle$ 的跃迁矩阵元为

$$\langle P'I'\alpha'|H_Q|\alpha^0\rangle$$

对于分立的 $|P'D\rangle$，有跃迁矩阵元：

$$\langle P'DI'\alpha'|H_Q|\alpha^0\rangle=\frac{h^{1/2}e}{4\pi^2m\nu_{k'}^{1/2}}\langle P'DI'\alpha'|P_{I'}\eta_{P'I'}|\alpha^0\rangle S_{k'}^{-1/2} \tag{11.71}$$

再将分立谱变到连续谱.

$$1=S_{k'}\mathrm{d}^3k'=S_{p'}\mathrm{d}^3P'=S_{p'}\hbar^3\mathrm{d}^3k$$

$$S_{k'}=S_{p'}\hbar^3\quad 或\quad S_{k'}^{-1/2}=S_{p'}^{-1/2}\hbar^{-3/2}$$

将上式代入式(11.71)，得

$$\langle P'DI'\alpha'|H_Q|\alpha^0\rangle=\frac{h^{1/2}e}{4\pi^2 m\nu_{k'}^{1/2}\hbar^{3/2}}\langle P'DI'\alpha'|P_{I'}\eta_{P'I'}|\alpha^0\rangle S_{p'}^{-1/2}$$

$$=\frac{e}{h(2\pi\nu')^{1/2}m}\langle\alpha'|P_{I'}|\alpha^0\rangle\ S_{p'}^{-1/2}$$

这里利用到下式

$$\langle P'DI'\alpha'|P_{I'}\eta_{P'I'}|\alpha^0\rangle=\langle\alpha'|P_{I'}|\alpha^0\rangle$$

$$S_{p'}^{1/2}\langle P'DI'\alpha'|H_Q|\alpha^0\rangle=\langle P'I'\alpha'|H_Q|\alpha^0\rangle$$

上式左边为分立谱，而右边为连续谱. 由分立谱过渡到连续谱的基矢量关系

$$|P'D\rangle S_{p'}^{1/2}=|P'\rangle$$

最后利用 $P_{I'}=m\dfrac{\mathrm{d}\boldsymbol{r}}{\mathrm{d}t}\cdot\boldsymbol{I}'$，得到原子始态 $|\alpha^0\rangle$ 到终态 $|\alpha'\rangle$ 放出一个 ν'，I' 的光子的跃迁矩阵元为

$$\langle P'I'\alpha'|H_Q|\alpha^0\rangle=\frac{e}{h(2\pi\nu')^{1/2}}\langle\alpha'|\frac{\mathrm{d}\boldsymbol{r}}{\mathrm{d}t}\cdot\boldsymbol{I}'|\alpha^0\rangle\qquad\left(\nu'=\frac{E^0-E'}{h}\right)\tag{11.72}$$

由式(11.72)看到，当 $\boldsymbol{r}$ 与 $\boldsymbol{I}'$ 的方向相同或相反，得到的跃迁概率最大. $\boldsymbol{r}$ 与 $\boldsymbol{I}'$ 垂直，概率为零，这是一种偏极矩跃迁.

(2) 原子始态 $|\alpha^0\rangle$，吸收一个光子(P^0, I^0)，跃迁到终态 $|\alpha'\rangle$，跃迁矩阵元为

$$\langle\alpha'|H_Q|P^0DI^0\alpha^0\rangle=\frac{h^{1/2}e}{4\pi^2 m\nu_0^{1/2}}\langle\alpha'|P_{I^0}\bar{\eta}_{P^0I^0}|P^0DI^0\alpha^0\rangle S_{k^0}^{-1/2}$$

$$=\frac{h^{1/2}e}{4\pi^2 m\nu_0^{1/2}\ \hbar^{3/2}}\langle\alpha'P\cdot I^0|\alpha^0\rangle S_{P^0}^{-1/2}$$

最后得到

$$\langle\alpha'|H_Q|P^0DI^0\alpha^0\rangle=\frac{e}{h(2\pi\nu_0)^{1/2}}\langle\alpha'|\frac{\mathrm{d}\boldsymbol{r}}{\mathrm{d}t}\cdot\boldsymbol{I}^0|\alpha^0\rangle\qquad\left(\nu_0=\frac{E'-E^0}{h}\right)\tag{11.73}$$

(3) 原子吸收一个(P^0, I^0)的光子，放出一个(P', I')的光子，由始态 $|\alpha^0\rangle$ 变到终态 $|\alpha'\rangle$ 的跃迁矩阵元. $\langle P'I'\alpha'|H_Q|P^0I^0\alpha^0\rangle=$？首先计算

$$\langle P'DI'\alpha'|H_Q|P^0DI^0\alpha^0\rangle=?$$

由式(11.70)看到，H_Q 中只有两项有贡献，消灭一个 $k'I'$ 光子产生一个 k^0I^0 光子的算子是 $\eta_{k^0I^0}\bar{\eta}_{k'I'}$，消灭一个 k^0I^0 光子，产生一个 $k'I'$ 光子的算子是 $\bar{\eta}_{k^0I^0}\eta_{k'I'}$. 所以

$$\langle P'DI'\alpha'|H_Q|P^0DI^0\alpha^0\rangle=\frac{he^2}{16\pi^4 m(\nu'\nu^0)^{1/2}}(\boldsymbol{I}'\cdot\boldsymbol{I}^0)S_{k^0}^{-1/2}S_{k'}^{-1/2}\langle\alpha'|\alpha^0\rangle$$

$$=\frac{he^2}{16\pi^4 m(\nu'\nu^0)^{1/2}}(\boldsymbol{I}'\cdot\boldsymbol{I}^0)S_{P^0}^{-1/2}S_{P'}^{-1/2}\hbar^{-3}\delta_{\alpha'\alpha^0}$$

再把分立谱变到连续谱，得到要求的矩阵元

$$\langle P'I'\alpha'|H_Q|P^0I^0\alpha^0\rangle=\frac{e^2}{h^2(2\pi\nu')^{1/2}(2\pi\nu^0)^{1/2}m}\delta_{\alpha'\alpha^0}(\boldsymbol{I}'\cdot\boldsymbol{I}^0)\tag{11.74}$$

由式(11.74)看到，两个偏振方向相同或相反，跃迁概率最大，两个偏振方向垂直为零. 由于因子 $\delta_{\alpha'\alpha^0}$ 存在，表明吸收和发射的光子能量一样，即频率一样.

在本节的最后，需要指出，在式(11.72)和式(11.73)中，力学量 $\boldsymbol{r}$ 都是海森堡图像里的量，即

$$\boldsymbol{r}_t = \mathrm{e}^{-i\frac{H_p}{\hbar}t}\boldsymbol{r}\,\mathrm{e}^{i\frac{H_p}{\hbar}t}$$

这是因为在量子化条件式(11.67)里,经典量 $A_{kI}(t)$ 与时间有关

$$A_{kI}(t) = A_{kIt} = A_{kI}\,\mathrm{e}^{i2\pi\nu_k t}$$

相应的量子理论的量 η_{kIt} 就是海森堡变量. 因此,H_Q 的量子表达式[式(11.70)]中的力学量都是海森堡变量,只不过把下标 t 省略了.

11.7　辐射的发射、吸收和散射

有了跃迁矩阵元式(11.72)、式 (11.73)和式(11.74)三个式子,可以把在第 9 章里得到的普遍情况下的发射系数公式[式(9.66)]、吸收系数公式[式(9.68)]、弹性散射的散射系数公式[式(9.41)]以及没有色散时的散射系数公式[式(9.50)]应用到光子的情况,将得到对于光子的发射公式、吸收公式和散射公式.

1. 发射公式

第 9 章得到单位时间、单位立体角内发射粒子,而使散射中心落到 α' 态的概率(发射系数)为

$$\frac{2\pi}{\hbar}\frac{W'P'}{c^2}|\langle P'\alpha'|V|k\rangle|^2$$

把式(11.72)的跃迁矩阵元代入上式,得到原始态 α^0,终态 α',在 $\boldsymbol{P}$(注意,这里去掉撇)方向单位立体角内,单位时间内发射一个偏振为 I 的光子的概率为

$$\frac{4\pi^2}{h}\frac{WP}{c^2}\left|\frac{e}{h(2\pi\nu)^{1/2}}\langle\alpha'|\dot{\boldsymbol{r}}\cdot\boldsymbol{I}|\alpha^0\rangle\right|^2$$

因为这里 $\boldsymbol{r}$ 是海森堡变量,所以

$$\boldsymbol{r}_t = \mathrm{e}^{-i\frac{H_p}{\hbar}t}\boldsymbol{r}\,\mathrm{e}^{i\frac{H_p}{\hbar}t}$$

$$\langle\alpha'|\dot{\boldsymbol{r}}_t\cdot\boldsymbol{I}|\alpha^0\rangle = i\frac{H_p(\alpha^0)-H_p(\alpha')}{\hbar}\mathrm{e}^{-i\frac{H_p(\alpha')-H_p(\alpha^0)}{\hbar}t}\langle\alpha'|\boldsymbol{r}\cdot\boldsymbol{I}|\alpha^0\rangle$$

$$= i2\pi\nu\cdot\mathrm{e}^{i2\pi\nu}\langle\alpha'|\boldsymbol{r}\cdot\boldsymbol{I}|\alpha^0\rangle$$

由

$$H_p(\alpha^0)-H_p(\alpha') = h\nu \qquad W = h\nu \qquad P = \frac{h\nu}{c}$$

要求的概率为

$$\frac{4\pi^2h^2\nu^2}{hc^3}\left|\frac{e}{h(2\pi\nu)^{1/2}}i2\pi\nu\langle\alpha'|\boldsymbol{r}\cdot\boldsymbol{I}|\alpha^0\rangle\right|^2 = \frac{(2\pi\nu)^3}{hc^3}|\langle\alpha'|e\boldsymbol{r}\cdot\boldsymbol{I}|\alpha^0\rangle|^2 \tag{11.75}$$

对于多电子原子,只要将 $e\boldsymbol{r}$ 换成 $\sum_i e\boldsymbol{r}_i$,式(11.75)仍然成立. 这个概率与电偶极在偏振方向的投影有关. 有时需要知道在单位时间内,频率间隔为 $\nu\to\nu+\mathrm{d}\nu$ 的总发射能量. 这需要将式(11.75)的概率乘以 $h\nu$,并对空间各个方向积分,最后还要乘以偏振自由度 2,即为

$$h\nu\frac{(2\pi\nu)^3}{hc^3}\int|\langle\alpha'|e\boldsymbol{r}\cdot\boldsymbol{I}|\alpha^0\rangle|^2\mathrm{d}\Omega\times 2$$

取 $\boldsymbol{r}$ 方向为极轴方向,$\boldsymbol{r}\cdot\boldsymbol{I} = r\cos\theta$,立体角 $\mathrm{d}\Omega = \sin\theta\mathrm{d}\theta\mathrm{d}\varphi$,则上式变为

$$2h\nu\frac{(2\pi\nu)^3}{hc^3}|\langle\alpha'|er|\alpha^0\rangle|^2\int_0^{2\pi}\mathrm{d}\varphi\int_0^{\pi}\cos^2\theta\sin\theta\mathrm{d}\theta=\frac{4}{3}\frac{(2\pi\nu)^4}{c^3}|\langle\alpha'|er|\alpha^0\rangle|^2 \tag{11.76}$$

因为 $\boldsymbol{r}$ 是极轴，式(11.76)也可写成分量形式

$$\frac{4}{3}\frac{(2\pi\nu)^4}{c^3}|\langle\alpha'|e\boldsymbol{r}|\alpha^0\rangle|^2=\frac{4}{3}\frac{(2\pi\nu)^4}{c^3}[|\langle\alpha'|ex|\alpha^0\rangle|^2+|\langle\alpha'|ey|\alpha^0\rangle|^2+|\langle\alpha'|ez|\alpha^0\rangle|^2] \tag{11.77}$$

对于多电子原子，作代换：

$$ex\to e\sum_i x_i \qquad ey\to e\sum_i y_i \qquad ez\to e\sum_i z_i$$

式(11.77)仍然成立. 式(11.76)和式(11.77)代表一个原子在辐射场中单位时间内由始态 $|\alpha^0\rangle$ 跃迁到 $|\alpha'\rangle$ 终态放出一个光子，向各方向发射出的总能量，该式称为发射公式.

2. 吸收公式

根据式(9.68)，在单位能量范围，单位时间内通过单位面积进来的一个粒子，在单位时间被吸收的概率(吸收系数)为

$$\frac{4\pi^2h^2W^0}{c^2P^0}|\langle k|V|P^0\alpha^0\rangle|^2$$

闭合态 $\langle k|$ 即为终态 $|\alpha'\rangle$. 把式(11.73)代入上式，得偏振 I 的光子的吸收系数为

$$\begin{aligned}\frac{4\pi^2h^2W}{c^2P}\left|\frac{e}{h(2\pi\nu)^{1/2}}\langle\alpha'|\boldsymbol{r}\cdot\boldsymbol{I}|\alpha^0\rangle\right|^2&=\frac{4\pi^2h^2h\nu}{c^2\dfrac{h\nu}{c}}\left|\frac{e}{h(2\pi\nu)^{1/2}}i2\pi\nu\langle\alpha'|\boldsymbol{r}\cdot\boldsymbol{I}|\alpha^0\rangle\right|^2\\&=\frac{8\pi^3\nu}{c}|\langle\alpha'|e\boldsymbol{r}\cdot\boldsymbol{I}|\alpha^0\rangle|^2\end{aligned} \tag{11.78}$$

如果不取单位能量范围，而取单位频段，即由 $\varepsilon\to\varepsilon+\mathrm{d}\varepsilon$ 变为 $\nu\to\nu+\mathrm{d}\nu$ 要用 h 除，则对于偏振 I 的光子的吸收系数为

$$\frac{8\pi^3\nu}{hc}|\langle\alpha'|e\boldsymbol{r}\cdot\boldsymbol{I}|\alpha^0\rangle|^2 \tag{11.79}$$

由式(11.79)看出吸收矩阵元同电偶极矩和偏振有关.

3. 散射公式

根据散射系数的表达式[式(9.41)]

$$\sigma(\theta'\varphi'\alpha')=\frac{4\pi^2h^2W^0W'}{c^4}\frac{P'}{P^0}|\langle P'\alpha'|V|P^0\alpha^0\rangle|^2$$

应用到光子 $W'=W^0=h\nu,P'=P^0=\dfrac{h\nu}{c}$，并将式(11.74)代入，得到在单位时间内，通过单位面积进来的一个偏振 $\boldsymbol{I}^0$ 的光子，被散射到 $\boldsymbol{P}'$ 方向. 偏振变为 $\boldsymbol{I}'$ 的概率为

$$\frac{4\pi^2h^2W^0W'}{c^4}\frac{P'}{P^0}\left|\frac{e^2}{h^2(2\pi\nu')^{1/2}(2\pi\nu^0)^{1/2}}\delta_{\alpha'\alpha^0}(\boldsymbol{I}^0,\boldsymbol{I}')\right|^2=\frac{e^4}{m^2c^4}\delta_{\alpha'\alpha^0}|(\boldsymbol{I}^0\cdot\boldsymbol{I}')|^2 \tag{11.80}$$

这和光子同自由电子弹性碰撞的经典结果公式一样. 式(11.80)表示一个光子和原子碰撞后，光子和原子的能量都没有改变，只改变了偏振方向，该式称为弹性散射公式.

4. 色散散射

若一个光子和原子碰撞后，光子的频率也改变，且散射中心是一个闭合态，这个散射称为色散散射，即非弹性散射. 根据式(9.50)，色散时散射系数为

$$\frac{4\pi^2 h^2 W^0 W'}{c^4}\frac{P'}{P^0}\left|\langle P'\alpha' \mid V \mid P^0\alpha^0\rangle + \sum_k \frac{\langle P'\alpha' \mid V \mid k\rangle\langle k \mid V \mid P^0\alpha^0\rangle}{E'-E_k}\right|^2$$

应用到光子，用零、单撇和双撇分别代表原子的始态、终态和中间态. 用零和单撇分别代表被吸收和被发射的光子. 能量守恒，有

$$E'=h\nu^0+H_p(\alpha^0)=h\nu'+H_p(\alpha')$$

在 $\sum\limits_k$ 中，代表双重跃迁的散射. 有两类中间态. 一类是吸收 $h\nu^0$ 的光子，再发射 $h\nu'$的光子，如图 11.2 所示；另一类是先发射 $h\nu'$的光子，再吸收 $h\nu^0$ 的光子，如图 11.3 所示.

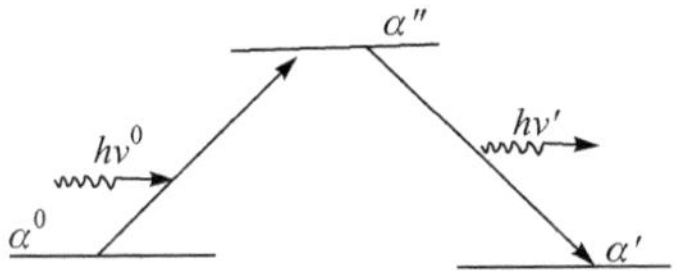

图 11.2　先吸收后发射

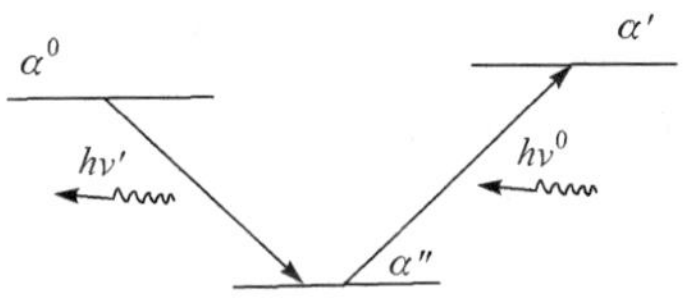

图 11.3　先发射后吸收

对于第一类情况，将式(11.72)、式(11.73)代入上式，得

$$\langle P'I'\alpha' | H_Q | \alpha''\rangle\langle\alpha'' | H_Q | P^0 I^0\alpha^0\rangle=\frac{e^2}{h^2(2\pi\nu')^{1/2}(2\pi\nu^0)^{1/2}}\langle\alpha' | \boldsymbol{r}\cdot\boldsymbol{I}' | \alpha''\rangle\langle\alpha'' | \boldsymbol{r}\cdot\boldsymbol{I}^0 | \alpha^0\rangle \tag{11.81}$$

$$E'-E_k=h\nu^0+H_p(\alpha^0)-H_p(\alpha'')=h\left[\nu^0-\frac{H_p(\alpha'')-H_p(\alpha^0)}{h}\right]=h[\nu^0-\nu(\alpha'',\alpha^0)] \tag{11.82}$$

对于第二类情况，中间态有两个光子存在，所以

$$\langle\alpha' | H_Q | P^0 I^0\alpha''\rangle\langle P'I'\alpha'' | H_Q | \alpha^0\rangle=\frac{e^2}{h^2(2\pi\nu')^{1/2}(2\pi\nu^0)^{1/2}}\langle\alpha' | \boldsymbol{r}\cdot\boldsymbol{I}^0 | \alpha''\rangle\langle\alpha'' | \boldsymbol{r}\cdot\boldsymbol{I}' | \alpha^0\rangle \tag{11.83}$$

$$\begin{aligned}E'-E_k&=h\nu^0+H_p(\alpha^0)-H_p(\alpha'')-h\nu^0-h\nu'\\&=-h\left[\nu'+\frac{H_p(\alpha'')-H_p(\alpha^0)}{h}\right]\\&=-h[\nu'+\nu(\alpha'',\alpha^0)]\end{aligned} \tag{11.84}$$

将式(11.81)～式(11.84)四个式子代入散射系数公式，并注意式(11.74)，得到有色散时散射系数为

$$\frac{e^4}{h^2c^4}\frac{\nu'}{\nu^0}\left|\frac{h}{m}\delta_{\alpha'\alpha^0}(\boldsymbol{I}^0,\boldsymbol{I}')\right.$$
$$\left.+\sum_{\alpha''}\left[\frac{\langle\alpha' \mid \dot{\boldsymbol{r}}\cdot\boldsymbol{I}' \mid \alpha''\rangle\langle\alpha'' \mid \dot{\boldsymbol{r}}\cdot\boldsymbol{I}^0 \mid \alpha^0\rangle}{\nu^0-\nu(\alpha'',\alpha^0)}-\frac{\langle\alpha'' \mid \dot{\boldsymbol{r}}\cdot\boldsymbol{I}^0 \mid \alpha''\rangle\langle\alpha'' \mid \dot{\boldsymbol{r}}\cdot\boldsymbol{I}' \mid \alpha^0\rangle}{\nu'+\nu(\alpha'',\alpha^0)}\right]\right|^2$$

注意这里 $\boldsymbol{r}$ 是海森堡变量.

$$\langle\alpha'|\dot{\boldsymbol r}\cdot\boldsymbol I'|\alpha''\rangle=-i2\pi\nu(\alpha'\alpha'')\mathrm e^{i\frac{H_p(\alpha')-H_p(\alpha'')}{\hbar}}\langle\alpha'|\boldsymbol r\cdot\boldsymbol I|\alpha''\rangle$$

上式变为

$$\frac{(2\pi e)^4\nu'}{h^2c^4\nu^0}\left|\frac{\hbar}{2\pi m}\delta_{\alpha^0\alpha'}(\boldsymbol I^0,\boldsymbol I')-\sum_{\alpha''}\nu(\alpha'\alpha'')\nu(\alpha''\alpha^0)\right.$$
$$\left.\cdot\left[\frac{\langle\alpha'\mid\boldsymbol r\cdot\boldsymbol I'\mid\alpha''\rangle\langle\alpha''\mid\boldsymbol r\cdot\boldsymbol I^0\mid\alpha^0\rangle}{\nu^0-\nu(\alpha'',\alpha^0)}-\frac{\langle\alpha'\mid\boldsymbol r\cdot\boldsymbol I^0\mid\alpha''\rangle\langle\alpha''\mid\boldsymbol r\cdot\boldsymbol I'\mid\alpha^0\rangle}{\nu'+\nu(\alpha'',\alpha^0)}\right]\right|^2\tag{11.85}$$

下面利用量子条件

$$(\boldsymbol r\cdot\boldsymbol I')(\boldsymbol r\cdot\boldsymbol I^0)-(\boldsymbol r\cdot\boldsymbol I^0)(\boldsymbol r\cdot\boldsymbol I')=0\tag{11.86}$$

$$(\boldsymbol r\cdot\boldsymbol I')(\boldsymbol P\cdot\boldsymbol I^0)-(\boldsymbol P\cdot\boldsymbol I^0)(\boldsymbol r\cdot\boldsymbol I')=i\hbar(\boldsymbol I',\boldsymbol I^0)\tag{11.87}$$

来简化式(11.85).应用式(11.86),得到

$$\begin{aligned}&\sum_{\alpha''}\langle\alpha'\mid\boldsymbol r\cdot\boldsymbol I'\mid\alpha''\rangle\langle\alpha''\mid\boldsymbol r\cdot\boldsymbol I^0\mid\alpha^0\rangle-\langle\alpha'\mid\boldsymbol r\cdot\boldsymbol I^0\mid\alpha''\rangle\langle\alpha''\mid\boldsymbol r\cdot\boldsymbol I'\mid\alpha^0\rangle\\&=\langle\alpha'\mid(\boldsymbol r\cdot\boldsymbol I')(\boldsymbol r\cdot\boldsymbol I^0)\mid\alpha^0\rangle-\langle\alpha'\mid(\boldsymbol r\cdot\boldsymbol I^0)(\boldsymbol r\cdot\boldsymbol I')\mid\alpha^0\rangle\\&=\langle\alpha'\mid(\boldsymbol r\cdot\boldsymbol I')(\boldsymbol r\cdot\boldsymbol I^0)-(\boldsymbol r\cdot\boldsymbol I^0)(\boldsymbol r\cdot\boldsymbol I')\mid\alpha^0\rangle=0\end{aligned}\tag{11.88}$$

应用式(11.87),有

$$(\boldsymbol r\cdot\boldsymbol I')(\boldsymbol r\cdot\boldsymbol I^0)-(\boldsymbol r\cdot\boldsymbol I^0)(\boldsymbol r\cdot\boldsymbol I')=\frac{i\hbar}{m}(\boldsymbol I'\cdot\boldsymbol I^0)$$

此式给出

$$\begin{aligned}&\sum_{\alpha''}\{\langle\alpha'\mid\boldsymbol r\cdot\boldsymbol I'\mid\alpha''\rangle\nu(\alpha''\alpha^0)\langle\alpha''\mid\boldsymbol r\cdot\boldsymbol I^0\mid\alpha^0\rangle-\nu(\alpha'\alpha'')\langle\alpha'\mid\boldsymbol r\cdot\boldsymbol I^0\mid\alpha''\rangle\langle\alpha''\mid\boldsymbol r\cdot\boldsymbol I'\mid\alpha^0\rangle\}\\&=\frac{1}{2\pi i}\frac{i\hbar}{m}(\boldsymbol I'\cdot\boldsymbol I^0)\delta_{\alpha'\alpha^0}=\frac{\hbar}{2\pi m}(\boldsymbol I'\cdot\boldsymbol I^0)\delta_{\alpha'\alpha^0}\end{aligned}\tag{11.89}$$

以 ν' 乘以式(11.88),并与式(11.89)相加,得到

$$\begin{aligned}&\sum_{\alpha''}\{\langle\alpha'\mid\boldsymbol r\cdot\boldsymbol I'\mid\alpha''\rangle\langle\alpha''\mid\boldsymbol r\cdot\boldsymbol I^0\mid\alpha^0\rangle[\nu'+\nu(\alpha''\alpha^0)]\\&\quad-\langle\alpha'\mid\boldsymbol r\cdot\boldsymbol I^0\mid\alpha''\rangle\langle\alpha''\mid\boldsymbol r\cdot\boldsymbol I'\mid\alpha^0\rangle[\nu'+\nu(\alpha'\alpha'')]\}\\&=\frac{\hbar}{2\pi m}(\boldsymbol I'\cdot\boldsymbol I^0)\delta_{\alpha'\alpha^0}\end{aligned}$$

把$\hbar/2\pi m(\boldsymbol I',\boldsymbol I^0)\delta_{\alpha'\alpha^0}$代入式(11.85),得

$$\begin{aligned}&\frac{(2\pi e)^4}{h^2c^4}\frac{\nu'}{\nu^0}\left|\sum_{\alpha''}\left\{\langle\alpha'\mid\boldsymbol r\cdot\boldsymbol I'\mid\alpha''\rangle\langle\alpha''\mid\boldsymbol r\cdot\boldsymbol I^0\mid\alpha^0\rangle\left[\nu'+\nu(\alpha''\alpha^0)-\frac{\nu(\alpha'\alpha'')\nu(\alpha''\alpha^0)}{\nu^0-\nu(\alpha''\alpha^0)}\right]\right.\right.\\&\quad\left.\left.-\langle\alpha'\mid\boldsymbol r\cdot\boldsymbol I^0\mid\alpha''\rangle\langle\alpha''\mid\boldsymbol r\cdot\boldsymbol I'\mid\alpha^0\rangle\left[\nu'+\nu(\alpha'\alpha'')-\frac{\nu(\alpha'\alpha'')\nu(\alpha''\alpha^0)}{\nu^0+\nu(\alpha''\alpha^0)}\right]\right\}\right|^2\end{aligned}\tag{11.90}$$

利用恒等关系式

$$h\nu^0+H_p(\alpha^0)=H_p(\alpha')+h\nu'$$
$$\nu(\alpha''\alpha^0)=[H_p(\alpha'')-H_p(\alpha^0)]/h$$

可继续化简:首先

$$\begin{aligned}&\nu'+\nu(\alpha''\alpha^0)-\frac{\nu(\alpha'\alpha'')\nu(\alpha''\alpha^0)}{\nu^0-\nu(\alpha''\alpha^0)}\\&=\frac{[\nu'+\nu(\alpha''\alpha^0)][\nu^0-\nu(\alpha''\alpha^0)]-\nu(\alpha'\alpha'')\nu(\alpha''\alpha^0)}{\nu^0-\nu(\alpha''\alpha^0)}\end{aligned}$$

$$
\begin{aligned}
&=\frac{\nu'\nu^0-(\nu'-\nu^0)[H_p(\alpha'')-H_p(\alpha^0)]/h}{\nu^0-\nu(\alpha''\alpha^0)} \\
&\quad-\frac{[H_p(\alpha'')-H_p(\alpha^0)]^2+[H_p(\alpha'')-H_p(\alpha^0)][H_p(\alpha')-H_p(\alpha'')]}{h^2[\nu^0-\nu(\alpha''\alpha^0)]} \\
&=\frac{\nu'\nu^0-(\nu'-\nu^0)[H_p(\alpha'')-H_p(\alpha^0)]/h}{\nu^0-\nu(\alpha''\alpha^0)} \\
&\quad-\frac{[H_p(\alpha'')-H_p(\alpha^0)][H_p(\alpha'')-H_p(\alpha^0)+H_p(\alpha')-H_p(\alpha'')]}{h^2[\nu^0-\nu(\alpha''\alpha^0)]} \\
&=\frac{\nu'\nu^0}{\nu^0-\nu(\alpha''\alpha^0)}-\frac{(\nu'-\nu^0)[H_p(\alpha'')-H_p(\alpha^0)]}{h[\nu^0-\nu(\alpha''\alpha^0)]} \\
&\quad-\frac{[H_p(\alpha'')-H_p(\alpha^0)][H_p(\alpha')-H_p(\alpha^0)]}{h^2[\nu^0-\nu(\alpha''\alpha^0)]} \\
&=\frac{\nu'\nu^0}{\nu^0-\nu(\alpha''\alpha^0)}
\end{aligned}
$$

利用恒等关系式的第一式,同样可得到

$$\nu'+\nu(\alpha'\alpha'')-\frac{\nu(\alpha'\alpha'')\nu(\alpha''\alpha^0)}{\nu'+\nu(\alpha''\alpha^0)}=\frac{\nu'\nu^0}{\nu'+\nu(\alpha''\alpha^0)}$$

把上面两个结果代入式(11.90),得到最后的散射系数公式为

$$\frac{(2\pi e)^4}{h^2c^4}\nu^0\nu'^3\left|\sum_{\alpha''}\left[\frac{\langle\alpha'\mid \boldsymbol{r}\cdot\boldsymbol{I}'\mid\alpha''\rangle\langle\alpha''\mid\boldsymbol{r}\cdot\boldsymbol{I}^0\mid\alpha^0\rangle}{\nu^0-\nu(\alpha'',\alpha^0)}-\frac{\langle\alpha''\mid\boldsymbol{r}\cdot\boldsymbol{I}^0\mid\alpha''\rangle\langle\alpha''\mid\boldsymbol{r}\cdot\boldsymbol{I}'\mid\alpha^0\rangle}{\nu'+\nu(\alpha'',\alpha^0)}\right]\right|^2 \tag{11.91}$$

式(11.91)第一项代表先吸收一个光子到高能态,再发射一个光子；第二项代表先发射一个光子到低能态,再吸收一个光子. 这个公式是由克莱默斯(Kramers)和海森堡首先得到的,称为克拉默斯-海森堡公式.

11.8　费米子体系

11.3 节讨论了玻色子体系的二次量子化问题,得到了六个基本公式. 它们是式(11.34)～式(11.39). 本节用完全类似的方法讨论费米子体系的二次量子化问题. 但要抓住费米子体系的两个特点：

(1) 体系的波函数是反对称波函数.

(2) 泡利原理要求一个态最多只能被一个粒子所占据.

1. 基矢量

假设单个费米子定态的征矢为

$$|\alpha^{(1)}\rangle,|\alpha^{(2)}\rangle,|\alpha^{(3)}\rangle,\cdots$$

u'个费米子按某一标准次序分布:第一个粒子占据 α^a 态,第二个粒子占据 α^b 态,……,第 u'个粒子占据 α^g 态,这样得到体系定态的一个基右矢：

$$|\alpha_1^a\,\alpha_2^b\,\cdots\,\alpha_{u'}^{g}\rangle \tag{11.92}$$

定义反对称化算子 A 为

$$A=\frac{1}{\sqrt{u'!}}\sum \pm P \tag{11.93}$$

求和遍及所有的排列 P，按 P 是偶排列或奇排列而取＋号或－号. 把它作用于右矢式(11.92)，得到体系反对称波函数为

$$\begin{aligned} A\mid \alpha^a\alpha^b\cdots\alpha^g\rangle &= \frac{1}{\sqrt{u'!}}\sum \pm P\mid \alpha_1^0\alpha_2^0\cdots\alpha_{u'}^{g'}\rangle \\ &= \frac{1}{\sqrt{u'!}}\begin{vmatrix} |\alpha_1^a\rangle & |\alpha_2^a\rangle & \cdots & |\alpha_{u'}^a\rangle \\ |\alpha_1^b\rangle & |\alpha_2^b\rangle & \cdots & |\alpha_{u'}^b\rangle \\ \cdots & \cdots & \cdots & \cdots \\ |\alpha_1^g\rangle & |\alpha_2^g\rangle & \cdots & |\alpha_{u'}^g\rangle \end{vmatrix} \end{aligned} \tag{11.94}$$

反对称化后，不能说哪个粒子在哪个态，只能说哪些态被粒子占据. 由行列式的性质得到：如果单粒子态 $\alpha^a,\alpha^b,\cdots$ 全不相同，则右矢式(11.94)是归一化的，否则它就是零. 在这点上，它比右矢式(11.22)简单. 但是，它比式(11.22)更复杂之处在于，式(11.94)与其中 $\alpha^a,\alpha^b,\alpha^c,\cdots$ 出现的次序有关. a 行和 b 行交换，要出一个负号. 另外，式(11.94)的单粒子态最多只能被一个粒子占据；而式(11.22)的态可以被很多粒子占据.

与前面一样，引入在态 $|\alpha^{(1)}\rangle,|\alpha^{(2)}\rangle,|\alpha^{(3)}\rangle,\cdots$ 中的费米子数 $n_1,n_2,n_3,\cdots$，并把它们当作力学变量或可观察量. 它们每个的本征值只有两个，即 0 或 1. 它们组成费米子体系的对易可观察量的完全集合. 使这些 n 为对角的表象的基右矢为

$$|n_1'n_2'n_3'\cdots\rangle$$

它是粒子数算子 n_k 的本征矢.

$$n_k|n_1'n_2'n_3'\cdots\rangle=n_k'|n_1'n_2'n_3'\cdots\rangle \qquad (n_k'=0\text{ 或 }1) \tag{11.95}$$

对于选定的标准次序，有

$$A|\alpha^a\alpha^b\cdots\alpha^g\rangle=|n_1'n_2'n_3'\cdots\rangle \tag{11.96}$$

因为次序不同，可能出现一个负号. 如果费米子数是可变的，可以建立右矢的完全集为

$$|0\rangle,\quad |\alpha^a\rangle,\quad A|\alpha^a\alpha^b\rangle,\quad A|\alpha^a\alpha^b\alpha^c\rangle,\quad \cdots \tag{11.97}$$

这些基右矢组成费米子一个完全集合，它是正交归一化的，它们是 $n_1,n_2,n_3,\cdots$ 共同本征矢. 若粒子之间没有相互作用，又是能量的本征矢. 但是，若粒子间有相互作用，它们不是能量算子的本征矢.

2. 算子

引入一组线性算子 $\eta,\bar{\eta}$，相应于每个费米子态 α^a，有一对 $\eta_a,\bar{\eta}_a$. 由费米子体系的反对称态的反对称性质，它们应具有反对称的对易关系：

$$\begin{aligned} \eta_a\eta_b+\eta_b\eta_a&=0 \\ \bar{\eta}_a\bar{\eta}_b+\bar{\eta}_b\bar{\eta}_a&=0 \\ \bar{\eta}_a\eta_b+\eta_b\bar{\eta}_a&=\delta_{ab} \end{aligned} \tag{11.98}$$

在式(11.98)中，当 $a=b$ 时，有

$$\eta_a^2=0 \qquad \bar{\eta}_a^2=0 \qquad \bar{\eta}_a\eta_a+\eta_a\bar{\eta}_a=1 \tag{11.99}$$

这样引入的线性算子 $\eta,\bar{\eta}$ 是否存在？回答是肯定的. 例如

$$\eta_a=\frac{1}{2}\zeta_a(\sigma_{xa}-i\sigma_{ya})$$

$$\bar{\eta}_a=\frac{1}{2}\zeta_a(\sigma_{xa}+i\sigma_{ya})$$

这里要求：$\zeta_a^2=1,\zeta_a\zeta_b=-\zeta_b\zeta_a$ 且都与所有 σ 变量对易. 容易验证，这样定义的 $\eta_a,\bar{\eta}_a$ 满足关系式(11.99). 例如

$$\begin{aligned}\eta_a^2&=\frac{1}{4}\zeta_a^2(\sigma_{xa}-i\sigma_{ya})(\sigma_{xa}-i\sigma_{ya})\\&=\frac{1}{4}[\sigma_{xa}^2+i^2\sigma_{ya}^2-i(\sigma_{xa}\sigma_{ya}+\sigma_{ya}\sigma_{xa})]=0\end{aligned}$$

同理有

$$\bar{\eta}_a^2=0\qquad \bar{\eta}_a\eta_a+\eta_a\bar{\eta}_a=1$$

由式(11.99)三个式子可知

$$(\eta_a\bar{\eta}_a)^2=\eta_a\bar{\eta}_a\eta_a\bar{\eta}_a=\eta_a(1-\eta_a\bar{\eta}_a)\bar{\eta}_a=\eta_a\bar{\eta}_a$$

这个式子表明，$\eta_a\bar{\eta}_a$ 是一个具有 0 与 1 为本征值的可观察量. 并且，对 $b\neq a$，$\eta_a\bar{\eta}_a$ 与 $\eta_b\bar{\eta}_b$ 对易. 这些结果允许我们令

$$\eta_a\bar{\eta}_a=n_a \tag{11.100}$$

由式(11.99)得到

$$\bar{\eta}_a\eta_a=1-n_a$$

到目前为止，可以说 η_a 是产生算子，$\bar{\eta}_a$ 是消灭算子. 同玻色子的情况相应算子有着同样的意义. 这点容易证明.

首先，由 $n_a|0\rangle=0=\eta_a\bar{\eta}_a|0\rangle$，可得$\langle 0|\eta_a\bar{\eta}_a|0\rangle=0$，所以 $\bar{\eta}_a|0\rangle=0$，$\bar{\eta}_a$ 是消灭算子.

又由 $n_a\eta_a|0\rangle=n_a\bar{\eta}_a\eta_a|0\rangle=\eta_a(1-\eta_a\bar{\eta}_a)|0\rangle=\eta_a|0\rangle=1\cdot\eta_a|0\rangle$，所以 $\eta_a|0\rangle=|\alpha^a\rangle$，$\eta_a$ 是产生算子.

由上式看到，$\eta_a|0\rangle$是 n_a 的一个本征右矢，属于本征值 1，它也是其他的 n 的本征右矢，但属于本征值零，因为其他 n 与 n_a 对易. 推广这些论断，可看到 $\eta_a\,\eta_b\,\eta_c\cdots\,\eta_g|0\rangle$是归一化的，并且是 $n_a,n_b,\cdots,n_g$ 的本征右矢，属于本征值 1. 对其他 n 属于本征值零，这样可以令

$$A|\alpha^a\,\alpha^b\,\cdots\,\alpha^g\rangle=n_a\,n_b\,\cdots\,n_g|0\rangle \tag{11.101}$$

或者

$$|n_1'n_2'n_3'\cdots\rangle=n_a\,n_b\,\cdots\,n_g|0\rangle$$

从 η_a 是产生算子，$\bar{\eta}_a$ 是消灭算子的角度看式(11.99)三个式子，它们的意义更明确.

首先，$\eta_a^2=\bar{\eta}_a^2=0$ 说明产生两个，或消灭两个同种粒子是永远不可能的. 又从

$$\bar{\eta}_a\eta_a=1-n_a$$

看到，当 $n_a=1$，$\bar{\eta}_a\eta_a=0$，说明不能再产生 a 种粒子了. 当 $n_a=0$，$\bar{\eta}_a\eta_a=1$，说明 η_a 产生一个粒子 $\bar{\eta}_a$ 又消灭它. 由此看到，算子力学的关键是对易关系，它反映着深刻的物理内容.

算子的存在性：玻色子算子的存在是没有问题的，因为它和谐振子相联系。费米子算子的存在也是不成问题的，它和描述电子自旋的泡利矩阵相联系。

3. 算子的变换关系 $\boldsymbol{\eta}_A=\sum\limits_a\boldsymbol{\eta}_a\langle\boldsymbol{\alpha}^a\mid\boldsymbol{\beta}^A\rangle$

对于单粒子基右矢$|\alpha^a\rangle$，有算子 η_a对应，即

$$|\alpha^a\rangle\quad\Leftrightarrow\quad\eta_a\qquad(a=1,2,\cdots)$$

同样，对另外单粒子基右矢$|\beta^A\rangle$，有

$$|\beta^A\rangle \quad \Leftrightarrow \quad \eta_A$$

由基矢量之间的变换关系相当插入单位算子

$$|\beta^A\rangle = \sum_a |\alpha^a\rangle\langle\alpha^a|\beta^A\rangle$$

有

$$\eta_A|0\rangle = \sum_a \eta_a|0\rangle\langle\alpha^a|\beta^A\rangle$$

基矢量之间变换，相应算子也有一个变换.

$$\eta_A = \sum_a \eta_a\langle\alpha^a|\beta^A\rangle \tag{11.102}$$

由于基矢量已经进行一次量子化，因此把 η 的变换称为二次量子化.

4. 两个公式

与玻色子的两个公式类似，费米子也有两个完全相同的公式.

(1) $U_T = \sum_{ab}\eta_a\langle a|U|b\rangle\bar{\eta}_b$.

证明：设 $U_T = \sum_r U_r = \sum_r U(r)$ 为全对称的单粒子作用能. 令

$$\langle\alpha_r^a|U(r)|\alpha_r^b\rangle = \langle\alpha^a|U|\alpha^b\rangle \equiv \langle a|U|b\rangle$$

有

$$\begin{aligned}U(r)|\alpha_1^{x_1}\alpha_2^{x_2}\cdots\alpha_r^{x_r}\cdots\rangle &= \sum_a |\alpha_1^{x_1}\alpha_2^{x_2}\cdots\alpha_r^{a}\cdots\rangle\langle\alpha_r^a|U(r)|\alpha_r^{x_r}\rangle\\ &\times\sum_a|\alpha_1^{x_1}\alpha_2^{x_2}\cdots\alpha_r^{a}\cdots\rangle\langle a|U|x_r\rangle\end{aligned}$$

上式用反对称化算子 A 作用，并对 r 求和，有

$$U_TA|\alpha_1^{x_1}\alpha_2^{x_2}\cdots\alpha_r^{x_r}\cdots\rangle = \sum_a\sum_r A|\alpha_1^{x_1}\alpha_2^{x_2}\cdots\alpha_r^{a}\cdots\rangle\langle a|U|x_r\rangle$$

利用式(11.101)，上式可写成

$$\begin{aligned}&U_T\eta_{x_1}\eta_{x_2}\cdots\eta_{x_r}\cdots|0\rangle\\ &=\sum_a\sum_r\eta_{x_1}\eta_{x_2}\cdots\eta_a\cdots|0\rangle\langle a|U|x_r\rangle\\ &=\sum_a\sum_r\eta_{x_1}\eta_{x_2}\cdots\eta_a(\eta_{x_r}^{-1}\eta_{x_r})\cdots|0\rangle\langle a|U|x_r\rangle\\ &=\sum_{ab}\sum_r(-1)^{r-1}\eta_a\eta_{x_1}\eta_{x_2}\cdots\eta_{x_r}^{-1}\eta_{x_r}\cdots|0\rangle\langle a|U|b\rangle\delta_{bx_r}\end{aligned} \tag{11.103}$$

因子 $(-1)^{r-1}$ 的出现是因为把 η_a 从第 r 项提到最前面，要和它前面 $r-1$ 个算子交换 $r-1$ 次，由反对称性知，每交换一次出现一个负号，共有 $r-1$ 个负号. 又从式(11.98)知

$$\bar{\eta}_{x_r}\eta_{x_r} + \eta_{x_r}\bar{\eta}_{x_r} = 1$$

从右边乘以 $\eta_{x_r}^{-1}$，得

$$\eta_{x_r}^{-1} = \bar{\eta}_{x_r} + \eta_{x_r}\bar{\eta}_{x_r}\eta_{x_r}^{-1}$$

将上式代入式(11.103)，得

$$\begin{aligned}&U_T\eta_{x_1}\eta_{x_2}\cdots\eta_{x_r}\cdots|0\rangle\\ &=\sum_{a,b}\sum_r(-1)^{r-1}\eta_a\eta_{x_1}\eta_{x_2}\cdots(\bar{\eta}_{x_r}+\eta_{x_r}\bar{\eta}_{x_r}\eta_{x_r}^{-1})\eta_{x_r}\cdots|0\rangle\langle a|U|b\rangle\delta_{bx_r}\\ &=\sum_{a,b}\sum_r(-1)^{r-1}\eta_a\eta_{x_1}\eta_{x_2}\cdots(\bar{\eta}_{x_r}\eta_{x_r}+\eta_{x_r}\bar{\eta}_{x_r})\cdots|0\rangle\langle a|U|b\rangle\delta_{bx_r}\end{aligned}$$

注意

$$\bar{\eta}_x|0\rangle=0$$

上式变为

$$U_T\eta_{x_1}\eta_{x_2}\cdots\eta_{x_r}\cdots|0\rangle=\sum_{a,b}\sum_r(-1)^{r-1}\eta_a\eta_{x_1}\eta_{x_2}\cdots\bar{\eta}_{x_r}\eta_{x_r}\cdots|0\rangle\langle a|U|b\rangle\delta_{bx_r}$$

再将 $\bar{\eta}_{x_r}$ 移到 η_{x_1} 之前，又出现一个因子$(-1)^{r-1}$，所以

$$\begin{aligned}&U_T\eta_{x_1}\eta_{x_2}\cdots\eta_{x_r}\cdots|0\rangle\\&=\sum_{a,b}\sum_r(-1)^{r-1}(-1)^{r-1}\eta_a\bar{\eta}_{x_r}\eta_{x_1}\eta_{x_2}\cdots\eta_{x_r}\cdots|0\rangle\langle a|U|b\rangle\delta_{bx_r}\\&=\sum_a\sum_b\eta_a\bar{\eta}_b\eta_{x_1}\eta_{x_2}\cdots\eta_{x_r}\cdots|0\rangle\langle a|U|b\rangle\end{aligned}$$

右矢 $\eta_{x_1}\eta_{x_2}\cdots|0\rangle$组成一个完全集，比较等式两边，得

$$U_T=\sum_{a,b}\eta_a\langle a|U|b\rangle\bar{\eta}_b \tag{11.104}$$

(2) $V_T=\sum_{a,b,c,d}\eta_a\eta_b\langle ab|V|cd\rangle\bar{\eta}_d\bar{\eta}_c$.

式中，$V_t=\sum_{r,t(\neq r)}V_{rt}$ 为双粒子全对称作用能.

证明：引入简洁符号

$$\langle\alpha_r^a\,\alpha_t^b|V_{rt}|\alpha_r^c\,\alpha_t^d\rangle\equiv\langle ab|V|cd\rangle$$

完全类似的做法，会得到

$$V_{rt}\,|\,\alpha_1^{x_1}\,\alpha_2^{x_2}\cdots\alpha_r^{x_r}\cdots\alpha_t^{x_t}\rangle=\sum_{a,b}|\,\alpha_1^{x_1}\,\alpha_2^{x_2}\cdots\alpha_r^{a}\cdots\alpha_t^{b}\rangle\langle ab|V|x_rx_t\rangle$$

对 $r,t(r\neq t)$求和，再用反对称化算子 A 作用，并利用式(11.101)，完全类似的做法，得

$$\begin{aligned}&V_T\eta_{x_1}\eta_{x_2}\cdots|0\rangle\\&=\sum_{a,b,r,t}\eta_{x_1}\eta_{x_2}\cdots\eta_a\cdots\eta_b\cdots|0\rangle\langle ab|V|x_rx_t\rangle\\&=\sum_{a,b,r,t}\eta_{x_1}\eta_{x_2}\cdots\eta_a(\eta_{x_r}^{-1}\eta_{x_r})\cdots\eta_b(\eta_{x_t}^{-1}\eta_{x_t})\cdots|0\rangle\langle ab|V|x_rx_t\rangle\\&=\sum_{a,b,c,d}\sum_{r,t}(-1)^{r-1}\eta_a\eta_{x_1}\eta_{x_2}\cdots(\eta_{x_r}^{-1}\eta_{x_r})\cdots\eta_b(\eta_{x_t}^{-1}\eta_{x_t})\cdots|0\rangle\langle ab|V|cd\rangle\delta_{cx_r}\delta_{dx_t}\\&=\sum_{a,b,c,d}\sum_{r,t}(-1)^{r-1}\eta_a\eta_{x_1}\eta_{x_2}\cdots(\bar{\eta}_{x_r}\eta_{x_r}+n_{x_r}\bar{n}_{x_r})\cdots\eta_b(\bar{\eta}_{x_t}\eta_{x_t}+n_{x_t}\bar{n}_{x_t})\cdots|0\rangle\langle ab|V|cd\rangle\delta_{cx_r}\delta_{dx_t}\\&=\sum_{a,b,c,d}\sum_t\eta_a\bar{\eta}_c\eta_{x_1}\eta_{x_2}\cdots\eta_{x_r}\cdots\eta_b(\bar{\eta}_{x_t}\eta_{x_t})\cdots|0\rangle\langle ab|V|cd\rangle\delta_{dx_t}\\&=\sum_{a,b,c,d}\eta_a\bar{\eta}_c\sum_t(-1)^{t-1}\eta_b\eta_{x_1}\eta_{x_2}\cdots(\bar{\eta}_{x_t}\eta_{x_t})\cdots|0\rangle\langle ab|V|cd\rangle\delta_{dx_t}\\&=\sum_{a,b,c,d}\eta_a\bar{\eta}_c\eta_b\bar{\eta}_d\eta_{x_1}\eta_{x_2}\cdots\eta_{x_r}\cdots\eta_{x_t})\cdots|0\rangle\langle ab|V|cd\rangle\\&=\sum_{a,b,c,d}\eta_a\eta_b\bar{\eta}_d\bar{\eta}_c\eta_{x_1}\eta_{x_2}\cdots\eta_{x_r}\cdots\eta_{x_t})\cdots|0\rangle\langle ab|V|cd\rangle\end{aligned}$$

上式证明用到

$$\bar{\eta}_c\eta_b=\delta_{cd}-\eta_b\bar{\eta}_c=-\eta_b\bar{\eta}_c$$

由于 $\eta^2=0$，故不会出现 $c=d$ 的情况. 也用到

$$\bar{\eta}_c\bar{\eta}_d=-\bar{\eta}_d\bar{\eta}_c$$

同样，$\eta_{x_1}\eta_{x_2}\cdots|0\rangle$组成完全集，比较等式两边，得

$$V_T = \sum_{a,b,c,d} \eta_a \eta_b \langle ab \mid V \mid cd \rangle \bar{\eta}_d \bar{\eta}_c \tag{11.105}$$

由于 $\eta_a^2 = \bar{\eta}_a^2 = 0$，故式(11.105)求和自动满足 $a \neq b, c \neq d$ 的条件，而无需加以限制条件. 以上结果都和玻色子的相同.

对于费米子，“占据”和“未占据”居于对称地位. 如果令

$$\eta_a^* = \bar{\eta}_a \qquad \bar{\eta}_a^* = \eta_a$$

则

$$n_a^* = n_a^* \bar{\eta}_a^* = \bar{\eta}_a \eta_a = 1 - n_a$$

n_a 为粒子数，n_a^* 为“空穴”数. 令 $|0^*\rangle$ 为全被占满的态，则

$$n_a^* \mid 0^* \rangle = 0 \qquad \bar{\eta}_a^* \mid 0^* \rangle = 0$$

其他态为

$$\eta_a^* \eta_b^* \eta_c^* \cdots \mid 0^* \rangle$$

η_a^* 为空穴的产生算子，$\bar{\eta}_a^*$ 为空穴的消灭算子. 当态只有少数几个未被填满时，也就是只有少数几个空穴时，用上面的方法处理比较方便. 这种处理是费米子独有的，玻色子没有相应的公式.

习　题

1. 设 $t=0$ 时电荷为 e 的线性谐振子处在基态，在 $t>0$ 时起，附加一个与谐振子振动方向相同的恒定外电场 $\boldsymbol{\varepsilon}$，求谐振子处于任意态的概率.
2. 基态氢原子处于平行板电场中，若电场是均匀的且随时间按指数下降，即

$$\boldsymbol{\varepsilon} = \begin{cases} 0 & \text{当 } t \leqslant 0 \\ \varepsilon_0 = \mathrm{e}^{-\frac{t}{\tau}} & \text{当 } t \geqslant 0 \end{cases} \qquad (\tau \text{ 为大于 0 的参数})$$

求经过长时间后氢原子处于 $2P$ 态的概率.
3. 计算氢原子由 $2P$ 态跃迁到 $1S$ 态时所发出的光谱线强度.

第 12 章　电子的相对论方程

前面各章所讨论的内容，无论是薛定谔图像还是海森堡图像的运动方程，都是非相对论的. 这些讨论都是在一个特定的洛伦兹(Lorentz)参考系统中进行的，且可与经典力学加以类比. 本章介绍狄拉克推得的电子的相对论方程. 这个方程在洛伦兹变换下不变，因而它符合特殊相对论的要求. 由此，可以推得电子的自旋，并预言正电子的存在，这为后来的实验所证实. 由于在原子现象中，引力场是不重要的，故暂无必要引入广义相对论.

12.1　张量分析

在讨论电子的相对论方程前，先简单介绍讨论相对论时常用到的数学工具——张量分析.

1. 协变矢量和反变矢量

在 n 维空间中，矢量可以分成两类，即协变矢量和反变矢量.

协变矢量为$(x^1,x^2,\cdots,x^n)$，其分量用带上标的 x^μ 表示.

反变矢量为$(x_1,x_2,\cdots,x_n)$，其分量用带下标的 x_μ 表示.

协变矢量和反变矢量用二级基本张量 $g^{\mu\nu}$ 和 $g_{\mu\nu}$ 来关联. 其关系定义为

$$x^\mu=g^{\mu\nu}x_\nu \tag{12.1}$$

$$x_\mu=g_{\mu\nu}x^\nu \tag{12.2}$$

基本张量 $g^{\mu\nu}$ 和 $g_{\mu\nu}$ 用 μ，ν 两个指标来表示，μ 和 ν 的变化范围均从 1 到 n. $(g^{\mu\nu})$ 和 $(g_{\mu\nu})$ 均代表 n 行 n 列的矩阵，$g^{\mu\nu}$ 和 $g_{\mu\nu}$ 均代表该矩阵中第 μ 行第 ν 列的矩阵元. 我们约定，凡写成 $g^{\mu\nu}x_\nu$ 或 $g_{\mu\nu}x^\nu$ 时，均表示对 ν 指标的求和. 因此，式(12.1)和式(12.2)分别代表以下求和：

$$x^\mu=g^{\mu\nu}x_\nu=g^{\mu1}x_1+g^{\mu2}x_2+\cdots+g^{\mu n}x_n$$

$$x_\mu=g_{\mu\nu}x^\nu=g_{\mu1}x^1+g_{\mu2}x^2+\cdots+g_{\mu n}x^n$$

假设基本张量 $g^{\mu\nu}$ 和 $g_{\mu\nu}$ 是对称张量，即

$$g^{\mu\nu}=g^{\nu\mu}$$

及

$$g_{\mu\nu}=g_{\nu\mu}$$

容易得到以下结论：

(1)
$$g_{\mu\alpha}g^{\alpha\nu}=\delta_\mu{}^\nu \tag{12.3}$$

$$g^{\mu\alpha}g_{\alpha\nu}=\delta^\mu{}_\nu \tag{12.4}$$

式中

$$\delta_\mu{}^\nu=\delta^\mu{}_\nu=\delta_{\mu\nu}$$

$$\delta_{\mu\nu}=\begin{cases}1 & \text{当 } \mu=\nu \text{ 时}\\ 0 & \text{当 } \mu\neq\nu \text{ 时}\end{cases}$$

可以证明如下：

$$x_\mu=g_{\mu\alpha}x^\alpha=g_{\mu\alpha}g^{\alpha\nu}x_\nu$$

同时有关系

$$x_\mu = \delta_\mu{}^\nu x_\nu$$

比较上面两式可得

$$g_{\mu\alpha} g^{\alpha\nu} = \delta_\mu{}^\nu$$

此即式(12.3).

$$x^\mu = g^{\mu\alpha} x_\alpha = g^{\mu\alpha} g_{\alpha\nu} x^\nu$$

同时有关系

$$x^\mu = \delta^\mu{}_\nu x^\nu$$

比较上面两式可得

$$g^{\mu\alpha} g_{\alpha\nu} = \delta^\mu{}_\nu$$

此即式(12.4).这个结论也说明矩阵($g_{\mu\nu}$)和($g^{\mu\nu}$)的乘积是单位矩阵,即

$$(g_{\mu\nu})(g^{\mu\nu}) = I$$

也就是说,($g_{\mu\nu}$)和($g^{\mu\nu}$)互为逆矩阵,而协变矢量和反变矢量互为逆变换.

(2) 对协变矢量的微商成了反变矢量,对反变矢量的微商成了协变矢量,即$\dfrac{\partial}{\partial x^\mu}$是反变分量,$\dfrac{\partial}{\partial x_\mu}$是协变分量.

$$x_\nu = g_{\nu\mu} x^\mu$$

$$\frac{\partial x_\nu}{\partial x^\mu} = g_{\nu\mu}$$

于是

$$\frac{\partial}{\partial x^\mu} = \frac{\partial}{\partial x_\nu}\frac{\partial x_\nu}{\partial x^\mu} = \frac{\partial}{\partial x_\nu} g_{\nu\mu} = g_{\mu\nu}\frac{\partial}{\partial x_\nu} \tag{12.5}$$

可以看出,$\dfrac{\partial}{\partial x^\mu}$和$\dfrac{\partial}{\partial x_\nu}$的关系服从反变矢量的变换规律,所以$\dfrac{\partial}{\partial x^\mu}$变成了反变分量.同样有

$$\frac{\partial}{\partial x_\mu} = \frac{\partial}{\partial x^\nu}\frac{\partial x^\nu}{\partial x_\mu} = \frac{\partial}{\partial x^\nu} g^{\nu\mu} = g^{\mu\nu}\frac{\partial}{\partial x^\nu} \tag{12.6}$$

可以看出,$\dfrac{\partial}{\partial x_\mu}$变成了协变分量.

2. 坐标变换

若在旧坐标下协变分量为 x^μ,反变分量为 x_μ;在新坐标下协变分量为 $x^{*\mu}$,反变分量为 x_μ^*,则新旧坐标下的变换关系可用变换矩阵($a^\mu{}_\nu$)和($a_\mu{}^\nu$)来关联.

$$x^{*\mu} = a^\mu{}_\nu x^\nu \tag{12.7}$$

$$x_\mu^* = a_\mu{}^\nu x_\nu \tag{12.8}$$

坐标的变换是线性变换,和基本张量 $g^{\mu\nu}$ 及 $g_{\mu\nu}$ 类似,$a^\mu{}_\nu$ 和 $a_\mu{}^\nu$ 用 μ,ν 两个指标表示. μ 和 ν 的变化范围均从 1 到 n.($a^\mu{}_\nu$)和($a_\mu{}^\nu$)均代表 n 行 n 列的矩阵,$a^\mu{}_\nu$ 和 $a_\mu{}^\nu$ 均代表该矩阵的矩阵元.我们约定,凡写成 $a^\mu{}_\nu x^\nu$ 或 $a_\mu{}^\nu x_\nu$ 时,均表示对 ν 指标的求和.因此,式(12.7)和式(12.8)分别代表以下求和:

$$x^{*\mu} = a^\mu{}_1 x^1 + a^\mu{}_2 x^2 + \cdots + a^\mu{}_n x^n$$

$$x^*_\mu = a_\mu{}^1 x_1 + a_\mu{}^2 x_2 + \cdots + a_\mu{}^n x_n$$

注意写 $a^\mu{}_\nu$ 和 $a_\mu{}^\nu$ 时，不仅上下标要分清，而且指标写的离 a 有远有近，离 a 近的代表行数，离 a 远的代表列数. 这样，$a^\mu{}_\nu$ 代表第 μ 行第 ν 列的矩阵元，$a_\nu{}^\mu$ 代表第 ν 行第 μ 列的矩阵元.

进一步假设在所讨论的这种线性变换中，保持基本张量不变. 若 $g^{\mu\nu}$ 表示在旧坐标下的基本张量，$g^{*\mu\nu}$ 表示在新坐标下的基本张量，则有

$$g^{*\mu\nu} = g^{\mu\nu}$$

容易得到以下三个结论：

(1) a^μ_ν 和 a^ν_μ 的关系

$$a^\mu{}_\nu = g^{\mu\alpha} a_\alpha{}^\beta g_{\beta\nu} \tag{12.9}$$

$$a_\mu{}^\nu = g_{\mu\alpha} a^\alpha{}_\beta g^{\beta\nu} \tag{12.10}$$

证明：利用式(12.7)的关系，有

$$x^{*\mu} = a^\mu{}_\nu x^\nu$$

同时，在新坐标下有

$$x^{*\mu} = g^{*\mu\alpha} x^*_\alpha = g^{\mu\alpha} x^*_\alpha = g^{\mu\alpha} a_\alpha{}^\beta x_\beta = g^{\mu\alpha} a_\alpha{}^\beta g_{\beta\nu} x^\nu$$

比较上面两式可得

$$a^\mu{}_\nu = g^{\mu\alpha} a_\alpha{}^\beta g_{\beta\nu}$$

可以看出，在新旧坐标下，反变分量和协变分量之间的变换关系可按如下所示的途径画出，将结果比较，式(12.9)可得证.

$$\begin{array}{ccc} x^{*\mu} & \xrightarrow{①} & x^{\nu} \\ ②\downarrow & & \uparrow④ \\ x^*_\alpha & \xrightarrow{③} & x_\beta \end{array}$$

同理可证式(12.10)

$$x^*_\mu = a_\mu{}^\nu x_\nu$$

$$x^*_\mu = g^*_{\mu\alpha} x^{*\alpha} = g_{\mu\alpha} x^{*\alpha} = g_{\mu\alpha} a^\alpha{}_\beta x^\beta = g_{\mu\alpha} a^\alpha{}_\beta g^{\beta\nu} x_\nu$$

比较上面两式，得

$$a_\mu{}^\nu = g_{\mu\alpha} a^\alpha{}_\beta g^{\beta\nu}$$

(2)

$$g^{\mu\nu} = a^\mu{}_\alpha\, g^{\alpha\beta} (a^{-1})_\beta{}^\nu \tag{12.11}$$

$$g_{\mu\nu} = a_\mu{}^\alpha\, g_{\alpha\beta} (a^{-1})^\beta{}_\nu \tag{12.12}$$

要证明结论(2)，必须利用坐标的反变换关系，即

$$x_\beta = (a^{-1})_\beta{}^\nu x^*_\nu$$

$$x^\beta = (a^{-1})^\beta{}_\nu\, x^{*\nu}$$

式中，$(a^{-1})_\beta{}^\nu$ 和 $(a^{-1})^\beta{}_\nu$ 分别代表上面两式中逆变换矩阵的第 β 行第 ν 列的元素. 这两个反变换关系也表示对 ν 的求和. 考虑用以下两个途径从 $x^{*\mu}$ 变换到 x^*_ν：

$$\begin{array}{ccc} x^{*\mu} & \xrightarrow{①} & x^*_{\nu} \\ ②\downarrow & & \uparrow④ \\ x^\mu & \xrightarrow{③} & x_\mu \end{array}$$

途径"$\xrightarrow{①}$"：$x^{*\mu} = g^{\mu\nu} x^*_\nu$

途径"$\xrightarrow{②③④}$"：$x^{*\mu} = a^\mu{}_\alpha x^\alpha = a^\mu{}_\alpha g^{\alpha\beta} x_\beta = a^\mu{}_\alpha g^{\alpha\beta} (a^{-1})_\beta{}^\nu x^*_\nu$

比较上面两式，可得

$$g^{\mu\nu}=a^{\mu}{}_{\alpha}\,g^{\alpha\beta}(a^{-1})_{\beta}{}^{\nu}$$

此即式(12.11).用类似方法,有

$$x_{\mu}^{*}=g_{\mu\nu}x^{*\nu}$$

$$x_{\mu}^{*}=a_{\mu}{}^{\alpha}x_{\alpha}=a_{\mu}{}^{\alpha}g_{\alpha\beta}x^{\beta}=a_{\mu}{}^{\alpha}g_{\alpha\beta}(a^{-1})^{\beta}{}_{\nu}\,x^{*\nu}$$

比较上面两式,得

$$g_{\mu\nu}=a_{\mu}{}^{\alpha}\,g_{\alpha\beta}(a^{-1})^{\beta}{}_{\nu}$$

(3)
$$(a^{-1})^{\mu}{}_{\nu}=a_{\nu}{}^{\mu} \tag{12.13}$$

$$(a^{-1})_{\mu}{}^{\nu}=a^{\nu}{}_{\mu} \tag{12.14}$$

定义二级张量

$$g^{\alpha\beta}=x^{\alpha}x^{\beta}$$

$$g^{*\mu\nu}=x^{*\mu}x^{*\nu}$$

于是

$$g^{\mu\nu}=g^{*\mu\nu}=x^{*\mu}x^{*\nu}=a^{\mu}{}_{\alpha}\,a^{\nu}{}_{\beta}x^{\alpha}x^{\beta}=a^{\mu}{}_{\alpha}\,a^{\nu}{}_{\beta}g^{\alpha\beta}$$

将上式和式(12.11)比较,得

$$(a^{-1})_{\beta}{}^{\nu}=a^{\nu}{}_{\beta}$$

同样

$$g_{\mu\nu}=g_{\mu\nu}^{*}=x_{\mu}^{*}\,x_{\nu}^{*}=a_{\mu}{}^{\alpha}a_{\nu}{}^{\beta}\,x_{\alpha}\,x_{\beta}=a_{\mu}{}^{\alpha}a_{\nu}{}^{\beta}g_{\alpha\beta}$$

将上式和式(12.12)比较,得

$$(a^{-1})^{\beta}{}_{\nu}=a_{\nu}{}^{\beta}$$

3. 标量积

在 n 维空间中,对于两个矢量,一个为协变矢量 A^{μ},另一个为反变矢量 B_{μ},定义它们的标量积为 $A^{\mu}B_{\mu}$,两个矢量的标量积可以有四种等价的形式:

(1)
$$A^{\mu}B_{\mu}=A^{1}B_{1}+A^{2}B_{2}+\cdots+A^{n}B_{n} \tag{12.15}$$

(2)
$$A^{\mu}B_{\mu}=g^{\mu\nu}A_{\mu}B_{\nu} \tag{12.16}$$

证明:因为 $A^{\mu}=g^{\mu\nu}A_{\nu}$,所以

$$A^{\mu}B_{\mu}=g^{\mu\nu}A_{\nu}B_{\mu}=g^{\nu\mu}A_{\mu}B_{\nu}$$

上式中后一等式的下标进行交换,由于这是求和的指标,交换并不影响其值.又因为基本张量是对称的,即 $g^{\mu\nu}=g^{\nu\mu}$,故有

$$A^{\mu}B_{\mu}=g^{\mu\nu}A_{\mu}B_{\nu}$$

(3)
$$A^{\mu}B_{\mu}=g_{\mu\nu}A^{\mu}B_{\nu} \tag{12.17}$$

证明:因为 $B_{\mu}=g_{\mu\nu}B^{\nu}$,所以

$$A^{\mu}B_{\mu}=g_{\mu\nu}A^{\mu}B_{\nu}$$

(4)
$$A^{\mu}B_{\mu}=A_{\mu}B^{\mu} \tag{12.18}$$

证明:利用式(12.16)

$$A^{\mu}B_{\mu}=g^{\mu\nu}A_{\nu}g_{\mu\nu}B^{\nu}=g^{\nu\mu}A_{\mu}g_{\nu\mu}B^{\mu}=g^{\nu\mu}g_{\nu\mu}A_{\mu}B^{\mu}=A_{\mu}B^{\mu}$$

可以证明,在坐标变换下,标量积保持不变,即

$$A^{*\mu}B^{*}_{\mu}=A^{\mu}B_{\mu}$$

证明:$A^{*\mu}B^{*}_{\mu}=a^{\mu}{}_{\alpha}A^{\alpha}a_{\mu}{}^{\beta}B_{\beta}=a^{\mu}{}_{\alpha}a_{\mu}{}^{\beta}A^{\alpha}B_{\beta}=a^{\mu}{}_{\alpha}(a^{-1})^{\beta}{}_{\mu}A^{\alpha}B_{\beta}$

$=\delta^{\beta}{}_{\alpha}A^{\alpha}B_{\beta}=A^{\alpha}B_{\alpha}$

改换求和下标，其值不变，即得

$$A^{*\mu}B^{*}_{\mu}=A^{\mu}B_{\mu}$$

4. 四维空间

在特殊相对论中，把时间和空间坐标合成一个四维空间. 令

$$x_0=ct \qquad x_1=x \qquad x_2=y \qquad x_3=z$$

则 (x_0, x_1, x_2, x_3) 就是四维空间中的反变矢量，其中 c 是光速. 为了求得相应的协变矢量，必先定义一个基本张量 $g^{\mu\nu}$. 对四维空间的 $g^{\mu\nu}$ 作如下定义：

$$g^{00}=1 \qquad g^{11}=g^{22}=g^{33}=-1 \tag{12.19}$$

$$g^{\mu\nu}=0 \qquad 当\ \mu\neq\nu\ 时$$

因此

$$(g^{\mu\nu})=\begin{pmatrix} 1 & & & 0 \\ & -1 & & \\ & & -1 & \\ 0 & & & -1 \end{pmatrix}$$

是对角矩阵. 由基本张量性质可知，$(g_{\mu\nu})$ 与 $(g^{\mu\nu})$ 互为逆矩阵，即

$$g_{\mu\nu}g^{\mu\nu}=\delta_{\mu}^{\ \nu}$$

故容易求得

$$(g_{\mu\nu})=\begin{pmatrix} 1 & & & 0 \\ & -1 & & \\ & & -1 & \\ 0 & & & -1 \end{pmatrix}$$

$$g_{00}=1 \qquad g_{11}=g_{22}=g_{33}=-1 \tag{12.20}$$

$$g_{\mu\nu}=0 \qquad 当\ \mu\neq\nu\ 时$$

定义了基本张量后，立即可以求得相应的协变矢量 (x^0, x^1, x^2, x^3). 利用关系

$$x^{\mu}=g^{\mu\nu}x_{\nu}$$

得

$$x^0=x_0 \qquad x^1=-x_1 \qquad x^2=-x_2 \qquad x^3=-x_3$$

即

$$(x^0, x^1, x^2, x^3)=(x_0, -x_1, -x_2, -x_3)$$

在非相对论的薛定谔表象中，动量是三维的矢量，即

$$P_1=-\hbar\frac{\partial}{\partial x_1} \qquad P_2=-\hbar\frac{\partial}{\partial x_2} \qquad P_3=-\hbar\frac{\partial}{\partial x_3}$$

在相对论的时空四维表象中，动量是四维的矢量，其中

$$P_0=\frac{H}{c}$$

其物理意义是能量 H 除以光速 c，利用

$$H=i\hbar\frac{\partial}{\partial t}$$

将 P_0 写成算符形式

$$P_0=i\hbar\frac{\partial}{\partial x_0}$$

利用刚才得到的关系

$$x_1=-x^1 \qquad x_2=-x^2 \qquad x_3=-x^3$$

把动量的分量均写成相对称的形式

$$P_0=i\hbar\frac{\partial}{\partial x^0} \qquad P_1=i\hbar\frac{\partial}{\partial x^1} \qquad P_2=i\hbar\frac{\partial}{\partial x^2} \qquad P_3=i\hbar\frac{\partial}{\partial x^3} \tag{12.21}$$

这样就组成了动量的一个四维的反变矢量(P_0,P_1,P_2,P_3)，其分量可写成统一的形式

$$P_\mu=i\hbar\frac{\partial}{\partial x^\mu} \qquad (\mu=0,1,2,3)$$

在时空四维表象中，标量积为

$$x^\mu x_\mu=c^2t+2-x_1^2-x_2^2-x_3^2 \tag{12.22}$$

上式所表示的标量积在相对等速运动的坐标变换下不变，也就是在洛伦兹变换下不变. 在坐标变换不变，有

$$x^{*\mu}x_\mu^*=c^2t^2-x_1^{*2}-x_2^{*2}-x_3^{*2}$$

$$x^\mu x_\mu=x^{*\mu}x_\mu^*$$

12.2 电子的相对论方程

1. 自由电子

一个自由电子的哈密顿量为

$$\frac{H}{c}=(m^2c^2+P_x^2+P_y^2+P_z^2)^{1/2}$$

在四维空间中，$P_0=\dfrac{H}{c}$，于是

$$P_0-(m^2c^2+P_1^2+P_2^2+P_3^2)^{1/2}=0$$

从而得到波动方程为

$$[P_0-(m^2c^2+P_1^2+P_2^2+P_3^2)^{1/2}]\psi=0 \tag{12.23}$$

波函数 ψ 除包含 x_0,x_1,x_2,x_3 以外，还必须包括描述电子内部运动的自由度，以后可以看到，这个自由度即电子的自旋. 式(12.23)的解遇到了开平方的困难，狄拉克解决了这个问题.

1) 开平方

对波动方程式(12.23)左乘$[P_0+(m^2c^2+P_1^2+P_2^2+P_3^2)^{1/2}]$得到

$$[P_0^2-P_1^2-P_2^2-P_3^2-m^2c^2]\psi=0 \tag{12.24}$$

从数学的角度看，式(12.24)与式(12.23)不完全等价. 式(12.23)的解一定是式(12.24)的解，但式(12.24)的解不全都是式(12.23)的解. 式(12.23)中的 P_0 为正值，而式(12.24)中的 P_0 可以为正值，也可以为负值. 狄拉克用算子开方代替一般的开方，将式(12.23)改写成

$$[P_0-\alpha_1P_1-\alpha_2P_2-\alpha_3P_3-\beta]\psi=0 \tag{12.25}$$

式中，$\alpha_1,\alpha_2,\alpha_3$ 和 β 都是算子，且它们与 P_μ 对易；同时因为是自由电子，空间任何一点都有等同性，故它们又都与四维空间的坐标 x_μ 对易. 因此，这些 α 和 β 与动量及坐标均无关，它们描

述了电子的内部运动，代表一种新的自由度，后面将看到，它们反映了电子的自旋.

将 $[P_0+\alpha_1 P_1+\alpha_2 P_2+\alpha_3 P_3+\beta]$ 左乘式(12.25)得

$$\{P_0^2-\sum_{123}[\alpha_1^2 P_1^2+(\alpha_1\alpha_2+\alpha_2\alpha_1)P_1P_2]-\sum_{123}(\alpha_1\beta+\beta\alpha_1)P_1-\beta^2\}\psi=0$$

式中，$\sum\limits_{123}$ 表示对下标 1,2,3 的轮换排列取和.

$$\begin{aligned}&\sum_{123}[\alpha_1^2P_1^2+(\alpha_1\alpha_2+\alpha_2\alpha_1)P_1P_2]\\&=[\alpha_1^2P_1^2+(\alpha_1\alpha_2+\alpha_2\alpha_1)P_1P_2]+[\alpha_2^2P_2^2+(\alpha_2\alpha_3+\alpha_3\alpha_2)P_2P_3]\\&\quad+[\alpha_3^2P_3^2+(\alpha_3\alpha_1+\alpha_1\alpha_3)P_3P_1]\end{aligned}$$

上式和式(12.24)比较，可得对易关系

$$\alpha_1^2=\alpha_2^2=\alpha_3^2=1$$

$$\beta^2=m^2c^2$$

$$\left.\begin{aligned}\alpha_i\alpha_k+\alpha_k\alpha_i=0\\ \alpha_i\beta+\beta\alpha_i=0\end{aligned}\right\}\qquad(i,k=1,2,3,i\neq k)$$

如果把 β 写成

$$\beta=\alpha_m mc$$

可把上面关系式归结为一个式子，得

$$\alpha_a\alpha_b+\alpha_b\alpha_a=2\delta_{ab}\qquad(a,b=1,2,3\ 或\ m)\tag{12.26}$$

可知，这四个 α 全是互相反对易的，每一个的平方都是 1.

2) 算子

为了找到满足式(12.26)的 $\alpha_1,\alpha_2,\alpha_3,\alpha_m$，选取两组反对易算子. 第一组为 $\sigma_1,\sigma_2,\sigma_3$，第二组为 ρ_1,ρ_2,ρ_3，这两组算子各自之间反对易，但 σ 和 ρ 之间对易. 同时，它们的平方都等于 1. 在四维空间中取一个表象，可以找到这两组算子的矩阵表示

$$\sigma_1=\begin{pmatrix}\sigma_x&0\\0&\sigma_x\end{pmatrix}\qquad\sigma_2=\begin{pmatrix}\sigma_y&0\\0&\sigma_y\end{pmatrix}\qquad\sigma_3=\begin{pmatrix}\sigma_z&0\\0&\sigma_z\end{pmatrix}$$

$$\rho_1=\begin{pmatrix}0&I\\I&0\end{pmatrix}\qquad\rho_2=\begin{pmatrix}0&-iI\\iI&0\end{pmatrix}\qquad\rho_3=\begin{pmatrix}I&0\\0&-I\end{pmatrix}$$

式中，$\sigma_x,\sigma_y,\sigma_z$ 为泡利矩阵，I 为二行二列的单位矩阵，0 为二行二列的零矩阵. 于是可以写出四个 α 的具体表示：

$$\alpha_1=\rho_1\sigma_1\qquad\alpha_2=\rho_1\sigma_2\qquad\alpha_3=\rho_1\sigma_3\qquad\alpha_m=\rho_3\tag{12.27}$$

容易验证，这四个 α 就是满足式(12.26)的算子关系. 而且由于 ρ 和 σ 全是厄米的，所以 α 也全是厄米的.

3) 自由电子相对论方程

利用式(12.27)的关系，并用三维矢量的表示，则自由电子相对论波动方程式(12.25)可写成

$$[P_0-\rho_1(\sigma,P)-\rho_3 mc]\psi=0\tag{12.28}$$

其中波函数 ψ 是四维的列向量. 现定义算子 α 的协变分量：

$$\alpha^0=1\qquad\alpha^1=-\alpha_1\qquad\alpha^2=-\alpha_2\qquad\alpha^3=-\alpha_3$$

则式(12.28)可写成

$$[\alpha^0P_0+\alpha^1P_1+\alpha^2P_2+\alpha^3P_3+\alpha_m mc]\psi=0$$

写成张量的简洁的形式

$$[\alpha^\mu P_\mu - \alpha_m mc]\psi = 0 \qquad (\mu=0,1,2,3) \tag{12.29}$$

这就是自由电子的相对论方程.

2. 电磁场中的电子

为了把电子的相对论方程推广到有电磁场存在的情况,按经典电动力学的规则,把 P_μ 换成 $P_\mu + \frac{e}{c}A_\mu$,其中 $A_\mu(\mu=1,2,3)$代表矢量势 $\mathbf{A}$ 的三个分量,A_0 等于 ψ 代表标量势. 于是,电子在电磁场中的相对论方程为

$$\left[\alpha^\mu\left(P_\mu + \frac{e}{c}A_\mu\right) - \alpha_m mc\right]\psi = 0 \tag{12.30}$$

其中 ψ 是四维的列向量. 将式(12.30)共轭,因 α^μ 和 α_m 均是自共轭算子,故得

$$\bar{\psi}^+\left[\left(P_\mu + \frac{e}{c}A_\mu\right)\alpha^\mu - \alpha_m mc\right] = 0$$

其中 $\bar{\psi}^+$ 表示 ψ 的转置共轭,即四维的行向量,并复共轭.

自由电子的相对论方程推广到相对论的波动方程,即薛定谔表象中的波动方程为

$$\left[\alpha^\mu\left(i\hbar\frac{\partial}{\partial x^\mu} + \frac{e}{c}A_\mu\right) - \alpha_m mc\right]\psi = 0$$

12.3　洛伦兹变换

讨论坐标变换常先考虑一个微小的变换,一般的变换就是微小变换的迭加. 在微小变换下保持不变,则在一般变换下也就保持不变.

1. 微小变换

对于一个无穷小的洛伦兹变换,有

$$P^{*\mu} = P^\mu + a^\mu{}_\nu P^\nu$$

其中,$P^{*\mu}$是新坐标下的 P^μ,$a^\mu{}_\nu$ 是一级小量. 若忽略二级小量,则其逆变换为

$$P^\mu = P^{*\mu} - a^\mu{}_\nu P^{*\nu}$$

由于坐标变换下标量积不变,因此洛伦兹变换的条件是

$$P^{*\mu}P^*_\mu = P^\mu P_\mu$$

由此可推得 a 的三个反对称关系.

$$\begin{aligned} P^{*\mu}P^*_\mu &= (P^\mu + a^\mu{}_\nu P^\nu)(P_\mu + a_\mu{}^\nu P_\nu) \\ &= P^\mu P_\mu + P^\mu a_\mu{}^\nu P_\nu + a^\mu{}_\nu P^\nu P_\mu + \cdots = P^\mu P_\mu \end{aligned}$$

上式中已忽略了二级小量. 由变换条件可知

$$P^\mu a_\mu{}^\nu P_\nu + a^\mu{}_\nu P^\nu P_\mu = 0$$

上式第一项 $P^\mu a_\mu{}^\nu$ 对易有 $P^\mu a_\mu{}^\nu = a_\mu{}^\nu P^\mu$,第二项改变求和指标,有

$$a^\mu{}_\nu P^\nu P_\mu = a_\mu{}^\nu P^\mu P_\nu$$

$$(a_\mu{}^\nu + a^\nu{}_\mu)P^\mu P_\nu = 0$$

由于 $P^\mu P_\nu$ 是任意的矢量,故求和中每一个系数均等于 0,即

$$a_{\mu}{}^{\nu}+a^{\nu}{}_{\mu}=0$$

上式就是洛伦兹变换的条件. 定义

$$\begin{cases}a^{\mu\nu}=g^{\mu\alpha}a_{\alpha}{}^{\nu}\\a^{\nu\mu}=g^{\mu\alpha}a^{\nu}{}_{\alpha}\end{cases}$$

故有

$$a^{\mu\nu}+a^{\nu\mu}=g^{\mu\alpha}(a_{\alpha}{}^{\nu}+a^{\nu}{}_{\alpha})=0$$

定义

$$\begin{cases}a_{\mu\nu}=g_{\mu\alpha}a^{\alpha}{}_{\nu}\\a_{\nu\mu}=g_{\mu\alpha}a_{\nu}{}^{\alpha}\end{cases}$$

故有

$$a_{\mu\nu}+a_{\nu\mu}=g_{\mu\alpha}(a^{\alpha}{}_{\nu}+a_{\nu}{}^{\alpha})=0$$

综合得有关 a 的三个反对称关系,这也是洛伦兹变换的条件的三种形式.

$$\begin{cases}a_{\mu}{}^{\nu}+a^{\nu}{}_{\mu}=0\\a^{\mu\nu}+a^{\nu\mu}=0\\a_{\mu\nu}+a_{\nu\mu}=0\end{cases}$$

以上三个式子说明 a 是反对称的. 也可看成利用洛伦兹变换,可将 a 的指标拿上或拿下.

2. 洛伦兹变换一个重要公式

(1) 预备公式:

$$\alpha^{\mu}\alpha_{m}\alpha^{\nu}+\alpha^{\nu}\alpha_{m}\alpha^{\mu}=2g^{\mu\nu}\alpha_{m}$$

其中,$\alpha^{\nu}\alpha_{m}\alpha^{\mu}$ 是 $\alpha^{\mu}\alpha_{m}\alpha^{\nu}$ 的共轭. 在四维空间中不难加以验证.

当 $\mu\neq\nu$ 时,$g^{\mu\nu}=0$. 由于 α 之间反对称,所以 α^{μ} 与 α_{m},α^{ν} 交换一次出一个负号,共交换三次,产生一个负号.

$$左式=\alpha^{\mu}\alpha_{m}\alpha^{\nu}+\alpha^{\nu}\alpha_{m}\alpha^{\mu}=\alpha^{\mu}\alpha_{m}\alpha^{\nu}-\alpha^{\mu}\alpha_{m}\alpha^{\nu}=0$$

当 $\mu=\nu=0$ 时,$\alpha^{0}=1$,$g^{00}=1$,则

$$左式=\alpha_{m}+\alpha_{m}=2\alpha_{m}=右式$$

当 $\mu=\nu=1$(或 2 或 3),$g^{11}=g^{22}=g^{33}=-1$,则

$$左式=-(\alpha^{1})^{2}\alpha_{m}-(\alpha^{1})^{2}\alpha_{m}=-2(\alpha^{1})^{2}\alpha_{m}=右式$$

综上可知,不管 μ 和 ν 是什么,预备公式总是成立的.

(2) 重要公式:

$$\alpha^{\mu}\alpha_{m}M-M\alpha_{m}\alpha^{\mu}=-a_{\rho}{}^{\mu}\alpha^{\rho}\tag{12.31}$$

式中,算子 M 的定义为

$$M=\frac{1}{4}a_{\rho\sigma}\alpha^{\rho}\alpha_{m}\alpha^{\sigma}$$

利用 a 的反对称性,得

$$a_{\rho\sigma}=-a_{\sigma\rho}$$

算子 M 的共轭为

$$\overline{M}=\frac{1}{4}a_{\rho\sigma}\alpha^{\sigma}\alpha_{m}\alpha^{\rho}=-\frac{1}{4}a_{\rho\sigma}\alpha^{\rho}\alpha_{m}\alpha^{\sigma}=-M$$

上式推导中利用反对称算子 α^{σ},α_{m},和 α^{ρ} 交换次序三次产生一个负号. M 是反自共轭的算子.

对一个无穷小洛伦兹变换，M 是一个一级小量．利用 M 的定义及预备公式，证明式(12.31)．

$$\begin{aligned}\alpha^{\mu}\alpha_m M-M\alpha_m\alpha^{\mu}&=\frac{1}{4}a_{\rho\sigma}(\alpha^{\mu}\alpha_m\alpha^{\rho}\alpha_m\alpha^{\sigma}-\alpha^{\rho}\alpha_m\alpha^{\sigma}\alpha_m\alpha^{\mu})\\&=\frac{1}{4}a_{\rho\sigma}[(\alpha^{\mu}\alpha_m\alpha^{\rho}+\alpha^{\rho}\alpha_m\alpha^{\mu})\alpha_m\alpha^{\sigma}-\alpha^{\rho}\alpha_m(\alpha^{\mu}\alpha_m\alpha^{\sigma}+\alpha^{\sigma}\alpha_m\alpha^{\mu})]\\&=\frac{1}{4}a_{\rho\sigma}(2g^{\mu\rho}\alpha_m\alpha_m\alpha^{\sigma}-2\alpha^{\rho}\alpha_m g^{\mu\sigma}\alpha_m)\\&=\frac{1}{2}a_{\rho\sigma}(g^{\mu\rho}\alpha^{\sigma}-g^{\mu\sigma}\alpha^{\rho})=\frac{1}{2}(a^{\mu}{}_{\sigma}\alpha^{\sigma}-a_{\rho}{}^{\mu}\alpha^{\rho})\end{aligned}$$

注意到

$$a^{\mu}{}_{\sigma}\alpha^{\sigma}=-a_{\sigma}{}^{\mu}\alpha^{\sigma}=-a_{\rho}{}^{\mu}\alpha^{\rho}$$

于是

$$\alpha^{\mu}\alpha_m M-M\alpha_m\alpha^{\mu}=-a_{\rho}{}^{\mu}\alpha^{\rho}$$

上式两边加 α^{μ}，移项得

$$\alpha^{\mu}+\alpha^{\mu}\alpha_m M=\alpha^{\mu}+M\alpha_m\alpha^{\mu}-a_{\rho}{}^{\mu}\alpha^{\rho}$$

上式右边减去一个二级小量 $M\alpha_m a_{\rho}^{\mu}\alpha^{\rho}$，得

$$\alpha^{\mu}(1+\alpha_m M)=(1+M\alpha_m)(\alpha^{\mu}-a_{\rho}{}^{\mu}\alpha^{\rho})\tag{12.32}$$

3. 洛伦兹不变性

在洛伦兹变换下，反变矢量的变换

$$P_{\mu}+\frac{e}{c}A_{\mu}=\left(P_{\mu}^{*}+\frac{e}{c}A_{\mu}^{*}\right)-a_{\mu}{}^{\rho}\left(P_{\rho}^{*}+\frac{e}{c}A_{\rho}^{*}\right)$$

将 α^{μ} 左乘上式，对 μ 求和，并将右式第二项改换求和指标，可得

$$\begin{aligned}\alpha^{\mu}\left(P_{\mu}+\frac{e}{c}A_{\mu}\right)&=\alpha^{\mu}\left(P_{\mu}^{*}+\frac{e}{c}A_{\mu}^{*}\right)-\alpha^{\mu}a_{\mu}{}^{\rho}\left(P_{\rho}^{*}+\frac{e}{c}A_{\rho}^{*}\right)\\&=\alpha^{\mu}\left(P_{\mu}^{*}+\frac{e}{c}A_{\mu}^{*}\right)-\alpha^{\rho}a_{\rho}{}^{\mu}\left(P_{\mu}^{*}+\frac{e}{c}A_{\mu}^{*}\right)\\&=(\alpha^{\mu}-a_{\rho}{}^{\mu}\alpha^{\rho})\left(P_{\mu}^{*}+\frac{e}{c}A_{\mu}^{*}\right)\end{aligned}$$

将上式代入相对论波动方程式(12.30)，得

$$\left[(\alpha^{\mu}-a_{\rho}{}^{\mu}\alpha^{\rho})\left(P_{\mu}^{*}+\frac{e}{c}A_{\mu}^{*}\right)-\alpha_m mc\right]\psi=0$$

将$(1+M\alpha_m)$左乘上式，且 $\alpha_m^2=1$，得

$$\left[(1+M\alpha_m)(\alpha^{\mu}-a_{\rho}{}^{\mu}\alpha^{\rho})\left(P_{\mu}^{*}+\frac{e}{c}A_{\mu}^{*}\right)-(\alpha_m+M)mc\right]\psi=0$$

利用式(12.32)可得

$$\left[\alpha^{\mu}(1+\alpha_m M)\left(P_{\mu}^{*}+\frac{e}{c}A_{\mu}^{*}\right)-\alpha_m mc(1+\alpha_m M)\right]\psi=0$$

上式中，因 α_m 与 P_{μ}^{*} 和 A_{μ}^{*} 对易，M 也与 P_{μ}^{*} 和 A_{μ}^{*} 对易，故

$$\left[\alpha^{\mu}\left(P_{\mu}^{*}+\frac{e}{c}A_{\mu}^{*}\right)-\alpha_m mc\right](1+\alpha_m M)\psi=0$$

令波函数作如下变换：

$$\psi^{*}=(1+\alpha_{m}M)\psi$$

则洛伦兹变换后的相对论波动方程为

$$\left[\alpha^{\mu}\left(P_{\mu}^{*}+\frac{e}{c}A_{\mu}^{*}\right)-\alpha_{m}mc\right]\psi^{*}=0 \tag{12.33}$$

和式(12.30)比较可知，相对论波动方程在无穷小洛伦兹变换下形式不变. 这里也得到了洛伦兹变换对矢量和波函数的变换关系.

矢量：$$B_{\mu}^{*}=B_{\mu}+a_{\mu}{}^{\rho}B_{\rho}$$

波函数：$$\psi^{*}=(1+\alpha_{m}M)\psi$$

一个有限的洛伦兹变换可由许多无穷小的变换所组成，所以在一个有限洛伦兹变换下，波动方程式(12.30)也是不变的.

4. 概率和概率流密度

可以验证，联系于洛伦兹变换的方程的解具有一致的物理解释.

$$\psi^{*}=(1+\alpha_{m}M)\psi$$

$$\bar{\psi}^{+*}=\bar{\psi}^{+}(1+\overline{M\alpha_{m}})=\bar{\psi}^{+}(1-M\alpha_{m})$$

所以

$$\begin{aligned}\bar{\psi}^{+*}\alpha^{\mu}\psi^{*}&=\bar{\psi}^{+}(1-M\alpha_{m})\alpha^{\mu}(1+\alpha_{m}M)\psi\\&=\bar{\psi}^{+}(1-M\alpha_{m})(1+M\alpha_{m})(\alpha^{\mu}-a_{\rho}{}^{\mu}\alpha^{\rho})\psi\\&=\bar{\psi}^{+}(\alpha^{\mu}-a_{\rho}{}^{\mu}\alpha^{\rho})\psi=\bar{\psi}^{+}\alpha^{\mu}\psi-a_{\rho}{}^{\mu}\bar{\psi}^{+}\alpha^{\rho}\psi\\&=\bar{\psi}^{+}\alpha^{\mu}\psi+a^{\mu}{}_{\rho}\bar{\psi}^{+}\alpha^{\rho}\psi\end{aligned}$$

上式推导中忽略二级小量. 由此，$\bar{\psi}^{+}\alpha^{\mu}\psi$ 的四个分量均服从四维协变矢量的变换规则. 同理，$\bar{\psi}^{+}\alpha_{\mu}\psi$ 的四个分量也服从四维反变矢量的变换规则：

$$\bar{\psi}^{+*}\alpha_{\mu}\psi^{*}=\bar{\psi}^{+}\alpha_{\mu}\psi+a_{\mu}{}^{\rho}\bar{\psi}^{+}\alpha_{\rho}\psi$$

$\bar{\psi}^{+}\alpha_{0}\psi$ 代表概率密度，其余三分量乘以光速 c，$c(\bar{\psi}^{+}\alpha_{1}\psi,\bar{\psi}^{+}\alpha_{2}\psi,\bar{\psi}^{+}\alpha_{3}\psi)$ 代表概率流密度，其物理意义是电子在单位时间内穿过单位面积的概率. 相对论中的概率密度是四个分量的乘积，即

$$\bar{\psi}^{+}\alpha_{0}\psi=(\bar{\psi}_{0}^{+}\bar{\psi}_{1}^{+}\bar{\psi}_{2}^{+}\bar{\psi}_{3}^{+})\alpha_{0}\begin{pmatrix}\psi_{0}\\\psi_{1}\\\psi_{2}\\\psi_{3}\end{pmatrix}=\sum_{i=0}^{3}\bar{\psi}_{i}^{+}\psi_{i}\qquad(\alpha_{0}=1)$$

而非相对论中，从薛定谔方程得到的概率密度是一个组分 $\bar{\psi}\psi$. 应当注意 $\bar{\psi}^{+}\alpha_{m}\psi$ 是不变量，因为忽略二级小量.

$$\bar{\psi}^{+*}\alpha_{m}\psi=\bar{\psi}^{+}(1-M\alpha_{m})\alpha_{m}(1+\alpha_{m}M)\psi=\bar{\psi}^{+}\alpha_{m}\psi$$

5. 守恒方程

对于相对论波动方程，将 $P_{\mu}=i\hbar\dfrac{\partial}{\partial x^{\mu}}$ 代入，即得

$$\left[\alpha^{\mu}\left(i\hbar\frac{\partial}{\partial x^{\mu}}+\frac{e}{c}A_{\mu}\right)-\alpha_{m}mc\right]\psi=0$$

用 $\bar{\psi}^{+}$ 左乘上述方程得

$$\bar{\psi}^{+}\alpha^{\mu}\left(i\hbar\frac{\partial\psi}{\partial x^{\mu}}+\frac{e}{c}A_{\mu}\psi\right)-\bar{\psi}^{+}\alpha_{m}mc\psi=0$$

其共轭方程为

$$\left(-i\hbar\frac{\partial\bar{\psi}^{+}}{\partial x^{\mu}}+\frac{e}{c}\bar{\psi}^{+}A_{\mu}\right)\alpha^{\mu}\psi-mc\bar{\psi}^{+}\alpha_{m}\psi=0$$

两式相减,注意到 α 与 A_{μ} 可对易,并除以 $i\hbar$,得到

$$\bar{\psi}^{+}\alpha^{\mu}\frac{\partial\psi}{\partial x^{\mu}}+\frac{\partial\bar{\psi}^{+}}{\partial x^{\mu}}\alpha^{\mu}\psi=0$$

由于 α 中只含自旋,不含坐标,故上式可写成

$$\frac{\partial(\bar{\psi}^{+}\alpha^{\mu}\psi)}{\partial x^{\mu}}=0$$

同样有

$$\frac{\partial(\bar{\psi}^{+}\alpha_{\mu}\psi)}{\partial x_{\mu}}=0$$

这就是守恒方程的微分形式. 方程中包含 4 项,经移项得

$$\frac{\partial(\bar{\psi}^{+}\alpha_{0}\psi)}{c\partial t}=-\left[\frac{\partial(\bar{\psi}^{+}\alpha_{1}\psi)}{\partial x}+\frac{\partial(\bar{\psi}^{+}\alpha_{2}\psi)}{\partial y}+\frac{\partial(\bar{\psi}^{+}\alpha_{3}\psi)}{\partial z}\right]$$

右边相当于三维空间的散度. 在体积 V 内对上式积分,得到

$$\int_{V}\frac{\partial(\bar{\psi}^{+}\psi)}{\partial t}\mathrm{d}\tau=-c\int_{V}\nabla\cdot(\bar{\psi}^{+}\alpha_{k}\psi)\mathrm{d}\tau\qquad(k=1,2,3)$$

式中,c 为光速,$\alpha_{0}=1$. 上式就是连续性方程. 将右边换成面积分得

$$\frac{\partial}{\partial t}\int_{V}\bar{\psi}^{+}\psi\mathrm{d}\tau=-c\int_{\Omega}(\overrightarrow{\bar{\psi}\alpha\psi})_{n}\mathrm{d}S$$

式中,Ω 代表体积 V 的外表面. 上式的物理意义为,$\int_{V}\bar{\psi}^{+}\psi\mathrm{d}\tau$ 代表体积 V 内的总概率,在单位时间内总概率的增加是由于在面 Ω 上从外向体积内流进的概率. 因此,$c(\overrightarrow{\bar{\psi}\alpha\psi})$ 确实代表概率流密度. 箭头表示是三维空间的向量. 这样,从守恒方程进一步说明了概率密度和概率流密度.

12.4 自由电子的运动

用海森堡表象讨论自由电子的运动. 为书写简便起见,省略力学量的下标 t. 一个自由电子相对论波动方程式(12.28)中,其能量算子为

$$H=c(\sigma,P)+\rho_{3}mc^{2}=c(\alpha,P)+\alpha_{m}mc^{2}$$

由于 H 不显含 t,而且容易看出 P 和 H 对易,故有

$$\frac{\mathrm{d}H}{\mathrm{d}t}=[H,H]=0$$

$$\frac{\mathrm{d}P_{\mu}}{\mathrm{d}t}=[P_{\mu},H]=0$$

所以能量和动量是守恒量. 自由电子的坐标不是守恒量,对于 x_{1} 分量的变化

$$\dot{x}_{1}=[x_{1},H]=\frac{\partial H}{\partial P_{1}}=c\alpha_{1}$$

$$\dot{x}_1^2=c^2\alpha_1^2=c^2$$

因此,$\dot{x}_1$ 的本征值为$\pm c$,这也是 $\dot{x}_1$ 的观察值. $\dot{x}_2$,$\dot{x}_3$ 和 $\dot{x}_1$ 的讨论类似. 因此,测量自由电子的速度分量结果为$\pm c$. 这个结果和经典结果有很大不同. 我们将看到,这是瞬时观察值,而速度完全不是恒量,是在一个平均值周围迅速振动的,这个平均值和经典结果相同. 下面讨论电子速度:

$$i\hbar\dot{\alpha}_1=\alpha_1 H-H\alpha_1$$

由于 α_1 和 α_2,α_3,α_m 均反对易,把 H 表达式代入,容易算出

$$\alpha_1 H+H\alpha_1=c\alpha_1^2 P_1+c\alpha_1 P_1\alpha_1=2cP_1$$

$$H\alpha_1=2cP_1-\alpha_1 H$$

$$\alpha_1 H=2cP_1-H\alpha_1$$

将上面两式分别代入电子速度的式子,得

$$\left.\begin{aligned}i\hbar\dot{\alpha}_1&=2\alpha_1 H-2cP_1\\ i\hbar\dot{\alpha}_1&=-2H\alpha_1+2cP_1\end{aligned}\right\}\tag{12.34}$$

由于 H 和 P_1 是守恒量,对式(12.34)第一式再微商一次得

$$i\hbar\ddot{\alpha}_1=2\dot{\alpha}_1 H$$

上式两边积分得

$$\dot{\alpha}_1=\dot{\alpha}_1^0\mathrm{e}^{-i\frac{2Ht}{\hbar}}$$

从式(12.34)第二式得

$$i\hbar\ddot{\alpha}_1=-2H\dot{\alpha}_1$$

上式两边积分得

$$\dot{\alpha}_1=\mathrm{e}^{i\frac{2Ht}{\hbar}}\dot{\alpha}_1^0\tag{12.35}$$

上面式中的 $\dot{\alpha}_1^0$ 是一个积分常数,也是一个算子,算子方程的次序很重要. 故它的位置不能随便放. 由式(12.34)第一式和式(12.35),可得

$$\alpha_1=\frac{1}{2}i\hbar\dot{\alpha}_1^0\mathrm{e}^{-i\frac{2Ht}{\hbar}}H^{-1}+cP_1H^{-1}$$

因此,得到自由电子的运动速度 $\dot{x}_1$ 的分量

$$\dot{x}_1=c\alpha_1=\frac{1}{2}i\hbar c\dot{\alpha}_1^0\mathrm{e}^{-i\frac{2Ht}{\hbar}}H^{-1}+\frac{c^2P_1}{H}$$

从相对论看,自由电子的速度 $\dot{x}_1$ 包括两部分. 一项为振荡项,周期性的变化.

$$\frac{1}{2}i\hbar c\dot{\alpha}_1^0\mathrm{e}^{-i\frac{2Ht}{\hbar}}H^{-1}$$

其振荡频率为

$$\nu=\frac{2H}{h}\geqslant\frac{2mc^2}{h}$$

数值非常大. 另一项为经典结果$\frac{c^2P_1}{H}$,$\dot{x}_1$ 的时间平均值就是这一项. 由于振荡部分的变化频率非常大,而且非常快,测量电子速度要一个时间(很短),其对时间平均值为零,故测量结果为$\frac{c^2P_1}{H}$,与经典结果相同. 对 $\dot{x}_1$ 再积分一次可得坐标

$$x_1=-\frac{1}{4}c\hbar^2\dot{\alpha}_1^0\mathrm{e}^{-i\frac{2Ht}{\hbar}}H^{-2}+\frac{c^2P_1}{H}t+a_1$$

其中 a_1 是一个积分常数. 显然,x_1 也是周期性变化的,其振荡部分为

$$-\frac{1}{4}c\hbar^2\dot{\alpha}_1^0\mathrm{e}^{-i\frac{2Ht}{\hbar}}H^{-2}=\frac{1}{2}ic\hbar(\alpha_1-cP_1H^{-1})H^{-1}$$

是很小的. 它的数量级为$\hbar/mc$,因为$(\alpha_1-cP_1H^{-1})$的数量级为 1,而且 $H\geqslant mc^2$.

12.5 自旋的存在

1. 一个重要公式

$$(\sigma,A)(\sigma,B)=(A,B)+i(\sigma,\boldsymbol{A}\times\boldsymbol{B})\tag{12.36}$$

式中,A,B 均为与 σ 对易的三维矢量,$\sigma=(\sigma_x,\sigma_y,\sigma_z)$是泡利矩阵.

证明:利用泡利矩阵的性质可知

$$\begin{aligned}(\sigma,A)(\sigma,B)&=(\sigma_1A_1+\sigma_2A_2+\sigma_3A_3)(\sigma_1B_1+\sigma_2B_2+\sigma_3B_3)\\&=(\sigma_1^2A_1B_1+\sigma_2^2A_2B_2+\sigma_3^2A_3B_3)+\sum_{123}(\sigma_1\sigma_2A_1B_1+\sigma_2\sigma_1A_2B_1)\end{aligned}$$

求和号是对 1,2,3 指标轮换,由于

$$\sigma_1\sigma_2=-\sigma_2\sigma_1=i\sigma_3$$

则

$$\begin{aligned}(\sigma,A)(\sigma,B)&=(A,B)+i\sum_{123}\sigma_3(A_1B_2-A_2B_1)\\&=(A,B)+i\sum_{123}\sigma_3(A\times B)_3\\&=(A,B)+i(\sigma,\boldsymbol{A}\times\boldsymbol{B})\end{aligned}$$

2. 电子磁矩

在电磁场中,电子的相对论方程为

$$\left[\alpha^\mu\left(P_\mu+\frac{e}{c}A_\mu\right)-\alpha_m mc\right]\psi=0$$

先考虑括号内的算子,由于

$$\alpha^0=\alpha_0\qquad\alpha^1=-\alpha_1\qquad\alpha^2=-\alpha_2\qquad\alpha^3=-\alpha_3$$

以及

$$\alpha_\mu=\rho_1\sigma_\mu\qquad\alpha_m=\rho_2\qquad P_0=\frac{H}{c}$$

因此有

$$\frac{H}{c}+\frac{e}{c}A_0=\rho_1\left(\sigma,P+\frac{e}{c}A\right)+\rho_3 mc$$

式中,A_0 为 r 的函数. 将它两边平方,并利用反对称关系

$$\rho_1\rho_3+\rho_3\rho_1=0$$

于是得

$$\left(\frac{H}{c}+\frac{e}{c}A_0\right)^2=\left(\sigma,P+\frac{e}{c}A\right)^2+m^2c^2$$

利用式(12.36),所以

$$\left(\sigma,P+\frac{e}{c}A\right)^2=\left(P+\frac{e}{c}A\right)^2+i\left[\sigma,\left(\boldsymbol{P}+\frac{e}{c}\boldsymbol{A}\right)\times\left(\boldsymbol{P}+\frac{e}{c}\boldsymbol{A}\right)\right]$$

而

$$\left(\boldsymbol{P}+\frac{e}{c}\boldsymbol{A}\right)\times\left(\boldsymbol{P}+\frac{e}{c}\boldsymbol{A}\right)=\frac{e}{c}(P\times A+A\times P)=-i\hbar\frac{e}{c}\nabla\times A=-i\hbar\frac{e}{c}\mathscr{H}$$

式中,$\mathscr{H}=\nabla\times A$,为磁场强度.因此有

$$\left(\sigma,P+\frac{e}{c}A\right)^2=\left(P+\frac{e}{c}A\right)^2+\frac{e\hbar}{c}(\sigma,\mathscr{H})$$

于是

$$\left(\frac{H}{c}+\frac{e}{c}A_0\right)^2=\left(P+\frac{e}{c}A\right)^2+\frac{e\hbar}{c}(\sigma,\mathscr{H})+m^2c^2 \tag{12.37}$$

对于慢电子,令

$$H=H_1+mc^2$$

和静止能量 mc^2 相比,H_1 为一小量.

$$\frac{H}{c}+\frac{e}{c}A_0=\frac{H_1}{c}+mc+\frac{e}{c}A_0$$

忽略 H_1^2 和 c^{-2}项后,可得到

$$\left(\frac{H}{c}+\frac{e}{c}A_0\right)^2=m^2c^2\left(1+\frac{H_1+eA_0}{mc^2}\right)^2=m^2c^2+2m(H_1+eA_0)$$

和前面得到的$\left(\frac{H}{c}+\frac{e}{c}A_0\right)^2$ 相比,得

$$H_1=-eA_0+\frac{1}{2m}\left(P+\frac{e}{c}A\right)^2+\frac{e\hbar}{2mc}(\sigma,\mathscr{H}) \tag{12.38}$$

式(12.38)是在考虑相对论得到的哈密顿.若和电子在电磁场中的非相对论哈密顿量

$$H=-eA_0+\frac{1}{2m}\left(P+\frac{e}{c}A\right)^2$$

相比,多了一项$\frac{e\hbar}{2mc}(\sigma,\mathscr{H})$,可以解释为电子本身具有一固有磁矩 $\boldsymbol{\mu}_s$

$$\boldsymbol{\mu}_s=-\frac{e\hbar}{2mc}\boldsymbol{\sigma} \tag{12.39}$$

在磁场 $\mathscr{H}$ 中产生的附加势能.由此可知,电子具有磁矩是狄拉克相对论方程的结果,这与实验事实相一致.这也就是在第 7 章研究塞曼效应而假定电子具有磁矩的根据.

3. 角动量

考虑自由电子或中心力场中运动的粒子,则有

$$A_0=A_0(r)\qquad A_1=A_2=A_3=0$$

于是体系的哈密顿量为

$$H=-eA_0(r)+c\rho_1\left(\sigma,P\,\frac{e}{c}A\right)+\rho_3mc^2$$

在海森堡图像下，讨论轨道角动量随时间的变化率. 若 m_1 是轨道角动量的第一分量，则有

$$i\hbar\dot{m}_1=m_1H-Hm_1$$

由于 m_1 与 $eA_0(r)$ 对易，也与 ρ_3mc^2 对易，故有

$$\begin{aligned}i\hbar\dot{m}_1&=m_1H-Hm_1=c\rho_1(\sigma,m_1P-Pm_1)\\&=c\rho_1[\sigma_1(m_1P_1-P_1m_1)+\sigma_2(m_1P_2-P_2m_1)+\sigma_3(m_1P_3-P_3m_1)]\\&=i\hbar c\rho_1(\sigma_2P_3-\sigma_3P_2)\end{aligned}\tag{12.40}$$

因此，$\dot{m}_1\neq0$，即轨道角动量不守恒. 对于电子的自旋，有

$$i\hbar\dot{\sigma}_1=\sigma_1H-H\sigma_1$$

由于 σ_1 和 $eA_0(r)$ 对易，也和 ρ_3mc^2 对易，故有

$$\begin{aligned}i\hbar\dot{\sigma}_1&=c\rho_1[\sigma_1(\sigma,P)-(\sigma,P)\sigma_1]\\&=c\rho_1(\sigma_1\sigma-\sigma\sigma_1,P)\\&=2ic\rho_1(\sigma_3P_2-\sigma_2P_3)\end{aligned}$$

$$i\hbar\frac{\dot{\sigma}_1}{2}\hbar=i\hbar c\rho_1(\sigma_3P_2-\sigma_2P_3)\tag{12.41}$$

这里利用了自旋的定义

$$\boldsymbol{\sigma}\times\boldsymbol{\sigma}=2i\boldsymbol{\sigma}$$

因此，$\dot{\sigma}_1\neq0$，即 $\dot{\sigma}_1$ 不守恒. 但由式(12.40)和式(12.41)相加可得

$$\dot{m}_1+\frac{\hbar}{2}\dot{\sigma}_1=0$$

其他分量也有同样关系.

$$\dot{m}_2+\frac{\hbar}{2}\dot{\sigma}_2=0$$

$$\dot{m}_3+\frac{\hbar}{2}\dot{\sigma}_3=0$$

写成矢量式为

$$\dot{\boldsymbol{m}}+\frac{\hbar}{2}\dot{\boldsymbol{\sigma}}=0$$

或

$$\dot{\boldsymbol{m}}+\frac{\hbar}{2}\dot{\boldsymbol{\sigma}}=\text{定值}$$

这里可以解释为，电子除轨道角动量 m 外，还具有一个自旋角动量 $\boldsymbol{S}=\frac{\hbar}{2}\boldsymbol{\sigma}$. 对于自由电子或中心力场中的电子，尽管轨道角动量不守恒，自旋角动量不守恒，但总角动量 $\boldsymbol{m}+\boldsymbol{S}$ 守恒.

由自旋磁矩和自旋角动量联系，有

$$\boldsymbol{\mu}_s=-\frac{e\hbar}{mc}\boldsymbol{S}$$

与轨道磁矩的关系为

$$\boldsymbol{\mu}_m=-\frac{e\hbar}{2mc}\boldsymbol{m}$$

相比可知，自旋磁矩与自旋角动量之比等于轨道磁矩与轨道角动量之比的 2 倍. 这个结果和实验事实相符合.

12.6 中心力场的 H

在球坐标下研究电子在中心力场中的运动是最方便的. 为此,先讨论中心力场的哈密顿 H 如何用球坐标表示出来. 中心力场的哈密顿 H 的关系式为

$$\frac{H}{c}=-\frac{eA_0}{c}+\rho_1(\sigma,P)+\rho_3 mc \tag{12.42}$$

在 12.5 节中讨论了中心力场的标势 $A_0(r)$是 r 的函数. 由于 H 中还有算子 ρ_1,ρ_3,σ,故处理仍较麻烦. 现定义三个算子 P_r,j,ε,可使问题得以简化.

1. 算子 P_r

定义径向动量 P_r 为

$$P_r=r^{-1}(x_1P_1+x_2P_2+x_3P_3)=r^{-1}(x,P)$$

$$\begin{aligned}r[r,P_r]&=[r,rP_r]=[r,x_1P_1+x_2P_2+x_3P_3]\\&=x_1[r,P_1]+x_2[r,P_2]+x_3[r,P_3]\\&=x_1\frac{\partial r}{\partial x_1}+x_2\frac{\partial r}{\partial x_2}+x_3\frac{\partial r}{\partial x_3}\\&=\frac{x_1^2+x_2^2+x_3^2}{r}=r\end{aligned}$$

所以 P_r 的 r 的对易关系为

$$[r,P_r]=1$$

$$rP_r-P_rr=i\hbar$$

2. 算子 j

定义算子 j 为

$$j\hbar=\rho_3[(\sigma,m)+\hbar]$$

算子 j 的性质如下:

(1) j 与 H 对易,故 j 是守恒量,并和 H 具有共同的本征矢.

由于 σ,m 均与 $eA_0(r)$对易,因此 j 与 $eA_0(r)$和 ρ_3mc 对易. 为研究 j 与 H 的对易关系,先考虑

$$(\sigma,m)(\sigma,P)=(m,P)+i(\sigma,\boldsymbol{m}\times\boldsymbol{P})=i(\sigma,\boldsymbol{m}\times\boldsymbol{P})$$

$$(\sigma,P)(\sigma,m)=(P,m)+i(\sigma,\boldsymbol{P}\times\boldsymbol{m})=i(\sigma,\boldsymbol{P}\times\boldsymbol{m})$$

这里利用了式(12.36),且因 $m\perp P$,故$(m,P)=0,(P,m)=0$. 于是

$$\begin{aligned}(\sigma,m)(\sigma,P)+(\sigma,P)(\sigma,m)&=i(\sigma,\boldsymbol{m}\times\boldsymbol{P}+\boldsymbol{P}\times\boldsymbol{m})\\&=i\sum_{123}\sigma_1(m_2P_3-m_3P_2+P_2m_3-P_3m_2)\\&=i\sum_{123}\sigma_1 2i\hbar P_1=-2\hbar\sum_{123}\sigma_1P_1\\&=-2\hbar(\sigma,P)\end{aligned}$$

或写成

$$[(\sigma,m)+\hbar](\sigma,P)+(\sigma,P)[\sigma,m)+\hbar]=0$$

因此，$(\sigma,m)+\hbar$和H表达式[式(12.39)]中的一项$c\rho_1(\sigma,P)$反对易，而ρ_3与ρ_1也反对易，所以$j=\hbar^{-1}\rho_3\{(\sigma,m)+\hbar\}$便与$c\rho_1(\sigma,P)$对易. 由此得到，$j$与$H$中所有三项都对易，故$j$是一个运动守恒量.

(2) $j^2\hbar^2=M^2+\frac{1}{4}\hbar^2$.

上式可以用j的定义加以推证. 式中，M为总角动量.

$$\boldsymbol{M}=\boldsymbol{m}+\frac{1}{2}\boldsymbol{\sigma}$$

由定义立即可得

$$\begin{aligned}j^2\hbar^2&=\rho_3^2[(\sigma,m)+\hbar]^2=[(\sigma,m)+\hbar]^2\\&=(\sigma,m)^2+2\hbar(\sigma,m)+\hbar^2\end{aligned}$$

利用式(12.36)，得

$$\begin{aligned}(\sigma,m)^2&=m^2+i(\sigma,\boldsymbol{m}\times\boldsymbol{m})\\&=m^2+i(\sigma,i\hbar m)\\&=m^2-\hbar(\sigma,m)\end{aligned}$$

所以

$$\begin{aligned}j^2\hbar^2&=m^2+\hbar(\sigma,m)+\hbar^2\\&=(\boldsymbol{m}+\frac{\hbar}{2}\boldsymbol{\sigma})^2+\frac{\hbar^2}{4}\\&=M^2+\frac{\hbar^2}{4}\end{aligned}$$

证明中利用$\sigma^2=\sigma_1^2+\sigma_2^2+\sigma_3^2=3$. 由于在中心力场中$j$是守恒量，故总角动量$M$也守恒. 这和12.5节讨论角动量得到的结论一致. 进一步推证，j只取整数值，$j=\pm1,\pm2,\pm3,\cdots$.

当自旋$S=\frac{1}{2}$，轨道$m=0$时

$$M^2=\frac{1}{2}\left(\frac{1}{2}+1\right)\hbar^2=\frac{3}{4}\hbar^2$$

$$j^2\hbar^2=\frac{3}{4}\hbar^2+\frac{1}{4}\hbar^2=\hbar^2\qquad j=\pm1$$

当自旋$S=\frac{1}{2}$，轨道$m=1$时

$$M^2=\frac{3}{2}\left(\frac{3}{2}+1\right)\hbar^2=\frac{15}{4}\hbar^2$$

$$j^2=4\qquad j=\pm2$$

当自旋$S=\frac{1}{2}$，轨道$m=2$时

$$M^2=\frac{5}{2}\left(\frac{5}{2}+1\right)\hbar^2=\frac{35}{4}\hbar^2$$

$$j^2=9\qquad j=\pm3$$

……

当自旋$S=\frac{1}{2}$，轨道$m=n$时

$$M^2=\frac{2n+1}{2}\left(\frac{2n+3}{2}\right)\hbar^2=\frac{(2n+1)(2n+3)}{4}\hbar^2$$

$$j^2=(n+1)^2 \qquad j=\pm(n+1)$$

综合以上对中心力场的相对论讨论，找到了守恒量 j，且它只取整数，即 j 的本征值为 ±1，±2，±3，$\cdots$.

(3) $jP_r-P_rj=0$.

从 j 与 P_r 的定义容易看出，由于 ρ,σ 与 r，P 对易，且角动量与两矢量之内积 (X,P) 对易，故 j 与 P_r 对易.

3. 算子 ε

定义算子 ε 为

$$r\varepsilon=\rho_1(\sigma,x)$$

其中

$$(\sigma,x)=\sigma_1x_1+\sigma_2x_2+\sigma_3x_3$$

算子 ε 的性质如下：

(1) $\varepsilon^2=1$.

由于 r 与 ρ_1 和 (σ,x) 都对易，一定也与 ε 对易，因此

$$\begin{aligned}(r\varepsilon)^2&=r^2\varepsilon^2=[\rho_1(\sigma,x)]^2=(\sigma,x)^2\\&=(x,x)+i(\boldsymbol{\sigma},\boldsymbol{x}\times\boldsymbol{x})=x^2=r^2\end{aligned}$$

$$\varepsilon^2=1$$

(2) $\varepsilon j-j\varepsilon=0$.

在算子 j 与 H 对易的讨论中，已经证明 j 与 $\rho_1(\sigma,P)$ 对易；又因就角动量而言，x 和 P 之间有对称性，所以 $\rho_1(\sigma,x)$ 也一定与 j 对易. 在前面的讨论中已知道 j 与 r 对易，因此 j 与 ε 对易.

(3) $\varepsilon P_r-P_r\varepsilon=0$.

$$\begin{aligned}&(\sigma,x)(x,P)-(x,P)(\sigma,x)\\&=[\sigma,x(x,P)-(x,P)x]\\&=-i\hbar\sum_{123}\sigma_1\left[x_1\left(x_1\frac{\partial}{\partial x_1}+x_2\frac{\partial}{\partial x_2}+x_3\frac{\partial}{\partial x_3}\right)-\left(x_1\frac{\partial}{\partial x_1}+x_2\frac{\partial}{\partial x_2}+x_3\frac{\partial}{\partial x_3}\right)x_1\right]\\&=-i\hbar\sum_{123}\sigma_1x_1=i\hbar(\sigma,x)\end{aligned}$$

上式两边乘以 ρ_1，得

$$\rho_1(\sigma,x)(x,P)-(x,P)\rho_1(\sigma,x)=i\hbar\rho_1(\sigma,x)$$

利用 P_r 的定义和性质 3，得

$$(x,P)=rP_r \qquad \rho_1(\sigma,x)=r\varepsilon$$

将它们代入前式得

$$r\varepsilon rP_r-rP_rr\varepsilon=i\hbar r\varepsilon$$

上式改写为

$$r\varepsilon rP_r-r(P_rr+i\hbar)\varepsilon=0$$

由于 r 与 ε 对易，且 $rP_r=P_rr+i\hbar$，故上式变成

$$r^2\varepsilon P_r - r^2 P_r\varepsilon = 0$$

亦即

$$\varepsilon P_r - P_r\varepsilon = 0$$

综合 P_r, j, ε 这三个算子的关系是，j 与 ε 均同 P_r 对易，j 与 H 对易，故 j 是守恒量，ε 不与 H 对易，故 ε 不守恒.

4. 中心力场的 $\boldsymbol{H}$

将用算子 P_r, j, ε 来表示 H，先考虑

$$(\sigma, x)(\sigma, P) = (x, P) + i(\boldsymbol{x}\times\boldsymbol{P}) = rP_r + i(\sigma, m)$$

利用 j 的定义得

$$(\sigma, m) = \rho_3 j\hbar - \hbar$$

把(σ, m)代入前式，得

$$(\sigma, x)(\sigma, P) = rP_r + i\rho_3 j\hbar - i\hbar$$

上式左乘 $\rho_1^2 = 1$，得

$$\rho_1(\sigma, x)\rho_1(\sigma, P) = rP_r + i\rho_3 j\hbar - i\hbar$$

即

$$r\varepsilon\rho_1(\sigma, P) = rP_r + i\rho_3 j\hbar - i\hbar$$

左乘 ε，利用 $\varepsilon^2 = 1$，得

$$\rho_1(\sigma, P) = \varepsilon\left(P_r - \frac{i\hbar}{r}\right) + i\frac{\varepsilon\rho_3 j\hbar}{r}$$

因此，中心力场的哈密顿式(12.42)用球坐标表示成

$$\frac{H}{c} = \frac{e}{c}A_0 + \varepsilon\left(P_r - \frac{i\hbar}{r}\right) + i\frac{\varepsilon\rho_3 j\hbar}{r} + \rho_3 mc \tag{12.43}$$

注意到，ε 和 ρ_3 与所有 H 中的其他量都对易，而它们之间反对易，且有 $\varepsilon^2 = 1, \rho_3^2 = 1$，因此可以用二行二列的矩阵来表示它们. 通常取 ρ_3 为对角化的

$$\rho_3 = \begin{pmatrix} 1 & 0 \\ 0 & -1 \end{pmatrix} \qquad \varepsilon = \begin{pmatrix} 0 & -i \\ i & 0 \end{pmatrix} \tag{12.44}$$

这样选取的结果，使哈密顿 H 变成了实的算符. 因为

$$i\varepsilon = \begin{pmatrix} 0 & 1 \\ -1 & 0 \end{pmatrix}$$

$$\varepsilon\left(P_r - \frac{i\hbar}{r}\right) = -i\hbar\varepsilon\left(\frac{\partial}{\partial r} + \frac{1}{r}\right) = \begin{pmatrix} 0 & -\hbar \\ \hbar & 0 \end{pmatrix}\left(\frac{\partial}{\partial r} + \frac{1}{r}\right)$$

如果 r 在此表象中也是对角的，则一个右矢的表示式为

$$\langle r'\rho_3' | \quad \rangle$$

或

$$\langle r', 1 | \quad \rangle = \psi_a(r')$$

$$\langle r', -1 | \quad \rangle = \psi_b(r')$$

是二行一列矩阵中的两个分量. 这样，中心力场中的运动用两个组分描述即可.

12.7　氢原子的能级

对于氢原子的情况，原子核产生的标势为

$$A_0=\frac{e}{r}$$

因此，氢原子哈密顿 H 的关系式(12.43)可写成

$$\left(\frac{H}{c}+\frac{e^2}{cr}\right)-\varepsilon\left(P_r-\frac{i\hbar}{r}\right)-i\frac{\varepsilon\rho_3 j\hbar}{r}-\rho_3 mc=0$$

下面来讨论它的能级，即 H 的本征值 H'，并研究它的波函数. 用二行二列的矩阵式(12.41)来表示 ε 和 ρ_3，并令波函数

$$\psi=\begin{pmatrix}\psi_a\\ \psi_b\end{pmatrix}$$

于是，用球坐标表示的氢原子的相对论波动方程为

$$\left(\frac{H}{c}+\frac{e^2}{cr}\right)\begin{pmatrix}\psi_a\\ \psi_b\end{pmatrix}+\hbar\left(\frac{\partial}{\partial r}+\frac{1}{r}\right)\begin{pmatrix}0 & 1\\ -1 & 0\end{pmatrix}\begin{pmatrix}\psi_a\\ \psi_b\end{pmatrix}+\begin{pmatrix}0 & 1\\ 1 & 0\end{pmatrix}\frac{j\hbar}{r}\begin{pmatrix}\psi_a\\ \psi_b\end{pmatrix}-mc\begin{pmatrix}1 & 0\\ 0 & -1\end{pmatrix}\begin{pmatrix}\psi_a\\ \psi_b\end{pmatrix}=0$$

由此得到两个定态微分方程

$$\left.\begin{aligned}H\psi_a&=H'\psi_a\\ H\psi_b&=H'\psi_b\end{aligned}\right\}\tag{12.45}$$

$$\left.\begin{aligned}&\left(\frac{H'}{c}+\frac{e^2}{cr}-mc\right)\psi_a+\hbar\left(\frac{\partial}{\partial r}+\frac{j+1}{r}\right)\psi_b=0\\ &\left(\frac{H'}{c}+\frac{e^2}{cr}+mc\right)\psi_b-\hbar\left(\frac{\partial}{\partial r}-\frac{j-1}{r}\right)\psi_a=0\end{aligned}\right\}\tag{12.46}$$

实际上就是解这两个方程，求出 H' 及波函数 ψ_a，ψ_b. 氢原子是中心力场，j 和 H 对易，故它们有共同本征函数 ψ_a，ψ_b，则

$$j\psi_a=j'\psi_a$$
$$j\psi_b=j'\psi_b$$

若令

$$a_1=\frac{\hbar}{mc-\dfrac{H'}{c}}\qquad a_2=\frac{\hbar}{mc+\dfrac{H'}{c}}$$

可把方程化简为

$$\left.\begin{aligned}&\left(\frac{1}{a_1}-\frac{\alpha}{r}\right)\psi_a-\left(\frac{\partial}{\partial r}+\frac{j+1}{r}\right)\psi_b=0\\ &\left(\frac{1}{a_2}+\frac{\alpha}{r}\right)\psi_b-\left(\frac{\partial}{\partial r}+\frac{j+1}{r}\right)\psi_a=0\end{aligned}\right\}\tag{12.47}$$

其中 $\alpha=\dfrac{e^2}{\hbar c}=\dfrac{1}{137.037}=297\times10^{-3}$ 是一个小数，称为精细结构常数 .

对于波函数，考虑到在核($r=0$)处的概率为零，且在无穷远($r=\infty$)处，$\psi_a=\psi_b=0$，故可令

$$\begin{cases}\psi_a-\dfrac{1}{r}\mathrm{e}^{-\frac{r}{a}}f\\ \psi_b=\dfrac{1}{r}\mathrm{e}^{-\frac{r}{a}}g\end{cases}$$

这样,在 $r=0$ 处,f 及 g 均为零. 其中

$$a=\sqrt{a_1a_2}=\hbar\left(m^2c^2-\frac{H'^2}{c^2}\right)^{-1/2} \tag{12.48}$$

于是式(12.47)变成

$$\left.\begin{aligned}&\left(\frac{1}{a_1}-\frac{\alpha}{r}\right)f-\left(\frac{\partial}{\partial r}-\frac{1}{a}+\frac{j}{r}\right)g=0\\&\left(\frac{1}{a_1}+\frac{\alpha}{r}\right)g-\left(\frac{\partial}{\partial r}-\frac{1}{a}-\frac{j}{r}\right)f=0\end{aligned}\right\} \tag{12.49}$$

设函数 f 和 g 具有下列幂级数形式:

$$f=\sum_S C_S r^s$$
$$g=\sum_S C'_S r^s$$

代入式(12.49),比较 r^{S-1} 的系数,得

$$\left.\begin{aligned}&\frac{1}{a_1}C_{S-1}-\alpha C_S-(s+j)C'_S+\frac{1}{a}C'_{S-1}=0\\&\frac{1}{a_2}C'_{S-1}+\alpha C'_S-(s-j)C_S+\frac{1}{a}C_{S-1}=0\end{aligned}\right\} \tag{12.50}$$

以 a_2 乘第二式,以 a 乘第一式,然后相减,由于 $a^2=a_1a_2$,故消去 C_{S-1} 和 C'_{S-1} 得到

$$[a\alpha-a_2(s-j)]C_S+[a_2\alpha+a(s+j)]C'_S=0 \tag{12.51}$$

这个式子告诉我们 C_S 和 C'_S 的关系.

1) S 的最小值 S_0

由边界条件可知,S 有下限值,这个值必须为正. 令 S 的下限为 S_0,则

$$C_{S_0-1}=C'_{S_0-1}=0$$

式(12.50)简化为

$$-\alpha C_{S_0}=(S_0+j)C'_{S_0}$$
$$\alpha C'_{S_0}=(S_0-j)C_{S_0}$$

将上面两式相乘消去 C_{S_0} 和 C'_{S_0},得

$$-\alpha^2=S_0^2-j^2$$
$$S_0=\pm\sqrt{j^2-\alpha^2}$$

为了决定级数的收敛性,考察当 S 很大时 C_S/C_{S-1} 的数值. 当 S 很大时,式(12.51)及式(12.50)的第二式近似地给出

$$a_2C_S=aC'_S$$

及

$$SC_S=\frac{1}{a}C_{S-1}+C'_{S-1}\frac{1}{a_2}$$

故

$$\frac{C_S}{C_{S-1}}=\frac{2}{a_S}$$

因此,f 和 g 的级数类似于

$$\sum_S\frac{1}{S!}\left(\frac{2r}{a}\right)S=e^{\frac{2r}{a}}$$

当 $H'>mc^2$ 时，由式(12.48)可知 a 为纯虚数，由于是在指数上，故级数收敛，S 没有上限. 此时，波函数是有意义的. 当 $H'<mc^2$ 时，电子受到核的束缚. 此时级数必须在某一项中断，否则波函数在无穷无处将是发散的. 这时 S 应有一个最大值.

2) S 的最大值 S

如果级数中断在第 S 项，亦即

$$C_{S+1}=C'_{S+1}=0$$

由式(12.50)将 S 代作 $S+1$，得

$$\left.\begin{aligned}&\frac{C_S}{a_1}+\frac{C'_S}{a}=0\\&\frac{C'_S}{a_2}+\frac{C_S}{a}=0\end{aligned}\right\}\tag{12.52}$$

由于 $a^2=a_1a_2$，故这两式是等价的. 与式(12.51)合并，消去 C_S 和 C'_S 得

$$a_1[a\alpha-a_2(S-j)]=a[a_2\alpha+a(S+j)]$$

上式化简为

$$2a_1a_2S=a(a_1-a_2)\alpha$$

或者是

$$\frac{S}{a}=\frac{1}{2}\left(\frac{1}{a_2}-\frac{1}{a_1}\right)\alpha=\frac{\alpha H'}{c\hbar}$$

把它平方，并用式(12.48)，得

$$S^2\left(m^2c^2-\frac{H'^2}{c^2}\right)=\frac{\alpha^2H'^2}{c^2}$$

因此得

$$\frac{H'}{mc^2}=\left(1+\frac{\alpha^2}{S^2}\right)^{-1/2}$$

这里的 S 标明级数中的最后一项，一定比 S_0 大，其差值为某个不小于零的整数 n，则有

$$S=n+S_0=n+\sqrt{j^2-\alpha^2}$$

因此，能量 H' 为

$$H'=mc^2\left[1+\frac{\alpha^2}{(n+\sqrt{j^2-\alpha^2})^2}\right]^{-1/2}\tag{12.53}$$

式(12.53)包含两个量子数 n 和 j，其值为 $n=0,1,2,\cdots,j$ 为非零整数. 这个公式给出了氢原子能谱的分立能级. 索末菲用玻尔轨道理论首先得出此式. 不过，他的结果带有一定的偶然性，事实上这是由于玻尔理论的误差和不考虑自旋所引起的误差恰恰相互抵消.

在 $n=0$ 时，S 的最大值与最小值 S_0 相同，由式(12.53)可得

$$\frac{H'^2}{m^2c^4}=1-\frac{\alpha^2}{j^2}$$

由于 H' 一定是正数，这就得到

$$\frac{H'}{mc^2}=\frac{\sqrt{j^2-\alpha^2}}{|j|}$$

由此可得

$$\left.\begin{aligned}\frac{1}{a_1}&=\frac{mc}{\hbar}\left(1-\frac{H'}{mc^2}\right)=\frac{mc}{\hbar}\left[1-\frac{\sqrt{j^2-\alpha^2}}{|j|}\right]\\\frac{1}{a}&=\frac{mc}{\hbar}\left(1-\frac{H'^2}{m^2c^4}\right)^{1/2}=\frac{mc}{\hbar}\frac{\alpha}{|j|}\end{aligned}\right\}\tag{12.54}$$

式(12.52)第一式以 S_0 代替 S 后就给出

$$C_{S_0}\{|j|-\sqrt{j^2-\alpha^2}\}+C'_{S_0}\alpha=0$$

只当 j 是正数时,上式与式(12.45)的第二式相符合.所以 j 的取值为

$$\begin{cases}n=0\text{ 时},j=1,2,3,\cdots\\n=1,2,3,\cdots\text{时},j=\pm1,\pm2,\pm3,\cdots\end{cases}$$

即当 $n=0$ 时,H'是非简并的;当 $n=1,2,3,\cdots$时,H'为二重简并.

由于 α 是小量,将式(12.53)展开,保留到 α^2 项可得

$$\begin{aligned}H'&=mc^2\left[1+\frac{\alpha^2}{(n+\sqrt{j^2-\alpha^2})^2}\right]^{-1/2}\\&=mc^2\left[1+\frac{\alpha^2}{(n+|j|\sqrt{1-\frac{\alpha^2}{j^2}})^2}\right]^{-1/2}\end{aligned}$$

α 小量,忽略 $\alpha^2/j+2$

$$\begin{aligned}&\approx mc^2\left[1+\frac{\alpha^2}{(n+|j|)^2}\right]^{-1/2}\\&\approx mc^2\left[1-\frac{1}{2}\frac{\alpha^2}{(n+|j|)^2}+\frac{1\times3}{2\times4}\frac{\alpha^4}{(n+|j|)^4}+\cdots\right]\\&\approx mc^2-\frac{me^4}{2\hbar^2(n+|j|)^2}+\frac{3}{8}\frac{me^8}{\hbar^4c^2(n+|j|)^4}\end{aligned}\tag{12.55}$$

上式第一项 mc^2 表示静止能量,第二项

$$-\frac{mc^2\alpha^2}{2(n+|j|)^2}=-\frac{me^4}{2\hbar^2(n+|j|)^2}$$

和由非相对论波动方程得到的氢原子能量公式

$$E=-\frac{me^4}{2\hbar^2n^2}$$

一致.第三项为相对论能量修正,它的数量级为 α^4,相对论效应引起的能级分裂很小.例如,当 $n=0,j=2$ 及 $n=1,j=\pm1$ 时,能级分裂了,由式(12.53)可看出,能量的相差极其微小.

12.8　正电子理论

由 12.2 节知,电子的相对论运动方程为

$$\left[\left(P_0+\frac{e}{c}A_0\right)-\alpha_1\left(P_1+\frac{e}{c}A_1\right)-\alpha_2\left(P_2+\frac{e}{c}A_2\right)-\alpha_3\left(P_3+\frac{e}{c}A_3\right)-\alpha_m mc\right]\psi=0\tag{12.56}$$

式(12.56)存在两类解.一类是 cP_0+eA_0 为正值,亦即电子的动能为正值,是正能值解;另一类是 cP_0+eA_0 为负值,亦即电子的动能为负值,是负能值解.在量子理论中,不连续的跃迁可

能出现. 因此,如果开始时电子处于动能为正的态,它可以作一跃迁而跳到动能为负的态,故不能忽视负能态. 下面研究负能值解的物理意义.

选择一种表象,使 $\alpha_1,\alpha_2,\alpha_3$ 为实矩阵,α_m 为纯虚矩阵. 这是能够做到的,只需在 12.7 节讨论的表象中将 α_2 和 α_m 的表示对调即可. 求式(12.49)的共轭复方程

$$\left[\left(-P_0+\frac{e}{c}A_0\right)-\alpha_1\left(-P_1+\frac{e}{c}A_1\right)-\alpha_2\left(-P_2+\frac{e}{c}A_2\right)-\alpha_3\left(-P_3+\frac{e}{c}A_3\right)+\alpha_m mc\right]\bar{\psi}=0 \tag{12.57}$$

式(12.57)也可写为

$$\left[\left(P_0-\frac{e}{c}A_0\right)-\alpha_1\left(P_1-\frac{e}{c}A_1\right)-\alpha_2\left(P_2-\frac{e}{c}A_2\right)-\alpha_3\left(P_3-\frac{e}{c}A_3\right)-\alpha_m mc\right]\bar{\psi}=0 \tag{12.58}$$

可以知道,式(12.49)的一个负值解 ψ,它的共轭复函数 $\bar{\psi}$ 是式(12.57)或式(12.58)的 cP_0-eA_0 为正值的解. 显然,式(12.58)和式(12.46)的差别仅在于将 e 代成 $-e$. 式(12.58)代表另一种粒子的运动方程,这种粒子具有和电子同样的质量 m,但带有正电荷 e,这种粒子称为正电子. 电子的负能值解 ψ,其共轭复量 $\bar{\psi}$ 为正电子的正能值解.

其物理图像为:电子的负能值态都已为电子填满,当它出现一个空穴,就有一个正电子. 由于负能值态都已填满,电子只能在正能值态间跃迁. 当负能值态出现空穴,电子也能向空穴跃迁,遇见正电子,正电子和负电子同时湮灭,它们的能量以辐射形式放出来. 其逆过程就是从辐射场产生一个正电子和一个负电子. 正负电子是完全对称的. 正电子和这种物理图像首先由狄拉克提出,后来都被证实了.

附录　部分习题答案

第 1 章　薛定谔方程

1. 算子 F_1, F_2 的交换算子定义为

$$[F_1,\ F_2] = F_1F_2 - F_2F_1$$

试证：

$$[x,\ p_x]=i\hbar,\ [x,\ p_y]=0$$

证明　(1) 设 ψ 为任意函数.

$$\begin{aligned}[x,p_x]\psi &=[xp_x-p_xx]\psi\\ &=-i\hbar x\frac{\partial}{\partial x}\psi-(-i\hbar)\left[x\frac{\partial\psi}{\partial x}+\psi\right]\\ &=i\hbar\psi\end{aligned}$$

$$[x,p_x]=i\hbar$$

(2) $[x,p_y]\psi=[xp_y-p_yx]\psi=-i\hbar x\dfrac{\partial\psi}{\partial y}-(-i\hbar)\left[x\dfrac{\partial\psi}{\partial y}+\psi\dfrac{\partial x}{\partial y}\right]=0$

$[x,p_y]=0$，$[x,p_y]$是零算子.

2. 一维运动的粒子处在

$$\psi(x)=\begin{cases}Axe^{-\lambda x} & 当\ x\geqslant 0\\ 0 & 当\ x<0\end{cases}$$

的状态，其中 $\lambda>0$，将波函数归一化，并求坐标和动量的平均值.

解　(1) 归一化. 由　$\displaystyle\int_{-\infty}^{\infty}\psi^*(x)\psi(x)\mathrm{d}x=1$

$$\Rightarrow |A|^2\int_0^{\infty}x^2e^{-2\lambda x}\mathrm{d}x=\frac{|A|^2}{4\lambda^3}=1$$

$$\Rightarrow |A|^2=4\lambda^3，取正号，A=2\lambda^{3/2}$$

$$\psi(x)=2\lambda^{3/2}xe^{-\lambda x}\qquad(x\geqslant 0)$$

(2)

$$\langle x\rangle=\int_{-\infty}^{\infty}\psi^*(x)x\psi(x)\mathrm{d}x$$

$$\int_0^{\infty}2\lambda^{3/2}xe^{-\lambda x}x2\lambda^{3/2}xe^{-\lambda x}\mathrm{d}x=4\lambda^3\int_0^{\infty}x^3e^{-2\lambda x}\mathrm{d}x=\frac{3}{2\lambda}$$

(3)

$$\begin{aligned}\langle p\rangle&=\int_{-\infty}^{\infty}\psi^*p_x\psi\mathrm{d}x\\ &=\int_0^{\infty}2\lambda^{3/2}xe^{-\lambda x}(-i\hbar)\frac{\partial}{\partial x}(2\lambda^{3/2}xe^{-\lambda x})\mathrm{d}x\\ &=-4i\lambda^3\hbar\int_0^{\infty}(xe^{-2\lambda x}-\lambda x^2e^{-2\lambda x})\mathrm{d}x\end{aligned}$$

$$= -4i\lambda^3\hbar\left(\frac{1}{4\lambda^2}-\frac{\lambda}{4\lambda^3}\right)=0$$

在计算中用了积分：

$$\int_0^{\infty} x^n \mathrm{e}^{-ax}\,\mathrm{d}x = \frac{n!}{a^{n+1}} \qquad \begin{pmatrix} n\geqslant 1 \\ a>0 \end{pmatrix}$$

3. 若算子 F,G 为厄米算子：

(1) FG 是否为厄米算子？什么条件下为厄米算子？

(2) 若 $FG\neq GF$,则 $FG-GF$ 和 $i(FG-GF)$是否为厄米算子？

解　(1) 若 FG 为厄米算子,则必须有

$$(\psi,FG\psi)=(FG\psi,\psi)$$

而

$$(\psi,FG\psi)=(F\psi,G\psi)=(GF\psi,\psi)$$

一般情况下$(FG\psi,\psi)\neq(GF\psi,\psi)$,所以 FG 不是厄米算子.

但是如果 F 与 G 可对易,即 $FG=GF$,显然有

$$(\psi,FG\psi)=(GF\psi,\psi)=(FG\psi,\psi)$$

在这一条件下 FG 为厄米算子.

(2) 由 F 和 G 的厄米性质：

$$\begin{aligned}(\psi,[FG-GF]\psi) &= ([GF-FG]\psi,\psi)\\ &= -([FG-GF]\psi,\psi)\end{aligned}$$

所以 $FG-GF$ 不是厄米算子.

而

$$\begin{aligned}(\psi,i[FG-GF]\psi) &= i([GF-FG]\psi,\psi)\\ &= -i([FG-GF]\psi,\psi)\\ &= (i[FG-GF]\psi,\psi)\end{aligned}$$

所以 $i(FG-GF)$为厄米算子.

第 2 章　本征值和本征函数

1. 试证：

$$\frac{1}{2\pi}\int_{-\infty}^{\infty}\mathrm{e}^{ikx}\,\mathrm{d}k=\delta(x)$$

证明　根据广义积分计算公式：

$$\begin{aligned}\frac{1}{2\pi}\int_{-\infty}^{\infty}\mathrm{e}^{ikx}\,\mathrm{d}k &= \frac{1}{2\pi}\lim_{g\to\infty}\int_{-g}^{g}\mathrm{e}^{ikx}\,\mathrm{d}k \qquad g>0\\ &= \lim_{g\to\infty}\frac{1}{2\pi ix}(\mathrm{e}^{igx}-\mathrm{e}^{-igx})\\ &= \lim_{g\to\infty}\frac{\sin gx}{\pi x}=\delta(x)\end{aligned}$$

也可用傅氏积分来证,由傅氏变换：

$$f(x)=\frac{1}{2\pi}\int_{-\infty}^{\infty}\mathrm{d}k\int_{-\infty}^{\infty}\mathrm{e}^{ik(x-t)}f(t)\mathrm{d}t$$

$$\frac{1}{2\pi}\int_{-\infty}^{\infty}\mathrm{e}^{ikx}\mathrm{d}k=\frac{1}{2\pi}\int_{-\infty}^{\infty}\mathrm{d}k\int_{-\infty}^{\infty}\mathrm{e}^{ik(x-t)}\delta(t)\mathrm{d}t$$
$$=\delta(x)$$

2. 试证 δ 函数以下性质：

(1) $\delta'(x)=-\delta'(-x)$

(2) $\delta(ax)=a^{-1}\delta(x)$

(3) $f(x)\delta(x-a)=f(a)\delta(x-a)$

(4) $\delta(x^2-a^2)=(2a)^{-1}[\delta(x-a)+\delta(x+a)]$ $(a>0)$

证明　(1) 由 $\delta(x)=\delta(-x)$ 两边对 x 求导，得

$$\delta'(x)=\frac{\mathrm{d}\delta(x)}{\mathrm{d}x}=\frac{\mathrm{d}\delta(x)}{\mathrm{d}(-x)}\cdot\frac{\mathrm{d}(-x)}{\mathrm{d}x}=-\delta'(-x)$$

所以

$$\delta'(x)=-\delta'(-x)$$

(2) 将公式两边均乘 $f(x)$，并对 x 从 $-\infty$ 到 ∞ 积分得(左边令 $y=ax$)

$$\text{左边}=\int_{-\infty}^{\infty}f(x)\delta(ax)\mathrm{d}x=\int_{-\infty}^{\infty}f\left(\frac{y}{a}\right)\delta(y)\frac{\mathrm{d}y}{a}=\frac{1}{a}f(0)$$

$$\text{右边}=\int_{-\infty}^{\infty}f(x)\frac{\delta(x)}{a}\mathrm{d}x=\frac{1}{a}f(0)$$

所以

$$\delta(ax)=a^{-1}\delta(x)$$

(3) 同样对公式积分：

$$\text{左边}=\int_{-\infty}^{\infty}f(x)\delta(x-a)\mathrm{d}x=f(a)$$

$$\text{右边}=\int_{-\infty}^{\infty}f(a)\delta(x-a)\mathrm{d}x=f(a)\int_{-\infty}^{\infty}\delta(x-a)\mathrm{d}(x-a)=f(a)$$

所以

$$f(x)\delta(x-a)=f(a)\delta(x-a)$$

(4) 还是用同样方法对公式积分：

$$\text{左边}=\int_{-\infty}^{\infty}f(x)\delta(x^2-a^2)\mathrm{d}x$$

作变数变换，令 $y=x^2-a^2$，则

$$x=\pm\sqrt{y+a^2}\qquad \mathrm{d}x=\pm\frac{\mathrm{d}y}{2\sqrt{y+a^2}}$$

积分区间也作相应变换

$$x(-\infty,0)\Rightarrow y(\infty,-a^2)$$
$$x(0,\infty)\Rightarrow y(-a^2,\infty)$$

所以

$$\text{左边}=\int_{\infty}^{-a^2}f(-\sqrt{y+a^2})\delta(y)\left(-\frac{\mathrm{d}y}{2\sqrt{y+a^2}}\right)$$

$$
\begin{aligned}
&+\int_{-a^2}^{\infty} f(\sqrt{y+a^2})\delta(y)\frac{\mathrm{d}y}{2\sqrt{y+a^2}}\\
&=\int_{-a^2}^{\infty}\frac{f(-\sqrt{y+a^2})}{2\sqrt{y+a^2}}\delta(y)\mathrm{d}y+\int_{-a^2}^{\infty}\frac{f(+\sqrt{y+a^2})}{2\sqrt{y+a^2}}\delta(y)\mathrm{d}y\\
&=\frac{1}{2a}[f(-a)+f(a)]
\end{aligned}
$$

$$
\begin{aligned}
\text{右边}&=\frac{1}{2a}\int_{-\infty}^{\infty} f(x)[\delta(x-a)+\delta(x+a)]\mathrm{d}x\\
&=\frac{1}{2a}[f(-a)+f(a)]
\end{aligned}
$$

所以

$$\delta(x^2-a^2)=(2a)^{-1}[\delta(x-a)+\delta(x+a)]$$

3. 证明：$u_{x'}(x)=\delta(x-x')$ 对所有实数 x' 组成正交归一化的完全系，说明 $u_{x'}(x)$ 是坐标算子 x 的本征函数，具有本征值 x'.

证明

$$
\begin{aligned}
[u_{x'}(x),u_{x''}(x)]&=\int_{-\infty}^{\infty}\delta^*(x-x')\delta(x-x'')\mathrm{d}x\\
&=\delta(x''-x')\begin{cases}=0 & \text{当 } x'\neq x''\\ \neq 0 & \text{当 } x'=x''\end{cases}
\end{aligned}
$$

所以 $u_{x'}(x)$ 是正交归一化的，归一到 δ 函数.

对任何函数 $\psi(x)$ 有

$$
\begin{aligned}
\psi(x)&=\int\psi(x')\delta(x-x')\mathrm{d}x'\\
&=\sum_{x'}\psi(x')\delta(x-x')\\
&=\sum_{x}\psi(x')u_{x'}(x)
\end{aligned}
$$

$\psi(x')$ 视为展开系数，即表明对任意函数 $\psi(x)$ 均可表为 $u_{x'}(x)$ 的线性组合，这就证明了 $u_{x'}(x)$ 组成完全系，加上上条为正交归一完全系. 根据 δ 函数性质：

$$(x-x')\delta(x-x')=0$$

所以

$$x\delta(x-x')=x'\delta(x-x')$$

即

$$xu_{x'}(x)=x'u_{x'}(x)$$

这就证明了 $u_{x'}(x)$ 是坐标算子 x 的本征函数，具有本征值为 x'.

4. 平移算子 $\hat{T}_a$ 定义为

$$\hat{T}_a\psi(\boldsymbol{r})=\psi(\boldsymbol{r}+\boldsymbol{a})$$

试给出 $\hat{T}_a$ 的表达式(提示：将右方作泰勒展开，利用动量算符，可以写成指数形式).

解　将 $\psi(\boldsymbol{r}+\boldsymbol{a})$ 在 $\boldsymbol{r}$ 的邻域内展成 $\boldsymbol{a}$ 的泰勒级数：

$$\psi(\boldsymbol{r}+\boldsymbol{a})=\psi(\boldsymbol{r})+\boldsymbol{a}\cdot\nabla\psi(\boldsymbol{r})+\boldsymbol{a}^2\frac{\nabla^2}{2!}\psi(\boldsymbol{r})+\cdots$$

$$=\left[1+\boldsymbol{a}\cdot\nabla+\frac{(\boldsymbol{a}\cdot\nabla)^2}{2!}+\cdots\right]\psi(\boldsymbol{r})$$

$$=\mathrm{e}^{\boldsymbol{a}\cdot\nabla}\psi(\boldsymbol{r})=\mathrm{e}^{\frac{i}{\hbar}\boldsymbol{a}\cdot\boldsymbol{p}}\psi(\boldsymbol{r})$$

最后一步用了

$$\boldsymbol{p}=-i\hbar\nabla$$

所以

$$\hat{T}_a\psi(\boldsymbol{r})=\mathrm{e}^{\frac{i}{\hbar}\boldsymbol{a}\cdot\boldsymbol{p}}\psi(\boldsymbol{r})$$

比较等式两边就可得到

$$\hat{T}_a=\mathrm{e}^{\frac{i}{\hbar}\boldsymbol{a}\cdot\boldsymbol{p}}$$

5. 求一维波函数

$$\psi(x)=A\exp\left(\frac{i}{\hbar}p_0x-\frac{x^2}{4\xi^2}\right)$$

的归一化因子 A. 求 x,x^2,p,p^2 在此状态的平均值,试将 $\psi(x)$按 p 的本征函数展开.

解　(1) $\int_{-\infty}^{\infty}\psi^*\psi\mathrm{d}x=A^2\int_{-\infty}^{\infty}\mathrm{e}^{-\frac{i}{\hbar}p_0x-\frac{x^2}{4\xi^2}}\mathrm{e}^{\frac{i}{\hbar}p_0x-\frac{x^2}{4\xi^2}}\mathrm{d}x$

$$=A^2\int_{-\infty}^{\infty}\exp\left(-\frac{x^2}{2\xi^2}\right)\mathrm{d}x=2A^2\int_0^{\infty}\exp\left(-\frac{x^2}{2\xi^2}\right)\mathrm{d}x=1$$

利用积分 $\int_0^{\infty}\mathrm{e}^{-a^2x^2}\mathrm{d}x=\frac{\sqrt{\pi}}{2a}$,令 $a^2=\frac{1}{2\xi^2}$,得

$$2A^2\frac{\sqrt{\pi}}{2/\sqrt{2\xi^2}}=A^2\sqrt{2\pi\xi^2}=1$$

$$A=\frac{1}{\sqrt[4]{2\pi\xi^2}}$$

$$\psi(x)=\frac{1}{\sqrt[4]{2\pi\xi^2}}\exp\left(\frac{i}{\hbar}p_0x-\frac{x^2}{4\xi^2}\right)$$

(2)　$$\langle x\rangle=\int_{-\infty}^{\infty}\psi^*(x)x\psi(x)\mathrm{d}x=\frac{1}{\sqrt{2\pi\xi^2}}\int_{-\infty}^{\infty}x\exp\left(-\frac{x^2}{2\xi^2}\right)\mathrm{d}x=0$$

(3)　$$\langle x^2\rangle=\int_{-\infty}^{\infty}\psi^*x^2\psi\mathrm{d}x=\frac{1}{\sqrt{2\pi\xi^2}}\int_{-\infty}^{\infty}x^2\mathrm{e}^{-\frac{x^2}{2\xi^2}}\mathrm{d}x$$

$$=\frac{2}{\sqrt{2\pi\xi^2}}\int_0^{\infty}x^2\exp\left(-\frac{x^2}{2\xi^2}\right)\mathrm{d}x$$

$$=\frac{2}{\sqrt{2\pi\xi^2}}\frac{2\xi^2}{2^2}\sqrt{2\pi\xi^2}=\xi^2$$

这里利用了积分

$$I=\int_0^{\infty}x^{2a}\mathrm{e}^{-px^2}\mathrm{d}x=\frac{1\cdot3\cdot5\cdots(2a-1)}{2^{a+1}p^a}\sqrt{\frac{\pi}{p}}$$

(4) $\langle p\rangle=\int_{-\infty}^{\infty}\psi^*\left(-i\hbar\frac{\partial}{\partial x}\right)\psi(x)\mathrm{d}x$

$$=\frac{\hbar}{i\sqrt{2\pi\xi^2}}\int_{-\infty}^{\infty}\exp\left(-\frac{i}{\hbar}p_0x-\frac{x^2}{4\xi^2}\right)\left[\left(\frac{i}{\hbar}p_0-\frac{x}{2\xi^2}\right)\exp\left(\frac{i}{\hbar}p_0x-\frac{x^2}{4\xi^2}\right)\right]\mathrm{d}x$$

$$=\frac{\hbar}{i\sqrt{2\pi\xi^2}}\left[\frac{ip_0}{\hbar}\int_{-\infty}^{\infty}\exp\left(-\frac{x^2}{2\xi^2}\right)\mathrm{d}x-\frac{1}{2\xi^2}\int_{-\infty}^{\infty}x\exp\left(-\frac{x^2}{2\xi^2}\right)\mathrm{d}x\right]$$

$$=\frac{2p_0}{\sqrt{2\pi\xi^2}}\int_0^{\infty}\exp\left(-\frac{x^2}{2\xi^2}\right)\mathrm{d}x$$

$$=\frac{2p_0}{\sqrt{2\pi\xi^2}}\frac{\sqrt{2\pi\xi^2}}{2}=p_0$$

(5) 先计算

$$p^2\psi(x)=-\hbar^2\frac{\partial^2}{\partial x^2}\psi(x)$$

$$=-\frac{\hbar^2}{\sqrt[4]{2\pi\xi^2}}\frac{\partial^2}{\partial x^2}\exp\left(\frac{i}{\hbar}p_0x-\frac{x^2}{4\xi^2}\right)$$

$$=-\frac{\hbar^2}{\sqrt[4]{2\pi\xi^2}}\frac{\partial}{\partial x}\left[\left(\frac{i}{\hbar}p_0-\frac{2x}{4\xi^2}\right)\exp\left(\frac{i}{\hbar}p_0x-\frac{x^2}{4\xi^2}\right)\right]$$

$$=\frac{\hbar^2}{\sqrt[4]{2\pi\xi^2}}\left[-\left(\frac{1}{2\xi^2}+\frac{p_0^2}{\hbar^2}\right)+\frac{x^2}{4\xi^4}-\frac{ip_0x}{\hbar\xi^2}\right]\exp\left(\frac{i}{\hbar}p_0x-\frac{x^2}{4\xi^2}\right)$$

所以

$$\langle p^2\rangle=\int_{-\infty}^{\infty}\psi^*p^2\psi\mathrm{d}x$$

$$=-\frac{\hbar^2}{\sqrt{2\pi\xi^2}}\int_{-\infty}^{\infty}\left(-\frac{1}{2\xi^2}-\frac{p_0^2}{\hbar^2}+\frac{x^2}{4\xi^2}-\frac{ip_0x}{\hbar\xi^2}\right)\exp\left(-\frac{x^2}{2\xi^2}\right)\mathrm{d}x$$

$$=\frac{\pi^2}{\sqrt{2\pi\xi^2}}\int_{-\infty}^{\infty}\left(\frac{1}{2\xi^2}+\frac{p_0^2}{\hbar^2}-\frac{x^2}{4\xi^2}\right)\exp\left(-\frac{x^2}{2\xi^2}\right)\mathrm{d}x$$

$$=\frac{2\hbar^2}{\sqrt{2\pi\xi^2}}\left[\int_0^{\infty}\left(\frac{1}{2\xi^2}+\frac{p_0^2}{\hbar^2}\right)\exp\left(-\frac{x^2}{2\xi^2}\right)\mathrm{d}x-\int_0^{\infty}\frac{x^2}{4\xi^4}\exp\left(-\frac{x^2}{2\xi^2}\right)\mathrm{d}x\right]$$

$$=\frac{2\hbar^2}{\sqrt{2\pi\xi^2}}\left[\left(\frac{1}{2\xi^2}+\frac{p_0^2}{\hbar^2}\right)\frac{\sqrt{2\pi\xi^2}}{2}-\frac{1}{4\xi^4}\frac{2\xi^2\sqrt{2\pi\xi^2}}{2^2}\right]$$

$$=\frac{\hbar^2}{2\xi^2}+p_0^2-\frac{\hbar^2}{4\xi^2}$$

$$=p_0^2+\frac{1}{4}\frac{\hbar^2}{\xi^2}$$

(6) $\psi(x)=\int C_nu_n(x)\mathrm{d}p_x=\frac{1}{\sqrt{2\pi\hbar}}\int C_n\mathrm{e}^{\frac{ip_xx}{\hbar}}\mathrm{d}p_x$

$$C_n=\int_{-\infty}^{\infty}\psi(x)u_n^*(x)\mathrm{d}x$$

$$= \frac{1}{\sqrt[4]{8\pi^3\xi^2\hbar^2}}\int_{-\infty}^{\infty}\exp\left[\frac{i}{\hbar}(p_0 - p_x)x - \frac{x^2}{4\xi^2}\right]dx$$

$$= \frac{1}{\sqrt[4]{8\pi^3\xi^2\hbar^2}}\int_{-\infty}^{\infty}\left\{\cos\left[\frac{1}{\hbar}(p_0 - p_x)x\right] + i\sin\left[\frac{1}{\hbar}(p_0 - p_x)x\right]\right\}e^{-\frac{x^2}{4\xi^2}}dx$$

$$= \frac{2}{\sqrt[4]{8\pi^3\xi^2\hbar^2}}\int_0^{\infty}\cos\left[\frac{1}{\hbar}(p_0 - p_x)x\right]e^{-\frac{x^2}{4\xi^2}}dx$$

$$= \frac{2}{\sqrt[4]{8\pi^3\xi^2\hbar^2}}\frac{\sqrt{\pi}}{2\frac{1}{2\xi}}e^{-\frac{\frac{1}{\hbar^2}(p_0-p_x)^2}{4(1/4\xi^2)}}$$

$$= \frac{2\xi\sqrt{\pi}}{\sqrt[4]{8\pi^3\xi^2\hbar^2}}e^{-\frac{1}{\hbar^2}(p_0-p_x)^2\xi^2}$$

$$= \sqrt[4]{\frac{2\xi^2}{\pi\hbar^2}}e^{-\frac{1}{\hbar^2}(p_0-p_x)^2\xi^2}$$

这里用了积分公式：

$$\int_0^{\infty}\cos mx\, e^{-a^2x^2}dx = \frac{\sqrt{\pi}}{2a}e^{-\frac{m^2}{4a^2}}$$

第 3 章　分　立　谱

1. 计算下列积分[其中(1)、(2)利用生成函数计算]：

(1) $\int_{-\infty}^{\infty}u_n^*(x)x^2u_m(x)dx$，$u_n$ 为归一化谐振子波函数.

(2) $\int_{-1}^{1}P_l(w)P_l(w)dw$，$P_l$ 为勒让德多项式.

(3) $\int_{-1}^{1}P_l^m(w)P_K^m(w)dw$，$P_l^m$ 为联属勒让德多项式.

解　(1) $\int_{-\infty}^{\infty}u_n^*(x)x^2u_m(x)dx = \frac{N_nN_m}{\alpha^3}\int_{-\infty}^{\infty}\xi^2H_n(\xi)H_m(\xi)e^{-\xi^2}d\xi$

由厄米多项式的生成函数有

$$\sum_n\frac{S^n}{n!}H_n(\xi) = e^{-S^2+2S\xi}\qquad\sum_m\frac{t^n}{m!}H_n(\xi) = e^{-t^2+2t\xi}$$

所以

$$\sum_n\sum_m\frac{S^nt^m}{n!m!}\int_{-\infty}^{\infty}H_n(\xi)H_m(\xi)\xi^2e^{-\xi^2}d\xi = \int_{-\infty}^{\infty}e^{-S^2+2S\xi}e^{-t^2+2t\xi}\xi^2e^{-\xi^2}d\xi$$

等式右边积分为

$$\int_{-\infty}^{\infty}e^{-S^2-t^2-\xi^2+2S\xi+2t\xi-2St}e^{2St}\xi^2d\xi = e^{2St}\int_{-\infty}^{\infty}e^{-(\xi-S-t)^2}\xi^2d\xi$$

$$= e^{2St}\left[\int_{-\infty}^{\infty}e^{-(\xi-S-t)^2}(\xi-S-t)^2d\xi - \int_{-\infty}^{\infty}(S^2+t^2+2St)e^{-(\xi-S-t)^2}d\xi\right.$$

$$\left.+\int_{-\infty}^{\infty}(2S\xi+2t\xi)e^{-(\xi-S-t)^2}d\xi\right]$$

$$= e^{2St}\sqrt{\pi}\left(\frac{1}{2}-S^2-t^2-2St\right)$$

$$+e^{2St}(2S+2t)\int_{-\infty}^{\infty} e^{-(\xi-S-t)^2}(\xi-S-t)\mathrm{d}\xi$$

$$+e^{2St}2(S^2+St+St+t^2)\int_{-\infty}^{\infty} e^{-(\xi-S-t)^2}\mathrm{d}\xi$$

$$= e^{2St}\sqrt{\pi}\left(\frac{1}{2}+S^2+t^2+2St\right)$$

$$= \sqrt{\pi}\left(\frac{1}{2}+S^2+t^2+2St\right)\sum_{K=0}^{\infty}\frac{1}{K!}(2St)^K$$

$$= n!\sqrt{\pi}\left(\frac{1}{2}+S^2+t^2+2St\right)\sum_{K=0}^{\infty}\frac{1}{n!K!}(2St)^K$$

等式左边(用递推公式) $=\sum_{n,m}\frac{S^n t^m}{n!m!}\int_{-\infty}^{\infty}H_n(\xi)\left(\frac{H_{m+2}}{4}+\frac{1+m}{2}H_m+m^2H_{m-2}\right)e^{-\xi^2}\mathrm{d}\xi$

只有当 $n=m+2,m,m-2$ 三种情况下不为零,下面分三种情况讨论等式两边.

(i) 当 $n=m$ 情况

$$n!\sqrt{\pi}\left(\frac{1}{2}+S^2+t^2+2St\right)\sum_{K=0}^{\infty}\frac{2^K}{n!K!}S^Kt^K=\sum_{n,m}\frac{S^nt^m}{n!m!}\int_{-\infty}^{\infty}H_nH_m\xi^2e^{-\xi^2}\mathrm{d}\xi$$

比较等式两边 S^nt^n 的系数得

$$\frac{1}{n!n!}\int_{-\infty}^{\infty}[H_n(\xi)]^2\xi^2e^{-\xi^2}\mathrm{d}\xi=n!\sqrt{\pi}\left[\frac{2^n}{n!n!}\frac{1}{2}+\frac{2^n}{n!(n-1)!}\right]$$

即

$$\int_{-\infty}^{\infty}[H_n(\xi)]^2\xi^2e^{-\xi^2}\mathrm{d}\xi=2^{n-1}\sqrt{\pi}n!(2n+1)$$

(ii) 当 $n=m+2(m=n-2)$ 情况

比较等式两边 S^nt^{n-2} 项系数得

$$\frac{1}{n!(n-2)!}\int_{-\infty}^{\infty}H_n(\xi)H_{n-2}(\xi)\xi^2e^{-\xi^2}\mathrm{d}\xi=n!\sqrt{\pi}\frac{2^{n-2}}{n!(n-2)!}$$

即

$$\int_{-\infty}^{\infty}H_n(\xi)H_{n-2}(\xi)\xi^2e^{-\xi^2}\mathrm{d}\xi=n!\sqrt{\pi}2^{n-2}$$

(iii) 当 $n=m-2(m=n+2)$ 情况

比较等式两边 S^nt^{n+2} 项系数得

$$\frac{1}{n!(n-2)!}\int_{-\infty}^{\infty}H_n(\xi)H_{n+2}(\xi)\xi^2e^{-\xi^2}\mathrm{d}\xi=n!\sqrt{\pi}\frac{2^n}{n!n!}$$

即

$$\int_{-\infty}^{\infty}H_n(\xi)H_{n+2}(\xi)\xi^2e^{-\xi^2}\mathrm{d}\xi=(n+2)!\sqrt{\pi}2^n$$

将这三种积分结果分别代入等式:

$$\int_{-\infty}^{\infty}u_n^*(x)x^2u_m(x)\mathrm{d}x=\frac{N_nN_m}{\alpha^3}\int_{-\infty}^{\infty}\xi^2H_n(\xi)H_m(\xi)e^{-\xi^2}\mathrm{d}\xi$$

得

$$\int_{-\infty}^{\infty} u_n^*(x)x^2 u_m(x)\mathrm{d}x = \begin{cases} \dfrac{\sqrt{n(n-1)}}{2}\dfrac{\hbar}{m\omega} & m=n-2 \\ \left(n+\dfrac{1}{2}\right)\dfrac{\hbar}{m\omega} & m=n \\ \dfrac{\sqrt{(n+1)(n+2)}}{2}\dfrac{\hbar}{m\omega} & m=n+2 \\ 0 & \text{其他} \end{cases}$$

（2）由勒让德多项式生成函数有

$$\frac{1}{\sqrt{1-2wu+u^2}\sqrt{1-2wv+v^2}} = \sum_{l,l'} P_l(w)P_{l'}(w)u^l v^{l'}$$

两边对 w 由 -1 到 1 积分：

$$\begin{aligned}
\text{左边} &= \int_{-1}^{1} \frac{\mathrm{d}w}{\sqrt{1-2wu+u^2}\sqrt{1-2wv+v^2}} \\
&= \frac{2}{2\sqrt{uv}}\ln\left[2\sqrt{uv}\sqrt{1-2wu+u^2}-2u\sqrt{1-2wv+v^2}\right] \\
&= \frac{1}{\sqrt{uv}}\ln\left[2\sqrt{uv}(1-u)-2u(1-v)\right]-\frac{1}{\sqrt{uv}}\ln\left[2\sqrt{uv}(1+u)-2u(1+v)\right] \\
&= \frac{1}{\sqrt{uv}}\ln\frac{\sqrt{uv}(1-u)-u(1-v)}{\sqrt{uv}(1+u)-u(1+v)} \\
&= \frac{1}{\sqrt{uv}}\ln\frac{\sqrt{v}(1-u)-\sqrt{u}(1-v)}{\sqrt{v}(1+u)-\sqrt{u}(1+v)} \\
&= \frac{1}{\sqrt{uv}}\ln\frac{\sqrt{v}-\sqrt{u}\sqrt{uv}-\sqrt{u}+\sqrt{v}\sqrt{uv}}{\sqrt{v}+\sqrt{u}\sqrt{uv}-\sqrt{u}-\sqrt{v}\sqrt{uv}} \\
&= \frac{1}{\sqrt{uv}}\ln\frac{(\sqrt{v}-\sqrt{u})(1+\sqrt{uv})}{(\sqrt{v}-\sqrt{u})(1-\sqrt{uv})} \\
&= \frac{1}{\sqrt{uv}}\ln\frac{1+\sqrt{uv}}{1-\sqrt{uv}} = \frac{1}{\sqrt{uv}}\sum_{l=1}^{\infty}2\frac{(\sqrt{uv})^{2l-1}}{2l-1} \\
&= \sum_{l=0}^{\infty}\frac{2}{2l+1}u^l v^l
\end{aligned}$$

$$\text{右边} = \sum_{l,l'}\int_{-1}^{1}P_l(w)P_{l'}(w)\mathrm{d}w u^l v^{l'}$$

所以

$$\sum_{l,l'} = \int_{-1}^{1}P_l(w)P_{l'}(w)\mathrm{d}w u^l v^{l'} = \sum_{l=0}^{\infty}\frac{2}{2l+1}u^l v^l$$

比较上式两边 $u^l v^l$ 项系数得

$$\int_{-1}^{1}P_l(w)P_{l'}(w)\mathrm{d}w = \begin{cases} 0 & \text{当 } l\neq l' \\ \dfrac{2}{2l+1} & \text{当 } l=l' \end{cases}$$

注：在上面计算中用了积分公式

$$\int \frac{\mathrm{d}x}{\sqrt{a+bx}\ \sqrt{f+gx}} = \frac{2}{\sqrt{bg}}\ln\left|\sqrt{bg}\ \sqrt{a+bx}+b\ \sqrt{f+gx}\right| \qquad (bg>0)$$

此处 $a=1+u^2, b=-2u, f=1+v^2, g=-2v$.

用了幂级数展开式

$$\ln\frac{1+x}{1-x} = \sum_{l=1}^{\infty} 2\ \frac{x^{2l-1}}{2l-1} \qquad |x|<1$$

这里 $x=\sqrt{uv}$,且 $\sqrt{uv}<1$.

(3) $P_l^m P_K^m$ 分别满足的微分方程是

$$(1-w^2)\frac{\mathrm{d}^2P_l^m}{\mathrm{d}w^2}-2w\frac{\mathrm{d}P_l^m}{\mathrm{d}w}+\left[l(l+1)-\frac{m^2}{1-w^2}\right]P_l^m(w)=0 \tag{1}$$

$$(1-w^2)\frac{\mathrm{d}^2P_K^m}{\mathrm{d}w^2}-2w\frac{\mathrm{d}P_K^m}{\mathrm{d}w}+\left[K(K+1)-\frac{m^2}{1-w^2}\right]P_K^m(w)=0 \tag{2}$$

$P_K^m x(1)-P_l^m x(2)$得

$$\frac{\mathrm{d}}{\mathrm{d}w}\left[(1-w^2)\left(P_K^m\frac{\mathrm{d}P_l^m}{\mathrm{d}w}-P_l^m\frac{\mathrm{d}P_K^m}{\mathrm{d}w}\right)\right]+[l(l+1)-K(K+1)]P_K^mP_l^m=0$$

积分得

$$\begin{aligned}
&\int_{-1}^{1}P_K^mP_l^m\mathrm{d}w\\
&=\frac{1}{K(K+1)-l(l+1)}\int_{-1}^{1}\frac{\mathrm{d}}{\mathrm{d}w}\left[(1-w^2)\left(\frac{\mathrm{d}P_l^m}{\mathrm{d}w}-P_l^m\frac{\mathrm{d}P_K^m}{\mathrm{d}w}\right)\right]\mathrm{d}w\\
&=\frac{1}{K(K+1)-l(l+1)}\left[(1-w^2)\left(P_K^m\frac{\mathrm{d}P_l^m}{\mathrm{d}w}-P_l^m\frac{\mathrm{d}P_K^m}{\mathrm{d}w}\right)\right]_{-1}^{1}\\
&=\begin{cases}0 & \text{当 } K\neq l\\ \dfrac{0}{0} & \text{当 } K=l\end{cases}
\end{aligned}$$

考虑 $K=l$ 时

$$\begin{aligned}
\int_{-1}^{1}[P_l^m(w)]^2\mathrm{d}w &= \frac{1}{2^{2l}(l!)^2}\int_{-1}^{1}\frac{(1-w^2)^m\mathrm{d}^{l+m}(w^2-1)^l\mathrm{d}^{l+m}(w^2-1)^l}{\mathrm{d}w^{l+w}\mathrm{d}w^{l+w}}\mathrm{d}w\\
&=\cdots=\frac{1}{2^{2l}(l!)^2}(-1)^{l+m}\int_{-1}^{1}\frac{\mathrm{d}^{l+m}}{\mathrm{d}w^{l+m}}\left[(1-w^2)\frac{m\mathrm{d}^{l+m}(w^2-1)^l}{\mathrm{d}w^{l+m}}\right](w^2-1)^l\mathrm{d}w
\end{aligned}$$

这里用分部积分作了 $l+m$ 次.

又因为$(1-w)^m\dfrac{\mathrm{d}^{l+m}(w^2-1)^l}{\mathrm{d}w^{l+m}}$为 w 的$(l-m+2m)=l+m$ 次幂的多项式,它的最高次项为$(-1)^m\dfrac{(2l)!}{(l-m)!}w^{l+m}$,所以微商 $l+m$ 次后,只剩下常数:

$$(-1)^m\frac{(2l)!}{(l-m)!}(l+m)!$$

所以

$$\begin{aligned}
\int_{-1}^{1}[P_l^w(w)]^2\mathrm{d}w &= \frac{(-1)^{l+m}}{2^{2l}(l!)^2}\frac{(-1)^m(2l)!(l+m)!}{(l-m)!}\int_{-1}^{1}(w^2-1)^l\mathrm{d}w\\
&=\frac{(-1)^{l+2m}}{2^{2l}(l!)^2}\frac{(2l)!(l+m)!}{(l-m)!}\frac{2^{2l+1}(l!)^2}{(2l)!}\frac{(-1)^l}{(2l+1)}
\end{aligned}$$

$$=\frac{2}{2l+1}\frac{(l+m)!}{(l-m)!}$$

最后第二步仍是用分部积分.

所以

$$\int_{-1}^{1}P_l^m(w)P_K^m(w)\mathrm{d}w=\begin{cases}0 & l\neq K\\ \dfrac{2}{2l+1}\dfrac{(l+m)!}{(l-m)!} & l=K\end{cases}$$

2. 写出一维谐振子基态的表达式,求出势能、动能的平均值,并将其向动量的本征函数展开.

解

$$u_n(x)=N_nH_n(\xi)\mathrm{e}^{-\frac{\xi^2}{2}}$$

其中,$N_n=(2^n n!\sqrt{\pi})^{-\frac{1}{2}}\alpha^{\frac{1}{2}}$.

$H_n(\xi)$为厄米多项式

$$\xi=\alpha x\qquad \alpha=\sqrt{\frac{m\omega}{\hbar}}\qquad \omega=\sqrt{\frac{K}{m}}$$

对于基态 $n=0$

$$N_0=\left(\frac{\alpha}{\sqrt{\pi}}\right)^{\frac{1}{2}}\qquad H_0=1$$

$$U_0(x)=\left(\frac{\alpha}{\sqrt{\pi}}\right)^{\frac{1}{2}}\cdot 1\cdot \mathrm{e}^{-\frac{\xi^2}{2}}$$

$$\begin{aligned}\langle V\rangle_{00}&=\frac{1}{2}K(U_0,x^2U_0)=\frac{KN_0^2}{2}\int_{-\infty}^{\infty}x^2\mathrm{e}^{-\xi^2}\mathrm{d}x\\&=\frac{KN_0^2}{2\alpha^2}\int_{-\infty}^{\infty}\xi^2\mathrm{e}^{-\xi^2}\mathrm{d}\xi=\frac{KN_0^2}{2\alpha^2}\frac{\sqrt{\pi}}{2}\\&=\frac{1}{4}\hbar\omega=\frac{1}{2}E_0\end{aligned}$$

$$\begin{aligned}\langle KE\rangle_{00}&=(U_0,p^2/2mU_0)=(U_0,HU_0)-\frac{K}{2}(U_0,x^2U_0)\\&=E_0-\frac{1}{2}E_0=\frac{1}{2}E_0\end{aligned}$$

ψ_p 为归一化的动量本征函数(一维).

$$\psi_p=\sqrt{\frac{1}{2\pi}}\mathrm{e}^{\frac{i}{\hbar}p_x x}$$

$$U_0(x)=\int_{-\infty}^{\infty}C_n\psi_p\mathrm{d}p=\int_{-\infty}^{\infty}C_n\sqrt{\frac{1}{2\pi}}\mathrm{e}^{\frac{i}{\hbar}p_x x}\mathrm{d}p_x$$

$$\begin{aligned}C_n&=\int_{-\infty}^{\infty}U_0(x)\psi_p^*\mathrm{d}x\\&=\sqrt{\frac{1}{2\pi}}\frac{\alpha^{\frac{1}{2}}}{\pi^{\frac{1}{4}}}\int_{-\infty}^{\infty}\mathrm{e}^{-\frac{i}{\hbar}p_x x-\frac{\alpha^2}{2}x^2}\mathrm{d}x\end{aligned}$$

$$=\sqrt{\frac{1}{2\pi}}\frac{\alpha^{\frac{1}{2}}}{\pi^{\frac{1}{4}}}\int_{-\infty}^{\infty}\left[\cos\left(\frac{1}{\hbar}p_x x\right)-i\sin\left(\frac{1}{\hbar}p_x x\right)\right]e^{-\frac{\alpha^2}{2}x^2}dx$$

$$=2\sqrt{\frac{1}{2\pi}}\frac{\alpha^{\frac{1}{2}}}{\pi^{\frac{1}{4}}}\int_{0}^{\infty}\cos\left(\frac{1}{\hbar}p_x x\right)e^{-\frac{\alpha^2}{2}x^2}dx$$

$$=\sqrt{\frac{2}{\pi}}\frac{\alpha^{\frac{1}{2}}}{\pi^{\frac{1}{4}}}\cdot\frac{\sqrt{\pi}}{2}\cdot\sqrt{\frac{2}{\alpha^2}}\cdot e^{-p_x^2/2\alpha^2\hbar^2}$$

$$=\frac{1}{\pi^{\frac{1}{4}}\sqrt{\alpha}}\exp\left(-\frac{p_x^2}{2\alpha^2\hbar^2}\right)$$

3. 用生成函数证明：

$$P_l(w)=\frac{1}{2^l l!}\frac{d^l}{dw^l}(w^2-1)^l$$

解　由生成函数

$$(1-2ws+s^2)^{-\frac{1}{2}}=\sum_l P_l(w)s^l$$

利用柯西公式将系数 $P_l(w)$ 展开.

$$P_l(w)=\frac{1}{2\pi i}\int_c\frac{(1-2ws+s^2)^{-\frac{1}{2}}}{s^{l+1}}ds$$

C 为包围 $s=0$ 的任意闭曲线，作变换

$$(1-2ws+s^2)^{\frac{1}{2}}=1-ts$$

两边平方

$$1-2ws+s^2=1-2ts+t^2s^2$$

$$s^2(t^2-1)+2s(w-t)=0$$

$$s=\frac{2(t-w)}{t^2-1}\qquad s=0\ (\text{舍去})$$

代入 $P_l(w)$ 表示式，注意到

$$(1-2ws+s^2)^{-\frac{1}{2}}=(1-ts)^{-1}=\frac{t^2-1}{-t^2-1+2tw}$$

$$\frac{ds}{dt}=\frac{2(t^2-1)-2(t-w)2t}{(t^2-1)^2}$$

得

$$P_l(w)=\frac{1}{2\pi i}\int_{C'}\frac{(t^2-1)(t^2-1)^{l+1}2(-t^2-1+2tw)}{(-t^2-1+2tw)2^{l+1}(t-w)^{l+1}(t^2-1)^2}dt$$

$$=\frac{1}{2\pi i}\frac{1}{2^l}\int_{C'}\frac{(t^2-1)^l}{(t-w)^{l+1}}dt$$

C' 为 t 平面绕 w 这点的任意闭合曲线，因而这个表示式就是相对于 $(t^2-1)^l$ 这个函数在 w 这一点展成 $(t-w)^l$ 的泰勒级数的系数乘 $\frac{1}{2^l}$，写成微分式，即

$$P_l(w)=\frac{1}{2^l l!}\frac{d^l(w^2-1)^l}{dw^l}$$

4. 求下列对易关系：

$[L_x,P_x]$,$[L_x,P_y]$, $[L_x,P_z]$,$[L_x,x]$,$[L_x,y]$,$[L_x,z]$

解

$$[L_x,P_x]=L_xP_x-P_xL_x=(yP_z-zP_y)P_x-P_x(yP_z-zP_y)$$
$$=yP_zP_x-zP_yP_x-yP_zP_x+zP_yP_x=0$$
$$[L_x,P_y]=L_xP_y-P_yL_x=(yP_z-zP_y)P_y-P_y(yP_z-zP_y)$$
$$=(yP_y-P_yy)P_z=i\hbar P_z$$
$$[L_x,P_z]=L_xP_z-P_zL_x=(yP_z-zP_y)P_z-P_z(yP_z-zP_y)$$
$$=-(zP_z-P_zz)P_y=-i\hbar P_y$$
$$[L_x,x]=L_xx-xL_x=yP_zx-zP_yx-yP_zx+zP_yx=0$$
$$[L_x,y]=L_xy-yL_x=z(yP_y-P_yy)=i\hbar z$$
$$[L_x,z]=L_xz-zL_x=y(P_zz-zP_z)=-i\hbar y$$

5. 求粒子处在状态 $Y_{lm}(\theta,\varphi)$时 $L_x,L_y,L_z,(\Delta L_x)^2,(\Delta L_y)^2$ 的平均值.

解　首先定义两个算子：

$$L_+=L_x+iL_y \qquad L_-=L_x-iL_y$$

前者称为升算子,后者称为降算子,可以证明：

$$L_+Y_{lm}=C_1Y_{l,m+1} \qquad C_1=\sqrt{l(l+1)-m(m+1)}$$
$$L_-Y_{lm}=C_2Y_{l,m-1} \qquad C_2=\sqrt{l(l+1)-m(m-1)}$$

为了写起来方便,本题采取以$\hbar$为单位.

利用这些结果求平均值：

$$\overline{L}_x=(Y_{lm},L_xY_{lm})=\left(Y_{lm},\frac{L_++L_-}{2}Y_{lm}\right)$$
$$=\frac{1}{2}(Y_{lm},L_+Y_{lm})+\frac{1}{2}(Y_{lm},L_-Y_{lm})$$
$$=\frac{C_1}{2}(Y_{lm},Y_{l,m+1})+\frac{C_2}{2}(Y_{lm},Y_{l,m-1})=0$$
$$\overline{L}_y=(Y_{lm},L_yY_{lm})=\left(Y_{lm},\frac{L_+-L_-}{2i}Y_{lm}\right)$$
$$=\frac{1}{2i}(Y_{lm},L_+Y_{lm})-\frac{1}{2i}(Y_{lm},L_-Y_{lm})$$
$$=\frac{C_1}{2i}(Y_{lm},Y_{l,m+1})+\frac{C_2}{2i}(Y_{lm},Y_{l,m-1})=0$$
$$\overline{L}_z=(Y_{lm},L_zY_{lm})=m(Y_{lm},Y_{lm})=m$$

又因为

$$\overline{(\Delta L_x)^2}=\overline{(L_x-\overline{L}_x)^2}=\overline{L_x^2}-\overline{L}_x^2=\overline{L_x^2}$$

所以

$$\overline{(\Delta L_x)^2}=\overline{L_x^2}=(Y_{lm},L_x^2Y_{lm})$$
$$=(L_xY_{lm},L_xY_{lm})=\frac{1}{4}(C_1Y_{l,m+1}+C_2Y_{l,m-1},C_1Y_{l,m+1}+C_2Y_{l,m-1})$$
$$=\frac{1}{4}[C_1^2(Y_{l,m+1},Y_{l,m+1})+C_2^2(Y_{l,m-1},Y_{l,m-1})]$$

$$=\frac{C_1^2+C_2^2}{4}=\frac{l(l+1)-m(m+1)+l(l+1)-m(m-1)}{4}$$

$$=\frac{1}{2}[l(l+1)-m^2]$$

同理

$$\overline{(\Delta y)^2}=\overline{L_y^2}=(Y_{lm},L_y^2Y_{lm})$$
$$=(L_yY_{lm},L_yY_{lm})$$
$$=\frac{1}{4}(C_1Y_{l,m+1}-C_2Y_{l,m-1},C_1Y_{l,m+1}-C_2Y_{l,m-1})$$
$$=\frac{1}{4}[C_1^2(Y_{l,m+1},Y_{l,m+1})+C_1^2(Y_{l,m-1},Y_{l,m-1})]$$
$$=\frac{1}{2}[l(l+1)-m^2]$$

6. 设体系处在状态

$$\psi=C_1Y_{11}(\theta,\varphi)+C_2Y_{10}(\theta,\varphi)$$

求 $\boldsymbol{L}$ 和 L^2 在此状态中的可能值.

解

$$L^2\psi=L^2C_1Y_{11}+L^2C_2Y_{10}$$
$$=2\hbar^2C_1Y_{11}+2\hbar^2C_2Y_{10}$$
$$=2\hbar^2(C_1Y_{11}+C_2Y_{10})$$

所以此态为 L^2 的本征态，本征值为 $2\hbar^2$，$\boldsymbol{L}$ 三个分量为 L_x,L_y,L_z，Y_{lm} 为 L_z 本征态，本征值为 $m\hbar$，所以在态 $\psi=C_1Y_{11}+C_2Y_{10}$ 中 L_z 的可能值为$\hbar$和 0.

为了求 L_x 及 L_y，引进坐标变换，用(x',y',z')代替原坐标系下(y,z,x)，可见 L_x 的可取值，即(x',y',z')坐标系中的 $L_{z'}$ 的可取值.

因为

$$x=r\sin\theta\cos\varphi=r\cos\theta'$$
$$y=r\sin\theta\sin\varphi=r\sin\theta'\cos\varphi'$$
$$z=r\cos\theta=r\sin\theta'\sin\varphi'$$

所以

$$\sin\theta\cos\varphi=\cos\theta'$$
$$\sin\theta\sin\varphi=\sin\theta'\cos\varphi'$$
$$\cos\theta=\sin\theta'\sin\varphi'$$

在 x',y',z'坐标系中 $L_x(L_{z'})$本征函数为 $Y_{lm}(\theta'\varphi')$.

$$\psi=C_1Y_{11}(\theta,\varphi)+C_2Y_{10}(\theta,\varphi)$$
$$=C_1\sqrt{\frac{3}{8\pi}}\sin\theta e^{i\varphi}+C_2\sqrt{\frac{3}{4\pi}}\cos\theta$$
$$=C_1\sqrt{\frac{3}{8\pi}}(\sin\theta\cos\varphi+i\sin\theta\sin\varphi)+C_2\sqrt{\frac{3}{4\pi}}\cos\theta$$
$$=C_1\sqrt{\frac{3}{8\pi}}(\cos\theta'+i\sin\theta'\cos\varphi')+C_2\sqrt{\frac{3}{4\pi}}\sin\theta'\sin\varphi'$$

因为

$$\sqrt{\frac{3}{8\pi}}\cos\theta'=\frac{1}{\sqrt{2}}Y_{10}(\theta'\varphi')$$

$$\sqrt{\frac{3}{8\pi}}\sin\theta'\cos\varphi'=\sqrt{\frac{3}{8\pi}}\sin\theta'\ \frac{e^{i\varphi'}+e^{-i\varphi'}}{2}$$

$$=\frac{1}{2}i[Y_{11}(\theta'\varphi')+Y_{1-1}(\theta'\varphi')]$$

$$\sqrt{\frac{3}{4\pi}}\sin\theta'\sin\varphi'=\sqrt{\frac{3}{4\pi}}\sin\theta'\ \frac{e^{i\varphi'}-e^{-i\varphi'}}{2i}$$

$$=\frac{1}{\sqrt{2}i}[Y_{11}(\theta'\varphi')-Y_{1-1}(\theta'\varphi')]$$

所以

$$\psi=C_1\frac{1}{\sqrt{2}}Y_{10}(\theta'\varphi')+\frac{C_1 i}{2}[Y_{11}(\theta'\varphi')+Y_{1-1}(\theta'\varphi')]$$

$$-\frac{i}{\sqrt{2}}C_2Y_{11}(\theta'\varphi')+\frac{i}{\sqrt{2}}C_2Y_{1-1}(\theta'\varphi')$$

$$=\frac{1}{\sqrt{2}}C_1Y_{10}(\theta'\varphi')+\frac{i(C_1+\sqrt{2}C_2)}{2}Y_{11}(\theta'\varphi')+\frac{i(C_1+\sqrt{2}C_2)}{2}Y_{1-1}(\theta'\varphi')$$

因为 Y_{10}，Y_{11}，Y_{1-1} 均为 $L_{z'}$ 的本征态，其本征值为 0，$\hbar$，$-\hbar$，所以对 ψ 态，$L_x(L_{z'})$ 的可能取值为 0，$\pm\hbar$.

类似地变换坐标以 (x'',y'',z'') 取代 (z,x,y)，则 L_y 的可取值即 (x'',y'',z'') 坐标系中 $L_{z''}$ 的可取值，同样也可证明 $L_y(L_{z''})$ 的可能值为 0，$\pm\hbar$.

7. 设氢原子处在状态(指相对运动的电子)

$$\psi(r,\theta,\varphi)=\frac{1}{\sqrt{\pi a_0^3}}e^{-\frac{r}{a_0}}$$

求 r 的平均值，势能 $-\frac{e^2}{r}$ 的平均值及动量分布函数.

解

$$\langle r\rangle=\frac{1}{\pi a_0^3}\int_0^{2\pi}d\varphi\int_0^{\pi}\sin\theta d\theta\int_0^{\infty}re^{-\frac{2r}{a_0}}r^2dr$$

$$=\frac{4}{a_0^3}\int_0^{\infty}r^3e^{-\frac{2r}{a_0}}dr=\frac{4}{a_0^3}\frac{3a_0^4}{8}=\frac{3}{2}a_0$$

上面计算中利用了积分公式：$\int_0^{\infty}r^n e^{-\alpha r}=\frac{n!}{\alpha^{n+1}}$

$$\langle-\frac{e^2}{r}\rangle=-e^2\langle\frac{1}{r}\rangle$$

$$\langle\frac{1}{r}\rangle=\frac{1}{\pi a_0^3}\int_0^{2\pi}d\varphi\int_0^{\pi}\sin\theta d\theta\int_0^{\infty}\frac{1}{r}e^{-\frac{2r}{a_0}}r^2dr$$

$$=\frac{4}{a_0^3}\int_0^{\infty}re^{-\frac{2r}{a_0}}dr=\frac{4}{a_0^3}\frac{a_0^2}{4}=\frac{1}{a_0}$$

所以

$$\langle -\frac{e^2}{r}\rangle = -\frac{e^2}{a_0}$$

因为归一化的动量本征函数为

$$\psi_p = \frac{1}{(2\pi\hbar)^{3/2}} e^{\frac{i}{\hbar}\boldsymbol{p}\cdot\boldsymbol{r}}$$

将 ψ_0 向动量本征函数展开.

$$\psi_0 = \int C(p)\psi_p \mathrm{d}\boldsymbol{p}$$

则动量分布函数

$$C(p) = \int \psi_p^* \psi_0 \mathrm{d}\tau$$

选球极坐标并以 $\boldsymbol{p}$ 方向为极轴(z 轴),则

$$\begin{aligned}
C(p) &= \frac{1}{\sqrt{8\pi^4 \hbar^3 a_0^3}}\int_0^\infty\int_0^\pi\int_0^{2\pi} e^{-\frac{i}{\hbar}\boldsymbol{p}\cdot\boldsymbol{r}} e^{-\frac{r}{a_0}} r^2 \mathrm{d}r\sin\theta\mathrm{d}\theta\mathrm{d}\varphi \\
&= \frac{1}{\sqrt{8\pi^4 \hbar^3 a_0^3}}\int_0^\infty\int_0^\pi\int_0^{2\pi} e^{-\frac{i}{\hbar}pr\cos\theta} e^{-\frac{r}{a_0}} r^2 \mathrm{d}r\sin\theta\mathrm{d}\theta\mathrm{d}\varphi \\
&= \frac{1}{\sqrt{8\pi^4 \hbar^3 a_0^3}}\int_0^\infty\int_0^{2\pi}\mathrm{d}\varphi\left[\int_1^{-1} e^{-\frac{i}{\hbar}pr\cos\theta}\mathrm{d}(-\cos\theta)\right] e^{-\frac{r}{a_0}} r^2\mathrm{d}r \\
&= \frac{\hbar}{ip\pi\sqrt{2\hbar^3 a_0^3}}\int_0^\infty (e^{\frac{i}{\hbar}pr} - e^{-\frac{i}{\hbar}pr}) e^{-\frac{r}{a_0}} r\mathrm{d}r \\
&= \frac{\sqrt{2}}{p\pi\sqrt{\hbar a_0^3}}\int_0^\infty \sin\left(\frac{pr}{\hbar}\right) e^{-\frac{r}{a_0}} r\mathrm{d}r \\
&= \frac{\sqrt{2}}{p\pi\sqrt{\hbar a_0^3}} \frac{2\frac{1}{a_0}\frac{p}{\hbar}}{\left(\frac{1}{a^2}+\frac{p^2}{\hbar^2}\right)^2} = \frac{1}{\pi}\left(\frac{2a_0}{\hbar}\right)^{\frac{3}{2}} \frac{1}{\left(\frac{p^2a^2}{\hbar^2}+1\right)^2}
\end{aligned}$$

这里利用积分公式

$$\int_0^\infty \sin mx\, e^{-\alpha x} x\,\mathrm{d}x = \frac{2\alpha m}{\alpha^2 + m^2}$$

第 4 章　表 象 理 论

1. 一个厄米矩阵可以用一个幺正变换使其对角化. 试证:两个厄米矩阵可以同时被一个幺正变换对角化的充分必要条件为它们是对易的.

证明　如果把厄米矩阵看成力学量算符,则可用下法证明.

充分性:若 F 和 G 对易,则有共同幺正变换使其对角化.

因为 F,G 对易,则有共同本征函数系

$$|F'G'\rangle, |F''G''\rangle, \cdots$$

且在这套本征函数系为基的表象中 F 和 G 都是对角化的.

$$\langle F'G' | F | F''G''\rangle = \delta_{F'F''}$$

$$\langle F'G' \mid G \mid F''G'' \rangle = \delta_{G'G''} \tag{1}$$

设在任意表象 ξ 中,则 F 和 G 的表示矩阵元为

$$\langle \xi' \mid F \mid \xi'' \rangle \qquad \langle \xi' \mid G \mid \xi'' \rangle \tag{2}$$

由式(1)插入两个单位算子,有

$$\langle F'G' \mid F \mid F''G'' \rangle = \sum_{\xi'\xi''} \langle F'G' \mid \xi' \rangle \langle \xi' \mid F \mid \xi'' \rangle \langle \xi'' \mid F''G'' \rangle$$

$$\langle F'G' \mid G \mid F''G'' \rangle = \sum_{\xi'\xi''} \langle F'G' \mid \xi' \rangle \langle \xi' \mid G \mid \xi'' \rangle \langle \xi'' \mid F''G'' \rangle$$

这两个式子的意义就是存在相同的变换矩阵.

$$U = (\langle F'G' \mid \xi' \rangle)$$

它能同时使矩阵$(\langle \xi' \mid F \mid \xi'' \rangle)$,$(\langle \xi' \mid G \mid \xi'' \rangle)$对角化.

必要性:如果存在共同幺正变换矩阵$(\langle \eta' \mid \xi' \rangle)$使其对角化,则 F,G 对易.

因为根据假定有

$$\sum_{\xi'\xi''} \langle \eta' \mid \xi' \rangle \langle \xi' \mid F \mid \xi'' \rangle \langle \xi'' \mid \eta'' \rangle = F' \delta_{\eta'\eta''}$$

$$\sum_{\xi'\xi''} \langle \eta' \mid \xi' \rangle \langle \xi' \mid G \mid \xi'' \rangle \langle \xi'' \mid \eta'' \rangle = G' \delta_{\eta'\eta''}$$

抽去单位矩阵即得

$$\langle \eta' \mid F \mid \eta'' \rangle = F' \delta_{\eta'\eta''}$$

$$\langle \eta' \mid G \mid \eta'' \rangle = G' \delta_{\eta'\eta''}$$

也就是说在 η 表象中,F,G 都是对角化的,换言之$|\eta'\rangle$,$|\eta''\rangle$,…是 F,G 的公共本征函数系.

下面再对一般厄米矩阵进行讨论.

必要性:若两个厄米矩阵可以被同一个幺正变换对角化,则它们必可对易.

设

$$UH_1U^{-1} = \begin{pmatrix} \lambda_1 & & 0 \\ & \lambda_2 & \\ 0 & & \ddots \end{pmatrix} \qquad UH_2U^{-1} = \begin{pmatrix} \rho_1 & & 0 \\ & \rho_2 & \\ 0 & & \ddots \end{pmatrix}$$

则

$$UH_1H_2U^{-1} = UH_1U^{-1}UH_2U^{-1} = \begin{pmatrix} \lambda_1\rho_1 & & 0 \\ & \lambda_2\rho_2 & \\ 0 & & \ddots \end{pmatrix}$$

且

$$UH_2H_1U^{-1} = UH_2U^{-1}UH_1U^{-1} = \begin{pmatrix} \rho_1\lambda_1 & & 0 \\ & \rho_2\lambda_2 & \\ 0 & & \ddots \end{pmatrix}$$

$$UH_1H_2U^{-1} = UH_2H_1U^{-1}$$

即 $H_1H_2 = H_2H_1$,H_1 与 H_2 对易.

充分性:若 $H_1H_2 = H_2H_1$,则必存在一个幺正变换使 H_1H_2 同时对角化.

因为 H_1 为厄米算子,则总可找到一个 U 变换使其对角化

$$UH_1U^{-1} = \begin{pmatrix} \lambda_1 & & 0 \\ & \lambda_2 & \\ 0 & & \ddots \end{pmatrix}$$

又因为

$$H_1H_2=H_2H_1$$

所以

$$UH_1U^{-1}UH_2U^{-1}=UH_2U^{-1}UH_1U^{-1}$$

即

$$\begin{pmatrix}\lambda_1 & & 0\\ & \lambda_2 & \\ 0 & & \ddots\end{pmatrix}(UH_2U^{-1})=(UH_2U^{-1})\begin{pmatrix}\lambda_1 & & 0\\ & \lambda_2 & \\ 0 & & \ddots\end{pmatrix}$$

也就是说(UH_2U^{-1})和一个对角矩阵可对易，如果假定 H_1 的本征值是非简并的，则(UH_2U^{-1})也一定是对角矩阵，即幺正变换，U 同时也使 H_2 对角化.

2. 找到两个矩阵 A 和 B 满足下列方程：

$$A^2=0 \qquad AA^+ + A^+A=1 \qquad B=A^+A$$

其中 0 和 1 分别为零矩阵和单位矩阵. 证明 $B^2=B$. 假设 B 在某一表象中是对角化的，且是非简并的，求 A 和 B 的具体表达式.

解 (1) 因为

$$B=A^+A=1-AA^+$$

$$B^2=BB=A^+A(1-AA^+)=A^+A-A^+AAA^+=A^+A-0=A^+A$$

所以

$$B^2=B$$

(2) B 在自身表象中是对角化的，即

$$\langle b' \mid B \mid b''\rangle = b'\delta_{b'b''}$$

$$\langle b' \mid B^2 \mid b''\rangle = b'^2\delta_{b'b''}$$

又因为 $B=B^2$，所以 $b'=b'^2$，得二解

$$b'=0 \qquad b'=1$$

因此在 B 表象中(考虑了 B 为非简并的)它只能是一个二行二列的矩阵

$$B=\begin{pmatrix}0 & 0\\ 0 & 1\end{pmatrix}$$

因为 $A^+A=B$，所以 A 也是二行二列的矩阵，设

$$A=\begin{pmatrix}a & b\\ c & d\end{pmatrix}$$

则

$$A^+=\begin{pmatrix}a^* & c^*\\ b^* & d^*\end{pmatrix}$$

$$A^+A=B$$

所以

$$\begin{pmatrix}a^* & c^*\\ b^* & d^*\end{pmatrix}\begin{pmatrix}a & b\\ c & d\end{pmatrix}=\begin{pmatrix}0 & 0\\ 0 & 1\end{pmatrix}$$

$$a^*a+c^*c=0 \qquad b^*b^*+d^*d=1$$

$$|a|^2+|c|^2=0$$

所以

$$a=c=0$$

又因为

$$A^2=AA=\begin{pmatrix} a & b \\ c & d \end{pmatrix}\begin{pmatrix} a & b \\ c & d \end{pmatrix}=0$$

$$cb+d^2=0$$

因为

$$c=0$$

所以

$$d^2=0 \qquad d=0$$

$$b^* b+d^* d=b^* b=1$$

所以

$$b=\mathrm{e}^{i\varphi}$$

$$A=\begin{pmatrix} 0 & \mathrm{e}^{i\varphi} \\ 0 & 0 \end{pmatrix}$$

3. 求坐标算符在动量表象中的表示.

解 动量表象中以 P 的本征矢为基矢.

$$|P'\rangle, |P''\rangle, \cdots$$

坐标算符 x 的表象为一矩阵,其矩阵元为

$$\langle P'_x | x | P''_x\rangle = C^2\int_{-\infty}^{\infty} \mathrm{e}^{-\frac{i}{\hbar}P'_x x} x\, \mathrm{e}^{\frac{i}{\hbar}P''_x x}\,\mathrm{d}x$$

因为

$$\frac{\mathrm{d}}{\mathrm{d}P'_x}\mathrm{e}^{-\frac{i}{\hbar}P'_x x} = -\frac{i}{\hbar}x\,\mathrm{e}^{-\frac{i}{\hbar}P'_x x}$$

所以

$$\begin{aligned}\langle P'_x | x | P''_x\rangle &= i\hbar\frac{\mathrm{d}}{\mathrm{d}P'_x}C^2\int_{-\infty}^{\infty} \mathrm{e}^{-\frac{i}{\hbar}P'_x x}\,\mathrm{e}^{\frac{i}{\hbar}P''_x x} x\,\mathrm{d}x \\ &= i\hbar\frac{\mathrm{d}}{\mathrm{d}P'_x}\delta(P'_x-P''_x)\end{aligned}$$

在动量表象中 x 为一算符

$$i\hbar\frac{\mathrm{d}}{\mathrm{d}P'_x}$$

4. 设厄米算符 AB 满足关系式 $A^2=B^2=1$,且 $AB+BA=0$,在 AB 两个表象中分别求算符 A,B 的矩阵表示,本征矢量以 Q 由 A 表象到 B 表象的变换矩阵 S.

解 在 A 表象中 A 为对角矩阵,如果考虑其本征值是非简并的,则有

$$\langle a' | A | a''\rangle = a'\delta_{a'a''}$$

$$\langle a' | A^2 | a''\rangle = a'^2\delta_{a'a''}$$

又因为 $A^2=1$,所以 $a'^2=1$,$a'=\pm 1$. 这是因为厄米算符本征值为实数. 所以

$$A=\begin{pmatrix} -1 & 0 \\ 0 & 1 \end{pmatrix}$$

在 A 表象中 B 的矩阵元为

$$\langle a' \mid B \mid a'' \rangle$$

因为

$$AB+BA=0$$

所以

$$\begin{aligned}\langle a' \mid AB+BA \mid a'' \rangle = 0 \\ &= \langle a' \mid AB \mid a'' \rangle + \langle a' \mid BA \mid a'' \rangle \\ &= \sum_{a'''} \langle a' \mid A \mid a''' \rangle \langle a''' \mid B \mid a'' \rangle + \sum_{a'''} \langle a' \mid B \mid a''' \rangle \langle a''' \mid A \mid a'' \rangle \\ &= \sum_{a'''} a''' \delta_{a'a'''} \langle a' \mid B \mid a''' \rangle + \sum_{a'''} \langle a'' \mid B \mid a''' \rangle a'' \delta_{a''a'''} \\ &= a' \langle a' \mid B \mid a'' \rangle + a'' \langle a' \mid B \mid a'' \rangle \\ &= (a'+a'') \langle a' \mid B \mid a'' \rangle = 0\end{aligned}$$

因为 A 的本征值只有两个，$a'=\pm1$，所以 $a'=a''$时 $(a'+a'')\neq0$

$$\langle a' \mid B \mid a' \rangle = \langle a'' \mid B \mid a'' \rangle = 0$$

而当 $a'\neq a''$时$(a'+a'')=0$，$\langle a' \mid B \mid a'' \rangle$不一定为零.

又由 $B^2=1$ 得

$$\langle a' \mid B^2 \mid a' \rangle = \sum_{a'''} \langle a' \mid B \mid a''' \rangle \langle a''' \mid B \mid a' \rangle$$

这里 a'''只有两个取值a'和a''，所以将求和号展开得

$$\begin{aligned}\langle a' \mid B^2 \mid a' \rangle &= \langle a' \mid B \mid a' \rangle \langle a' \mid B \mid a' \rangle + \langle a' \mid B \mid a'' \rangle \langle a'' \mid B \mid a' \rangle \\ &= \langle a' \mid B \mid a'' \rangle \langle a'' \mid B \mid a' \rangle = 1\end{aligned}$$

即 $|\langle a' \mid B \mid a'' \rangle|^2 = 1$，$\langle a' \mid B \mid a'' \rangle = e^{i\varphi}$

$$\langle a'' \mid B \mid a' \rangle = \overline{\langle a' \mid B \mid a'' \rangle} = e^{-i\varphi}$$

$$B = \begin{pmatrix} 0 & e^{i\varphi} \\ e^{-i\varphi} & 0 \end{pmatrix}$$

为了求变换矩阵(A 表象到 B 表象)，设在 A 表象中 A 的本征矢(基矢$|a'\rangle$，$|a''\rangle$).

$$|a'\rangle = \begin{pmatrix} 1 \\ 0 \end{pmatrix} \qquad |a''\rangle = \begin{pmatrix} 0 \\ 1 \end{pmatrix}$$

由于算符的本征值在任何表象中不变，故由 $B^2=1$ 立即得出 B 的本征值为$b'=\pm1$，而在 A 表象中 B 的本征矢为

$$\begin{pmatrix} \langle a' \mid b' \rangle \\ \langle a'' \mid b' \rangle \end{pmatrix} \text{ 及 } \begin{pmatrix} \langle a' \mid b'' \rangle \\ \langle a'' \mid b'' \rangle \end{pmatrix}$$

则

$$\begin{pmatrix} 0 & e^{i\varphi} \\ e^{-i\varphi} & 0 \end{pmatrix} \begin{pmatrix} \langle a' \mid b' \rangle \\ \langle a'' \mid b' \rangle \end{pmatrix} = (-1) \begin{pmatrix} \langle a' \mid b' \rangle \\ \langle a'' \mid b' \rangle \end{pmatrix}$$

$$e^{i\varphi} \langle a'' \mid b' \rangle = -\langle a' \mid b' \rangle$$

又由归一化条件$\langle b' | b' \rangle=1$.

$$\begin{aligned}\sum_{a'''} \langle b' \mid a''' \rangle \langle a''' \mid b' \rangle &= \langle b' \mid a' \rangle \langle a' \mid b' \rangle + \langle b' \mid a'' \rangle \langle a'' \mid b' \rangle \\ &= |\langle a' \mid b' \rangle|^2 + |\langle a'' \mid b' \rangle|^2 \\ &= 2 |\langle a'' \mid b' \rangle|^2 = 1\end{aligned}$$

所以

$$\langle a''|b'\rangle=\sqrt{\frac{1}{2}} \qquad \langle a'|b'\rangle=-\sqrt{\frac{1}{2}}\mathrm{e}^{i\varphi}$$

$$|b'\rangle=\begin{pmatrix}-\sqrt{\frac{1}{2}}\mathrm{e}^{i\varphi}\\ \sqrt{\frac{1}{2}}\end{pmatrix}$$

同样可得

$$|b''\rangle=\begin{pmatrix}\sqrt{\frac{1}{2}}\\ \sqrt{\frac{1}{2}}\mathrm{e}^{-i\varphi}\end{pmatrix}$$

由 A 表象到 B 表象的变换矩阵

$$S=\begin{pmatrix}\langle b'\mid a'\rangle & \langle b'\mid a''\rangle\\ \langle b''\mid a'\rangle & \langle b''\mid a''\rangle\end{pmatrix}$$

通过计算，如

$$\langle b'|a'\rangle=\left(-\sqrt{\frac{1}{2}}\mathrm{e}^{-i\varphi},\sqrt{\frac{1}{2}}\right)\begin{pmatrix}1\\0\end{pmatrix}$$

$$=-\sqrt{\frac{1}{2}}\mathrm{e}^{-i\varphi}$$

得

$$S=\sqrt{\frac{1}{2}}\begin{pmatrix}-\mathrm{e}^{-i\varphi} & 1\\ 1 & \mathrm{e}^{i\varphi}\end{pmatrix}$$

由于给出关系式中 A 算符与 B 算符完全对称，因此在 B 表象中将得到完全类似的结果.

5. 设

$$H=\frac{P^2}{2\mu}+V(r),H|K\rangle=E_K|K\rangle$$

其中 K 只取分立值.

证明：对任意一个本征态 l，下列关系式成立：

$$\sum_K(E_K-E_l)\mid\langle K\mid x\mid l\rangle\mid^2=\frac{\hbar^2}{2\mu}$$

证明 因为

$$\begin{aligned}\sum_K(E_K-E_l)\mid\langle K\mid x\mid l\rangle\mid^2&=\sum_K(E_K-E_l)\langle l\mid x\mid K\rangle\langle K\mid x\mid l\rangle\\&=\sum_K[E_K\langle l\mid x\mid K\rangle-E_l\langle l\mid x\mid K\rangle]\langle K\mid x\mid l\rangle\\&=\sum_K\langle l\mid xH-Hx\mid K\rangle\langle K\mid x\mid l\rangle\\&=\langle l\mid(xH-Hx)x\mid l\rangle\\&=\langle l\mid i\hbar\frac{P}{\mu}x\mid l\rangle\\&=\frac{\hbar^2}{\mu}\langle l\mid\frac{\mathrm{d}}{\mathrm{d}x}x\mid l\rangle\end{aligned}$$

考察

$$\frac{\hbar^2}{\mu}\langle l \mid \frac{\mathrm{d}}{\mathrm{d}x}x \mid l\rangle = \frac{\hbar^2}{\mu} + \frac{\hbar^2}{\mu}\langle l \mid x\frac{\mathrm{d}}{\mathrm{d}x} \mid l\rangle$$

因为

$$\frac{\bar{\mathrm{d}}}{\mathrm{d}x} = -\frac{\mathrm{d}}{\mathrm{d}x}$$

所以

$$\left[\langle l \mid \frac{\mathrm{d}}{\mathrm{d}x}\right]x \mid l\rangle = -\langle l \mid x\left[\frac{\mathrm{d}}{\mathrm{d}x} \mid l\rangle\right]$$

由

$$\frac{\hbar^2}{\mu}\left(\langle l \mid \frac{\mathrm{d}}{\mathrm{d}x}x \mid l\rangle - \langle l \mid x\frac{\mathrm{d}}{\mathrm{d}x} \mid l\rangle\right) = \frac{\hbar^2}{\mu}$$

得

$$2\frac{\hbar^2}{\mu}\langle l \mid \frac{\mathrm{d}}{\mathrm{d}x}x \mid l\rangle = \frac{\hbar^2}{\mu}$$

$$\frac{\hbar^2}{\mu}\langle l \mid \frac{\mathrm{d}}{\mathrm{d}x}x \mid l\rangle = \frac{\hbar^2}{2\mu}$$

即

$$\sum_K (E_K - E_l) \mid \langle K \mid x \mid l\rangle \mid^2 = \frac{\hbar^2}{\mu}\langle l \mid \frac{\mathrm{d}}{\mathrm{d}x}x \mid l\rangle = \frac{\hbar^2}{2\mu}$$

或这样证:从

$$\begin{aligned}\sum_K (E_K - E_l) \mid \langle K \mid x \mid l\rangle \mid^2 &= \langle l \mid (xH - Hx)x \mid l\rangle \\ &= \langle l \mid xHx - Hxx \mid l\rangle \\ &= \langle l \mid \left(Hx + i\hbar\frac{P}{\mu}\right)x - Hxx \mid l\rangle \\ &= \langle l \mid i\hbar\frac{Px}{\mu} \mid l\rangle\end{aligned}$$

又因为

$$\begin{aligned}\langle l \mid xHx - Hxx \mid l\rangle &= \langle l \mid x\left(xH - i\hbar\frac{P}{\mu}\right) - Hxx \mid l\rangle \\ &= \langle l \mid x^2 H \mid l\rangle - \langle l \mid -i\hbar\frac{xP}{\mu} \mid l\rangle - \langle l \mid Hx^2 \mid l\rangle \\ &= E_l\langle l \mid x^2 \mid l\rangle + \langle l \mid -i\hbar\frac{xP}{\mu} \mid l\rangle - E_l\langle l \mid x^2 \mid l\rangle \\ &= \langle l \mid -i\hbar\frac{xP}{\mu} \mid l\rangle\end{aligned}$$

所以

$$\begin{aligned}\langle l \mid xHx - Hxx \mid l\rangle &= \frac{1}{2}\langle l \mid i\hbar\frac{Px}{\mu} - i\hbar\frac{xP}{\mu} \mid l\rangle \\ &= \frac{1}{2}\langle l \mid \frac{i\hbar}{\mu}(-i\hbar) \mid l\rangle = \frac{\hbar^2}{2\mu}\end{aligned}$$

所以

$$\sum_K (E_K - E_l) \mid \langle K \mid x \mid l\rangle \mid^2 = \frac{\hbar^2}{2\mu}$$

6. 在坐标表象中一维谐振子的哈密顿算符可以表示为

$$\langle x \mid H \mid x' \rangle = -\frac{\hbar^2}{2m}\frac{\mathrm{d}^2}{\mathrm{d}x^2}\delta(x-x') + \frac{1}{2}Kx^2\delta(x-x')$$

把 H 及其本征函数变换到动量表象.

解 由

$$H = \frac{P_x^2}{2m} + \frac{1}{2}Kx^2$$

则 H 在动量表象中 $\langle P_x \mid H \mid P'_x \rangle$ 为

$$\langle P_x \left| \frac{P_x^2}{2m} \right| P'_x \rangle + \frac{K}{2}\langle P_x \mid x^2 \mid P'_x \rangle = \frac{P_x^2}{2m}\delta(P_x - P'_x) - \frac{K}{2}\hbar^2\frac{\mathrm{d}^2}{\mathrm{d}P_x^2}\delta(P_x - P'_x)$$

这里利用了第 3 题的结果

$$\langle P_x \mid x \mid P'_x \rangle = i\hbar\frac{\mathrm{d}}{\mathrm{d}P_x}\delta(P_x - P'_x)$$

所以在动量表象中

$$H = -\frac{\hbar^2}{2/K}\frac{\mathrm{d}^2}{\mathrm{d}P_x^2} + \frac{1}{2m}P_x^2$$

与坐标表象对比

$$x \to \frac{P}{\sqrt{Km}}$$

因为

$$\psi_x = N_1 H_n(\xi_x)\mathrm{e}^{-\frac{\xi_x^2}{2}} \qquad \xi_x = \alpha x$$

所以

$$\psi_P = N_n H_n(\xi_P)\mathrm{e}^{-\frac{\xi_P^2}{2}} \qquad \xi_P = \alpha\frac{P}{\sqrt{km}}$$

7. 验证对给定物理量在某状态下测量不受表象选择的影响.

证明 对给定物理量 F,设有一状态 $|P\rangle$,在 F 表象下

$$| P \rangle = \sum_{F'} | F' \rangle\langle F' | P \rangle$$

它表示测量值为 $F',F'',\cdots$的概率为 $|\langle F'|P\rangle|^2\cdots$. 任选一表象 G,有

$$| P \rangle = \begin{pmatrix} \langle G' \mid P \rangle \\ \langle G'' \mid P \rangle \\ \cdots \end{pmatrix} \qquad | F' \rangle = \begin{pmatrix} \langle G' \mid F' \rangle \\ \langle G'' \mid F' \rangle \\ \cdots \end{pmatrix}$$

所以在 G 表象中 $\langle F'|P\rangle$ 表为

$$\sum_{G'} \langle F' \mid G' \rangle\langle G' \mid P \rangle = \langle F' \mid P \rangle$$

所以测得测量值 $F',F'',\cdots$的概率 $|\langle F'|P\rangle|^2\cdots$与表象的选择无关.

第 5 章 量子条件

1. 计算下列泊松方括:

$$\left[\boldsymbol{r},\frac{\boldsymbol{P}^2}{2m}\right],\left[\frac{\boldsymbol{r}}{r},\boldsymbol{P}\right],[\boldsymbol{r},\boldsymbol{L}],[\boldsymbol{P},\boldsymbol{L}]$$

其中 $\boldsymbol{r},\boldsymbol{P},\boldsymbol{L}$ 分别为坐标，动量，角动量算符.

解　(1) $\left[\boldsymbol{r},\dfrac{\boldsymbol{P}^2}{2m}\right]$

取分量

$$\left[x,\frac{P^2}{2m}\right]=\frac{\partial}{\partial P_x}\left(\frac{P_x^2+P_y^2+P_z^2}{2m}\right)=\frac{P_x}{m}$$

同理

$$\left[y,\frac{P^2}{2m}\right]=\frac{P_y}{m}\qquad\left[z,\frac{P^2}{2m}\right]=\frac{P_z}{m}$$

(2) $\left[\dfrac{\boldsymbol{r}}{r},\boldsymbol{P}\right]$

$$\left[\frac{x}{r},P_x\right]=\frac{\partial}{\partial x}\left(\frac{x}{r}\right)=\frac{y^2+z^2}{r^3}$$

$$\left[\frac{x}{r},P_y\right]=\frac{\partial}{\partial y}\left(\frac{x}{r}\right)=-\frac{xy}{r^3}$$

$$\left[\frac{x}{r},P_z\right]=\frac{\partial}{\partial z}\left(\frac{x}{r}\right)=-\frac{xz}{r^3}$$

同理

$$\left[\frac{y}{r},P_x\right]=-\frac{yx}{r^3}\qquad\left[\frac{z}{r},P_x\right]=-\frac{zx}{r^3}$$

$$\left[\frac{y}{r},P_y\right]=\frac{z^2+x^2}{r^3}\qquad\left[\frac{z}{r},P_y\right]=-\frac{zy}{r^3}$$

$$\left[\frac{y}{r},P_z\right]=-\frac{yz}{r^3}\qquad\left[\frac{z}{r},P_z\right]=\frac{x^2+y^2}{r^3}$$

(3) $[\boldsymbol{r},\boldsymbol{L}]$

$$[x,L_x]=[x,yP_z-zP_y]=0$$

$$[y,L_x]=[y,yP_z-zP_y]=[zP_y,y]=z[P_y,y]+[z,y]P_y=-z$$

$$[z,L_x]=[z,yP_z-zP_y]=y[z,P_z]+[z,y]P_z=y$$

同理可证：

$$[x,L_y]=z\qquad[y,L_y]=0\qquad[z,L_y]=-x$$

$$[x,L_z]=-y\qquad[y,L_z]=x\qquad[z,L_z]=0$$

(4) $[\boldsymbol{P},\boldsymbol{L}]$

$$[P_x,L_x]=[P_x,yP_z-zP_y]=0$$

$$[P_y,L_x]=[P_y,yP_z-zP_y]=[P_y,y]P_z=-P_z$$

$$[P_z,L_x]=[P_z,yP_z-zP_y]=[zP_y,P_z]=P_y$$

同理可证：

$$[P_x,L_y]=P_z\qquad[P_x,L_z]=-P_y$$

$$[P_y,L_y]=0\qquad[P_y,L_z]=P_x$$

$$[P_z,L_y]=-P_x\qquad[P_z,L_z]=0$$

2. 证明下列等式成立：

$$[L_x,L_y]=L_z\quad[L_y,L_z]=L_x\quad[L_z,L_x]=L_y\quad[\boldsymbol{L},L^2]=0$$

证明

$$
\begin{aligned}
[L_x,L_y]&=[L_x,zP_x]-[L_x,xP_z]\\
&=z[L_x,P_x]+[L_x,z]P_x-x[L_x,P_z]-[L_x,x]P_z\\
&=-yP_x+xP_y=L_z\\
[L_y,L_z]&=[L_y,xP_y]-[L_y,yP_x]\\
&=x[L_y,P_y]+[L_y,x]P_y-y[L_y,P_x]-[L_y,y]P_x\\
&=-zP_y+yP_z=L_x\\
[L_z,L_x]&=[L_z,yP_z]-[L_z,zP_y]\\
&=y[L_z,P_z]+[L_z,y]P_z-z[L_z,P_y]-[L_z,z]P_y\\
&=-xP_z+zP_x=L_y
\end{aligned}
$$

因为

$$
\begin{aligned}
[L_x,L^2]&=[L_x,L_x^2]+[L_x,L_y^2]+[L_x,L_z^2]\\
&=L_y[L_x,L_y]+[L_x,L_y]L_y+L_z[L_x,L_z]+[L_x,L_z]L_z\\
&=L_yL_z+L_zL_y-L_zL_y-L_yL_z=0
\end{aligned}
$$

同理

$$[L_y,L^2]=0 \qquad [L_z,L^2]=0$$

所以

$$[\mathbf{L},L^2]=0$$

3. 推证下列关系式成立：

$$\frac{\mathrm{d}}{\mathrm{d}q}q-q\frac{\mathrm{d}}{\mathrm{d}q}=1$$

证明 设 ψ 是 q 的任意函数

$$\left(\frac{\mathrm{d}}{\mathrm{d}q}q-q\frac{\mathrm{d}}{\mathrm{d}q}\right)\psi=\frac{\mathrm{d}}{\mathrm{d}q}(q\psi)-q\frac{\mathrm{d}\psi}{\mathrm{d}q}=q\frac{\mathrm{d}\psi}{\mathrm{d}q}+\psi-q\frac{\mathrm{d}\psi}{\mathrm{d}q}=\psi$$

所以

$$\frac{\mathrm{d}}{\mathrm{d}q}q-q\frac{\mathrm{d}}{\mathrm{d}q}=1$$

4. 在动量表象中，一维粒子的波函数为

$$\psi(P)=\frac{\xi}{\sqrt{\hbar}}\exp\left[\frac{i}{\hbar}x_0(P_0-P)-\frac{1}{2}\frac{\xi^2}{\hbar^2}(P-P_0)^2\right]$$

其中 ξ 为常数，求该波函数在坐标表象中的表达式.

解

$$
\begin{aligned}
\psi(x)&=\int_{-\infty}^{\infty}\frac{1}{\sqrt{2\pi\hbar}}\mathrm{e}^{\frac{iPx}{\hbar}}\psi(P)\mathrm{d}P\\
&=\frac{\xi}{\sqrt{2\pi}\,\hbar}\int_{-\infty}^{\infty}\exp\left[\frac{iPx}{\hbar}+\frac{i}{\hbar}x_0(P_0-P)-\frac{1}{2}\frac{\xi^2}{\hbar^2}(P-P_0)^2\right]\mathrm{d}P\\
&=\frac{\xi}{\sqrt{2\pi}\,\hbar}\int_{-\infty}^{\infty}\mathrm{e}^{\frac{i}{\hbar}xP_0}\exp\left[\frac{i}{\hbar}(x-x_0)(P-P_0)-\frac{1}{2}\frac{\xi^2}{\hbar^2}(P-P_0)^2\right]\mathrm{d}(P-P_0)
\end{aligned}
$$

令

$$\frac{\xi}{\sqrt{2\pi}\hbar}\mathrm{e}^{\frac{i}{\hbar}xP_0}=C(x) \qquad \frac{i}{\hbar}(x-x_0)=ib(x) \qquad \frac{1}{2}\frac{\xi^2}{\hbar^2}=a$$

则

$$
\begin{aligned}
\psi(x) &= C\int_{-\infty}^{\infty} \mathrm{e}^{ib(P-P_0)}\,\mathrm{e}^{-a(P-P_0)^2}\,\mathrm{d}(P-P_0) \\
&= 2C\int_0^{\infty} \cos b(P-P_0)\,\mathrm{e}^{-a(P-P_0)^2}\,\mathrm{d}(P-P_0) \\
&= 2c(x)\,\frac{\sqrt{\pi}}{2}\,\frac{\mathrm{e}^{-\frac{b^2}{4a}}}{\sqrt{a}} \\
&= \frac{\xi}{\sqrt{2\pi}\,\hbar}\,\mathrm{e}^{\frac{i}{\hbar}xP_0}\,\sqrt{\pi}\,\mathrm{e}^{\frac{-(x-x_0)^2\hbar^2}{\hbar^2\cdot 2\xi^2}}\cdot\frac{\sqrt{2}\,\hbar}{\xi} \\
&= \exp\left[\frac{i}{\hbar}xP_0 - \frac{(x-x_0)^2}{2\xi^2}\right]
\end{aligned}
$$

第 6 章　运 动 方 程

1. 证明算符(在薛定谔图像中不显含时间 t)的平均值不受图像选择影响.

证明　在薛定谔图像中

$$
|P_t\rangle = T\,|P_{t_0}\rangle \qquad V\text{ 不随时间变化}
$$

在海森堡图像中

$$
|P_{t_0}\rangle = T^{-1}\,|P_t\rangle \qquad \text{不随时间变化}
$$

而 $V_t = T^{-1}VT$ 随时间变化.

对力学量 α 的平均值 $\bar{\alpha}$,在薛定谔图像中

$$
\bar{\alpha} = \langle P_t\,|\,\alpha\,|\,P_t\rangle = \langle P_{t_0}\,|\,T^{-1}\alpha T\,|\,P_{t_0}\rangle
$$

在海森堡图像中

$$
\bar{\alpha} = \langle P_{t_0}\,|\,\alpha_t\,|\,P_{t_0}\rangle = \langle P_{t_0}\,|\,T^{-1}\alpha T\,|\,P_{t_0}\rangle
$$

两种图像中平均值的表达式相同,这就证明了平均值不受图像选择影响.

2. 在海森堡图像中讨论自由粒子.

解　在海森堡图像中

$$
V_t = T^{-1}VT
$$

当 H 不显含时间 t 时,$T = \mathrm{e}^{-i\frac{H(t-t_0)}{\hbar}}$

$$
H_t = \mathrm{e}^{iH(t-t_0)/\hbar}H\mathrm{e}^{-iH(t-t_0)/\hbar} = H
$$

这里用了 $\mathrm{e}^{iH(t-t_0)/\hbar}$ 可展成 H 的泰勒级数,而 H 和 H 的任意次幂都是可对易的.

这个式子说明在海森堡图像中自由粒子能量是守恒的.

根据相对论的理论,自由粒子哈密顿

$$
\begin{aligned}
H &= C(m^2C^2 + P_x^2 + P_y^2 + P_z^2)^{1/2} \\
&= mC^2\left(1 + \frac{P_x^2 + P_y^2 + P_z^2}{m^2C^2}\right)^{1/2}
\end{aligned}
$$

当 P^2 比起 m^2C^2 小得多时,可把上式作泰勒展开,只保留到 P^2 的一次项:

$$
H = mC^2 + \frac{1}{2m}(P_x^2 + P_y^2 + P_z^2)
$$

由此式可证 P_x, P_y, P_z 与 H 可对易,于是

$$
P_{xt} = T^{-1}P_xT = \mathrm{e}^{iH(t-t_0)/\hbar}P_x\mathrm{e}^{-iH(t-t_0)/\hbar} = P_x
$$

同理

$$P_{yt} = P_y \qquad P_{zt} = P_z$$

它们说明动量也是守恒的. 于是又可得到运动方程:

$$\frac{\mathrm{d}P_{xt}}{\mathrm{d}t} = [P_{xt}, H] = [P_x, H] = 0$$

$$\frac{\mathrm{d}P_{yt}}{\mathrm{d}t} = [P_{yt}, H] = [P_y, H] = 0$$

$$\frac{\mathrm{d}P_{zt}}{\mathrm{d}t} = [P_{zt}, H] = [P_z, H] = 0$$

由于 x 与 H 不对易(同样 y, z 与 H 也不对易)

$$x_t = T^{-1}xT = \mathrm{e}^{iH(t-t_0)/\hbar}x\,\mathrm{e}^{-iH(t-t_0)/\hbar}$$

$$\frac{\mathrm{d}x_t}{\mathrm{d}t} = [x_t, H_t] = [x_t, H] = \frac{\partial H}{\partial P_x} = \frac{CP_x}{(m^2C^2 + P^2)^{1/2}} = \frac{C^2 P_x}{H}$$

同理

$$\frac{\mathrm{d}y_t}{\mathrm{d}t} = \frac{C^2 P_y}{H} \qquad \frac{\mathrm{d}z_t}{\mathrm{d}t} = \frac{C^2 P_z}{H}$$

于是得自由粒子运动速度 v

$$v = \left[\left(\frac{\mathrm{d}x_t}{\mathrm{d}t}\right)^2 + \left(\frac{\mathrm{d}y_t}{\mathrm{d}t}\right)^2 + \left(\frac{\mathrm{d}z_t}{\mathrm{d}t}\right)^2\right]^{1/2}$$

$$= \frac{C^2}{H}(P_x^2 + P_y^2 + P_z^2)^{1/2} = \frac{C^2 P}{H}$$

P 表示粒子动量的绝对值,这也与经典相对论结果相同.

讨论两个极限情况:

(1) 当 P^2 比 mC^2 小得多时

$$H = C(m^2C^2 + P_x^2 + P_y^2 + P_z^2)^{1/2} \approx mC^2$$

$$v = \frac{C^2 P}{H} = \frac{C^2 P}{mC^2} = \frac{P}{m}$$

这就回到了经典力学.

(2)对于光子,静止质量 $m=0$

$$v = \frac{C^2 P}{H} = \frac{C^2 P}{CP} = C$$

第 7 章　初 等 应 用

1. 在谐振子能量表象中给出 $\eta, \bar{\eta}, \eta\bar{\eta}, q$ 和 p 的矩阵表示.

解　选能量表象基矢:

$$|0\rangle, |1\rangle, \cdots, |n\rangle, \cdots$$

$$H|n\rangle = \left(n + \frac{1}{2}\right)\hbar\omega$$

因为

$$|n\rangle = i^{-n}(n!)^{-1/2}\eta^n|0\rangle$$

$$\begin{aligned}\eta \mid n\rangle &= i^{-n}(n!)^{-1/2}\,\eta^{n+1}\mid 0\rangle \\ &= i\cdot i^{-(n+1)}\left[\frac{(n+1)!}{n+1}\right]^{-1/2}\eta^{n+1}\mid 0\rangle \\ &= i(n+1)^{1/2}\mid n+1\rangle\end{aligned}$$

作矩阵元：

$$\begin{aligned}\langle n' \mid \eta \mid n''\rangle &= \langle n' \mid i(n''+1)^{1/2}\mid n''+1\rangle \\ &= i(n''+1)^{1/2}\delta_{n',n''+1}\end{aligned}$$

$$\begin{aligned}\langle n' \mid \bar{\eta} \mid n''\rangle &= \overline{\langle n'' \mid \eta \mid n'\rangle} \\ &= -i(n'+1)^{1/2}\delta_{n'',n'+1}\end{aligned}$$

于是得到矩阵元

$$\eta = i\begin{pmatrix} 0 & 0 & 0 & \cdots \\ \sqrt{1} & 0 & 0 & \cdots \\ 0 & \sqrt{2} & 0 & \cdots \\ 0 & 0 & \sqrt{2} & \cdots \\ \cdots & \cdots & \cdots & \cdots \end{pmatrix}$$

$$\bar{\eta} = -i\begin{pmatrix} 0 & \sqrt{1} & 0 & \cdots \\ 0 & 0 & \sqrt{2} & \cdots \\ \cdots & \cdots & \cdots & \sqrt{2} \\ \cdots & \cdots & \cdots & \cdots \end{pmatrix}$$

由

$$\eta = (2m\hbar\omega)^{-1/2}(p+im\omega q)$$
$$\bar{\eta} = (2m\hbar\omega)^{-1/2}(p-im\omega q)$$
$$\hbar = (2m\hbar\omega)^{-1/2}(p-im\omega q)$$

得

$$p = \left(\frac{m\omega\hbar}{2}\right)^{1/2}(\eta+\bar{\eta})$$

$$q = i\left(\frac{\hbar}{2m\omega}\right)(\bar{\eta}-\eta)$$

于是

$$p = \left(\frac{m\omega\hbar}{2}\right)^{1/2} i\begin{pmatrix} 0 & -\sqrt{1} & 0 & \cdots \\ \sqrt{1} & 0 & -\sqrt{2} & \cdots \\ 0 & \sqrt{2} & 0 & \cdots \\ \cdots & \cdots & \cdots & \cdots \\ \cdots & \cdots & \cdots & \cdots \end{pmatrix}$$

$$q=\left(\frac{\hbar}{2m\omega}\right)^{1/2}\begin{pmatrix}0 & \sqrt{1} & 0 & \cdots\\ \sqrt{1} & 0 & \sqrt{2} & \cdots\\ 0 & \sqrt{2} & 0 & \cdots\\ \cdots & \cdots & \cdots & \cdots\\ \cdots & \cdots & \cdots & \cdots\end{pmatrix}$$

由 $\langle n' \mid \bar{\eta}\eta \mid n''\rangle$ 及 $\hbar\omega\bar{\eta}\eta=H-\frac{1}{2}\hbar\omega$ 得

$$\langle n' \mid \bar{\eta}\eta \mid n''\rangle=\langle n' \mid \frac{H}{\hbar\omega}-\frac{1}{2} \mid n''\rangle=n''\langle n' \mid n''\rangle=n'\delta_{n'n''}$$

则

$$\bar{\eta}\eta=\begin{pmatrix}1 & 0 & 0 & \cdots\\ 0 & 2 & 0 & \cdots\\ 0 & 0 & 3 & \cdots\\ \cdots & \cdots & \cdots & \cdots\\ \cdots & \cdots & \cdots & \cdots\end{pmatrix}$$

2. 证明:任何一个算符如果与角动量的两个分量可交换,则必定与第三个分量可交换.

证明 不失一般性假定算符 A 与 m_x,m_y 可交换,即

$$[m_x,A]=0 \qquad [m_y,A]=0$$

证明

$$[m_z,A]=0$$

因为

$$[m_x,m_y]=m_z$$

所以

$$\begin{aligned}[m_z,A]&=[[m_x,m_y],A]\\&=\frac{1}{i\hbar}[m_xm_y-m_ym_x,A]\\&=\frac{1}{i\hbar}\{[m_xm_y,A]-[m_ym_x,A]\}\\&=\frac{1}{i\hbar}\{m_x[m_y,A]+[m_x,A]m_y-m_y[m_x,A]-[m_y,A]m_x\}=0\end{aligned}$$

3. 证明:

$$\mid jM\rangle=\sqrt{\frac{(j+M)!}{(2j)!(j-M)!}}\,\eta^{j-M}\mid jj\rangle$$

证明 由公式(以 $\hbar$ 为单位)

$$\mid \beta',l'-K\rangle=\prod_{m_z'=l'-K+1}^{l'}[l'(l'+1)-m_z'(m_z'-1)]^{-1/2}\eta^K\mid \beta'l'\rangle$$

经适当变换:

$$\text{右边}=\prod_{m_z'=l'-K+1}^{l'}[(l'+m_z')(l'-m_z')+l'+m_z']^{-1/2}\eta^K\mid \beta'l'\rangle$$

$$=\prod_{m_z'=l'-K+1}^{l'}[(l'+m_z')(l'-m_z'+1)]^{-1/2}\eta^K\mid\beta'l'\rangle$$

$$[2l'\cdot 1\cdot(2l'-1)2\cdots(2l'-K+1)K]^{-1/2}\eta^K\mid\beta'l'\rangle$$

$$=\sqrt{\frac{(2l'-K)!}{(2l')!K!}}\,\eta^K\mid\beta'l'\rangle$$

改变一下符号,令总角动量 J^2 本征值为

$$l'=j(j+1)$$

J_z 本征值为 M,并以 j 取代 l',则

$$M=l'-K=j-K\qquad K=l'-M=j-M$$

代入上式得

$$\mid jM\rangle=\sqrt{\frac{(j+M)!}{(2j)!(j-M)!}}\,\eta^{j-M}\mid jj\rangle$$

4. 求在下列状态中 J^2, J_z 的本征值:

(1) $\psi_1=\dfrac{1}{\sqrt{3}}[\sqrt{2}\,\chi^{1/2}(S_z)Y_{10}(\theta,\varphi)+\chi^{-1/2}(S_z)Y_{11}(\theta,\varphi)]$

(2) $\psi_2=\dfrac{1}{\sqrt{3}}[\sqrt{2}\,\chi^{-1/2}(S_z)Y_{10}(\theta,\varphi)+\chi^{1/2}(S_z)Y_{1-1}(\theta,\varphi)]$

解　(以$\hbar$为单位)

(1)
$$\begin{aligned}J_z\psi_1&=(L_z+S_z)\psi_1\\&=(L_z+S_z)\frac{1}{\sqrt{3}}(\sqrt{2}\chi^{1/2}Y_{10}+\chi^{-1/2}Y_{11})\\&=\frac{1}{\sqrt{3}}\left[\sqrt{2}\left(0+\frac{1}{2}\right)\chi^{1/2}Y_{10}+\left(1-\frac{1}{2}\right)\chi^{-1/2}Y_{11}\right]\\&=\frac{1}{2}\psi_1\end{aligned}$$

$$J_z'=\frac{1}{2}\qquad\qquad J_z'^2=\frac{1}{4}$$

利用公式

$$J_z^2=J^2+J_+J_--J_z$$

其中
$$J_+=J_x+iJ_y=(L_x+S_x)+i(L_y+S_y)=L_++S_+$$
$$J_-=L_-+S_-$$

计算:

$$J_+J_-\psi_1=J_+(L_-+S_-)\frac{1}{\sqrt{3}}(\sqrt{2}\chi^{1/2}Y_{11}+\chi^{-1/2}Y_{11})$$

$$=J_+\left[L_-\frac{1}{\sqrt{3}}(\sqrt{2}\chi^{1/2}Y_{10}+\chi^{-1/2}Y_{11})+S_-\frac{1}{\sqrt{3}}(\sqrt{2}\chi^{1/2}Y_{10}+\chi^{-1/2}Y_{11})\right]$$

$$=J_+\left\{\left[\frac{\sqrt{2}}{\sqrt{3}}\chi^{1/2}\sqrt{1(1+1)-0(0-1)}Y_{1-1}+\frac{1}{\sqrt{3}}\chi^{-1/2}\sqrt{1(1+1)-1(1-1)}Y_{10}\right]\right.$$

$$+\left[\frac{\sqrt{2}}{\sqrt{3}}\chi^{-1/2}Y_{10}\sqrt{\frac{1}{2}\left(1+\frac{1}{2}\right)-\frac{1}{2}\left(\frac{1}{2}-1\right)+0}\right]\Bigg\}$$

$$=(L_{+}+S_{+})\left[\frac{2}{\sqrt{3}}\chi^{1/2}Y_{1-1}+\frac{2\sqrt{2}}{\sqrt{3}}\chi^{-1/2}Y_{10}\right]$$

$$=\frac{2}{\sqrt{3}}\chi^{1/2}\ \sqrt{1(1+1)+1(-1+1)}Y_{10}+\frac{2\sqrt{2}}{\sqrt{3}}\chi^{-1/2}\ \sqrt{2-0(0+1)}Y_{11}$$

$$+\frac{2\sqrt{2}}{\sqrt{3}}\sqrt{\frac{1}{2}\left(\frac{1}{2}+1\right)-\left(-\frac{1}{2}\right)\left(-\frac{1}{2}+1\right)}\chi^{1/2}Y_{10}$$

$$=4\ \frac{1}{\sqrt{3}}(\sqrt{2}\chi^{1/2}Y_{10}+\chi^{-1/2}Y_{11})$$

$$=4\psi_1$$

在上面计算中用了公式：

(i) $M_{+}\,|l'M'_z\rangle=\sqrt{l'(l'+1)-m'_z(m'_z+1)}\ |l'M'_z+1\rangle$

(ii) $M_{-}\,|l'M'_z\rangle=\sqrt{l'(l'+1)-m'_z(m'_z-1)}\,|l'M'_z-1\rangle$

所以

$$J^2\psi_1=(J_z^2+J_{+}J_{-}-J_z)\psi_1$$

$$=\left(\frac{1}{4}+4-\frac{1}{2}\right)\psi_1$$

$$=\frac{15}{4}\psi_1=\frac{3}{2}\left(\frac{3}{2}+1\right)\psi_1$$

$$J^2=\frac{15}{4}\qquad J=\frac{3}{2}$$

(2) 用同样方法：

$$J_z\psi_2=(L_z+S_z)\ \frac{1}{\sqrt{3}}(\sqrt{2}\chi^{-1/2}Y_{10}+\chi^{1/2}Y_{1-1})$$

$$=\frac{1}{\sqrt{3}}\left[\sqrt{2}\left(0-\frac{1}{2}\right)\chi^{-1/2}Y_{10}+\left(-1+\frac{1}{2}\right)\chi^{1/2}Y_{1-1}\right]$$

$$=-\frac{1}{2}\cdot\frac{1}{\sqrt{3}}(\sqrt{2}\chi^{-1/2}Y_{10}+\chi^{1/2}Y_{1-1})$$

$$=-\frac{1}{2}\psi_2$$

$$J_z=-\frac{1}{2}\qquad J_z^2=\frac{1}{4}$$

再计算：

$$J_{+}J_{-}\psi_2=J_{+}(L_{-}+S_{-})\psi_2$$

$$=J_{+}\left[L_{-}\frac{1}{\sqrt{3}}(\sqrt{2}\chi^{-1/2}Y_{10}+\chi^{1/2}Y_{1-1})+S_{-}\frac{1}{\sqrt{3}}(\sqrt{2}\chi^{-1/2}Y_{10}+\chi^{1/2}Y_{1-1})\right]$$

$$=J_{+}\left[\frac{1}{\sqrt{3}}\left(2\chi^{-1/2}Y_{1-1}+\frac{1}{\sqrt{3}}\chi^{-1/2}Y_{1-1}\right)\right]$$

$$=J_+\frac{3}{\sqrt{3}}\chi^{-1/2}Y_{1-1}$$

$$=(L_++S_+)\frac{3}{\sqrt{3}}\chi^{-1/2}Y_{1-1}$$

$$=\frac{3}{\sqrt{3}}\cdot\sqrt{2}\chi^{-1/2}Y_{10}+\frac{3}{\sqrt{3}}\chi^{1/2}Y_{1-1}$$

$$=3\psi_2$$

所以

$$J^2\psi_2=(J_z^2+J_+J_--J_z)\psi_2$$

$$=\left(\frac{1}{4}+3+\frac{1}{2}\right)\psi_2$$

$$=\frac{15}{4}\psi_2=\frac{3}{2}\left(\frac{3}{2}+1\right)\psi_2$$

$$J^2=\frac{15}{4}\qquad J=\frac{3}{2}$$

5. 求在 σ_x 表象中算符 σ_y,σ_z 的本征值和本征矢.

解 我们已经得到在 σ_z 表象中,基矢

$$|1\rangle=|\sigma_z=1\rangle\qquad|-1\rangle=|\sigma_z=-1\rangle$$

$\sigma_z=\begin{pmatrix}1&0\\0&-1\end{pmatrix}$ 对应本征值和本征矢为

$$1\quad\rightarrow|z_1\rangle=\begin{pmatrix}1\\0\end{pmatrix}$$

$$-1\quad\rightarrow|z_2\rangle=\begin{pmatrix}0\\1\end{pmatrix}$$

而 $\sigma_y=\begin{pmatrix}0&-i\\i&0\end{pmatrix}$ 本征值为±1,令其对应本征矢分别为

$$|y_1\rangle=\begin{pmatrix}b_1\\b_2\end{pmatrix}\qquad|y_2\rangle=\begin{pmatrix}b'_1\\b'_2\end{pmatrix}$$

则

$$\begin{pmatrix}0&-i\\i&0\end{pmatrix}\begin{pmatrix}b_1\\b_2\end{pmatrix}=1\cdot\begin{pmatrix}b_1\\b_2\end{pmatrix}$$

得

$$ib_1=b_2$$

再根据归一化条件

$$(b_1,-ib_1)\begin{bmatrix}b_1\\ib_1\end{bmatrix}=b_1^2+b_1^2=1$$

$$b_1=\sqrt{\frac{1}{2}}\qquad(\text{取正值})$$

得本征矢

$$|y_1\rangle=\sqrt{\frac{1}{2}}\begin{pmatrix}1\\i\end{pmatrix}$$

同样,当本征值取−1 时,得

$$|y_2\rangle=\sqrt{\frac{1}{2}}\begin{pmatrix}1\\-i\end{pmatrix}$$

而 $\sigma_x=\begin{pmatrix}0&1\\1&0\end{pmatrix}$ 其本征值也为±1,取 1 时

$$\begin{pmatrix}0&1\\1&0\end{pmatrix}\begin{bmatrix}C_1\\C_2\end{bmatrix}=\begin{pmatrix}C_1\\C_2\end{pmatrix}\qquad C_1=C_2$$

$$(C_1,C_2)\begin{pmatrix}C_1\\C_2\end{pmatrix}=2C_1^2=1\qquad C_1=\sqrt{\frac{1}{2}}\text{(取正值)}$$

得本征值

$$|x_1\rangle=\sqrt{\frac{1}{2}}\begin{pmatrix}1\\1\end{pmatrix}$$

同理可得当本征值取−1 时

$$|x_2\rangle=\sqrt{\frac{1}{2}}\begin{pmatrix}1\\-1\end{pmatrix}$$

现在取“σ_x”表象,也就是证明

$$|x_1\rangle=\sqrt{\frac{1}{2}}\begin{pmatrix}1\\1\end{pmatrix}\qquad |x_2\rangle=\sqrt{\frac{1}{2}}\begin{pmatrix}1\\-1\end{pmatrix}$$

为基矢来求 σ_z 和 σ_y 矩阵及其本征矢的表示(而本征值是不随表象的选择变化的). 为了达到此目的,先求出“σ_z”表象到“σ_x”表象的变换矩阵 S.

$$S=\begin{bmatrix}\langle x_1\mid z_1\rangle & \langle x_1\mid z_2\rangle\\ \langle x_2\mid z_1\rangle & \langle x_2\mid z_2\rangle\end{bmatrix}$$

计算各矩阵元:

$$\langle x_1\mid z_1\rangle=\sqrt{\frac{1}{2}}\,(1,1)\begin{pmatrix}1\\0\end{pmatrix}=\sqrt{\frac{1}{2}}$$

$$\langle x_1\mid z_2\rangle=\sqrt{\frac{1}{2}}\,(1,1)\begin{pmatrix}0\\1\end{pmatrix}=\sqrt{\frac{1}{2}}$$

$$\langle x_2\mid z_1\rangle=\sqrt{\frac{1}{2}}\,(1,-1)\begin{pmatrix}1\\0\end{pmatrix}=\frac{1}{\sqrt{2}}$$

$$\langle x_2\mid z_2\rangle=\sqrt{\frac{1}{2}}\,(1,-1)\begin{pmatrix}0\\1\end{pmatrix}=-\sqrt{\frac{1}{2}}$$

得

$$S=\sqrt{\frac{1}{2}}\begin{pmatrix}1&1\\1&-1\end{pmatrix}$$

在“σ_z”表象

$$|y_1\rangle=\frac{1}{\sqrt{2}}\begin{pmatrix}1\\i\end{pmatrix}\qquad |y_2\rangle=\frac{1}{\sqrt{2}}\begin{pmatrix}1\\-i\end{pmatrix}$$

则在“σ_x”表象

$$|y_1'\rangle = S|y_1\rangle = \frac{1}{2}\begin{pmatrix}1 & 1\\1 & -1\end{pmatrix}\begin{pmatrix}1\\i\end{pmatrix} = \frac{1}{2}\begin{pmatrix}1 & +i\\1 & -i\end{pmatrix}$$

$$|y_2'\rangle = S|y_2\rangle = \frac{1}{2}\begin{pmatrix}1 & 1\\1 & -1\end{pmatrix}\begin{pmatrix}1\\-i\end{pmatrix} = \frac{1}{2}\begin{pmatrix}1 & -i\\1 & +i\end{pmatrix}$$

而在 σ_x 表象中 $\sigma_{y'}$ 则可用下法计算：

$$\sigma_{y'} = S\sigma_y S^{-1} = \frac{1}{2}\begin{pmatrix}1 & 1\\1 & -1\end{pmatrix}\begin{pmatrix}0 & -i\\i & 0\end{pmatrix}\begin{pmatrix}1 & 1\\1 & -1\end{pmatrix}$$

$$= \frac{1}{2}\begin{pmatrix}0 & 2i\\-2i & 0\end{pmatrix} = \begin{pmatrix}0 & i\\-i & 0\end{pmatrix}$$

同理可以计算出 σ_x 表象中 $\sigma_{z'}$：

$$|z_1'\rangle = S|z_1\rangle = \frac{1}{2}\begin{pmatrix}1 & 1\\1 & -1\end{pmatrix}\begin{pmatrix}1\\0\end{pmatrix} = \sqrt{\frac{1}{2}}\begin{pmatrix}1\\1\end{pmatrix}$$

$$|z_2'\rangle = S|z_2\rangle = \frac{1}{2}\begin{pmatrix}1 & 1\\1 & -1\end{pmatrix}\begin{pmatrix}0\\1\end{pmatrix} = \sqrt{\frac{1}{2}}\begin{pmatrix}1\\-1\end{pmatrix}$$

$$\sigma_{z'} = \frac{1}{2}\begin{pmatrix}1 & 1\\1 & -1\end{pmatrix}\begin{pmatrix}1 & 0\\0 & -1\end{pmatrix}\begin{pmatrix}1 & 1\\1 & -1\end{pmatrix}\frac{1}{2}\begin{pmatrix}0 & 2\\2 & 0\end{pmatrix} = \begin{pmatrix}0 & 1\\1 & 0\end{pmatrix}$$

而 σ_x' 在本身表象中应是对角化的对角元素为本征值，所以

$$\sigma_x' = \begin{pmatrix}1 & 0\\0 & -1\end{pmatrix}$$

总之

σ_z 表象中　$\sigma_x = \begin{pmatrix}0 & 1\\1 & 0\end{pmatrix}$，　$\sigma_y = \begin{pmatrix}0 & -i\\i & 0\end{pmatrix}$，　$\sigma_2 = \begin{pmatrix}1 & 0\\0 & -1\end{pmatrix}$

σ_x 表象中　$\sigma_x' = \begin{pmatrix}1 & 0\\0 & -1\end{pmatrix}$，　$\sigma_y' = \begin{pmatrix}0 & i\\-i & 0\end{pmatrix}$，　$\sigma_z' = \begin{pmatrix}0 & 1\\-1 & 0\end{pmatrix}$

同理有

σ_y 表象中　$\sigma_x = \begin{pmatrix}0 & -i\\i & 0\end{pmatrix}$，　$\sigma_y = \begin{pmatrix}1 & 0\\0 & -1\end{pmatrix}$，　$\sigma_z = \begin{pmatrix}0 & 1\\1 & 0\end{pmatrix}$

6. 在 $j=l+\frac{1}{2}$ 和 $j=l-\frac{1}{2}$ 两种情况下，求 $\langle jm_j|2\boldsymbol{L}\cdot\boldsymbol{S}|jm_j\rangle$ 分别等于多少.

解　（以 $\hbar$ 为单位）由

$$\begin{aligned}\boldsymbol{J}^2 &= (\boldsymbol{L}+\boldsymbol{S})^2 = (\boldsymbol{L}+\boldsymbol{S})(\boldsymbol{L}+\boldsymbol{S})\\ &= L^2 + S^2 + (\boldsymbol{LS}+\boldsymbol{SL})\\ &= L^2 + S^2 + 2\boldsymbol{L}\cdot\boldsymbol{S}\end{aligned}$$

这里用了轨道角动量与自旋角动量可对易.

$$2\boldsymbol{L}\cdot\boldsymbol{S} = J^2 - L^2 - S^2$$

当 $j=l+\frac{1}{2}$ 时

$$\langle jm_j|2\boldsymbol{L}\cdot\boldsymbol{S}|jm_j\rangle = \langle jm_j|J^2-L^2-S^2|jm_j\rangle$$

$$=\left(l+\frac{1}{2}\right)\left(l+\frac{1}{2}+1\right)-l(l+1)-\frac{1}{2}\left(\frac{1}{2}+1\right)$$

$$=l^2+2l+\frac{3}{4}-l^2-l-\frac{3}{4}=l$$

当 $j=l-\dfrac{1}{2}$ 时

$$\langle jm_j \mid 2\mathbf{L}\cdot\mathbf{S} \mid jm_j\rangle=\left(l-\frac{1}{2}\right)\left(l-\frac{1}{2}+1\right)-l^2-l-\frac{3}{4}$$

$$=l^2-\frac{1}{4}-l^2-l-\frac{3}{4}$$

$$=-(l+1)$$

第8章　微扰理论

1. 设在外场下谐振子的哈密顿量为

$$H=\frac{P^2}{2\mu}+\frac{1}{2}\mu\omega^2x^2+\beta x^3$$

其中 β 为常数,第三项较小,用微扰法求能级.

解　把第三项看成微扰

$$V=\beta x^3$$

又因为无微扰时谐振子能量是非简并的

$$E^m=\left(m+\frac{1}{2}\right)\hbar\omega \qquad |m\rangle=N_m\mathrm{e}^{-\xi^2/2}H_m(\xi)$$

令微扰存在时能级为

$$H^m=E^m+a_1^m+a_2^m+\cdots$$

根据微扰理论有

$$a_1^m=\langle m \mid V \mid n\rangle \qquad a_2^m=\sum_{n\neq m}\frac{|\langle m \mid V \mid n\rangle|^2}{E^m-E^n}$$

而

$$a_1^m=\frac{\beta}{\alpha^4}\int_{-\infty}^{\infty}N_m^2H_m^2(\xi)\ \mathrm{e}^{-\xi^2}\xi^3\,\mathrm{d}\xi=0$$

这是因为 $\mathrm{e}^{-\xi^2}$ 为偶函数,$H_m^2(\xi)$ 也是偶函数,而 ξ^3 为奇函数,所以 $H_m^2(\xi)\mathrm{e}^{-\xi^2}\xi^3$ 是奇函数.

因此,需考虑二级近似,先计算矩阵元 $\langle m|V|n\rangle$:

$$\langle m \mid V \mid n\rangle=N_nN_m\int_{-\infty}^{\infty}H_m^*(\alpha x)\ \mathrm{e}^{-(\alpha x)^2/2}\beta x^3H(\alpha x)\mathrm{e}^{-(\alpha x)^2/2}\mathrm{d}x$$

$$=\frac{N_nN_m\beta}{\alpha^4}\int_{-\infty}^{\infty}H_m(\xi)\ \mathrm{e}^{-\xi^2}\xi^3H_n(\xi)\mathrm{d}\xi$$

$$=\frac{N_nN_m\beta}{\alpha^4}\int_{-\infty}^{\infty}H_m\ \mathrm{e}^{-\xi^2}\left[\frac{1}{8}H_{n+3}+\frac{3n+3}{4}H_{n+1}+\frac{3n^2}{2}H_{n-1}\right.$$

$$+n(n-1)(n-2)H_{n-3}\Big]\mathrm{d}\xi$$

由厄米多项式的正交性可知，仅当 $m=n+3,n+1,n-1,n-3$ 时积分不为零. 又因为

$$\int_{-\infty}^{\infty} H_n^2 \mathrm{e}^{-\xi^2}\mathrm{d}\xi = \pi^{1/2} n! 2^n \qquad N_n = (\pi^{1/2} 2^n n!)^{-1/2}\alpha^{1/2}$$

其中

$$\xi=\alpha x \qquad \alpha=\left(\frac{\mu\omega}{\hbar^2}\right)^{1/2}$$

所以

$$\langle n+3 \mid V \mid n\rangle = \frac{N_{n+3}N_n}{\alpha^4}\beta\int_{-\infty}^{\infty} H_{n+3}^2 \mathrm{e}^{-\xi^2}\mathrm{d}\xi$$

$$=\frac{\beta}{\alpha^3}\pi^{-1/2}[2^{2n+3}n!(n+3)!]^{-1/2}\cdot\pi^{1/2}2^{n+3}(n+3)!$$

$$=\frac{\beta}{\alpha^3}\sqrt{2^3(n+3)(n+2)(n+1)}$$

$$\langle n+1 \mid V \mid n\rangle = \frac{N_{n+1}N_n}{\alpha^4}\beta\int_{-\infty}^{\infty} H_{n+1}^2 \mathrm{e}^{-\xi^2}\mathrm{d}\xi$$

$$=\frac{\beta}{\alpha^3}\pi^{-1/2}[2^{2n+1}n!(n+1)!]^{-1/2}\pi^{1/2}\alpha^{n+1}(n+1)!$$

$$=\frac{\beta}{\alpha^3}\sqrt{2(n+1)}$$

$$\langle n-1 \mid V \mid n\rangle = \frac{N_{n-1}N_n}{\alpha^4}\beta\int_{-\infty}^{\infty} H_{n-1}^2 \mathrm{e}^{-\xi^2}\mathrm{d}\xi$$

$$=\frac{\beta}{\alpha^3}\pi^{-1/2}[2^{2n-1}(n-1)!n!]^{-1/2}\pi^{1/2}2^{n-1}(n-1)!$$

$$=\frac{\beta}{\alpha^3}\sqrt{\frac{1}{2n}}$$

$$\langle n-3 \mid V \mid n\rangle = \frac{N_{n-3}N_n}{\alpha^4}\beta\int_{-\infty}^{\infty} H_{n-3}^2 \mathrm{e}^{-\xi^2}\mathrm{d}\xi$$

$$=\frac{\beta}{\alpha^3}\pi^{-1/2}[2^{2n-3}(n-3)!n!]^{-1/2}\pi^{1/2}2^{n-3}(n-3)!$$

$$=\frac{\beta}{\alpha^3}\sqrt{\frac{1}{2^3 n(n-1)(n-2)}}$$

所以

$$a_2^m = \sum_{n\neq m}\frac{|\langle m \mid V \mid n\rangle|^2}{E^m-E^n}$$

$$=\frac{\beta^2}{\alpha^6}\Big[\frac{-(n+3)(n+2)(n+1)}{3\hbar\omega\cdot 8}-\frac{9(n+1)^2(n+1)\cdot 2}{\hbar\omega\cdot 16}+\frac{9n^4}{4\cdot 2n\hbar\omega}$$

$$+\frac{n^2(n-1)^2(n-2)^2}{8n(n-1)(n-2)3\hbar\omega}\Big]$$

$$=-\frac{15}{4}\frac{\beta^2}{\hbar\omega}\left(\frac{\hbar}{\mu\omega}\right)^3\left(n^2+n+\frac{11}{30}\right)$$

$$H=E^m+a_1^m+a_2^m$$

$$=\left(m+\frac{1}{2}\right)\hbar\omega-\frac{15}{4}\frac{\beta^2}{\hbar\omega}\left(\frac{\hbar}{\mu\omega}\right)^3\left(n^2+n+\frac{11}{30}\right)$$

2. 考虑氢原子在恒定外电场 $\boldsymbol{\varepsilon}$ 中，证明在一级近似下 $n=2$ 能级分裂成等距离的能级，并指出其简并度.

证明 选 $\boldsymbol{\varepsilon}$ 为 z 方向

$$V=\boldsymbol{\varepsilon}\cdot\boldsymbol{r}=\varepsilon r\cos\theta$$

则

$$H=E+V=-\frac{\hbar^2}{2\mu}\nabla^2-\frac{e^2}{r}+e\varepsilon r\cos\theta$$

$$V=e\varepsilon r\cos\theta\sim Y_{10}\qquad\left(Y_{10}=\sqrt{\frac{3}{4\pi}}\cos\theta\right)$$

$$H'=E'+a_1'+a_2'+\cdots$$

在能量为简并情况下需用公式

$$\sum_{\beta'=1}^{m}[\langle E'\beta'\mid V\mid E'\beta''\rangle-a_1\delta_{\beta\beta'}]f(\beta')=0$$

有非零解的条件为

$$|\langle E'\beta'\mid V\mid E'\beta''\rangle-a_1\delta\beta'\beta''|=0$$

当 $n=2$ 时能量是四度简并的，这四个本征矢为

$$|200\rangle=R_{20}Y_{00}\qquad |210\rangle=R_{21}Y_{10}$$

$$|2\ 1-1\rangle=R_{21}Y_{1-1}\qquad |211\rangle=R_{21}Y_{11}$$

在计算矩阵元 $\langle E'\beta'\ |V|\ E'\beta''\rangle$ 中因为 R_{nl} 部分积分总不为零，所以在考察哪些矩阵元不为零时只需考察 Y_{lm} 部分.

利用

$$\int Y_{lm}^*Y_{l'm'}Y_{l''m''}\mathrm{d}\Omega\neq 0\qquad 仅当\begin{cases}m'+m''=m\\ l+l'+l''=偶数\\ l'+l''\geqslant l\geqslant |l'-l''|\end{cases}$$

并注意到 $V\sim Y_{10}$.

可知在久期行列式中只有

$$\langle 200\mid V\mid 210\rangle=\langle 210\mid V\mid 200\rangle\neq 0$$

而

$$\langle 200\mid V\mid 210\rangle=\int\frac{1}{4\sqrt{2\pi}}\left(\frac{1}{a_0}\right)^{3/2}\left(2-\frac{r}{a_0}\right)\mathrm{e}^{-r/2a_0}e\varepsilon r\cos\theta$$

$$\cdot\frac{1}{4\sqrt{2\pi}}\left(\frac{1}{a_0}\right)^{3/2}\left(\frac{r}{a_0}\right)\mathrm{e}^{-r/2a_0}\cos\theta\mathrm{d}\tau$$

$$=\frac{1}{32\pi}\left(\frac{1}{a_0}\right)^4\cdot e\varepsilon\iiint_{\infty}\left(2-\frac{r}{a_0}\right)\mathrm{e}^{-r/a_0}r^4\cos^2\theta\sin\theta\mathrm{d}r\mathrm{d}\theta\mathrm{d}\varphi$$

$$=\frac{1}{16}\left(\frac{1}{a_0}\right)^4 e\varepsilon\int_0^{\infty}\left(2-\frac{r}{a_0}\right)\mathrm{e}^{-r/a_0}r^4\mathrm{d}r\int_{-1}^{1}\cos^2\theta\mathrm{d}\cos\theta$$

$$=\frac{1}{24}\left(\frac{1}{a_0}\right)^4 e\varepsilon\int_0^{\infty}\left(2-\frac{r}{a_0}\right)r^4\mathrm{e}^{-r/a_0}\mathrm{d}r=-3e\varepsilon a$$

久期行列式为

$$\begin{vmatrix}-a_1 & -3e\varepsilon a_0 & 0 & 0\\ -3e\varepsilon a_0 & -a_1 & 0 & 0\\ 0 & 0 & 0 & 0\\ 0 & 0 & 0 & 0\end{vmatrix}$$

$$(a_1)^2[a_1^2-(3e\varepsilon a_0)^2]=0$$

$$a_1^{(1)}=-3e\varepsilon a_0\qquad a_1^{(2)}=a_1^{(3)}=0\qquad a_1^{(4)}=3e\varepsilon a_0$$

$$H_2^{(1)}=E_2'-3e\varepsilon a_0\qquad H_2^{(2)}=H_2^{(3)}=E_2'\qquad H_2^{(4)}=E_2'+3e\varepsilon a_0$$

这就证明了在一级近似下 $n=2$ 时能级由原来一条分裂成等距离的三条，$\Delta H'=3e\varepsilon a_0$，同时还可见中间一条仍是二度简并的.

3. 设哈密顿算子在能量表象中为矩阵

$$\begin{pmatrix}E_1^0+a & b\\ b & E_2^0+a\end{pmatrix}$$

其中 a,b 为小的实数.

(1) 用微扰法求能量至二级修正值；

(2) 直接求能量.

解　(1) 用微扰法求能量至二级修正值

$$\begin{pmatrix}E_1^0+a & b\\ b & E_2^0+a\end{pmatrix}=\begin{pmatrix}E_1^0 & 0\\ 0 & E_2^0\end{pmatrix}+\begin{pmatrix}a & b\\ b & a\end{pmatrix}$$

因为 a,b 是小量，所以可把后一项看作微扰，于是上式写为

$$H=E+V$$

注意到在能量表象中 E 为对角化的，可以设对应 E_1^0 的基矢为 $|\alpha^1\rangle$，对应 E_2^0 的基矢为 $|\alpha^2\rangle$，则

$$V_{11}=\langle\alpha^1|V|\alpha^1\rangle=a\qquad V_{12}=\langle\alpha^1|V|\alpha^2\rangle=b$$

$$V_{21}=\langle\alpha^2|V|\alpha^1\rangle=b\qquad V_{22}=\langle\alpha^2|V|\alpha^2\rangle=a$$

令

$$H^1=E_1^0+a_1^{(1)}+a_2^{(1)}+\cdots$$

$$H^2=E_2^0+a_1^{(2)}+a_2^{(2)}+\cdots$$

取二级近似

$$H^1=E_1^0+a_1^{(1)}+a_2^{(1)}=E_1^0+\langle\alpha'|V|\alpha'\rangle+\sum_{\alpha''\neq\alpha'}\frac{|\langle\alpha''|V|\alpha'\rangle|^2}{E_1^0-E''}$$

$$=E_1^0+a+\frac{|\langle\alpha^2|V|\alpha'\rangle|^2}{E_1^0-E_2^0}=E_1^0+a+\frac{b^2}{E_1^0-E_2^0}$$

$$H^2=E_2^0+a_2^{(1)}+a_2^{(1)}=E_2^0+\langle\alpha^2|V|\alpha^2\rangle+\sum_{\alpha''\neq\alpha^2}\frac{|\langle\alpha''|V|\alpha^2\rangle|^2}{E_2^0-E''}$$

$$=E_2^0+a-\frac{b^2}{E_1^0-E_2^0}$$

$$H^1=E_1^0+a+\frac{b^2}{E_1^0-E_2^0}\qquad H^2=E_2^0+a-\frac{b^2}{E_1^0-E_2^0}$$

(2) 直接求能量. 由 $H\psi=H'\psi$,在能量表象中为

$$\begin{pmatrix}E_1^0+a & b\\ b & E_2^0+a\end{pmatrix}\begin{pmatrix}\psi_1\\ \psi_2\end{pmatrix}=H^1\begin{pmatrix}\psi_1\\ \psi_2\end{pmatrix}$$

有非零解条件为

$$\begin{vmatrix}E_1^0+a-H' & b\\ b & E_2^0+a-H'\end{vmatrix}=0$$

$$(E_1^0+a-H')(E_2^0+a-H')-b^2=0$$

令

$$E_1^0+a=A\qquad E_2^0+a=B$$

$$(A-H')(B-H')-b^2=0$$

$$H'^2-(A+B)H'+AB-b^2=0$$

$$H'=\frac{A+B\pm\sqrt{(A+B)^2-4(AB-b^2)}}{2}$$

$$=\frac{1}{2}\left[A+B\pm\sqrt{(A-B)^2+4b^2}\right]$$

$$=\frac{1}{2}\left[E_1^0+E_2^0+2a\pm\sqrt{(E_1^0-E_2^0)^2+4b^2}\right]$$

若取二级近似,利用公式 $\sqrt{1+x}\approx1+\frac{x}{2}$,当 x 很小. 并注意到 $4b^2\ll(E_1^0-E_2^0)^2$,则

$$H'=\frac{A+B\pm(A-B)\sqrt{1+\frac{4b^2}{(A-B)^2}}}{2}$$

$$\approx\frac{A+B\pm(A-B)\left[1+\frac{2b^2}{(A-B)^2}\right]}{2}$$

所以

$$H_1'=\frac{A+B+A-B-\frac{2b^2}{(A-B)^2}}{2}=E_1^0+a+\frac{b^2}{E_1^0-E_2^0}$$

$$H_2'=\frac{A+B-A+B-\dfrac{2b^2}{(A-B)^2}}{2}=E_2^0+a-\frac{b^2}{E_1^0-E_2^0}$$

与微扰法得到的结果相同.

4. 电荷为 e 的谐振子在时间 $t=0$ 时处于基态，$t>0$ 时处在 $\boldsymbol{\varepsilon}=\boldsymbol{\varepsilon}_0\mathrm{e}^{-t/\tau}$ 的电场中，求谐振子处于激发态的概率.

解　电场与谐振子作用能为 $V=-e\boldsymbol{\varepsilon x}$，若 $\boldsymbol{\varepsilon}$ 为弱电场，则可把 V 看成一个微扰.

$$\begin{aligned}H&=E+V-\frac{P_x^2}{2m}+\frac{1}{2}Kx^2-e\varepsilon\boldsymbol{x}\\&=\frac{\hbar^2}{-2m}\frac{\alpha^2}{\alpha x^2}+\frac{1}{2}Kx^2-e\varepsilon_0x\mathrm{e}^{-t/2}\cos\theta\end{aligned}$$

利用与时间有关的微扰引起跃迁概率公式(一级近似)：

$$\begin{aligned}P(\alpha_0\alpha'')&=\frac{1}{\hbar^2}\left|\int_0^t\langle n\mid V^*(t')\mid 0\rangle\mathrm{d}t'\right|^2\\&=\frac{1}{\hbar^2}\left|\int_0^t\langle n\mid \mathrm{e}^{i/\hbar Et'}(-e\varepsilon_0x\mathrm{e}^{-t/\tau}\cos\theta_0)\mathrm{e}^{-i/\hbar Et'}\mid 0\rangle\mathrm{d}t'\right|^2\\&=\frac{1}{\hbar^2}\langle n\mid-e\varepsilon_0x\cos\theta_0\mid 0\rangle\mid^2\left|\int_0^t\mathrm{e}^{i/\hbar(E_n-E_0)t'-t'/\tau}\mathrm{d}t\right|^2\\&=-\frac{e^2\varepsilon_0^2\cos^2\theta_0}{\hbar^2}\mid\langle n\mid x\mid 0\rangle\mid^2\left|\int_0^t\mathrm{e}^{[i/\hbar(E_n-E_0)-1/\tau]t'}\mathrm{d}t'\right|^2\end{aligned}$$

利用公式

$$\begin{aligned}\langle n\mid x\mid m\rangle&=\frac{N_nN_m}{\alpha^2}\int_{-\infty}^{\infty}H_n(\xi)\xi H_m(\xi)\mathrm{e}^{-\xi^2}\mathrm{d}\xi\\&=\begin{cases}\pi^{1/2}2^n(n+1)! & m=n+1\\ \pi^{1/2}2^{n-1}n! & m=n-1\\ 0 & \text{其他}\end{cases}\end{aligned}$$

可知 $|\langle n|x|0\rangle|^2$ 只有当 $n=1$ 时才不为零.

$$\mid\langle 1\mid x\mid 0\rangle\mid^2=\left|\frac{N_1N_0}{\alpha^0}\pi^{1/2}\right|^2=\frac{\hbar}{2m\omega}$$

而

$$\begin{aligned}\left|\int_0^t\mathrm{e}^{[i/\hbar(E_1-E_0)-1/\tau]t'}\mathrm{d}t'\right|^2&=\left|\frac{\mathrm{e}^{[i/\hbar(E_1-E_0)-1/\tau]t}-1}{i/\hbar(E_1-E_0)-\dfrac{1}{\tau}}\right|^2\\&=\frac{1+\mathrm{e}^{-2t/\tau}-2\mathrm{e}^{-t/\tau}\cos\omega t}{\omega^2+\dfrac{1}{\tau^2}}\qquad\left(\text{其中 }\omega=\frac{E_1-E_0}{\hbar}\right)\end{aligned}$$

所以

$$P(\alpha^0\alpha'')=\frac{e^2\varepsilon_0^2\cos^2\theta_0}{2m\hbar\omega}\cdot\frac{1+e^{-2t/\tau}-2e^{-t/\tau}\cos\omega t}{\omega^2+\frac{1}{\tau^2}}$$

5. 基态氢原子处在电场中，若电场是均匀的且随时间按指数下降，即

$$\boldsymbol{\varepsilon}=\begin{cases}0 & \text{当 } t\leqslant 0\\ \boldsymbol{\varepsilon}e^{-t/\tau} & \text{当 } t\geqslant 0\end{cases}$$

τ 为大于 0 的参数. 求经过长时间后氢原子处在 $2P$ 态的概率.

解 设电场方向为 Z 方向，电子与电场的作用能为

$$V=-(-e\varepsilon_0 e^{-t/\tau}r\cos\theta)$$

$$H=E+V=-\frac{\hbar^2}{2\mu}\nabla^2-\frac{e^2}{r}+e\varepsilon_0 e^{-t/\tau}r\cos\theta$$

在无微扰时氢原子基态为

$$|100\rangle=R_{10}Y_{00}$$

$2P$ 态为

$$|210\rangle=R_{21}Y_{10}\qquad |211\rangle=R_{21}Y_{11}\qquad |21-1\rangle=R_{21}Y_{1-1}$$

由含时间 t 的微扰引起跃迁概率公式(一级近似)：

$$\begin{aligned}P(\alpha^{1s}\alpha^{2p})&=\frac{1}{\hbar^2}\left|\int_0^\infty\langle\alpha^{2p}\mid V^*(t')\mid\alpha^{1s}\rangle dt'\right|^2\\&=\frac{1}{\hbar^2}\mid\langle\alpha^{2p}\mid e\varepsilon_0 r\cos\theta\mid\alpha^{1s}\rangle\mid^2\left|\int_0^\infty e^{[i/\hbar(E_2-E_1)-1/\tau]t'}dt'\right|^2\\&=\frac{\varepsilon_0 e}{\hbar^2}\mid\langle\alpha^{2p}\mid r\cos\theta\mid\alpha^{1s}\rangle\mid^2\left|\int_0^\alpha e^{[i/\hbar(E_2-E_1)-1/\tau]t'}dt'\right|^2\end{aligned}$$

因为 $\cos\theta\sim Y_{10}$，类似第 2 题讨论，利用公式

$$\int Y_{lm}^*Y_{l_1m_1}Y_{l_2m_2}d\Omega=0\qquad \text{当 } m\neq m_1+m_2$$

可知只有 $\langle 210\mid r\cos\theta\mid 100\rangle$ 一项不为零.

$$\begin{aligned}&\langle 210\mid r\cos\theta\mid 100\rangle\\&=\int\frac{1}{4\sqrt{2\pi}}\left(\frac{1}{a_0}\right)^{1/2}\left(\frac{r}{a_0}\right)e^{-r/2a_0}\cos\theta(r\cos\theta)\frac{1}{\sqrt{4\pi}}\left(\frac{1}{a_0}\right)^{3/2}\cdot 2e^{-r/a_0}r^2\sin\theta drd\theta d\varphi\\&=\frac{1}{4\sqrt{2\pi}}\left(\frac{1}{a_0}\right)^4\iiint e^{-3r/2a_0}r^4\cos^2\theta\sin\theta drd\theta d\varphi\\&=\frac{1}{2\sqrt{2}}\left(\frac{1}{a_0}\right)^4\int_0^\infty r^4e^{-3r/2a_0}dr\int_{-1}^1\cos^2\theta d\cos\theta\\&=\frac{1}{3\sqrt{2}}\frac{1}{a_0^4}\frac{4!}{\left(\frac{3}{2a_0}\right)^5}=\frac{a_0 2^7\sqrt{2}}{3^5}\left|\int_0^\infty e^{i/\hbar[(E_2-E_1)-1/\tau]t'}dt'\right|^2\\&=\frac{1}{\mid i/\hbar(E_2-E_1)-1/\tau\mid^2}=\frac{1}{\omega^2+1/\tau^2}\end{aligned}$$

$$=\frac{\tau^2}{\omega^2\tau^2+1} \qquad \left(\text{其中 } \omega=\frac{E_2-E_1}{\hbar}\right)$$

所以

$$P(\alpha^{1s}\alpha^{2p})=\frac{2^{15}}{3^{10}}\frac{e^2\varepsilon_0^2 a_0^2}{\hbar^2}\frac{\tau^2}{\omega^2\tau^2+1}$$

第9章 碰撞问题

1. 求粒子在势能 $U(r)=U_0\mathrm{e}^{-\alpha^2r^2}$ 场下的散射系数.

解 因为势能只与 r 有关,可用公式

$$u(\theta'\varphi')=-\frac{2m}{\hbar^2 R}\int_0^\infty \sin KrU(r)r\mathrm{d}r$$

$$K=\frac{|\boldsymbol{P}^0-\boldsymbol{P}^1|}{\hbar}=\frac{2p\sin\frac{\theta'}{2}}{\hbar}$$

$$P^0=P'=P \qquad U(r)=U_0\mathrm{e}^{-\alpha^2r^2}$$

所以

$$\begin{aligned}
u(\theta'\varphi') &=-\frac{2m}{\hbar^2 K}\int_0^\infty U_0\sin Kr\,\mathrm{e}^{-\alpha^2r^2}r\mathrm{d}r \\
&=-\frac{2mU_0}{\hbar^2 K}\int_0^\infty \frac{\sin Kr}{-2\alpha^2}\mathrm{d}\mathrm{e}^{-\alpha^2r^2} \\
&=\frac{2mU_0}{\hbar^2 K2\alpha^2}\left(\sin Kr\,\mathrm{e}^{-\alpha^2r^2}\Big|_0^\infty-K\int_0^\infty \cos Kr\,\mathrm{e}^{-\alpha^2r^2}\mathrm{d}r\right) \\
&=-\frac{mU_0}{\hbar^2\alpha^2}\int_0^\infty \cos Kr\,\mathrm{e}^{-\alpha^2r^2}\mathrm{d}r \\
&=-\frac{mU_0}{\hbar^2\alpha^2}\frac{\sqrt{\pi}\mathrm{e}^{-K^2/4\alpha^2}}{2\alpha} \\
&=-\frac{\sqrt{\pi}mU_0\mathrm{e}^{-K^2/4\alpha^2}}{2\hbar^2\alpha^3}
\end{aligned}$$

散射系数

$$\sigma(\theta')=|u(\theta'\varphi')|^2=\frac{\pi m^2U_0^2\mathrm{e}^{-K^2/2\alpha^2}}{4\hbar^4\alpha^6}$$

2. 求粒子在排斥场

$$U(r)=\begin{cases}U_0 & \text{当 } r<a\\ 0 & \text{当 } r>a\end{cases}$$

下的散射系数(设 U_0 较小).

解 仍用公式

$$u(\theta')=-\frac{2m}{\hbar^2K}\int_0^\infty \sin Kr U(r) r\mathrm{d}r$$

$$K=\frac{|\boldsymbol{P}^0-\boldsymbol{P}'|}{\hbar}=\frac{2P\sin\dfrac{\theta'}{2}}{\hbar}$$

$$P^0=P'=P$$

$$U(r)=\begin{cases}U_0 & \text{当 } r<a\\ 0 & \text{当 } r>a\end{cases}$$

所以

$$\begin{aligned}U(\theta')&=\frac{-2m}{\hbar^2K}U_0\int_0^a \sin Kr\cdot r\mathrm{d}r\\&=\frac{2m}{\hbar^2K^2}U_0\left(r\cos Kr\Big|_0^a-\int_0^a\cos Kr\,\mathrm{d}r\,\frac{1}{K}\right.\\&=\frac{2mU_0}{\hbar^2K^2}\left(\frac{a}{K}\cos Ka-\frac{1}{K^2}\sin Ka\right)\\\lambda(\theta')&=|U(\theta')|^2\\&=\frac{4m^2U_0^2}{\hbar^4K^4}\left(\frac{a}{K}\cos Ka-\frac{1}{K^2}\sin Ka\right)^2\end{aligned}$$

3. 用一级微扰理论求势能为 $V=2\pi^2 m\nu^2x^2+ax^3$ 的非谐振子的微扰波函数，并用它讨论选择定则和跃迁概率.

解　由一级微扰公式(非简并)：

$$|H'_m\rangle=|m^{(0)}\rangle+|m^{(1)}\rangle+\cdots$$

$$|m^{(0)}\rangle=|m\rangle$$

$$|m^{(1)}\rangle=\sum_{n\neq m}\frac{|n\rangle\langle n|V|m\rangle}{E_m-E_n}$$

利用第 8 章习题 1 的结果，注意到这里 $\omega=2\hbar\nu,\beta=a$.

$$\begin{aligned}|m^{(1)}\rangle=&|m-3\rangle a\left(\frac{\hbar}{2\mu\omega}\right)^{3/2}\sqrt{m(m-1)(m-2)}\\&-|m-1\rangle 3a\left(\frac{\hbar}{2\mu\omega}\right)^{3/2}\sqrt{m^3}+|m+1\rangle 3a\left(\frac{\hbar}{2\mu\omega}\right)^{3/2}\sqrt{(m+1)^3}\\&-|m+3\rangle a\left(\frac{\hbar}{2\mu\omega}\right)^{3/2}\sqrt{(m+1)(m+2)(m+3)}\end{aligned}$$

$$|H'_m\rangle=|m^{(0)}\rangle+|m^{(1)}\rangle$$

由 $|m\rangle$ 态跃迁到 $|n\rangle$ 的概率为

$$P(n,m)=\frac{|\langle n|V|m\rangle|^2}{(E_m-E_n)^2}$$

根据第 8 章习题 1 结果可知 $\langle n|V|m\rangle$ 只有当 $n=m,m-1,m+1,m+3$ 时才不为 0，即选择定则为

$$\Delta m = \pm 1, \pm 3$$

$$P(m, m-3) = \frac{A}{q} m(m-1)(m-2)$$

$$P(m, m-1) = qAm^3$$

$$P(m, m+1) = qA(m+1)^3$$

$$P(m, m+3) = \frac{A}{q}(m+1)(m+2)(m+3)$$

其中

$$A = a^2\left(\frac{h}{8\pi^2 \mu U_0}\right)^3$$

第10章　相同粒子体系

1. 设两个自旋为$\frac{3}{2}$的全同粒子组成一个体系，则体系对称的自旋波函数有几个？反对称的自旋波函数有几个？

解　对单粒子：$S=\frac{3}{2}$，则 $S_z=\frac{3}{2},\frac{1}{2},-\frac{1}{2},-\frac{3}{2}$，即单粒子的自旋态有 $|\frac{3}{2}\rangle$，$|\frac{1}{2}\rangle$，$|-\frac{1}{2}\rangle$，$|-\frac{3}{2}\rangle$四种.

对体系(等粒子)：

对称态　$$|S\rangle = \sum_P P|x_1x_2\rangle$$

反对称态　$$|A\rangle = \sum_P (-1)^{\nu_P} P|x_1x_2\rangle$$

式中，$|x_1\rangle$，$|x_2\rangle$代表单粒子的四种自旋态.

根据对称态与反对称态对$|x_1x_2\rangle$的不同限制可分别得出 $|x_1x_2\rangle$的不同取法(有几种取法就表示有几个波函数).

构成对称波函数$|x_1x_2\rangle$可取相同态，也可取不同态，取相同态的个数为 $2S+1=4$ 个，取不同态时 $|x_1x_2\rangle$有 $C_4^2=\frac{4!}{2!(4-2)!}=6$ 种，因此可有 10 个对称波函数.

构成反对称波函数时 $|x_1\rangle$，$|x_2\rangle$只能取不同的态，有 $C_4^2=6$ 种取法，因此反对称波函数仅 6 个.

附：对称波函数数[用 $|S_z^{(1)},S_z^{(2)}\rangle$来标志]：

$$|\frac{3}{2},\frac{3}{2}\rangle,\ |\frac{1}{2},\frac{1}{2}\rangle,\ |-\frac{1}{2},-\frac{1}{2}\rangle,\ |-\frac{3}{2},-\frac{3}{2}\rangle$$

$$\frac{1}{\sqrt{2}}\left(\left|\frac{3}{2},\frac{1}{2}\right\rangle+\left|\frac{1}{2},\frac{3}{2}\right\rangle\right),\ \frac{1}{\sqrt{2}}\left(\left|\frac{3}{2},-\frac{1}{2}\right\rangle+\left|-\frac{1}{2},\frac{3}{2}\right\rangle\right)$$

$$\frac{1}{\sqrt{2}}\left(\left|\frac{3}{2},-\frac{3}{2}\right\rangle+\left|-\frac{3}{2},\frac{3}{2}\right\rangle\right),\ \frac{1}{\sqrt{2}}\left(\left|\frac{1}{2},-\frac{1}{2}\right\rangle+\left|-\frac{1}{2},\frac{1}{2}\right\rangle\right)$$

$$\frac{1}{\sqrt{2}}\left(\left|\frac{1}{2},-\frac{3}{2}\right\rangle+\left|-\frac{3}{2},\frac{1}{2}\right\rangle\right),\ \frac{1}{\sqrt{2}}\left(\left|-\frac{1}{2},-\frac{3}{2}\right\rangle+\left|-\frac{3}{2},-\frac{1}{2}\right\rangle\right)$$

反对称波函数：

$$\frac{1}{\sqrt{2}}\left(\left|\frac{3}{2},\frac{1}{2}\right\rangle-\left|\frac{1}{2},\frac{3}{2}\right\rangle\right),\ \frac{1}{\sqrt{2}}\left(\left|\frac{3}{2},-\frac{1}{2}\right\rangle-\left|-\frac{1}{2},\frac{3}{2}\right\rangle\right)$$

$$\frac{1}{\sqrt{2}}\left(\left|\frac{3}{2},-\frac{3}{2}\right\rangle-\left|-\frac{3}{2},\frac{3}{2}\right\rangle\right),\ \frac{1}{\sqrt{2}}\left(\left|\frac{1}{2},-\frac{1}{2}\right\rangle-\left|-\frac{1}{2},\frac{1}{2}\right\rangle\right)$$

$$\frac{1}{\sqrt{2}}\left(\left|\frac{1}{2},-\frac{3}{2}\right\rangle-\left|-\frac{3}{2},\frac{1}{2}\right\rangle\right),\ \frac{1}{\sqrt{2}}\left(\left|-\frac{1}{2},-\frac{3}{2}\right\rangle-\left|-\frac{3}{2},-\frac{1}{2}\right\rangle\right)$$

2. 证明算子 $x_1,x_2,\cdots,x_m$ 互相对易.

证明 因为

$$x_K=\frac{1}{n!}\sum_P P^{-1}P_K P \qquad (K=1,2,\cdots,n)$$

对置换群 Q_n 中任一元素有

$$\begin{aligned}x_K P_a &=\frac{1}{n!}\sum_P P^{-1}P_K P P_a\\ &=\frac{1}{n!}P_a\sum_P P_a^{-1}P^{-1}P_K P P_a\\ &=\frac{P_a}{n!}\sum_P (PP_a)^{-1}P_K(PP_a)\\ &=\frac{P_a}{n!}\sum_{P'} P'^{-1}P_K P'=P_a x_K\end{aligned}$$

对 $x_1,\cdots,x_m$ 中任一 x_j 有

$$\begin{aligned}x_j x_K &=x_j\frac{1}{n!}\sum_P P^{-1}P_K P=\frac{1}{n!}\sum_P P^{-1}P_K P x_j\\ &=\left(\frac{1}{n!}\sum_P P^{-1}P_K P\right)x_j=x_K x_j\end{aligned}$$

所以

$$x_j x_K=x_K x_j \qquad (K,j=1,2,\cdots,m)$$

3. 求两个电子总自旋的平方及 z 分量的正交归一化共同本征函数.

解 先写出二电子体系所有的对称及反对称波函数，再看哪些是 S^2 及 $S_z=S_{z_1}+S_{z_2}$ 的共同本征函数，最后归一化.

两电子的总自旋应为 $\boldsymbol{S}=\boldsymbol{S}_1+\boldsymbol{S}_2$，而 $S_1=S_2=\frac{1}{2}$，所以根据角动量耦合 $S=1,0$，相应 S_z 为

$$S=\begin{cases}1 & S_z=\hbar,0,-\hbar\\ 0 & S_z=0\end{cases}$$

为了书写方便，记单电波函数$|S,S_z\rangle$为

$$|\frac{1}{2},\frac{1}{2}\rangle=\alpha \qquad |\frac{1}{2},-\frac{1}{2}\rangle=\beta$$

则体系总自旋波函数为

对称自旋波函数：$(|S\rangle=\sum_P P\ |x_1\ x_2\rangle)$

$$A_1\ |\alpha_1,\alpha_2\rangle,A_2\ |\beta_1,\beta_2\rangle$$

$$A_3(|\alpha_1\beta_2\rangle+|\beta_1\alpha_2\rangle)$$

反对称自旋波函数：$(|A\rangle=\sum_P(-1)^{\nu_P}P\ |x_1x_2\rangle)$

$$A_4(|\alpha_1\beta_2\rangle-|\beta_1\alpha_2\rangle)$$

式中，A为归一化因子.

下面求每个态S^2，S_z的本征值.

(1) 对$A_1|\alpha_1,\alpha_2\rangle$

$$\begin{aligned}S_zA_1\ |\alpha_1,\alpha_2\rangle&=(S_{z_1}+S_{z_2})A_1\ |\alpha_1,\alpha_2\rangle\\&=\left(\frac{\hbar}{2}+\frac{\hbar}{2}\right)A_1\ |\alpha_1,\alpha_2\rangle\\&=\hbar A_1\ |\alpha_1,\alpha_2\rangle\end{aligned}$$

S_z本征值为$\hbar$，则$S=1$(因为只有$S=1$时S_z才能取值$\hbar$). 那么

$$\begin{aligned}S^2A_1\ |\alpha_1\alpha_2\rangle&=S(S+1)\hbar^2A_1\ |\alpha_1\ \alpha_2\rangle\\&=2\hbar^2A_1\ |\alpha_1\ \alpha_2\rangle\end{aligned}$$

S^2本征值为$2\hbar^2$.

(2) 对$A_2|\beta_1\beta_2\rangle$

$$\begin{aligned}S_zA_2\ |\beta_1\ \beta_2\rangle&=(S_{z_1}+S_{z_2})A_2\ |\beta_1\ \beta_2\rangle\\&=\left[\left(-\frac{\hbar}{2}\right)+\left(-\frac{\hbar}{2}\right)\right]A_2\ |\beta_1\beta_2\rangle=-\hbar A_2\ |\beta_1\beta_2\rangle\end{aligned}$$

S_z本征值为$-\hbar$，所以$S=1$.

$$S^2A_2\ |\beta_1\beta_2\rangle=S(S+1)\hbar^2A_2\ |\beta_1\beta_2\rangle=2\hbar^2A_2\ |\beta_1\beta_2\rangle$$

所以S^2的本征值为$2\hbar^2$.

(3) 对$A_3[|\alpha_1\beta_2\rangle+|\beta_1\alpha_2\rangle]$

$$\begin{aligned}&(S_{z_1}+S_{z_2})A_3[|\alpha_1\beta_2\rangle+|\beta_1\alpha_2\rangle]\\&=S_{z_1}A_3[|\alpha_1\beta_2\rangle+|\beta_1\alpha_2\rangle]+S_{z_2}A_3[|\alpha_1\beta_2\rangle+|\beta_1\alpha_2\rangle]\\&=\frac{\hbar}{2}A_3[|\alpha_1\beta_2\rangle-|\beta_1\alpha_2\rangle]+\frac{\hbar}{2}A_3[-|\alpha_1\beta_2\rangle+|\beta_1\alpha_2\rangle]\\&=0\end{aligned}$$

S_z 本征值为 0.

$$S^2=(\boldsymbol{S}_1+\boldsymbol{S}_2)^2=S_1^2+S_2^2+2\boldsymbol{S}_1\cdot\boldsymbol{S}_2$$
$$=S_1^2+S_2^2+2(S_{x_1}S_{x_2}+S_{y_1}S_{y_2}+S_{z_1}S_{z_2})$$

$$S_1^2A_3=[|\alpha_1\beta_2\rangle+|\beta_1\alpha_2\rangle]=\frac{3}{4}\hbar^2A_3[|\alpha_1\beta_2\rangle+|\beta_1\alpha_2\rangle]$$

$$S_2^2A_3=[|\alpha_1\beta_2\rangle+|\rangle\beta_1\alpha_2\rangle]=\frac{3}{4}\hbar^2A_3[|\alpha_1\beta_2\rangle+|\beta_1\alpha_2\rangle]$$

$$S_{x_1}S_{x_2}A_3[|\alpha_1\beta_2\rangle+|\beta_1\alpha_2\rangle]=A_3[S_{x_1}|\alpha_1\rangle S_{x_2}|\beta_2\rangle+S_{x_1}|\beta_1\rangle S_{x_2}|\alpha_2\rangle]$$
$$=A_3\left[\frac{\hbar^2}{4}|\beta_1\rangle|\alpha_2\rangle+\frac{\hbar^2}{4}|\alpha_1\rangle|\beta_2\rangle\right]$$
$$=\frac{\hbar^2}{4}A_3[|\alpha_1\beta_2\rangle+|\beta_1\alpha_2\rangle]$$

这是因为

$$S_x|\alpha\rangle=\frac{\hbar}{2}\begin{pmatrix}0&1\\1&0\end{pmatrix}\begin{pmatrix}1\\0\end{pmatrix}=\frac{\hbar}{2}\begin{pmatrix}0\\1\end{pmatrix}=\frac{\hbar}{2}|\beta\rangle$$

$$S_x|\beta\rangle=\frac{\hbar}{2}\begin{pmatrix}0&1\\1&0\end{pmatrix}\begin{pmatrix}0\\1\end{pmatrix}=\frac{\hbar}{2}\begin{pmatrix}1\\0\end{pmatrix}=\frac{\hbar}{2}|\alpha\rangle$$

同样

$$S_y|\alpha\rangle=\frac{\hbar}{2}\begin{pmatrix}0&-i\\i&0\end{pmatrix}\begin{pmatrix}1\\0\end{pmatrix}=\frac{i\hbar}{2}\begin{pmatrix}0\\1\end{pmatrix}=\frac{i\hbar}{2}|\beta\rangle$$

$$S_y|\beta\rangle=\frac{\hbar}{2}\begin{pmatrix}0&-i\\i&0\end{pmatrix}\begin{pmatrix}0\\1\end{pmatrix}=-\frac{i\hbar}{2}\begin{pmatrix}1\\0\end{pmatrix}=-\frac{i\hbar}{2}|\alpha\rangle$$

所以

$$S_{y_1}S_{y_2}A_3[|\alpha_1\beta_2\rangle+|\beta_1\alpha_2\rangle]=\frac{\hbar^2}{4}A_3[|\alpha_1\beta_2\rangle+|\beta_1\alpha_2\rangle]$$

$$S_{z_1}S_{z_2}A_3[|\alpha_1\beta_2\rangle+|\beta_1\alpha_2\rangle]=-\frac{\hbar^2}{4}A_3[|\alpha_1\beta_2\rangle+|\beta_1\alpha_2\rangle]$$

所以

$$S^2A_3[|\alpha_1\beta_2\rangle+|\beta_1\alpha_2\rangle]=\left[\frac{3}{4}\hbar^2+\frac{3}{4}\hbar^2+2\left(\frac{\hbar^2}{4}+\frac{\hbar^2}{4}-\frac{\hbar^2}{4}\right)\right]A_3[|\alpha_1\beta_2\rangle+|\beta_1\alpha_2\rangle]$$
$$=2\hbar^2A_3[|\alpha_1\beta_2\rangle+|\beta_1\alpha_2\rangle]$$

所以 S^2 的本征值为 $2\hbar^2$.

(4) 同理,对 $A_4[|\alpha_1\beta_2\rangle-|\beta_1\alpha_2\rangle]$

$$S_zA_4[|\alpha_1\beta_2\rangle-|\beta_1\alpha_2\rangle]=0$$

$$S^2A_4[|\alpha_1\beta_2\rangle-|\beta_1\alpha_2\rangle]=\left[\frac{3}{4}\hbar^2+\frac{3}{4}\hbar^2+2\left(-\frac{\hbar^2}{4}-\frac{\hbar^2}{4}-\frac{\hbar^2}{4}\right)\right]$$
$$\cdot A_4[|\alpha_1\beta_2\rangle-|\beta_1\alpha_2\rangle]=0$$

归一化：

$$A_1^2\langle\alpha_1\alpha_2 \mid \alpha_1\alpha_2\rangle = A_1^2\langle\alpha_1 \mid \alpha_1\rangle\langle\alpha_2 \mid \alpha_2\rangle = 1$$

所以

$$A_1=1$$

同理

$$A_2=1$$

$$A_3^2[\langle\alpha_1\beta_2 \mid \alpha_1\beta_2\rangle+\langle\beta_1\alpha_2 \mid \beta_1\alpha_2\rangle+\langle\alpha_1\beta_2 \mid \beta_1\alpha_2\rangle+\langle\beta_1\alpha_2 \mid \alpha_1\beta_2\rangle] = A_3^2\cdot 2 = 1$$

$$A_3^2 = \frac{1}{2} \qquad A_3 = \frac{1}{\sqrt{2}}$$

同理

$$A_4=\frac{1}{\sqrt{2}}$$

所以共同本征函数为

$$\psi_1=|\alpha_1\ \alpha_2\rangle \qquad \psi_2= |\beta_1\beta_2\rangle$$

$$\psi_3 = \frac{1}{\sqrt{2}}[|\ \alpha_1\beta_2\rangle+|\ \beta_1\alpha_2\rangle] \qquad \psi_4 = \frac{1}{\sqrt{2}}[|\ \alpha_1\beta_2\rangle-|\ \beta_1\alpha_2\rangle]$$

对应 S^2 及 S_z 本征值分别为

	S^2	S_z
ψ_1	$2\hbar^2$	$\hbar$
ψ_2	$2\hbar^2$	$-\hbar$
ψ_3	$2\hbar^2$	0
ψ_4	0	0

它们都属于不同本征值的本征函数并彼此正交.

4. 以 S_n 和 A_n 分别表示 n 个粒子的对称和反对称算子，证明下列两个关系式：

(1) $S_n = \frac{1}{n}\left[1+\sum\limits_{i=1}^{n-1}P_{in}\right]S_{n-1} = \frac{1}{n}S_{n-1}\left[1+\sum\limits_{i=1}^{n-1}P_{in}\right]$

(2) $A_n = \frac{1}{n}\left[1-\sum\limits_{i=1}^{n-1}P_{in}\right]A_{n-1} = \frac{1}{n}A_{n-1}\left[1-\sum\limits_{i=1}^{n-1}P_{in}\right]$

证明　因为

$$S_n =\frac{1}{n!}\sum_P P\text{，且 } S_n \mid x\rangle =\mid S\rangle$$

$$A_n =\frac{1}{n!}\sum_P(-1)^{\nu_P}P\text{，且 } A_n \mid x\rangle =\mid A\rangle$$

$$|x\rangle=|\alpha_1',\alpha_2',\cdots,\alpha_n'\rangle$$

所以

$$S_n =\frac{1}{n!}\sum_{P(n)}^{n!}P(n)^* = \frac{1}{n!}\left\{\sum_{P(n-1)}^{(n-1)!}P(n-1)+\sum_{i=1}^{n-1}P_{in}\left[\sum_{P(n-1)}P(n-1)\right]\right\}$$

$$=\frac{1}{n!}\Big[1+\sum_{i=1}^{n-1}P_{in}\Big]\sum_{P(n-1)}^{(n-1)!}P(n-1)=\frac{1}{n}\Big[1+\sum_{i=1}^{n-1}P_{in}\Big]S_{n-1}$$

又由于 $\sum_{i=1}^{n-1}P_{in}\Big[\sum_{P(n-1)}^{(n-1)!}P(n-1)\Big]$表示含有第 i 个粒子的所有置换，而$\sum_{i=1}^{n-1}\sum_{P(n-1)}^{(n-1)!}P(n-1)P_{in}$ 也表示含有第 n 个粒子的所有置换，二者必定相等(见后注). 所以

$$S_n=\frac{1}{n!}\Big[\sum_{P(n-1)}^{(n-1)!}P(n-1)+\sum_{i=1}^{n-1}\sum_{P(n-1)}^{(n-1)!}P(n-1)P_{in}\Big]$$

$$=\frac{1}{n!}\sum_{P(n-1)}^{(n-1)!}P(n-1)\Big[1+\sum_{i=1}^{n-1}P_{in}\Big]=\frac{1}{n}S_{n-1}\Big[1+\sum_{i=1}^{n-1}P_{in}\Big]$$

即式(1)成立.

同理

$$A_n=\frac{1}{n!}\sum_{P}(-1)^{\nu_P}P$$

$$=\frac{1}{n!}\Big[\sum_{P(n-1)}^{(n-1)!}(-1)^{\nu_P}P(n-1)+\sum_{i=1}^{n-1}(-1)P_{in}\sum_{P(n-1)}^{(n-1)!}(-1)^{\nu_{P(n-1)}}P(n-1)\Big]$$

$$=\frac{1}{n!}\Big[1-\sum_{i=1}^{n-1}P_{in}\Big]\sum_{P(n-1)}^{(n-1)!}(-1)^{\nu_{P(n-1)}}P(n-1)$$

$$=\frac{1}{n!}\Big[1-\sum_{i=1}^{n-1}P_{in}\Big]A_{n-1}$$

$$=\frac{1}{n!}\Big[\sum_{P(n-1)}^{(n-1)!}(-1)^{\nu_{P(n-1)}}P(n-1)+\sum_{i=1}^{n-1}\sum_{p(n-1)}^{(n-1)!}(-1)^{\nu_{P(n-1)}}P(n-1)(-1)P_{in}\Big]$$

$$=\frac{1}{n!}\sum_{P(n-1)}^{(n-1)!}(-1)^{\nu_{P(n-1)}}P(n-1)\Big[1-\sum_{i=1}^{(n-1)}P_{in}\Big]$$

$$=\frac{1}{n}A_{n-1}\Big[1-\sum_{i=1}^{n-1}P_{in}\Big]$$

关于本题的几点说明：

(1) n 个粒子的所有置换共有 $n!$ 个，用

$$P_{(n)}=\begin{pmatrix}1 & 2 & 3 & \cdots & n-1, & n\\ a_1, a_2, a_3 & & & \cdots & a_{n-1} & n\end{pmatrix}$$

将这 n 个置换总加起来是 $\sum_{P(n)}^{n!}P(n)$.

(2) 在 $n!$ 个置换中包含 $P(n-1)=\begin{pmatrix}1 & 2 & \cdots & n-1\\ a_1 & a_2 & \cdots & a_{n-1}\end{pmatrix}\begin{pmatrix}n\\ n\end{pmatrix}$类型的置换，它表示第 n 个粒子不动，只前$(n-1)$个粒子的置换，总共应有$(n-1)!$ 个，总加起来是 $\sum_{P(n-1)}^{(n-1)!}P(n-1)$.

(3) 将第 n 个粒子也参加置换，会产生哪些新的置换呢？因为我们知道$(n-1)!$ 个置换加上新产生的含有第 n 个粒子的置换应该是$n!$ 个置换，由此找出两个算符的递推公式.

对于每一个 S_{n-1} 中的置换 $P(n-1)\begin{pmatrix}1\ 2\ \cdots\ n-1\\ a_1\ a_2\ \cdots\ a_{n-1}\end{pmatrix}$，如果用第 n 个粒子去置换第 i 个粒子：

$$P_{in}P(n-1)\begin{pmatrix}i\ n\\ n\ i\end{pmatrix}\begin{pmatrix}1\ 2\ \cdots\ n-1\\ a_1\ a_2\ \cdots\ a_{n-1}\end{pmatrix}=\begin{bmatrix}1 & 2 & \cdots & i & \cdots & n-1 & n\\ a_1 & a_2 & \cdots & n & \cdots & a_{n-1} & a_i\end{bmatrix}$$

表明第 n 个粒子参加了置换，$P_{in}P(n-1)$ 是含有第 n 个粒子的一个置换，若 i 取遍 $1,2,\cdots,n-1$ 得 $n-1$ 个含第 n 个粒子的置换，加起来为

$$\sum_{i=1}^{n-1}P_{in}P(n-1)$$

在 S_{n-1} 中每一个置换 $P(n-1)$ 按着上面办法都能产生出 $n-1$ 个含第 n 个粒子的置换，若取遍 S_{n-1} 中所有置换就会得到所有含第 n 个粒子的置换，加起来共有

$$\sum_{P(n-1)}\sum_{i=1}^{n-1}P_{in}P(n-1)$$

上述讨论表示 S_n 中元素可分成两部分.

其一，只包含 $(n-1)$ 个粒子的所有置换.

$$\sum_{P(n-1)}^{(n-1)!}P(n-1)$$

其二，包含第 n 个粒子的所有置换加起来.

$$\sum_{P(n-1)}\sum_{i=1}^{n-1}P_{in}P(n-1)$$

这两部分加在一起正是 n 个粒子的所有置换，有

$$\sum_{P(n)}P(n)=\sum_{P(n-1)}^{(n-1)!}P(n-1)+\sum_{P(n-1)}\sum_{i=1}^{n-1}P_{in}P(n-1)$$

在第二项中 $P_{in}P(n-1)$ 是含有第 n 个粒子的置换，求和：

$$\sum_{P(n-1)}\sum_{i=1}^{n-1}P_{in}P(n-1)$$

是所有含第 n 个粒子的置换，而 $P(n-1)P_{in}$ 也是含第 n 个粒子的置换，尽管一般来说，$P(n-1)P_{in}\neq P_{in}P(n-1)$，但求和后都表示所有含第 n 个粒子的置换，即应有

$$\sum_{P(n-1)}\sum_{i=1}^{n-1}P(n-1)P_{in}=\sum_{P(n-1)}\sum_{i=1}^{n-1}P_{in}P(n-1)$$

所以有

$$\begin{aligned}\sum_{P(n)}P(n)&=\sum_{P(n-1)}P(n-1)+\sum_{i=1}^{n-1}P_{in}\sum_{P(n-1)}P(n-1)\\&=\sum_{P(n-1)}P(n-1)+\sum_{P(n-1)}P(n-1)\sum_{i=1}^{n-1}P_{in}\end{aligned}$$

同样也应有

$$\begin{aligned}\sum_{P(n)}(-1)^{\nu}P(n)&=\sum_{P(n-1)}(-1)^{\nu_{P(n-1)}}P(n-1)+\sum_{i=1}^{n-1}(-1)P_{in}\sum_{P(n-1)}(-1)^{\nu_{P(n-1)}}P(n-1)\\&=\sum_{P(n-1)}(-1)^{\nu_{P(n-1)}}P(n-1)+\sum_{P(n-1)}(-1)^{\nu_{P(n-1)}}P(n-1)\sum_{i=1}^{n-1}(-1)P_{in}\end{aligned}$$